大数据技术与应用丛书

数据清洗

（第2版）

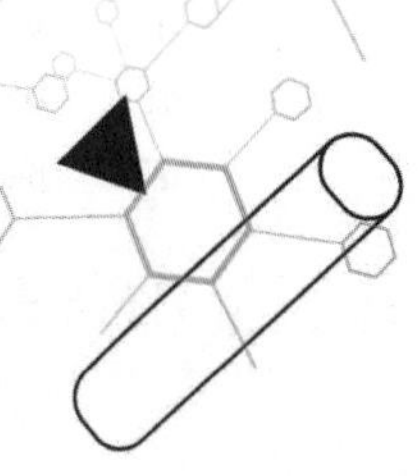

黑马程序员 / 编著

清華大學出版社
北京

内 容 简 介

本书以 Kettle 9.2 为基础，全面介绍使用 Kettle 实现 ETL 的相关操作。全书共 8 章，分别讲解数据清洗和 ETL 的概念，Kettle 的安装和使用，如何使用 Kettle 实现数据抽取、数据清洗、数据转换和数据加载，并在最后综合运用上述知识，构建一个电影租赁商店数据仓库，以使读者加深对 Kettle 和 ETL 的理解与掌握。

本书附有配套视频、教学 PPT、教学设计、测试题等资源，同时，为了帮助初学者更好地学习本书中的内容，还提供了在线答疑，欢迎读者关注。

本书可以作为高等院校数据科学与大数据技术及相关专业的教材，也适合大数据开发初学者、ETL 工程师以及数仓开发的从业者阅读。

图书在版编目（CIP）数据

数据清洗 / 黑马程序员编著. -- 2 版. -- 北京 ：
清华大学出版社，2024. 8.（2025. 1重印）--（大数据技术与应用丛书）.
ISBN 978-7-302-67029-2

Ⅰ. TP274

中国国家版本馆 CIP 数据核字第 2024EB0715 号

责任编辑：袁勤勇
封面设计：杨玉兰
责任校对：韩天竹
责任印制：宋　林

出版发行：清华大学出版社
网　　址：https://www.tup.com.cn, https://www.wqxuetang.com
地　　址：北京清华大学学研大厦 A 座　　**邮　　编**：100084
社 总 机：010-83470000　　**邮　　购**：010-62786544
投稿与读者服务：010-62776969，c-service@tup.tsinghua.edu.cn
质量反馈：010-62772015，zhiliang@tup.tsinghua.edu.cn
课件下载：https://www.tup.com.cn，010-83470236

印 装 者：三河市君旺印务有限公司
经　　销：全国新华书店
开　　本：185mm×260mm　　**印　　张**：19.75　　**字　　数**：500 千字
版　　次：2020 年 4 月第 1 版　2024 年 8 月第 2 版　　**印　　次**：2025 年 1 月第 2 次印刷
定　　价：58.00 元

产品编号：106687-01

前言

党的二十大报告提出“加快发展数字经济，促进数字经济和实体经济深度融合，打造具有国际竞争力的数字产业集群”。随着云时代的来临，移动互联网、电子商务、物联网以及社交媒体的快速发展，全球的数据正在以几何级速度爆发式增长，大数据也吸引了越来越多的人关注，此时数据已经成为与物质资产和人力资本同样重要的基础生产要素。

然而，数据的价值取决于其质量，而非数量。数据采集的不确定性、数据来源的多样性和复杂性经常会导致数据中存在缺失值、重复值、异常值等问题。如果直接使用这些数据，会严重影响数据决策的准确性。因此，在数据分析和应用的过程中，对数据进行有效的清洗成为关键环节。

本书基于 ETL 工具 Kettle，循序渐进地介绍了 ETL 的相关知识，适合有一定数据治理和大数据基础的爱好者阅读。本书共 8 章内容，其中，第 1、2 章主要带领大家了解数据清洗和 ETL 的概念；第 3 章介绍 ETL 工具 Kettle 的基本概念和使用；第 4 章主要讲解如何使用 Kettle 从不同数据源抽取数据；第 5 章主要讲解如何使用 Kettle 进行数据清洗，包括重复值处理、缺失值处理和异常值处理；第 6 章主要讲解如何使用 Kettle 进行数据转换，包括数据规范化处理、数据粒度转换、数据的商务规则计算等；第 7 章主要讲解如何使用 Kettle 将数据加载到不同的目标系统；第 8 章综合运用前面所学的知识，构建一个电影租赁商店数据仓库，以使读者加深对 Kettle 和 ETL 的理解与掌握。

在学习过程中，如果读者在理解知识点的过程中遇到困难，建议不要纠结于某个地方，可以先往后学习。通常来讲，通过逐渐深入的学习，前面不懂和疑惑的知识点也就能够理解了。在实现 ETL 的过程中，一定要多动手实践，如果在实践的过程中遇到问题，建议多思考，理清思路，认真分析问题发生的原因，并在问题解决后总结出经验。

本书配套服务

为了提升您的学习或教学体验，我们精心为本书配备了丰富的数字化资源和服务，包括在线答疑、教学大纲、教学设计、教学 PPT、教学视频、测试题、源代码等。通过这些配套资源和服务，我们希望让您的学习或教学变得更加高效。请扫描下方二维码获取本书配套资源和服务。

致谢

本书的编写和整理工作由江苏传智播客教育科技股份有限公司完成。全体编写人员在编写过程中付出了辛勤的汗水，此外，还有很多人员参与了本书的试读工作并给出了宝贵的建议，在此向大家表示由衷的感谢。

尽管作者尽了最大的努力，但书中难免会有不妥之处，欢迎各界专家和读者朋友提出宝贵意见，如果发现任何问题或不认同之处，可以通过电子邮件与作者取得联系。请发送电子邮件至 itcast_book@vip.sina.com。

黑马程序员

2024 年 6 月于北京

目录

第1章 数据清洗概述

学习目标

- 熟悉数据清洗的背景，能够描述数据质量的相关概念；
- 了解数据清洗的定义，能够说出数据清洗的含义和应用场景；
- 熟悉数据清洗的基本流程，能够描述数据清洗的5个步骤；
- 了解数据清洗的策略，能够说出手动清洗策略、自动清洗策略和混合清洗策略的含义；
- 掌握数据清洗常用的方法，能够描述不同类型脏数据的处理方法；
- 了解数据清洗的挑战，能够举例说出数据清洗在不同方面的挑战。

在当今信息时代，大数据已经成为推动科技、商业和社会发展的重要驱动力。海量的数据不断涌现，蕴含着无限的可能性和价值。然而，随着数据规模的急剧增长，数据质量问题日益凸显。数据中的异常值、缺失值等问题可能导致企业和组织做出错误的决策，进而影响业务发展。数据清洗作为数据处理的关键步骤，其重要性和必要性越来越受到广泛认可。本章将深入探讨数据清洗的概述，为读者揭开数据清洗的神秘面纱。

1.1 数据清洗的背景

在当今数据驱动的世界中，数据质量已成为各行各业的核心关注点。无论是数据科学家、机器学习工程师、数据分析师还是业务需求分析师，他们都依赖高质量的数据来做出明智的决策和推动业务发展。本节将着重探讨数据质量的相关内容。

1.1.1 数据质量概述

数据质量是指在业务环境下，数据符合数据消费者的使用目的，满足业务场景具体需求的程度。不同的业务场景和数据消费者对数据质量的需求各有差异，因此，在不同的场景中，对于数据的质量要求应灵活适配，以确保数据能为相应的决策和任务提供有效的支持和参考。

值得注意的是，数据质量是一个相对的概念，其适用性与数据在决策过程中的价值息息相关。不同的数据消费者对数据质量的要求可能会有差异。换言之，对于一个与决策无关的数据，即使该数据的质量很高，也无法在决策过程中发挥作用。这提醒我们，在学习过程中，应该专注于掌握那些能够在实际工作中产生直接影响的知识和技能，避免过分关注那些与工作无关或者难以应用的理论和概念。

例如,在一家医院中,病人的基本信息中可能包括姓名、年龄、血型、身高、地址等多个要素。假如研究团队的目标是发现某种疾病在特定年龄段的易发性,那么在这一决策过程中,年龄数据的质量就显得尤为重要,而其他如血型、身高、地址等数据的质量就相对显得不那么重要。

数据质量具有如下显著的特点。

- 数据质量并不是固定不变的,而是随着"业务需求"的改变会呈现出动态的变化。
- 虽然可以借助信息系统对数据质量进行度量,但数据质量并不与任何单一的信息系统捆绑,它以一种相对独立的形式存在。
- 数据质量存在于数据的整个生命周期中,从数据的生成,到数据的消失,数据质量始终贯穿其中。

总的来说,在数据驱动的决策和实践中,高质量的数据是关键要素之一,它对于准确分析、科学建模和智能决策具有重要作用。因此,持续提升数据质量并适应不同业务场景的需求,对于组织取得成功和竞争优势至关重要。

1.1.2 数据质量的评价指标

数据质量的评价指标是为了衡量数据在准确性、完整性、一致性等方面的表现。这些指标帮助我们了解数据,从而确保数据对于决策和业务流程的支持是可信的。下面,将详细介绍数据质量评价指标的主要内容。

1. 规范性

规范性是指数据是否符合既定的标准。数据的规范性体现在数据的格式、结构和内容上,决定了数据能否满足特定的业务需求。在学习过程中,规范性可以促使我们遵循一些学习原则和习惯,从而提高学习的效果和水平。

2. 完整性

完整性是指数据是否完整。如果数据中存在遗失或未能收集的信息,那么其完整性就会受到影响。评估数据完整性时,需要针对性地检查数据中是否存在缺失的数据。

3. 准确性

准确性是指数据内容是否真实。如果数据存在误导或错误,那么其准确性就会受到质疑。在评估数据准确性时,需要对照实际情况或权威数据,进行核实与比对。

4. 一致性

一致性是指数据在不同系统、不同时间段或不同来源之间是否能够保持一致。如果存在不一致的数据,可能会导致数据的解读和应用出现困难。

5. 时效性

时效性是指数据是否具有最新的特征。就数据的获取、处理和更新来说,时效性是非常重要的。如果数据是陈旧的,那么其时效性就会低。

6. 可访问性

可访问性是指数据是否容易获取。对于用户来说,数据的存储位置、数据的获取和访问方式,以及数据的可视化和交互等因素都影响了数据的可访问性。

1.1.3　数据质量问题的分类

数据质量的重要性不仅仅是因为它直接影响着数据处理和决策的准确性，同时也因为数据质量问题可能带来严重的后果和损失。因此，我们迫切需要深入了解数据质量问题，以便更好地应对不同类型的数据质量挑战，并采取相应的解决方案。

数据质量问题可以从不同角度进行分类，这为理解和解决这些问题提供了有益的指引。在本书中，将重点关注两个主要维度，分别是基于数据源的脏数据分类和基于清洗方式的脏数据分类。

1. 基于数据源的脏数据分类

通常情况下，将数据源中包含的缺失值、异常值等称为脏数据（Dirty Data）。基于数据源的脏数据分类是指数据在录入或采集阶段就已经存在问题，它们的存在可能是由于人为错误、系统故障、传感器失效等多重因素共同引发。这些问题并非简单地停留在数据源的阶段，而是随着数据处理流程的推进，蔓延至整个环节。

在数据质量问题的分类中，可以根据数据源的数量将基于数据源的脏数据分类细分为单数据源和多数据源两类问题，如图 1-1 所示。

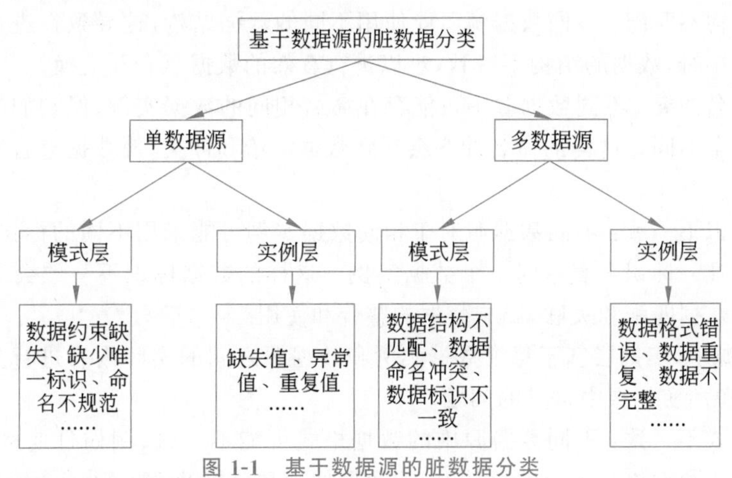

图 1-1　基于数据源的脏数据分类

从图 1-1 中可以看出，单数据源和多数据源都涵盖了模式层和实例层两方面。这两方面代表了数据质量问题在不同层次的展现，具体介绍如下。

(1) 单数据源。

在单数据源中，模式层主要涉及数据的结构和约束。如果单一数据源缺乏明确定义的数据模式，可能导致对数据的完整性和一致性缺乏有效的控制。下面列举几个单数据源的模式层中常见的问题。

- 数据约束缺失：缺乏对数据的合法性和完整性的约束，导致不符合预期的数据进入数据集。
- 缺少唯一标识：在数据集中没有设置唯一标识符，导致无法唯一标识每个数据实例。这样就无法进行数据的准确索引和关联，影响了数据的查询和使用效率。
- 命名不规范：数据的含义和定义不统一、不清晰或不符合数据规范，影响数据的可读性和理解性，增加了数据的理解和使用难度。

在单数据源中,实例层是基于每个数据实例的内容进行分析,其出现的问题主要是由于数据在模式层无法预防的错误和不一致引起的。下面列举几个单数据源的实例层中常见的问题。

- 缺失值:某些数据实例中存在缺失值。例如,某个客户的电话号码没有填写。
- 异常值:数据实例中包含不正确或不合理的值。例如,年龄为负数、价格为零或超出正常范围的数值等。
- 重复值:数据源中出现了重复的数据实例,可能由于重复录入或数据处理过程中的错误导致。

(2)多数据源。

在多数据源情况下,数据质量问题变得更加严重。每个数据源都有可能包含脏数据,而且由于每个数据源的数据表示方法各自不同,可能会出现数据重复或结构冲突的情况。这主要因为各个数据源是为了满足特定需求而独立设计、配置和维护的,彼此之间会存在异构性。

在多数据源中,模式层主要涉及不同数据源之间的整体结构和约束。下面列举几个多数据源的模式层中常见的问题。

- 数据结构不匹配:不同数据源可能使用不同的数据结构,这导致在进行数据整合和数据交换时,数据的结构不一致,难以进行有效的数据整合和交换。
- 数据命名冲突:不同数据源中可能存在命名相同的数据实例,但它们的含义和用途可能完全不同。这样的命名冲突会导致数据混淆和冲突,使数据整合和使用过程出现困难。
- 数据标识不一致:不同数据源对于相同数据实例可能采用不同的标识符,例如使用不同的唯一标识来表示同一个数据实例。这样的数据标识不一致会导致难以进行正确的数据匹配和关联,影响数据的整合和使用。

在多数据源中,实例层基于每个数据实例和数据源之间的实际内容进行分析。下面列举几个多数据源的实例层中常见的问题。

- 数据格式不一致:不同数据源中的数据格式可能不一致,例如日期格式、数字格式等。由于数据格式不一致,可能影响数据处理和分析的准确性。
- 数据重复:在整合多个数据源的数据时,可能出现数据实例的重复。这可能是由于多个数据源中都包含了相同的数据实例,或者数据整合过程中出现了重复的数据项。数据重复会增加数据处理和存储的开销,同时也可能导致数据分析和决策结果的偏差。
- 数据不完整:不同类型的数据源中可能缺少某些数据项,导致整合后的数据不完整。缺少数据项可能会影响对数据的全面分析,使一些信息无法获取,从而影响决策的准确性和完整性。

2. 基于清洗方式的脏数据分类

基于清洗方式的脏数据分类是指根据脏数据产生的原因或特点,将脏数据分为独立型脏数据和依赖型脏数据两种类别,并针对每个类别采取相应的数据清洗方法,其优势在于,能够帮助我们更好地理解数据中的问题,并有针对性地进行数据清洗,以提高数据的质量和可信度。

关于独立型脏数据和依赖型脏数据的介绍如下。

(1) 独立型脏数据。

独立型脏数据是指数据的每个实例本身就存在问题,与其他数据实例无关。这种脏数据通常不受其他数据的影响,问题是单独存在的。独立型脏数据可以通过单个数据实例的检测和处理来进行清洗。常见的独立型脏数据包括缺失值、重复值、异常值等。在处理独立型脏数据时,可以采用数据清洗技术,如填补缺失值、去除重复值、纠正异常值等。

(2) 依赖型脏数据。

依赖型脏数据是指数据之间存在依赖关系,一个数据实例的问题可能会影响其他相关数据实例的准确性。处理依赖型脏数据需要综合考虑多个数据实例之间的关系。常见的依赖型脏数据包括数据间的逻辑冲突、数据间的格式不一致等。在处理依赖型脏数据时,需要先分析数据之间的依赖关系,然后进行适当的数据清洗和调整,以确保数据的一致性和准确性。

1.2 数据清洗的定义

数据清洗是数据处理的关键步骤,旨在提高数据质量和准确性。通过一系列操作和技术手段,数据清洗能够发现和修复数据中的异常值、缺失值、重复值等问题,为后续的数据分析、挖掘和决策提供可靠的依据。简而言之,数据清洗就是对原始数据进行一次清洗,去除其中的脏数据,确保数据的完整性和可信度。

数据清洗在众多领域中有着广泛的应用,但不同应用领域对数据清洗的需求和解释存在差异,这取决于行业特点、数据来源、处理目的等因素。下面,将重点介绍数据清洗在数据仓库、数据挖掘和数据质量管理领域的应用。

1. 数据仓库

数据仓库是用于集成、存储和管理企业中各种数据的中心化存储库。数据清洗是为确保数据的准确性和一致性,在将数据导入数据仓库之前的必要步骤。在数据仓库中,数据通常来自多个数据源,可能存在缺失值、重复值等数据质量问题。数据清洗的任务就是识别和处理这些问题,确保数据仓库中的数据质量。

2. 数据挖掘

数据挖掘是从大量数据中发现模式、关联和知识的过程。而原始数据中常常包含噪声、缺失值和无关数据等问题,这些问题会对数据挖掘的结果产生负面影响。因此,在进行数据挖掘之前,需要对数据进行清洗以提高数据的质量和可用性。数据清洗在数据挖掘中的主要任务包括去除噪声、提取特征、处理不平衡数据等。

3. 数据质量管理

数据质量管理是一个学术界和商业界都非常关注的领域。在数据质量管理中,数据清洗是确保数据质量的关键步骤。数据质量管理旨在解决信息系统中的数据质量及集成问题。通过数据清洗,可以检查数据的正确性、完整性和一致性,并对数据进行纠正和优化,以提高数据质量。数据质量管理领域中的数据清洗不仅仅是一次性的过程,还涉及数据的生命周期管理,需要不断监控和维护数据的质量。

1.3 数据清洗基本流程

数据清洗基本流程一共分为5个步骤,分别是分析数据、定义数据清洗规则、检测脏数据、处理脏数据、评估数据质量。下面,通过一张图来描述数据清洗基本流程,具体如图1-2所示。

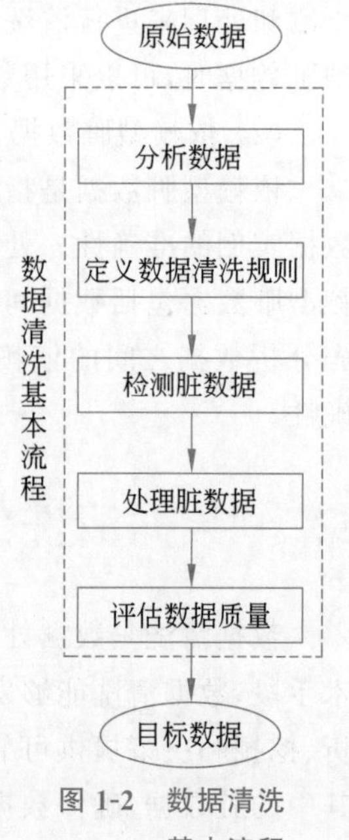

图1-2 数据清洗基本流程

在图1-2中,原始数据表示未经清洗的数据,它可能来自单数据源,也可能是多数据源合并后的结果。目标数据表示清洗后的数据,它符合数据消费者的数据质量标准。

下面,针对图1-2中的数据清洗基本流程的5个步骤进行详细讲解。

1. 分析数据

数据清洗的首要任务便是对原始数据进行数据分析,了解数据的结构、内容等信息,从而得出原始数据源中存在的数据质量问题。

2. 定义数据清洗规则

基于数据分析的结果,需要定义数据清洗规则,用于指导如何检测和处理原始数据中的脏数据。例如,如何检测异常值,如何处理异常值,如何处理缺失值等。

3. 检测脏数据

根据定义的数据清洗规则,对原始数据进行检测,找出可能存在的脏数据,并且将发现的脏数据进行记录和标记,以方便后续的数据处理。检测脏数据的方法包括统计分析、数据可视化、规则检查、模型预测等技术手段。

4. 处理脏数据

处理脏数据是指在检测到原始数据中存在问题后,采取相应的措施来解决这些问题,使原始数据变得干净、准确、可用于后续的数据分析或决策。处理脏数据的方法根据问题的不同而有所不同,可能涉及删除缺失值、填补缺失值、去除重复值等操作。目标是消除原始数据中的问题,使数据达到符合数据消费者的数据质量标准。

5. 评估数据质量

评估数据质量是数据清洗的最后一步,它有助于验证数据清洗的效果,确保数据清洗后的数据达到预期的质量标准。通过数据质量评估,可以发现在数据清洗过程中可能被忽视的问题。这些问题可能在数据分析或业务决策中产生不良的影响,因此及早发现并修复它们非常重要。

1.4 数据清洗策略

数据清洗策略是指去除原始数据中的脏数据,以确保数据质量的实现方式。主要的数据清洗策略包括手动清洗策略、自动清洗策略和混合清洗策略,具体介绍如下。

1. 手动清洗策略

手动清洗策略是通过人工干预的方式来进行数据清洗。这种策略适用于数据量相对较小或对数据质量要求非常高的情况。

2. 自动清洗策略

自动清洗策略是指利用计算机技术来进行数据清洗。根据具体需求和场景,可以采用不同的方法和技术来实现自动清洗。以下列举几种常见的自动清洗策略。

(1) 基于特定程序的清洗:针对数据特点和需求,设计专门的数据清洗程序,自动检测并修复脏数据。这需要深入了解数据特性和质量问题,以实现高效准确的数据清洗。

(2) 基于机器学习的清洗:通过训练机器学习模型,使系统能自动学习数据的规律和模式,从而实现高效准确的数据清洗。这种方法具有高度自动化的特点,能有效提高数据清洗效率。

(3) 基于统计的清洗:运用统计分析方法,如分布、频率和相关性分析,发现数据中的异常情况,并根据统计结果对数据进行清洗。例如,使用箱线图、正态分布等方法识别异常值。

(4) 基于规则的清洗:依据预定义的规则或脚本,识别并修正数据中的脏数据。这些规则通常基于领域知识和对数据质量的要求制定。

(5) 基于模式的匹配:运用正则表达式或其他模式匹配技术,根据特定模式或格式识别和清理数据。这种方法在处理非结构化或半结构化数据时尤为有效。

3. 混合清洗策略

为了最大程度地提升数据质量,可以采用一种混合策略,即将手动清洗策略与自动清洗策略相结合。一方面,手动清洗策略强调人工审核和专业知识的运用,由经验丰富的数据清洗专家对数据进行细致的审查和修改。他们可以利用自己的专业知识和经验,发现并处理一些复杂、模糊或难以自动化处理的问题。手动清洗策略在处理需要领域知识和主观判断的数据清洗任务时非常有效,例如,当数据中存在特定规则无法捕捉的模式或异常情况时,手动清洗策略能够深入洞察问题本质并采取相应措施。

另一方面,自动清洗策略通过计算机技术的应用实现了数据清洗的自动化。这种策略在识别和纠正常规脏数据方面表现出色,在大规模数据处理的场景下尤其高效,能够高效地处理大量数据,提高清洗效率并减少人工工作量。

混合清洗策略的关键在于协调和整合手动清洗策略与自动清洗策略。通过合理规划清洗过程,结合人工审核和自动清洗,可以充分利用手动清洗策略的专业知识和经验,并借助自动清洗策略的高效处理能力。在实践中,可以根据数据的特点和问题的复杂程度,确定手动清洗策略和自动清洗策略的比重和协作方式。

1.5　数据清洗常用的方法

在数据清洗过程中,脏数据是一个普遍存在的问题,主要包括缺失值、异常值和重复值三种类型。针对这三种类型的脏数据,有针对性的处理方法。

1. 缺失值

缺失值是指数据中存在空白或未填充的值。它们可能是由于数据采集错误、用户不愿提供信息、数据处理问题等造成的。在数据分析过程中,缺失值可能会影响结果的准确性和可靠性。因此,需要采取适当的措施来处理缺失值。

处理缺失值的方法主要取决于数据的特点和分析目标。以下是两种常见的处理方法。

(1) 删除缺失值:这种方法是直接删除包含缺失值的数据,适用于数据集中的缺失值较少,且不影响整体数据分析的情况。然而,如果数据集中的缺失值较多,直接删除可能导致信息丢失。

(2) 填补缺失值:这种方法用一个合适的值来替换数据集中的缺失值,适用于数据中缺失值较多,或影响整体数据分析的情况。填补缺失值常用的方法如下。

- 均值填补:使用均值来填补数值型数据的缺失值。这种方法简单,但可能会导致数据的均值偏移,忽视了数据的变异性。
- 中位数填补:使用中位数来填补数值型数据的缺失值。
- 众数填补:使用众数(即出现频率最高的值)来填补分类属性的缺失值。
- 回归填补:通过建立回归模型来预测缺失值。
- 插值填补:使用数学插值方法来估计缺失值。可以选择线性插值、多项式插值、样条插值等方法来预测缺失值。
- 特殊值填补:对于某些特定情况,可以用特殊值(如0或-1)来代替缺失值,但要确保这些特殊值与其他数据区分开。

2. 重复值

重复值是指在数据集中出现两次或更多次的完全相同或非常接近的记录或数据项。重复值可能由数据录入错误、数据合并问题、数据抽取问题等原因产生。处理重复值的目标是确保数据集的唯一性,提高数据的准确性,避免因重复数据而导致的分析结果错误。

处理重复值的方法主要取决于数据集的特点和分析需求。以下是三种常见的方法。

(1) 删除重复值:最简单的方法是直接删除重复的值。通过在数据集中对比和查找重复值,然后将其删除,可以实现去重的目的。删除重复值可以使用数据操作或编程语言中的函数或方法来完成。

(2) 合并重复值:对于存在重复值的数据集,可以将重复值进行合并,生成唯一的记录。这种方法适用于重复值具有相似的信息,合并后不会对数据分析产生影响的情况。

(3) 标记重复值:不删除重复值,而是在每条重复记录上添加一个标识,以表示它是重复的。这样可以保留原始数据,同时便于在后续的分析中进行识别和处理。这可以通过添加一个新的列或属性来标记记录是否为重复值。

3. 异常值

异常值是指在数据集中与其他观测值显著不同或明显偏离数据一般趋势的数据点。它们可能由随机因素、测量误差、极端情况或未知原因,如传感器故障、异常天气、计算错误或输入错误等产生。异常值具有以下特点。

(1) 少数性:异常值通常是数据集中的少数个体,与正常数据相比数量较少。

(2) 影响性:异常值具有较大的离群程度,可能对数据分析、模型训练和结果产生显著影响。

(3) 多样性:异常值可能以不同的形式出现,如极端高或低的数值、偏离分布模式的点、异常的组合或异常的关系等。

对于异常值的检测通常会运用特定的统计方法、机器学习算法或者领域知识来进行。以下是一些常见的方法。

(1) 基于统计学的方法：这类方法包括标准分数(Z-score)和箱型图。标准分数是通过计算每个数据点与所属类别均值之间的标准差异来确定的，超出设定阈值的数据点被视为异常值。而箱型图则利用数据的四分位数和离群值来检测异常值，超出上下限的数据点被视作异常值。

(2) 基于距离的方法：基于距离的方法包括 K 近邻(K-Nearest Neighbors，KNN)和局部异常因子(Local Outlier Factor，LOF)。K 近邻基于数据点与其近邻数据点的距离来判断，将距离过远的数据点视为异常值。局部异常因子是计算每个数据点与其周围数据点之间的密度比值来确定异常值，如果某数据点的密度远低于其周围数据点的密度，那么它可能被视为异常值。

(3) 基于聚类的方法：这类方法利用数据点的聚类结构来检测异常值。异常值通常不属于任何聚类簇，或在聚类簇中具有显著差异的数据点。基于密度的噪声应用空间聚类(Density-Based Spatial Clustering of Applications with Noise，DBSCAD)可以识别出离群点。

(4) 基于机器学习的方法：这类方法包括孤立森林(Isolation Forest)和单类支持向量机(One-Class SVM)。孤立森林基于随机森林的原理，通过将异常点与正常点区分开，逐步划分数据来检测异常值。单类支持向量机则通过建立一个单一类别的 SVM 模型，将数据点投射到高维空间中，并将远离边界的数据点视为异常值。

处理异常值的目的在于确保数据分析和建模过程的准确性和可靠性，避免因异常值对结果产生不良影响。以下是一些常见的处理异常值的方法。

(1) 删除异常值：通过移除数据集中的异常值来减少其对整体数据的影响。然而，这种方法可能会导致数据信息的丢失，特别是在异常值的数量较多或异常值具有重要含义的情况下。

(2) 替换异常值：通过用其他值替换异常值来减少其影响。这可能涉及使用插值、预测或其他统计方法来估计异常值的可能值。这种方法适用于需要保留关键信息、处理数据稀缺、平滑数据分布、满足分布假设或增强模型稳定性的情况。

(3) 分组处理：将数据分为包含异常值和不包含异常值的两部分，然后分别对这两部分数据进行处理。这样可以在一定程度上减少异常值对整个数据集的影响。

1.6　数据清洗面临的挑战

数据清洗作为数据分析的重要环节，旨在发现并解决数据中的潜在问题，以确保数据的准确性和完整性。然而，这个过程面临着诸多挑战，主要包括以下几方面。

1. 数据质量问题

原始数据中可能存在缺失值、重复值、异常值等问题，这些问题会严重影响数据的准确性和可靠性。在数据清洗过程中，需要采用适当的技术和方法来检测和修正这些问题，以确保数据的质量。

2. 大数据处理的复杂性

随着大数据时代的到来,数据量呈爆炸性增长,同时数据的复杂性和多样性也显著提高。这使数据清洗变得更为复杂和耗时,需要运用高效的算法和工具来处理这些数据,并确保数据的准确性和可靠性。

3. 数据规模的持续增长

随着时间的推移,数据规模不断扩大,数据清洗任务变得越来越繁重。为了应对这一挑战,需要寻找更加有效的处理方法,以提高数据清洗的效率。

4. 缺乏标准化和一致性

不同数据源、部门或系统之间可能存在数据格式、命名规范和数据结构的差异,这给数据清洗过程中的匹配、合并和转换带来了困难。需要建立统一的数据标准和规范,以确保清洗过程的高效性。

5. 高要求的领域知识和专业技能

数据清洗过程需要对数据背景和业务领域有深入的理解,以便准确识别和处理脏数据,并选择适当的方法。需要具备丰富的领域知识和专业技能,以使清洗过程更加精确和有效。

6. 处理复杂的关联关系

在数据清洗中,需要处理数据之间的关联关系,例如数据合并、关联分析、缺失值填充等。这涉及数据的一致性和完整性保证。需要运用高级的技术和方法来处理这些复杂的关联关系,以确保数据分析的准确性。

7. 数据清洗流程的迭代性

数据清洗是一个迭代的过程,需要不断地检查和修复数据质量问题。这需要投入大量的时间和精力。需要制订清洗计划和流程,并且持续监控和改进数据质量。

8. 数据隐私和安全性要求

在数据清洗过程中,需要保护敏感信息和个人隐私,确保数据安全性的同时进行清洗操作。需要遵守相应的法规和政策,采取必要的安全措施,以保护数据的隐私和安全。

1.7 本章小结

本章主要探讨了数据清洗的相关概念。首先,讲解了数据清洗的背景,包括数据质量概述、数据质量的评价指标以及数据质量问题的分类。接着,介绍了数据清洗的定义和数据清洗基本流程。然后,详细阐述了数据清洗策略和常用的方法。最后,强调了数据清洗的挑战。通过本章的学习,读者能够深入理解数据清洗的概念和重要性,掌握数据清洗的基本流程和方法,为后续的数据分析和决策提供有力支持。

1.8 课后习题

一、填空题

1. 数据质量是指在业务环境下,数据能够符合________的使用目的。

2. 数据质量问题的分类可以分为基于数据源的脏数据分类和________。

3. 基于数据源的脏数据分类中,多数据源涵盖了模式层和________两方面。

4. 数据清洗是对原始数据进行一次清洗，去除其中的________。

5. 数据清洗策略包括手动清洗策略、自动清洗策略和________。

二、判断题

1. 数据质量是一个相对的概念，其适用性与数据在决策过程中的价值息息相关。（　　）

2. 一致性是指数据在不同来源之间是否遵循一定的标准。（　　）

3. 删除缺失值适用于缺失值较多的情况。（　　）

4. 数据约束缺失属于单数据源的实例层的问题。（　　）

5. 独立型脏数据是指数据的每个实例本身就存在问题，与其他数据实例无关。（　　）

三、选择题

1. 下列选项中，关于数据质量的特点描述错误的是（　　）。

A. 数据质量随着“业务需求”的改变而动态变化
B. 数据质量与任何单一的信息系统无关
C. 数据质量在数据的整个生命周期中始终存在
D. 数据质量是固定不变的

2. 下列选项中，属于数据质量评价指标的是（　　）。（多选）

A. 可访问性　B. 一致性　C. 准确性　D. 时效性

3. 下列选项中，属于多数据源的模式层中的问题是（　　）。

A. 数据结构不匹配　B. 数据重复　C. 数据格式错误　D. 数据不完整

4. 下列选项中，不属于异常值特点的是（　　）。

A. 少数性　B. 随机性　C. 影响性　D. 多样性

5. 下列选项中，属于基于统计学的方法检测异常值的是（　　）。

A. 标准分数　B. K 近邻
C. 单类支持向量机　D. 局部异常因子

四、简答题

1. 简述数据清洗基本流程的 5 个步骤。

2. 简述混合清洗策略的优势。

第 2 章 初识 ETL

学习目标

- 了解 ETL 的定义，能够描述实现 ETL 的不同方式；
- 熟悉 ETL 的体系结构，能够描述 ETL 的实现过程；
- 掌握 ETL 关键步骤，能够描述实现抽取、转换和加载的方法；
- 了解常见的 ETL 工具，能够描述常见的 ETL 工具。

在当今数据驱动的世界中，企业面临着海量的、多元化的数据，如何有效地抽取、整合和处理这些数据已成为一项重要的挑战。在这个过程中，ETL 发挥着举足轻重的作用。ETL 是从一个或多个数据源中抽取数据，对其进行转换，然后将数据加载到目标系统的过程。

在实现 ETL 的过程中，数据清洗是转换阶段的一个重要组成部分，它的主要任务是确保源数据的质量，使其能够满足目标系统的需求。通过数据清洗，可以减少数据质量问题对 ETL 的影响，从而提高数据处理的效率和准确性。

2.1 ETL 的定义

ETL 是英文 Extract-Transform-Load 的缩写，其中 Extract（抽取）指从一个或多个数据源中抽取数据，Transform（转换）指对抽取的数据进行清洗和转换，Load（加载）指将经过清洗和转换的数据加载到目标系统中。

在实现 ETL 时，常见的方法包括手动编写脚本、使用 ETL 工具，以及结合脚本和 ETL 工具进行开发。此外，还可以利用大数据技术来实现 ETL。每种方法都有其优势和适用场景，需要根据实际需求进行选择。

1. 手动编写脚本

手动编写脚本是指通过编程语言（如 Python、JavaScript、SQL 等）编写脚本来实现数据的抽取、转换和加载。这种方法需要开发人员具备一定的编程能力和 ETL 知识，但灵活性较高，可以根据具体需求进行定制开发。然而，手动编写脚本需要投入大量的时间和精力来编写和调试脚本。

2. 使用 ETL 工具

ETL 工具是专门为实现 ETL 设计的软件（如 Kettle、Informatica PowerCenter 等），它们提供了图形化界面和预定义的功能模块，简化了 ETL 的实现流程，用户可以通过拖曳和配置组件来实现数据抽取、转换和加载。然而，ETL 工具的适用场景较为固定，可能无法满足某些特定的数据处理需求。

3. 脚本和 ETL 工具相结合

脚本和 ETL 工具结合的方法可以兼顾手动编写脚本和 ETL 工具的优点。开发人员可以使用脚本来处理一些复杂的转换逻辑，而使用 ETL 工具来处理一些常规的数据抽取和加载任务。这种方法既提供了灵活性和定制能力，又能够借助 ETL 工具的便捷性和可视化配置。

4. 大数据技术

随着大数据的发展，ETL 的实现方法也逐渐演变为使用大数据技术来实现数据的抽取、转换和加载。大数据技术最大的特点在于处理大规模数据时能够保持低延迟和高吞吐量，可以提升数据处理的效率。常见的大数据技术包括 Spark、Flink、Hive 等。然而，使用大数据技术实现 ETL 时，需要开发人员具备相应的大数据技术知识和技能。

2.2　ETL 的体系结构

ETL 主要用于实现异构数据源的数据集成，所谓异构数据源是指在结构、格式、存储方式等方面存在差异的数据源。这些数据源可能来自不同的系统、平台或技术，具有各自的特点。常见的数据源包括关系数据库、非关系数据库、文件、Web 服务等。

从不同数据源抽取的数据会经过一系列转换，以确保数据的质量和适用性，经过转换后的数据将加载到目标系统中进行持久化存储，以便于后续的数据分析、查询和报告。目标系统通常为特定的数据仓库。

关于 ETL 的体系结构如图 2-1 所示。

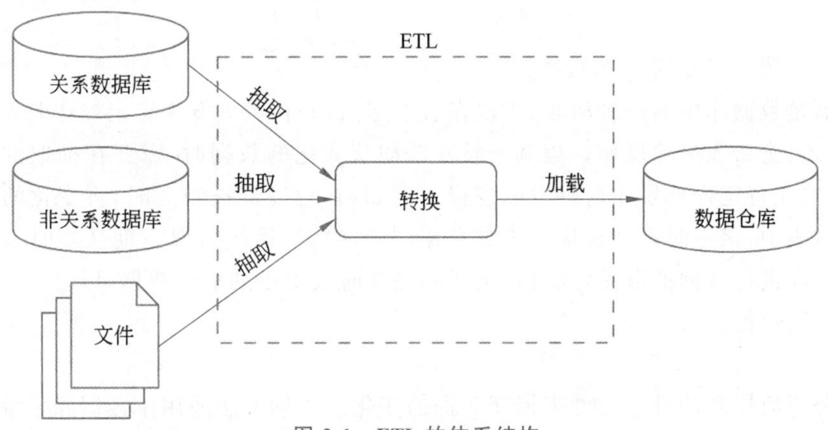

图 2-1　ETL 的体系结构

针对不同的数据源，转换的实现方式也会有所差异。例如，在图 2-1 中，从关系数据库中抽取数据时，可以利用 SQL 语句在抽取数据时完成一部分的转换。然而，从文件中抽取数据时，无法直接使用 SQL 语句进行转换，只能在数据抽取完成后对数据进行转换。

2.3　ETL 关键步骤

在实现 ETL 的过程中，抽取、转换和加载这三个步骤同等重要，它们相互依赖且相互影响，每个步骤都有其独特的功能和目标，对于实现 ETL 的成功都是不可或缺的。本节将详细探讨 ETL 的关键步骤。

2.3.1 抽取

在 ETL 中,数据抽取是从异构数据源中抽取数据的重要步骤。但是,数据源中的数据并不都具有实际价值。因此,设计 ETL 时,开发人员应该对数据的价值进行分析和讨论,以筛选出对业务分析和决策有用的数据,忽略无关的数据。这告诉我们,在开始任何工作之前,充分的分析能够帮助我们做出更明智的决策,提高工作效率和质量,节约时间和成本,避免不必要的风险和错误。

根据抽取数据的范围,可以实现全量抽取和增量抽取。全量抽取是一次性获取数据源中所需的所有数据。全量抽取通常在 ETL 的初始抽取阶段使用,以确保获取完整的数据集。然而,一旦全量抽取完成,后续的抽取就不需要再次获取所有数据,而只需要获取自上次抽取以来发生变化的数据。这种只获取变化数据的过程称为增量抽取。

在 ETL 中,要实现增量抽取,就需要准确地捕获数据源中发生变化的数据。以下是一些常见的方法。

1. 基于时间戳捕获变化的数据

这种方式使用时间戳作为依据来确定上次抽取的时间点,然后在下次抽取时,只抽取在该时间点之后发生变化的数据。使用这种方法需要确保数据源中包含记录数据变化的时间数据,以便进行比较,从而确定需要抽取哪些数据。例如,如果数据源是关系数据库,可以在需要抽取的表中增加一个时间戳字段,用于记录每条数据的插入和更新操作的时间。在下次抽取时,比较数据源中的时间戳字段与上次抽取的时间点,只选择时间戳较新的数据进行抽取。

2. 基于触发器捕获变化的数据

触发器是数据库中的一种机制,可以在表上定义,并在数据发生特定操作时触发相应的动作,如插入、更新或删除操作。当基于触发器捕获变化的数据时,需要在抽取的表上创建触发器,并定义特定操作发生时触发的逻辑。例如,在触发器被激活时,将变化的数据插入到一个临时表中,该临时表和抽取的表具有相同的结构。后续可以定期从临时表中抽取变化的数据。在进行数据抽取后,及时标记或删除临时表中已抽取的数据,以防止后续抽取时重复获取相同数据。

3. 基于日志文件捕获变化的数据

通过分析数据源的日志文件来捕获数据的变化。这种方法适用于数据库系统或应用程序具有内置的日志功能,并且日志可以记录数据的插入、更新和删除操作。当基于日志捕获变化的数据时,可以定期或按需分析日志文件,识别并抽取出发生变化的数据。

4. 基于全表对比获取变化的数据

通过对比两次抽取之间的整个表来捕获数据的变化。这种方法适用于数据源没有提供增量抽取机制或无法使用其他方式捕获变化数据的情况。

多学一招:实时抽取

增量抽取和全量抽取通常按预定的周期进行,而实时抽取则是一种实现准实时或近实时数据传输的方式。增量抽取和全量抽取通常按照预定的时间间隔(如每天、每周或每月)

执行,从数据源中抽取数据。这种方式适用于对数据更新需求不紧迫的场景。相比之下,实时抽取是一种更为及时的数据传输方式,它能够在新数据发生变化时立即将其抽取并传输到目标系统,以保持数据的最新状态。实时抽取适用于对数据实时性要求较高的场景,如实时监控、实时分析和实时决策等。

2.3.2 转换

在 ETL 中,转换是最为复杂的步骤,其主要目标是根据数据消费者需求和数据仓库模型要求,对抽取到的数据进行加工,使其满足后续的分析和建模任务。

转换主要包括数据清洗和数据转换两项主要任务。数据清洗的主要目标在于消除数据中的噪声、异常值和冗余信息,使数据满足分析要求;数据转换则是指将原始数据转换为适合特定分析或建模任务的形式,其目的在于改变数据的表示形式或结构,以满足特定需求。

数据转换可能涉及以下常见方法。

1. 多数据源合并

当数据来源于不同数据源时,需将其合并成一个一致的数据集。这涉及数据的连接、合并和关联操作。

2. 数据规范化处理

数据规范化处理是将原始数据转换为符合特定规范的形式和结构。这样做有助于提高数据的一致性、准确性和可理解性,便于更好地进行数据分析和处理。这可能涉及标准化数据表示形式、单位转换、日期和时间格式转换等操作。

3. 数据粒度转换

数据粒度是数据所覆盖的时间、空间或其他维度的程度。在进行转换步骤时,可能需要将数据从一个粒度转换为另一个粒度,以满足特定的分析需求。例如,将销售数据从每日销售额的粒度转换为每月销售额的粒度,可以得出每月的总销售额,从而更好地了解销售趋势和季节性变化。类似地,将地理区域数据从区域级别转换为国家级别,可获得国家级统计信息,用于跨区域比较和国家级决策分析。

4. 数据的商务规则计算

在进行转换步骤时,可能需要应用特定的商务规则来计算或推导新的数据。商务规则是基于特定业务需求或规范定义的计算规则,例如,计算销售额、利润率、客户满意度等。应用商务规则计算涉及数学运算操作,以生成符合业务要求的衍生数据。

2.3.3 加载

加载是 ETL 的最后一个步骤,其主要任务是将经过转换的数据导入目标系统中。实现加载的主要方式包括全量加载和增量加载,具体介绍如下。

1. 全量加载

全量加载是从源系统中一次性抽取所有数据,并将这些数据经过转换后,加载到目标系统中的加载方式。这种方式的优点在于可以确保数据完整性和一致性,因为在全量加载过程中,所有的数据都会被抽取并加载,不会出现数据丢失或者不一致的情况。此外,全量加载在实施上也比较简单,因为不需要考虑哪些数据是新添加或者已修改的,相对来说简化了实施过程。然而,全量加载的缺点也很明显,特别是在处理大量数据时,这种简单性是以计算和传输的高开销为代价的。这也提醒着我们,在进行任何事务时,应该仔细分析它们的两面性,权衡利弊,做出合理的选择,同时做好应对的准备。

全量加载适用于以下场景。

- 数据初始化:在新系统首次部署或重构期间,全量加载能确保目标系统与源数据的完整性。
- 数据结构变更:当源系统的数据结构发生重大改变,可能影响数据一致性时,全量加载是一个更安全可靠的选项。
- 小数据量:对于数据规模较小的场景,全量加载的计算和传输成本可以忽略不计。在这种情况下,全量加载不仅可行,还能简化数据同步或迁移的过程。

2. 增量加载

增量加载是一种只抽取源系统中自上次加载后有变更的数据,并将这些变更同步到目标系统中的加载方式。相较于全量加载,增量加载的优点在于计算和传输的开销更低,特别是对于大数据集来说更为高效。

然而,增量加载并非没有挑战,其中一个显著的风险是数据不一致性。如果源系统中的数据发生了删除或修改操作,而这些变更没有被准确地捕捉和同步,就可能导致目标系统中的数据出现不一致。此外,增量加载的成功很大程度上依赖于源系统能够准确地标记哪些数据是新的或已经被修改过,这就要求源系统具备健全的数据管理和标记机制。

增量加载适用于以下场景。

- 实时性要求高:在需要近实时地同步数据的环境中,增量加载是一个理想的选择,因为它能快速地将新的或更改的数据同步到目标系统。
- 大数据环境:在数据量庞大的情况下,增量加载能有效降低网络传输的成本,同时减轻数据处理的计算负担。

2.4 常见的ETL工具

ETL工具是用来从不同的数据源抽取数据,对其进行转换,并将其加载到目标系统中的软件工具。以下是一些常见的ETL工具。

1. Kettle

Kettle也称Pentaho Data Integration,它是一款开源的ETL工具,提供了一个用户友好的可视化界面,让用户可以通过图形化的方式设计和管理ETL。Kettle支持多种数据源和目标系统,包括关系数据库、文件、Web服务等,同时还提供了一系列的转换步骤,包括数据过滤、去重、排序等功能。此外,Kettle还具有强大的调度和监控功能,可以自动化执行ETL,并提供详细的日志记录。

2. Informatica PowerCenter

Informatica PowerCenter是一款知名的商业化ETL工具,它提供了全面的数据管理和集成解决方案,适用于规模较大和复杂的数据集成项目。Informatica PowerCenter具有强大的数据转换和清洗功能,并支持各种数据源和目标系统。它还提供了丰富的数据质量和数据监控工具,帮助用户确保数据的准确性。

3. DataStage

DataStage 是 IBM 旗下的 ETL 工具，广泛应用于企业级数据集成方案。它具有高性能和可伸缩性，支持大规模数据处理。DataStage 提供了丰富的转换和转换管理功能，使数据集成过程更加灵活和可控。它还带有强大的调度和监控功能，可确保数据流的顺畅和稳定。

4. SSIS(Microsoft SQL Server Integration Services)

SSIS 是微软开发的 ETL 工具，它集成于 SQL Server 数据库，提供了一个可视化的开发环境，方便用户创建和管理 ETL。SSIS 支持各种数据源和目标系统，并提供了丰富的数据转换和清洗功能。它可以通过预定义的转换组件来执行常见的数据操作，也可以通过自定义脚本来进行高级数据转换。SSIS 还具有强大的调度和部署功能，可以轻松地将 ETL 集成到 SQL Server 环境中。

5. Talend Open Studio

Talend Open Studio 是一款开源的 ETL 工具，适用于中小型项目，提供了广泛的数据集成和转换功能，支持多种数据源和目标系统。Talend Open Studio 具有直观的用户界面和强大的数据处理能力，可快速实现数据集成需求。

2.5　本章小结

本章主要介绍了 ETL 的基本概念。首先，讲解了 ETL 的定义。然后，讲解了 ETL 的体系结构和 ETL 关键步骤，包括抽取、转换和加载。最后，介绍了常见的 ETL 工具。通过本章的学习，读者能够对 ETL 有一定了解，为进一步的实践和应用打下坚实的基础。

2.6　课后习题

一、填空题

1. ETL 的关键步骤包括抽取、________、加载。
2. ETL 主要用于实现________的数据集成。
3. 大数据技术最大的特点在于处理大规模数据时能够保持________和高吞吐量。
4. 实时抽取是一种实现准实时或________数据传输的方式。
5. 转换主要包括________和数据转换两项主要任务。

二、判断题

1. ETL 中的 Extract 指的是从一个或多个数据源中抽取数据。（　）
2. 基于触发器捕获变化的数据适用于所有数据源。（　）
3. 增量抽取只获取发生变化的数据。（　）
4. 数据粒度转换是将原始数据转换为符合特定规范的形式。（　）
5. 增量加载不会出现数据不一致性。（　）

三、选择题

1. 下列选项中，属于 ETL 工具的是（　）。

A. Pentaho Data Integration　　B. Python

C. Spark　　D. Hive

2. 下列选项中,可以实现增量抽取的方法包括(　　)。(多选)

A. 基于时间戳捕获变化的数据　　B. 基于触发器捕获变化的数据

C. 基于日志文件捕获变化的数据　　D. 基于全表对比获取变化的数据

3. 下列选项中,不属于数据转换方法的是(　　)。

A. 合并重复值　　B. 数据粒度转换　　C. 多数据源合并　　D. 数据规范化处理

4. 下列选项中,适用于全量加载的场景是(　　)。(多选)

A. 数据初始化　　B. 数据结构变更　　C. 小数据量　　D. 大数据量

5. 下列选项中,属于数据粒度的是(　　)。

A. 大小粒度　　B. 质量粒度　　C. 时间粒度　　D. 类型粒度

四、简答题

1. 简述 ETL 的体系结构。

2. 简述转换步骤中的两项主要任务。

第 3 章 Kettle

学习目标

- 了解 Kettle 的含义，能够描述 Kettle 的作用和特点；
- 了解 Kettle 的安装与启动，能够在 Windows 操作系统中安装和启动 Kettle；
- 熟悉 Kettle 的转换和作业，能够描述 Kettle 中转换和作业的作用；
- 掌握 Kettle 的基本操作，能够独立完成转换管理、作业管理和数据库连接的相关操作。

“工欲善其事，必先利其器”这句古语，深刻地阐述了在进行某项工作时，选择和使用合适的工具的重要性。在开源 ETL 工具中，Kettle 是一款常见且广泛使用的工具，掌握它的基本用法对于从事相关工作的人来说是非常必要的。因此，本章将详细讲解 Kettle 这款 ETL 工具的相关知识和基本操作。

3.1 初识 Kettle

3.1.1 Kettle 简介

Kettle 是一款基于 Java 语言开发的开源 ETL 工具，其设计理念是将来自不同数据源的数据视为水流，将水流汇聚在一个象征“水壶”的容器中，然后按照用户预设的形式流出。这形象地说明了 Kettle 的功能是将来自多个数据源的数据整合和转换为用户需要的形式。

Kettle 提供了图形化的用户界面，用户可以通过可视化的方式设计数据处理操作，而不需要关心具体的实现细节。这使得非技术人员也能轻松上手 Kettle，快速搭建复杂的 ETL。Kettle 工具主要由 4 个组件构成，分别是 Spoon、Pan、Kitchen 及 Carte，下面分别介绍它们的功能。

1. Spoon

Spoon 是 Kettle 的图形化开发环境，也是最常用的组件之一，它提供了一个直观的界面，使用户能够可视化地管理转换（transformation）和作业（job），并且还可以监控 ETL 的执行过程。转换和作业是 Kettle 中的基本概念，会在后续进行详细讲解。

2. Pan

Pan 是 Kettle 的命令行工具，用于批量运行转换。用户可以通过 Pan 在命令行界面中指定要运行的转换和相关参数，以便自动化和批量化地运行转换。

3. Kitchen

Kitchen 是 Kettle 的命令行工具,用于批量运行作业。用户可以通过 Kitchen 在命令行界面中指定要运行的作业和相关参数,以便自动化和批量化地运行作业。

4. Carte

Carte 是一个轻量级的 Web 服务器,允许用户远程执行和监控 Kettle 中的转换和作业。值得一提的是,Carte 还支持集群部署,这意味着用户可以在不同的服务器上运行转换和作业,从而实现 ETL 在分布式环境中的执行,以提高性能和可伸缩性。

3.1.2 Kettle 的特点

Kettle 是一款功能强大的 ETL 工具,致力于简化数据处理过程,它具有以下显著特点。

1. 易于使用

Kettle 提供了直观的图形化用户界面,用户可以通过拖曳和连接组件来创建 ETL,即使是没有编程经验的用户也能轻松上手。

2. 功能强大

Kettle 提供了丰富的功能,包括数据过滤、排序、聚合、连接、拆分、格式化等。用户可以利用这些功能对数据进行转换和清洗,满足各种数据处理需求。

3. 多数据源支持

Kettle 支持多种数据源的集成和处理,包括关系数据库(如 MySQL、Oracle),文件(如 CSV、Excel),非关系数据库(如 MongoDB、HBase),大数据平台(如 HDFS、Hive)等。用户可以轻松地连接和处理不同类型的数据源。

4. 可扩展性

Kettle 提供了插件机制,允许用户根据自己的需求编写和集成插件,使其能够适应各种复杂的数据处理场景。

5. 跨平台支持

Kettle 可在多个操作系统上运行,包括 Windows、Linux 和 macOS 等,使用户可以在不同的环境中使用 Kettle。

6. 调度和监控功能

Kettle 提供了调度和监控功能,允许用户自动执行数据处理任务并实时监控任务进展。用户可设置定时任务、依赖关系和警报机制,确保数据处理过程的可靠性和稳定性。

7. 高性能

Kettle 支持并行执行数据处理任务,充分利用多核处理器和分布式计算能力,提升处理速度和性能,使用户能更高效地处理大规模数据。

3.2 Kettle 的安装与启动

本教材使用的是 Kettle 9.2 版本,读者可以从 Pentaho 官方网站下载 Kettle 的安装包 pdi-ce-9.2.0.0-290.zip。接下来,以 Windows 操作系统为例,讲解如何安装与启动 Kettle。

1. 安装 Kettle

Kettle 是一款免安装的绿色软件,可以直接使用。因此,只需将 Kettle 的安装包 pdi-ce-9.2.0.0-290.zip 解压缩到计算机上的任意文件夹即可。解压完成后，将会生成一个名为 data-integration 的文件夹，其中包含了 Kettle 的所有必要文件和文件夹，如图 3-1 所示。

ADDITIONAL-FILES	classes	Data Integration.app
Data Service JDBC Driver	docs	drivers
launcher	lib	libswt
plugins	pwd	samples
simple-jndi	static	system
ui	Carte.bat	carte.sh
Encr.bat	encr.sh	Import.bat
import.sh	import-rules.xml	Kitchen.bat
kitchen.sh	LICENSE.txt	Pan.bat
pan.sh	PentahoDataIntegration_OSS_Licenses.html	purge-utility.bat
purge-utility.sh	README.txt	README-spark-app-builder.txt
runSamples.bat	runSamples.sh	set-pentaho-env.bat
set-pentaho-env.sh	Spark-app-builder.bat	spark-app-builder.sh
Spoon.bat	spoon.command	spoon.ico
spoon.png	spoon.sh	SpoonConsole.bat
SpoonDebug.bat	SpoonDebug.sh	yarn.sh

图 3-1　文件夹 data-integration 的内容

下面，针对 Kettle 一些核心的文件和文件夹进行介绍，具体内容如下。

- Kitchen.bat：用于启动 Kitchen 的批处理文件。
- Pan.bat：用于启动 Pan 的批处理文件。
- Spoon.bat：用于启动 Spoon 的批处理文件。
- Carte.bat：用于启动 Carte 的批处理文件。
- logs：用于存放日志文件的文件夹，这些文件记录了 Kettle 的运行日志和错误信息。logs 文件夹会在 Kettle 启动后自动创建。
- samples：用于存放示例文件的文件夹，这些文件提供了一些示例转换和作业，可供学习和参考。
- lib：用于存放 Kettle 所依赖的 JAR 文件的文件夹，这些文件包含了 Kettle 所需的 Java 库。
- plugins：用于存放插件的文件夹，这些插件可以扩展 Kettle 的功能。

2. 启动 Kettle

由于 Kettle 是基于 Java 虚拟机（JVM）运行的，所以在启动 Kettle 之前，需要确保 Windows 操作系统已经安装了 JDK 并正确配置了 Java 环境。本教材使用的 JDK 版本为 8，关于 JDK 的安装和 Java 环境的配置，这里不做详细说明。

由于 Spoon 提供了直观的图形化开发环境，用户能够通过可视化界面便捷地实现 ETL，所以本教材将主要使用 Spoon 讲解 Kettle 的使用。读者可以通过双击批处理文件 Spoon.bat 启动 Spoon，此时会进入 Spoon 的加载界面，如图 3-2 所示。

首次启动 Spoon 时，它需要加载并初始化一系列必要的配置文件和资源，以确保正常运行。这个过程可能会消耗一些时间。

Spoon 启动完成后，将进入 Kettle 图形化界面，该界面可以分为 4 个主要部分，分别是菜单栏、工具栏、浏览窗口和工作区，如图 3-3 所示。

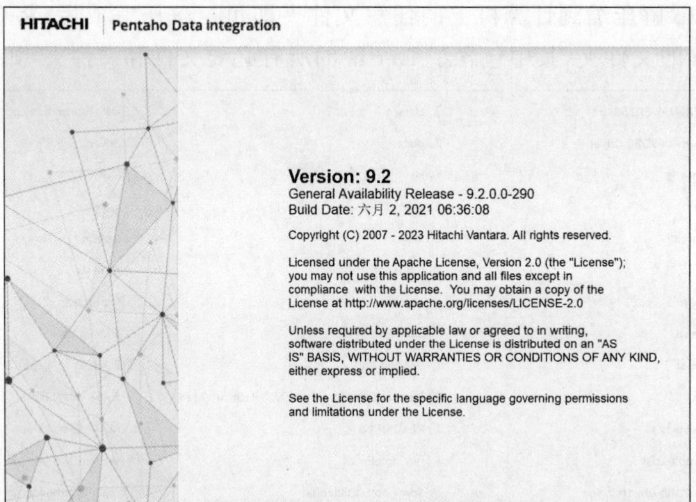

图 3-2　Spoon 的加载界面

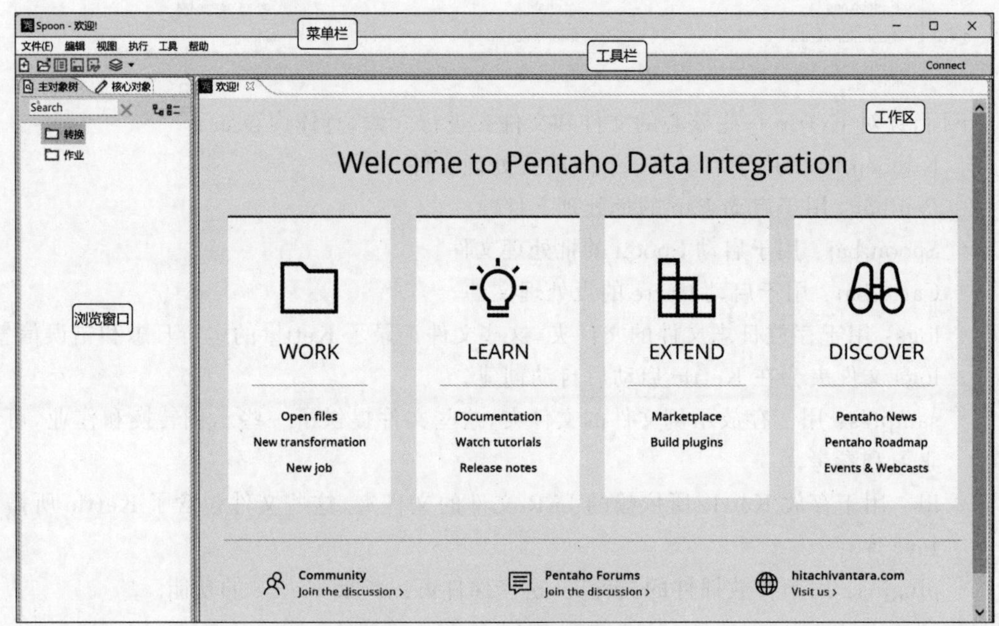

图 3-3　Kettle 图形化界面

下面,针对图 3-3 中标注的菜单栏、工具栏、浏览窗口和工作区进行讲解,具体内容如下。

(1) 菜单栏。

菜单栏提供了对所有功能的访问,包括“文件”“编辑”“视图”“执行”“工具”“帮助”6 个选项,每个选项提供了不同类别的功能,例如“文件”选项提供了新建、打开、导出等功能。

(2) 工具栏。

工具栏提供了对常用功能的便捷访问,使用户在操作时更加方便。工具栏由多个按钮组成,每个按钮都有其特定的功能,具体介绍如下。

- “新建文件”按钮用于创建新的作业、转换或数据库连接。
- “打开文件”按钮用于打开已保存的转换或作业。

- “浏览存储器”按钮用于浏览存储库。存储库是一个用于存储和管理转换和作业的中心化数据库。
- “保存”按钮用于将当前转换或作业保存为文件。
- “另存为”按钮用于将当前转换或作业保存到其他文件中。
- “透视”按钮用于切换视图类型。
- Connect 按钮用于创建并连接存储库。

(3) 浏览窗口。

浏览窗口主要由“主对象树”“核心对象”两个选项卡组成,其中“主对象树”选项卡用于查看当前转换或作业的相关信息;“核心对象”选项卡提供了用于构建转换或作业的步骤和作业项。

(4) 工作区。

工作区是用于构建转换或作业的区域,初次启动 Spoon 时,会显示为欢迎界面。当用户新建转换或作业之后,系统将自动跳转到对应的工作区。在工作区中,用户可以自由地添加、配置或删除步骤或作业项。

3.3 Kettle 的转换和作业

在 Kettle 中,可以通过转换和作业来构建复杂的 ETL。具体而言,转换用于定义数据处理流程,包括数据的抽取、转换和加载。作业用于组织和调度转换的执行。作业可以包含一个或多个转换,并规定了这些转换之间的执行顺序和条件。本节将详细介绍 Kettle 中转换和作业。

3.3.1 转换

转换由一个或多个称为步骤(step)的组件构成,每个步骤都具有特定的功能,例如,从 CSV 文件中抽取数据、过滤数据、将数据输出到目标表等。在转换中,用户可以根据特定的顺序和逻辑来组织这些步骤。

转换中的步骤通过跳(hop)相互连接。跳定义了一个单向通道,允许数据从一个步骤流向另一个步骤。通过跳,用户可以定义数据的传递方式,例如,从一个步骤的输出流向另一个步骤的输入。这样,转换中的数据就可以按照用户定义的流程进行处理。

在转换中,跳的类型分为主跳(main hop)和错误跳(error hop),其中主跳表示数据的主要流向,通常用于连接前一个步骤的输出和后一个步骤的输入。主跳是转换中的主要数据路径,决定了数据的流动方向。而错误跳则用于处理错误数据,如不符合要求的数据。通过错误跳,可以将这些错误数据从当前步骤传递到特定的步骤进行处理。

假设有这样一个需求,需要从 CSV 文件中抽取数据,过滤掉不符合要求的数据,对符合要求的数据进行排序,并将排序结果输出到指定的表中。此时,转换的基本结构如图 3-4 所示。

在图 3-4 中,每个带有特定名称的图标都代表了一个步骤,每个步骤都具有特定的功能。例如,名为“CSV 文件输入”的步骤用于从 CSV 文件中抽取数据。步骤之间带有箭头的连接线表示跳,箭头的指向表示数据的流向,其中没有标记或者标记为的跳为主跳,而

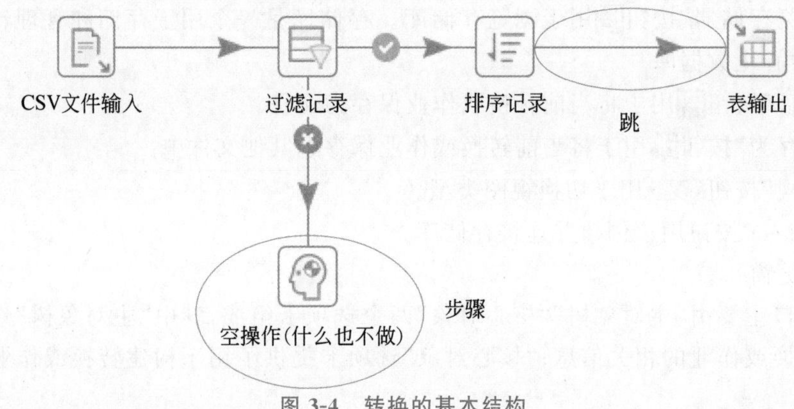

图 3-4　转换的基本结构

标记为✖的跳为错误跳。因此,可以看出名为"过滤记录"的步骤将符合要求的数据输出到名为"排序记录"的步骤,并将不符合要求的数据输出到名为"空操作(什么也不做)"的步骤中。

在转换中,一个步骤可以通过主跳连接至多个步骤,使数据可以同时输出到多个相连的步骤进行处理。转换中的步骤支持两种数据输出方式,即分发和复制。分发是指将数据拆分为多个副本,并将每个副本输出到不同的相连步骤进行独立处理。这意味着每个相连步骤将独立处理其接收到的数据副本。而复制指的是将数据的完整副本发送到每个相连步骤,所以每个步骤接收的都是完全一样的数据。

值得注意的是,在运行转换时,所有的步骤都会同时启动并以并行的方式运行。这意味着不同的步骤将在不同的线程中独立地执行,而它们之间的初始化顺序是不可预测的。这种不可预测性可能会对依赖于其他步骤初始化结果的步骤产生影响。如果一个步骤在初始化时需要依赖其他步骤的输出,而这些步骤尚未完成初始化,那么可能会导致错误或不完整的结果。因此,在设计 Kettle 的转换时,需要考虑步骤之间的依赖关系,并确保在执行步骤之前已经满足了所需的初始化条件,以避免潜在的问题。

多学一招:行集

行集(Row Set)是 Kettle 中用于在步骤之间传递数据的数据结构,它相当于跳在实际传输数据时的载体,用于存储和传输数据。

行集通过缓冲机制来平衡不同步骤之间的处理速度,使数据传递更加稳定和高效。举例来说,当一个步骤尝试向行集写入数据时,如果行集已经达到了其容量上限,那么这个步骤的写入操作就会被阻塞,直到行集中有足够的空间可供使用。同样,当一个步骤试图从行集读取数据时,如果行集为空,那么这个步骤也会被阻塞,直到行集中出现了新的可读取的数据。

行集内部包含多行数据,每行数据包含一个或多个字段,每个字段都有特定的数据类型。关于 Kettle 支持的数据类型如表 3-1 所示。

表 3-1　Kettle 支持的数据类型

数据类型	相关说明
String	以 UTF-8 编码的可变长度文本
Number	双精度浮点数值

续表

数据类型	相关说明
BigNumber	任意精度的数值
Integer	有符号的 64 位长整数
Internet Address	Internet 协议(IP)地址
Date	带有毫秒的日期时间
Boolean	取值为 true 或 false 的布尔值
Binary	包含任何类型二进制数据的字节数组
Timestamp	时间戳

3.3.2 作业

在 Kettle 中,作业由一系列作业项(job entry)组成,旨在实现 ETL 的自动化执行。作业中的每个作业项都具备特定的功能,例如,执行转换、发送邮件、条件判断等。通过组合不同的作业项,使它们可以按照预定义的顺序有序执行,以确保数据处理的准确性和顺序性。

在作业中,每个作业项通过作业跳(job hop)来连接。作业跳定义了作业项之间的依赖关系和执行顺序。作业跳分为无条件(unconditional)、当结果为真时遵循(follow when result is true)和当结果为假时遵循(follow when result is false)3 种类型,具体介绍如下。

1. 无条件

无条件的作业跳表示无论前一个作业项的执行结果如何,相连的两个作业项都会依次执行。换言之,无条件的作业跳没有对前一个作业项的执行结果进行额外的条件限制,它直接连接了两个作业项。

2. 当结果为真时遵循

当结果为真时遵循的作业跳表示只有当前一个作业项的执行结果为真时,相连的后一个作业项才会执行。这种类型的作业跳会根据前一个作业项的执行结果来决定是否执行下一个作业项。

3. 当结果为假时遵循

当结果为假时遵循的作业跳与当结果为真时遵循的作业跳正好相反。它表示只有当前一个作业项的执行结果为假时,相连的后一个作业项才会执行。同样,这种类型的作业跳也是根据前一个作业项的执行结果来决定是否执行下一个作业项。

假设有这样一个需求,要求每 60 秒检查一次指定的 CSV 文件是否存在,如果文件存在,则运行转换。如果在运行转换的过程中出现了错误,那么表示转换执行失败,此时需要向开发人员发送一封邮件来进行通知。如果转换成功了,那么就不会执行任何操作。此时,作业的基本结构如图 3-5 所示。

在图 3-5 中,每个带有特定名称的图标都代表了一个作业项,每个作业项都具有特定的功能。例如,名为 Start 的作业项用于运行作业,并配置作业的执行周期。每个作业项之间带有箭头的连接线表示作业跳,箭头的指向表示作业项的执行顺序,其中标记为的作业跳为无条件,标记为的作业跳为当结果为真时遵循,而标记为的作业跳为当结果为假时遵循。通过单击作业跳的标记可以修改其类型。

值得一提的是,在作业中,一个作业项可以有多个输出,这意味着可以通过作业跳将一

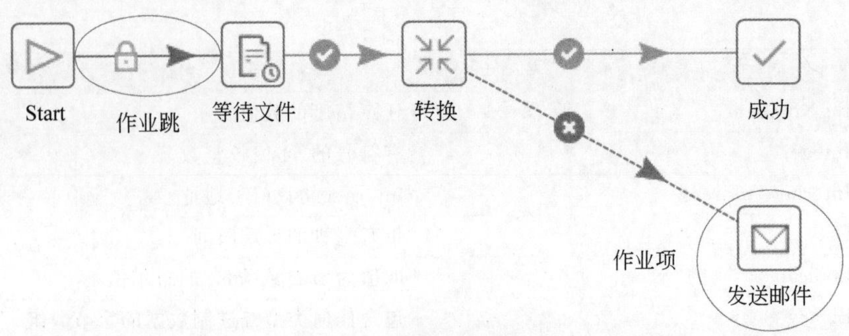

图 3-5 作业的基本结构

个作业项连接到多个其他的作业项。这种情况下,连接到同一作业项的多个作业项会以并行的方式执行,但它们与其他作业项的执行顺序仍然是保持一致的。也就是说,作业项之间的连接和依赖关系仍然会影响整个作业的执行流程,确保数据按照正确的顺序处理。

下面,通过一个简单的例子来介绍作业项具有多个输出的情况,具体如图 3-6 所示。

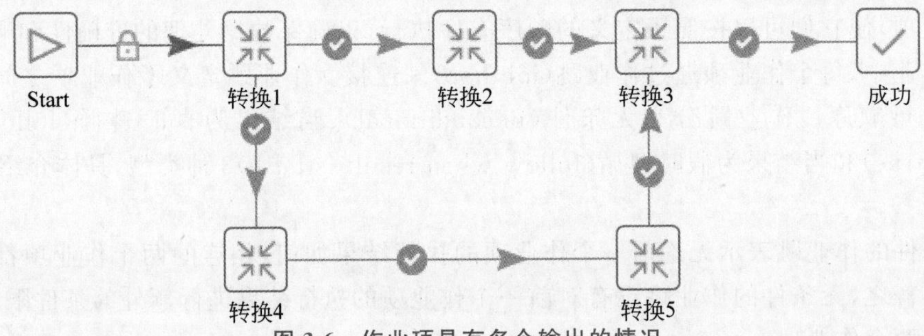

图 3-6 作业项具有多个输出的情况

从图 3-6 可以看出,名为"转换 1"的作业项有两个输出,分别是名为"转换 2""转换 4"的作业项。当作业执行时,如果名为"转换 1"的作业项的执行结果为真,那么"转换 2""转换 4"的作业项会并行执行。

多学一招:作业项的执行结果

在 Kettle 中,作业项的执行结果包含以下几部分内容。

- 执行状态:表示作业项的执行状态,如执行中、成功、失败等。
- 错误信息:如果作业项执行失败,执行结果会包含详细的错误信息,这些信息可以帮助我们诊断问题。
- 数据:作业项执行结果可能包含产生的数据,这取决于作业项类型和配置。例如,一个转换的作业项可以生成转换后的数据,供后续的作业项使用。
- 日志记录:作业项的执行结果会被记录到作业的日志中,这些日志信息包括执行时间、详细的执行过程等。这些日志信息有助于跟踪作业的执行过程,并对可能发生的问题进行排查。
- 其他元数据:根据具体的作业项,执行结果可能还会包含其他与作业项执行相关的元数据。这些元数据可能包括输入参数、输出参数、计算结果等。

3.4 Kettle的基本操作

Kettle 的基本操作主要包括转换管理、作业管理和数据库连接,通过这些操作,用户可以灵活设计和实现 ETL。本节将介绍这些操作的实现方式。

3.4.1 转换管理

转换管理主要涉及创建、编辑、保存和运行转换,具体介绍如下。

1. 创建转换

在 Kettle 的图形化界面中,用户可以通过菜单栏、工具栏或快捷键创建转换,实现方式如下。

(1) 通过菜单栏创建转换。首先,单击菜单栏中的"文件"选项。然后,在弹出的菜单中依次选择"新建""转换"选项,这样就可以创建一个新的转换。

(2) 通过工具栏创建转换。首先,单击工具栏中的"新建文件"按钮。然后,在弹出的菜单中选择"转换"选项,这样也可以创建一个新的转换。

(3) 通过快捷键创建转换。按 Ctrl+N 快捷键快速创建一个新的转换。

在 Kettle 的图形化界面中成功创建转换的效果如图 3-7 所示。

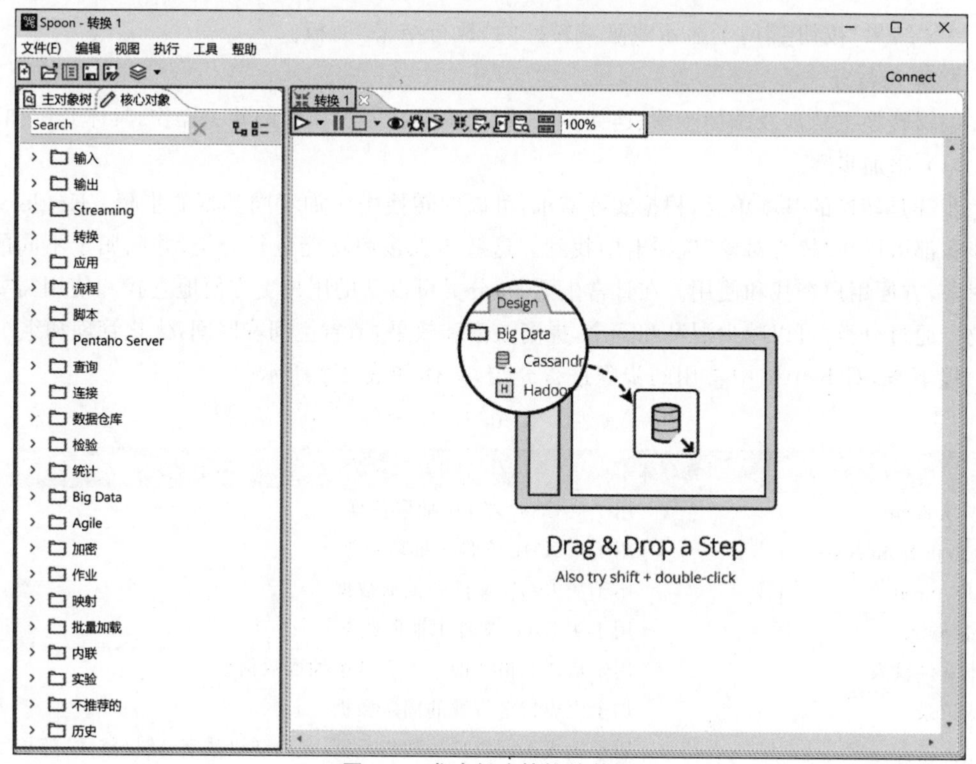

图 3-7 成功创建转换的效果

从图 3-7 中可以看出,转换创建成功后,其默认名称为"转换 1"。在"核心对象"选项卡中显示了所有分类对象,每个分类对象中包含了不同类型的步骤,可以通过单击每个分类对象前面的❯按钮查看其中的具体内容。

在转换的工作区上方存在一个工具栏,它为用户提供了对转换常见功能的快速访问,该工具栏由多个按钮和一个"缩放比例"下拉框 100% 组成,其中"缩放比例"下拉框用于调整工作区中内容缩放的百分比。工具栏中不同按钮的功能介绍如下。

- "运行"按钮用于运行转换。在运行转换之前,需要先保存转换。
- "暂停"按钮用于暂停正在运行的转换。
- "停止"按钮用于停止正在运行的转换。
- "预览"按钮用于在预览模式下运行转换。在预览模式下,用户可以查看转换中选定步骤的执行效果,而不需要执行整个转换。
- "调试"按钮用于在调试模式下运行转换。在调试模式下,用户可以逐步运行转换,以便分析可能出现的错误。
- "重播"按钮用于重新运行转换。在重新运行转换之前,需要先保存转换。
- "验证"按钮用于检查转换是否可以正常运行。这样可以提前发现并解决可能导致转换运行失败的问题。
- "分析"按钮用于分析转换是否对数据库有影响。
- "SQL"按钮用于提取转换中涉及的 SQL 语句。
- "浏览数据库"按钮用于查看和管理数据库连接。
- "结果"按钮用于显示或隐藏转换的"执行结果"面板。

2. 编辑转换

编辑转换主要涉及添加步骤、连接步骤、配置步骤和添加注释的相关操作,具体介绍如下。

(1) 添加步骤。

步骤是转换的基本单元,根据实际需求,可以向转换中添加不同类型的步骤。Kettle 支持的步骤都可以在"核心对象"选项卡中找到。这些步骤按照功能进行分类,并归属于不同的分类对象,方便用户查找和使用。在日常生活中,分类可以帮助用户更方便地查找和使用需要的事物。通过分类,可以减少混乱和冗余,提高效率和效果,节省空间和时间,优化管理和组织。

接下来,对 Kettle 中常用的步骤进行介绍,具体如表 3-2 所示。

表 3-2 Kettle 常用的步骤

步骤	分类对象	相关说明
CSV 文件输入	输入	用于从 CSV 文件中抽取数据
Get data from XML		用于从 XML 文件中抽取数据
JSON input		用于从 JSON 文件中抽取数据
Excel 输入		用于从 Excel 文件中抽取数据
文本文件输入		用于从任意格式的文本文件中抽取数据
生成记录		用于生成特定行数的固定数据
生成随机数		用于生成不同类型的随机数据,包括随机数字、随机整数、随机字符串、UUID 等
自定义常量数据		用于生成一个自定义的数据
获取系统信息		用于获取 Kettle 运行环境的相关信息,包括 IP 地址、主机名、系统日期等
表输入		用于从数据库的表中抽取数据

续表

步　骤	分类对象	相关说明
JSON output	输出	用于将数据转换为 JSON 格式并加载到文本文件中
Excel 输出		用于将数据加载到 Excel 文件中
SQL 文件输出		用于将数据以一组 SQL 语句的形式加载到文本文件中
XML output		用于将数据加载到 XML 文件中
删除		用于根据指定规则删除数据库中表的数据
插入/更新		用于将数据加载到数据库的表中。适用于向表中插入数据或者更新表的数据
文本文件输出		用于将数据加载到文本文件中
表输出		用于将数据加载到数据库的表中。仅适用于向表中插入数据
Add a checksum	转换	用于计算指定字段值的校验和(checksum)
字符串替换		用于根据指定的规则,匹配指定字段的值,并将其替换为特定的值
值映射		用于将指定字段中的特定值替换为其他值
列拆分为多行		用于根据指定的分隔符,将指定字段的值拆分为多行
列转行		用于将指定字段的值拆分为多个字段
剪切字符串		用于根据索引范围,对指定字段(字符串类型)的值进行裁剪
去除重复记录		用于根据指定字段的值,删除重复的数据。使用该步骤之前,需要对数据进行排序处理
唯一行(哈希值)		用于根据指定字段的值,删除重复的数据
增加序列		用于添加一个自增字段
字段选择		用于选取指定字段
字符串操作		用于对指定字段(字符串类型)的值进行字符串操作
拆分字段		用于根据指定的分隔符,将指定字段的值拆分到多个字段中
排序记录		用于根据指定字段对数据进行排序处理
数值范围		用于判断指定字段(数字类型)的值是否在给定范围内,并根据判断结果为其添加标识
计算器		用于对指定字段的值进行计算
Concat fields		用于将多个字段的值通过指定分隔符进行合并
替换 NULL 值	应用	用于将数据中的 NULL 替换为指定值,或者将指定字段中的 NULL 替换为指定值
设置值为 NULL		用于将指定字段中的特定值替换为 NULL
Switch/case	流程	用于根据指定字段的值,将数据分配至不同的步骤,类似于 Java 语言中的 switch/case 语句
中止		用于根据指定条件停止转换的运行
空操作(什么也不做)		不进行任何操作
过滤记录		用于根据指定条件对数据进行过滤

续表

步　骤	分类对象	相关说明
Java 代码	脚本	用于编写 Java 代码处理数据
JavaScript 代码		用于编写 JavaScript 代码处理数据
公式		用于根据指定公式处理数据
执行 SQL 脚本		用于编写 SQL 语句处理数据库中的数据
正则表达式		用于根据正则表达式处理指定字段的值
数据库查询	查询	用于查询数据库中指定表的数据。基于表和行集中指定字段的值进行比较,实现查询
数据库连接		用于查询数据库中指定表的数据。基于指定 SQL 语句实现查询,可以使用行集中指定字段的值作为查询参数
HTTP client		用于根据指定 URL 从 Web 服务获取数据
HTTP post		用于根据指定 URL 向 Web 服务发送 post 请求并获取响应结果
检查文件是否存在		用于检查指定文件是否存在
检查表是否存在		用于检测数据库中的指定表是否存在
流查询		用于查询指定步骤中的数据
记录集连接	连接	用于连接两个步骤的数据,连接类型包括 INNER(内连接)、LEFT OUTER(左外连接)、RIGHT OUTER(右外连接)和 FULL OUTER(全外连接)
合并记录		用于合并两个步骤的数据。使用该步骤之前,需要对数据进行排序处理
排序合并		用于根据指定字段,对两个步骤的数据进行排序处理,然后将排序后的数据进行合并
记录关联(笛卡儿输出)		用于生成两个步骤中所有数据的组合,即笛卡儿积
数据检验	检验	用于根据指定规则检验数据
分组	统计	用于根据指定字段的值对数据进行分组,并允许对分组后的数据进行聚合运算
单变量统计		用于对指定字段的值执行统计操作,例如求最大值、最小值和中位数等
HBase input	Big Data	用于从 HBase 中的表抽取数据
HBase output		用于将数据加载到 HBase 的表中
Hadoop file input		用于从 HDFS 中的文件抽取数据
Hadoop file output		用于将数据加载到 HDFS 的文件中
MongoDB input		用于从 MongoDB 中的集合抽取数据
MongoDB output		用于将数据加载到 MongoDB 的集合中
设置变量	作业	用于设置变量,该变量无法在当前转换中使用
获取变量		用于获取指定变量

续表

步骤	分类对象	相关说明
映射(子转换)	映射	用于在转换中添加子转换
映射输入规范		用于指定输入子转换的数据
映射输出规范		用于输出子转换的处理结果

在转换中添加步骤的方式分为两种,一种是通过拖曳的方式将指定步骤添加到工作区。另一种是通过鼠标双击指定步骤将其添加到工作区。例如,以拖曳的方式,向转换 1 添加"自定义常量数据""增加序列""文本文件输出"三个步骤后,转换 1 的工作区如图 3-8 所示。

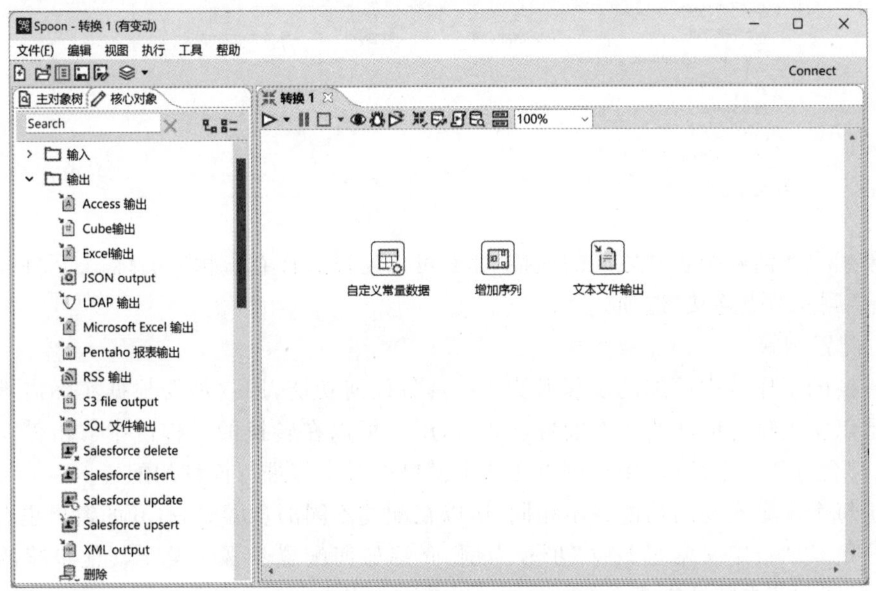

图 3-8 转换 1 的工作区

从图 3-8 中可以看出,转换 1 的工作区中成功添加了"自定义常量数据""增加序列""文本文件输出"步骤。

如果想要调整步骤的位置,可以通过拖曳相应的步骤在工作区中进行移动来实现。如果需要删除步骤,可以在选中相应步骤的情况下按下键盘上的 Delete 键即可。

(2) 连接步骤。

在 Kettle 中,将步骤添加到转换的工作区之后,还需要根据实际需求,通过跳来连接这些步骤。连接步骤的常用的方式有两种,具体介绍如下。

- 第一种方式:使用鼠标滚轮键单击输出数据的步骤,当移动鼠标出现带箭头的连接线时,再次使用鼠标滚轮键单击需要连接的步骤。如果在此过程中,想要取消连接步骤的操作,可以使用鼠标滚轮键单击工作区的空白区域。
- 第二种方式:按住键盘的 Shift 键,使用鼠标的左键单击输出数据的步骤,当移动鼠标出现带箭头的连接线时,释放 Shift 键,然后再次使用鼠标的左键单击需要连接的步骤。如果在此过程中,想要取消连接步骤的操作,可以使用鼠标左键单击工作区的空白区域。

接下来,使用跳将转换 1 的工作区中添加的 3 个步骤进行连接,使"自定义常量数据"步骤的数据输出到"增加序列"步骤,以及使"增加序列"步骤的数据输出到"文本文件输出"步骤,如图 3-9 所示。

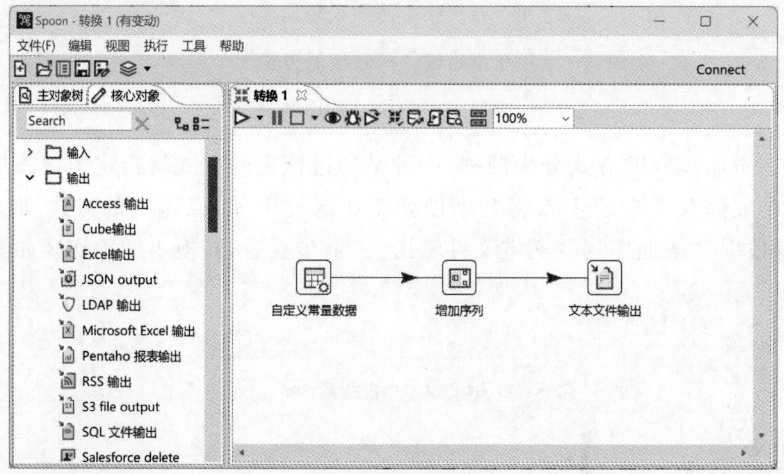

图 3-9　连接步骤

如果想要取消两个步骤之间的连接,那么可以通过鼠标右击相应的跳,然后在弹出的菜单中选择"删除节点连接"选项。

(3) 配置步骤。

在转换的工作区中添加的步骤默认并不具备任何功能,用户需要根据实际需求来配置这些步骤以实现特定的功能。在配置步骤时,用户可以在转换的工作区中双击需要配置的步骤,此时会打开一个窗口,用户可以在这个窗口中对步骤进行详细的配置。

由于每个步骤实现的功能各不相同,所以在配置不同的步骤时,打开的窗口也会有所差异。在这里,以"自定义常量数据"步骤为例,介绍如何配置步骤。至于其他步骤的配置方式,将在后续章节中陆续进行介绍。

在转换 1 的工作区中,双击"自定义常量数据"步骤打开"自定义常量数据"窗口,如图 3-10 所示。

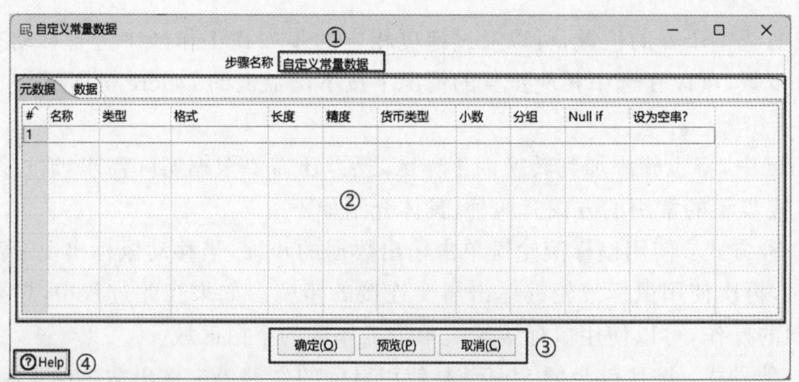

图 3-10　"自定义常量数据"窗口(1)

从图 3-10 中可以看出,"自定义常量数据"窗口主要包含 4 个区域,具体介绍如下。

- 标注①的区域用于设置步骤的名称。同一转换中的每个步骤都需要有唯一的名称。
- 标注②的区域用于配置步骤,其中"元数据"选项卡用于指定自定义数据中字段的信息,包括名称、类型、格式等;“数据”选项卡用于指定字段的值。

- 标注③的区域包含“确定”“预览”“取消”3 个按钮,其中“确定”按钮用于保存步骤的配置,“预览”按钮用于查看当前步骤中的数据,“取消”按钮用于取消步骤的配置。
- 标注④的区域是一个“帮助”按钮 ⓘHelp ,当用户单击该按钮时,浏览器会自动访问 Pentaho 官方网站中关于当前步骤的说明文档页面,通过该页面用户可以学习当前步骤的使用方式。

在图 3-10 中的“步骤名称”输入框内指定步骤的名称为“用户信息”。在“元数据”选项卡添加两行内容,其中第一行内容中“名称”列和“类型”列的值分别为 name 和 String,表示在自定义数据中添加数据类型为 String 的字段 name,第二行内容中“名称”列和“类型”列的值分别为 age 和 Integer,表示在自定义数据中添加数据类型为 Integer 的字段 age。

“自定义常量数据”窗口配置完成的效果如图 3-11 所示。

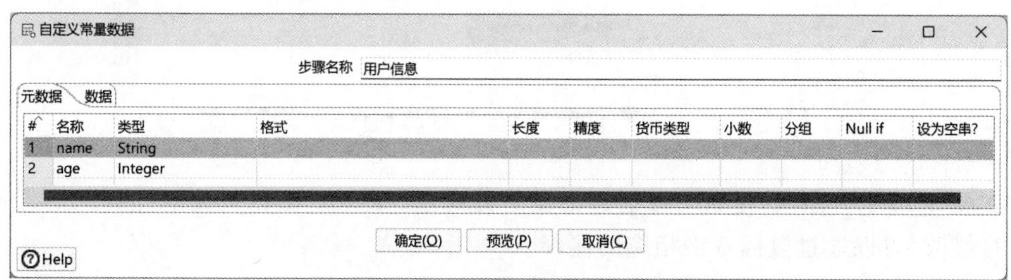

图 3-11 “自定义常量数据”窗口(2)

在图 3-11 中单击“数据”选项卡标签,在该选项卡中指定每个字段的数据,如图 3-12 所示。

从图 3-12 中可以看出,字段 name 和 age 都包含 3 行数据。在图 3-12 中单击“确定”按钮保存当前步骤的配置。

值得一提的是,在 Kettle 中,大部分步骤在配置时都可以将打开的窗口划分为图 3-10 所示的 4 部分内容,其中标注①、③和④的区域具有基本相同的功能,而标注②的区域会因步骤的不同而有所差异。

(4) 添加注释。

注释用于在转换中添加额外的描述信息,它可以帮助开发人员更好地了解转换的业务逻辑。在转换的工作区中添加注释时,可以通过鼠标右击工作区的空白区域,在弹出的菜单中选择“新建注释”选项,此时会打开“注释”窗口,如图 3-13 所示。

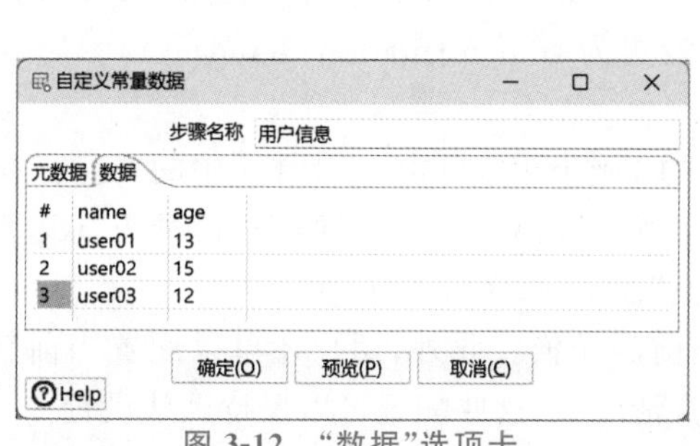

图 3-12 “数据”选项卡

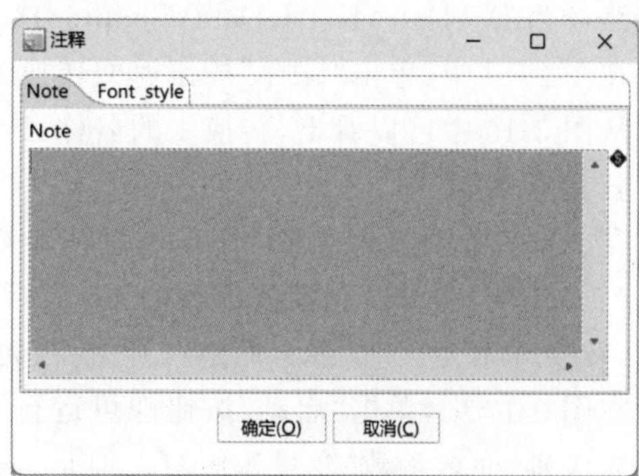

图 3-13 “注释”窗口(1)

在图 3-13 中,Note 选项卡的 Note 文本框用于输入注释的内容。Font _style 选项卡用于配置注释的样式,包括字体、字号、文字颜色、背景颜色等。在完成注释内容和样式的配置后,通过单击“确定”按钮在转换的工作区中添加注释。

接下来,演示如何在转换 1 的工作区中添加注释,注释的内容为“用户信息包括姓名和年龄”,注释的样式为默认样式,如图 3-14 所示。

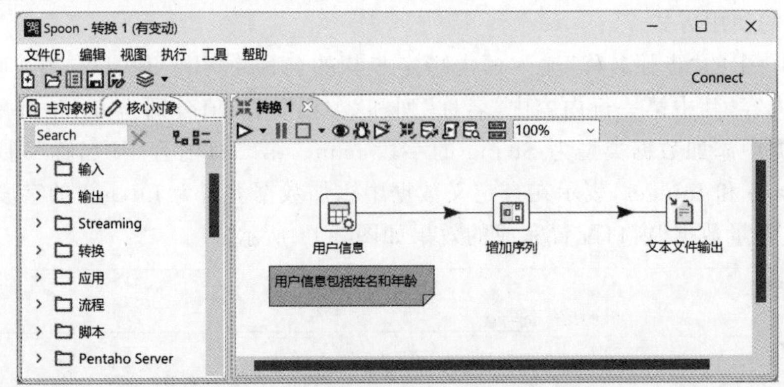

图 3-14　在转换 1 的工作区中添加注释

在图 3-14 中,注释的位置可以通过拖曳的方式进行调整。如果需要对注释的内容或样式进行修改,可以通过鼠标双击相应的注释。

3. 保存转换

编辑好的转换需要在保存后才能运行。在 Kettle 中,转换以文件的形式保存,该文件被称为转换文件,其扩展名为 ktr。在 Kettle 的图形化界面中,用户可以通过菜单栏、工具栏或快捷键来保存转换,实现方式如下。

(1) 通过菜单栏保存转换。首先,单击菜单栏中的“文件”选项。然后,在弹出的菜单中选择“保存”选项,这样就可以保存当前转换。

(2) 通过工具栏保存转换。单击工具栏中的“保存”按钮,这样也可以保存当前转换。

(3) 通过快捷键保存转换。按 Ctrl+S 快捷键快速保存当前转换。

在第一次保存转换时,Kettle 会弹出一个“另存为”对话框,该对话框用于指定转换文件的存储路径,以及定义转换文件的名称。转换文件的名称会直接作为转换的名称。

接下来,演示如何保存转换。在图 3-14 中,单击工具栏中的“保存”按钮,弹出“另存为”对话框,在该对话框内指定转换文件的名称为 transformation_demo,并且指定转换文件的存储路径为 D:\Data\KettleData\Chapter03,如图 3-15 所示。

在图 3-15 中,单击“保存”按钮返回转换 transformation_demo 工作区,如图 3-16 所示。从图 3-16 中可以看出,转换 1 的名称已经变更为 transformation_demo。

4. 运行转换

在 Kettle 的图形化界面,用户可以在转换的工作区中,单击“工具栏”中的“运行”按钮运行当前转换,也可以直接按键盘的 F9 键运行当前转换。当用户通过这两种方式运行转换时,转换并不会立即启动,而是打开“执行转换”窗口,如图 3-17 所示。

在图 3-17 中,单击“启动”按钮即可运行当前的转换。此外,用户还可以配置当前转换的日志级别、命名参数、变量等内容。但是,通常情况下,这些配置可以保持默认设置。

接下来,演示如何运行转换 transformation_demo。不过在此之前,需要完成转换

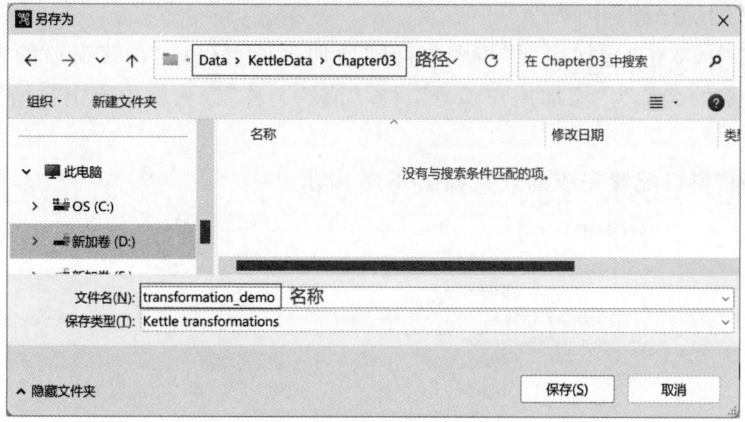

图 3-15　“另存为”对话框(1)

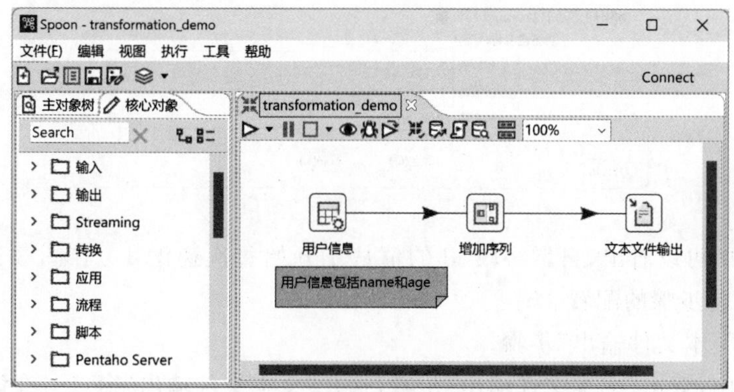

图 3-16　转换 transformation_demo 的工作区(1)

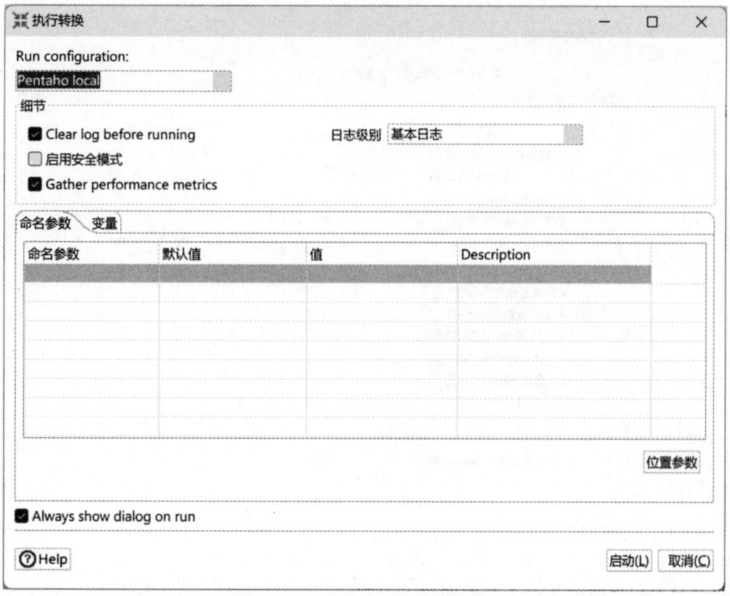

图 3-17　“执行转换”窗口

transformation_demo 中“增加序列”和“文本文件输出”步骤的配置,以实现为自定义的数据增加自增字段,并将数据加载到文本文件的功能,具体操作步骤如下。

(1) 配置“增加序列”步骤。

在图 3-16 中,双击“增加序列”步骤,打开“增加序列”窗口。在该窗口的“步骤名称”输入框中指定步骤的名称为“添加用户编号”。在“值的名称”输入框中指定自增字段的字段名为 id。

“增加序列”窗口配置完成的效果如图 3-18 所示。

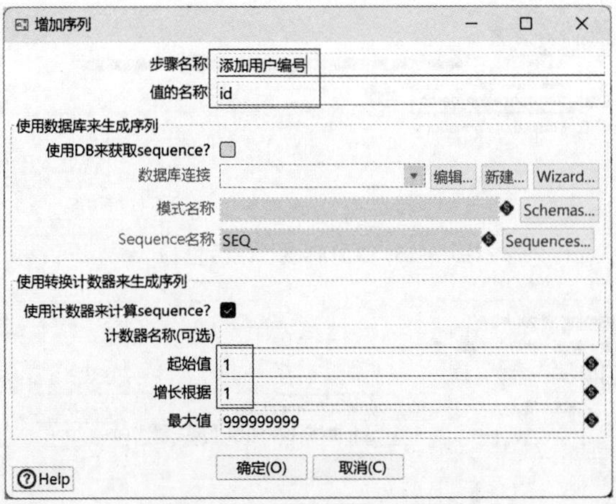

图 3-18 “增加序列”窗口

从图 3-18 中可以看出,自增字段 id 的值从 1 开始每次递增 1。在图 3-18 中,单击“确定”按钮保存当前步骤的配置。

(2) 配置“文本文件输出”步骤。

在图 3-16 中,双击“文本文件输出”步骤,打开“文本文件输出”窗口。在该窗口的“步骤名称”输入框中指定步骤名称为“加载用户信息至文件”,如图 3-19 所示。

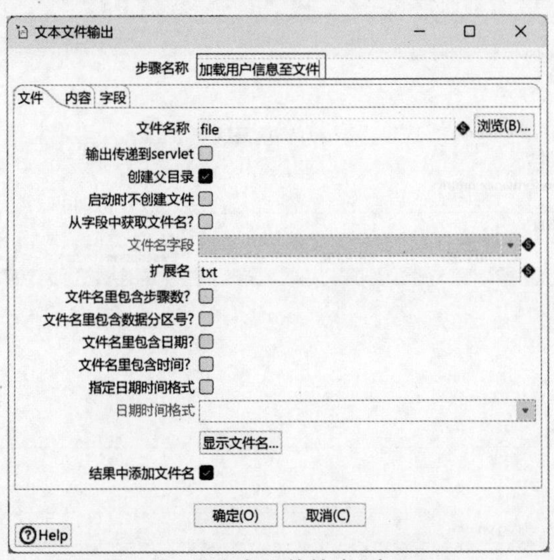

图 3-19 “文本文件输出”窗口(1)

在图 3-19 中,单击“浏览”按钮打开 Save To 窗口,在该窗口中通过单击 Local 折叠框选择本地文件系统的路径为 D:\Data\KettleData\Chapter03,并分别在 File name 输入框和 File type 下拉框中指定文件的名称和类型为 user 和 *.txt,如图 3-20 所示。

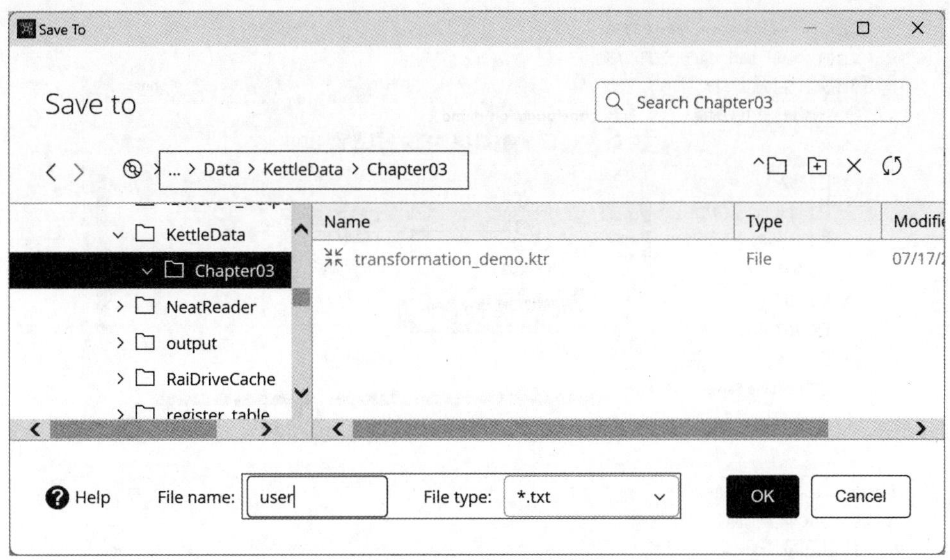

图 3-20 Save To 窗口

图 3-20 中配置的内容表示，将数据加载到本地文件系统中的 D:\Data\KettleData\Chapter03 路径下的 user.txt 文件中。如果需要将数据加载到虚拟文件系统或者 HDFS 文件系统的文件中，那么可以通过在 Save To 窗口中通过单击 VFS Connections 折叠框或 Hadoop Clusters 折叠框来选择路径。

在图 3-20 中，单击 OK 按钮返回至"文本文件输出"窗口，如图 3-21 所示。

图 3-21 "文本文件输出"窗口(2)

在图 3-21 中，单击"确定"按钮保存当前步骤的配置，并返回至转换 transformation_demo 的工作区，如图 3-22 所示。

(3) 运行转换 transformation_demo。

保存并运行转换 transformation_demo，其运行完成后的效果如图 3-23 所示。

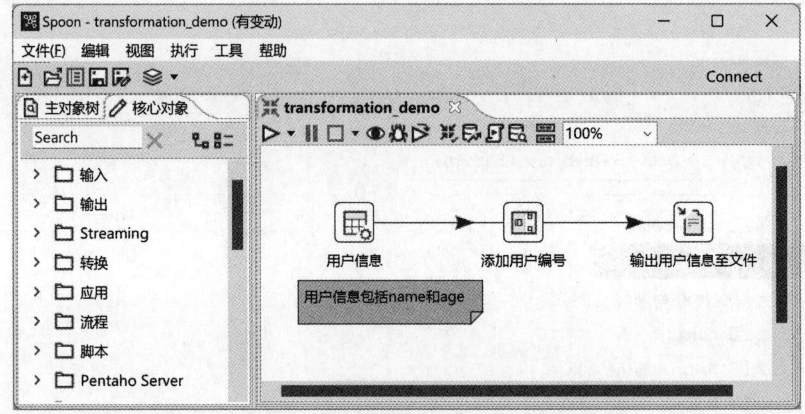

图 3-22　转换 transformation_demo 的工作区(2)

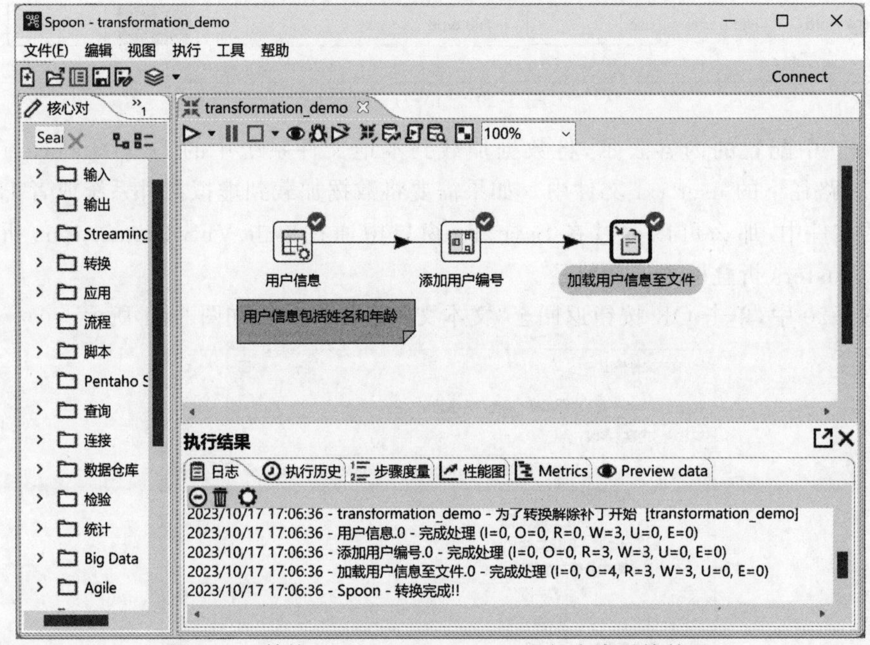

图 3-23　转换 transformation_demo 运行完成后的效果

从图 3-23 可以看出,每个步骤的右上角都新增了一个✅图标,这表明相应的步骤已经成功运行。因此可以说明,转换 transformation_demo 运行成功。如果在步骤的右上角新增了一个❎图标,那么表明相应的步骤在运行过程中出现了错误。

此时,可以在本地文件系统的 D:\Data\KettleData\Chapter03 路径下,查看文件 user.txt 的内容,如图 3-24 所示。

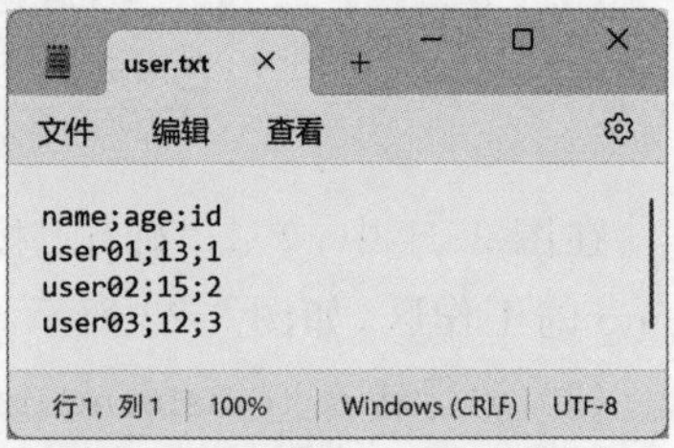

从图 3-24 中可以看出,文件 user.txt 的首行包含各个字段的名称,且每个字段之间以分号分隔。这是因为“文本文件输出”步骤在向文本文件加载数据时,默认使用分号来分隔每个字段,并将字段名称作为首行数据。不过,用户可以通过“文本文件输出”步骤的“内容”选项卡和“字段”选项卡来调整加载数据的格式和内容。关于

```
name;age;id
user01;13;1
user02;15;2
user03;12;3
```

图 3-24　文件 user.txt 的内容

这部分内容的操作,会在后续的章节中进行介绍。

值得一提的是,转换运行完成后会显示"执行结果"面板,在该面板的"日志"选项卡中可以查看当前转换的日志信息,通过日志信息可以查看每个步骤的如下信息。

- 输入数据的行数(I):从外部系统抽取数据的数量。
- 输出数据的行数(O):向外部系统加载数据的数量。
- 读取数据的行数(R):向当前步骤输入数据的数量。
- 写入数据的行数(W):当前步骤输出数据的数量。
- 更新数据的行数(U):当前步骤中数据更新的数量。
- 错误数据的行数(E):当前步骤中导致错误的数据数量。

例如,在图 3-23 中,通过转换 transformation_demo 的日志信息可以看出,"加载用户信息至文件"步骤读取数据的行数为 3,写入数据的行数为 3,输出数据的行数为 4。

多学一招:查看转换的相关信息

在 Kettle 的图形化界面,用户可以通过"主对象树"选项卡标签查看当前转换的相关信息。例如,查看转换 transformation_demo 的相关信息,如图 3-25 所示。

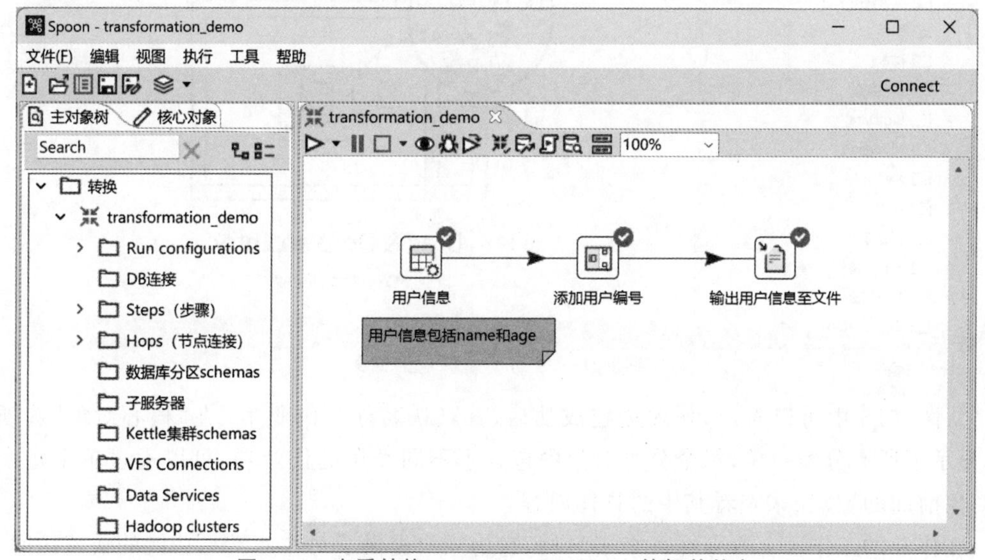

图 3-25 查看转换 transformation_demo 的相关信息

下面,针对图 3-25 中关于转换的核心信息进行介绍,具体内容如下。

- Run configurations:用于查看当前转换的运行配置信息。
- DB 连接:用于查看当前转换可用的数据库连接。
- Steps(步骤):用于查看当前转换包含的步骤。
- Hops(节点连接):用于查看当前转换中每个步骤的连接情况。
- Hadoop clusters:用于查看当前转换可用的 Hadoop 集群。

3.4.2 作业管理

作业管理主要涉及创建、编辑、保存和运行作业,具体介绍如下。

1. 创建作业

在 Kettle 的图形化界面,用户可以通过菜单栏、工具栏或快捷键创建作业,实现方式如下。

(1) 通过菜单栏创建作业。首先,单击菜单栏中的“文件”选项。然后,在弹出的菜单中依次选择“新建”“作业”选项,这样就可以创建一个新的作业。

(2) 通过工具栏创建作业。首先,单击工具栏中的“新建文件”按钮。然后,在弹出的菜单中选择“作业”选项,这样也可以创建一个新的作业。

(3) 通过快捷键创建作业。按 Ctrl+Alt+N 快捷键快速创建一个新的作业。

在 Kettle 的图形化界面成功创建作业的效果如图 3-26 所示。

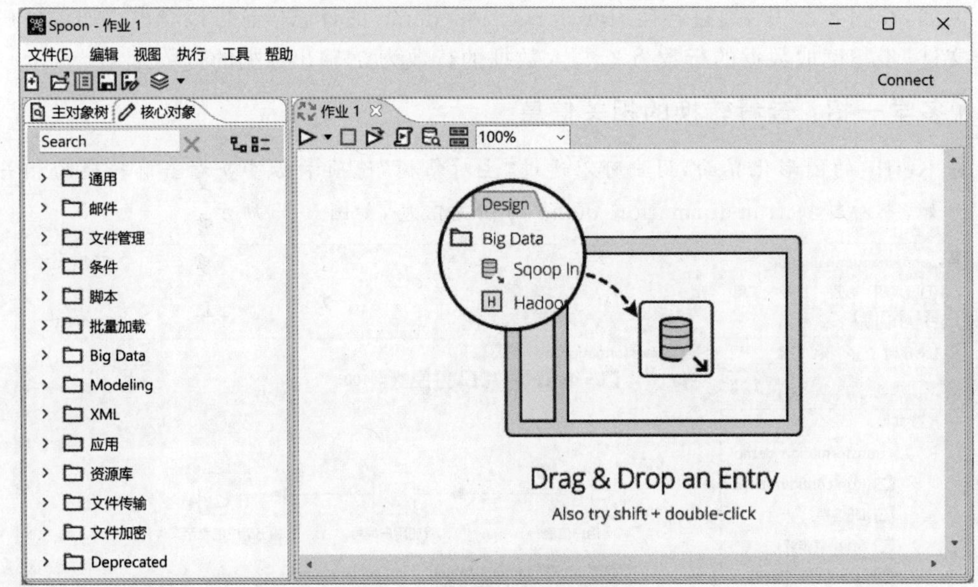

图 3-26　成功创建作业的效果

从图 3-26 中可以看出,作业创建成功后,其默认名称为作业 1。在“核心对象”选项卡中,显示了所有分类对象,每个分类对象中包含了不同类型的作业项,可以通过单击每个分类对象前面的❯按钮来查看其中的具体内容。

在作业的工作区上方存在一个工具栏,它为用户提供了对作业常见功能的快速访问,该工具栏由多个按钮和一个“缩放比例”下拉框 100% 组成,其中“缩放比例”下拉框用于调整工作区中内容缩放的百分比。关于工具栏中不同按钮功能的介绍如下。

- “运行”按钮用于运行作业。在运行作业之前,需要先保存作业。
- “停止”按钮用于停止正在运行的作业。
- “重播”按钮用于重新运行作业。在重新运行作业之前,需要先保存作业。
- “SQL”按钮用于提取作业中涉及的 SQL 语句。
- “浏览数据库”按钮用于查看和管理数据库连接。
- “结果”按钮用于显示或隐藏作业的“执行结果”面板。

2. 编辑作业

编辑作业主要涉及添加作业项、连接作业项、配置作业项和添加注释的相关操作,具体介绍如下。

（1）添加作业项。

作业项是作业的基本单元，根据实际需求，可以向作业中添加不同类型的作业项。Kettle 支持的作业项都可以在"核心对象"选项卡中找到。这些作业项按照功能进行分类，并归属于不同的分类对象，方便用户查找和使用。

接下来，对 Kettle 中常用的作业项进行介绍，具体如表 3-3 所示。

表 3-3 Kettle 常用的作业项

作业项	分类对象	相关说明
Start	通用	用于运行作业，并配置作业的执行周期。每个作业都必须且只有一个 Start 作业项作为起始点
Dummy		不进行任何操作
作业		用于在当前作业中运行其他作业
成功		用于清除作业中遇到的所有错误状态并强制其进入成功状态
设置变量		用于在作业中设置变量
转换		用于在作业中运行转换
发送邮件	邮件	用于发送电子邮件
邮件验证		用于检查电子邮件地址是否有效
创建一个目录	文件管理	用于在指定目录中创建一个文件夹
创建文件		用于在指定目录中创建一个文件
删除一个文件		用于删除指定目录中的单个文件
删除多个文件		用于删除指定目录中的多个文件
删除目录		用于删除指定文件夹
复制文件		用于将指定文件复制到目标文件或文件夹中
比较文件		用于比较两个文件的内容是否相等
比较目录		用于比较两个文件夹的内容是否相等
移动文件		用于将文件移动到指定目录中
等待文件		用于定期检测指定文件是否存在
检查一个文件是否存在	条件	用于检测指定的单个文件是否存在
检查多个文件是否存在		用于检测指定的多个文件是否存在
检查目录是否为空		用于检测指定文件夹是否为空
检查表是否存在		用于检测指定数据库中的表是否存在
JavaScript	脚本	用于在作业中执行 JavaScript 代码
Shell		用于在作业中执行 Shell 脚本
SQL		用于在作业中执行 SQL 语句

续表

作业项	分类对象	相关说明
MySQL 批量加载	批量加载	用于将文件中的数据批量加载到 MySQL 的表中
SQLServer 批量加载		用于将文件中的数据批量加载到 SQL Server 的表中
从 MySQL 批量导出到文件		用于将 MySQL 中表的数据批量导出到文件中
Hadoop copy file	Big Data	用于将 HDFS 文件系统中的文件从一个位置复制到另一个位置
Hadoop job executor		用于将 MapReduce 应用程序提交到 YARN 执行
Oozie job executor		用于指定 Oozie 的工作流程
Spark submit		用于将 Spark 应用程序提交到 YARN 执行
Sqoop export		用于通过 Sqoop 将数据从 HDFS 文件系统导出到关系数据库中
Sqoop import		用于通过 Sqoop 将数据从关系数据库导入到 HDFS 文件系统中
Ping 一台主机	应用	用于通过 ICMP 协议对主机进行 ping 操作,以确定主机的可达性和响应时间
中止作业		用于中止作业的执行
清空表		用于清空数据库中表的数据
等待 SQL		用于扫描并检查数据库是否满足用户定义的条件

在作业中添加作业项的方式分为两种,一种是通过拖曳的方式将指定作业项添加到工作区。另一种是通过鼠标双击指定作业项将其添加到工作区。例如,以拖曳的方式,向作业1添加"Start""转换""成功""发送邮件"4个步骤后,作业1的工作区如图3-27所示。

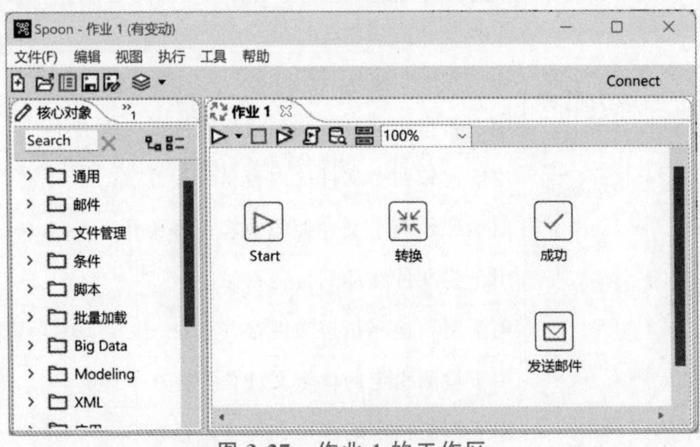

图 3-27 作业1的工作区

从图3-27中可以看出,作业1的工作区中成功添加了"Start""转换""成功""发送邮件"作业项。

如果想要调整作业项的位置,可以通过拖曳相应的作业项在工作区中移动来实现。如果需要删除作业项,可以在选中相应作业项的情况下按键盘上的 Delete 键即可。

(2) 连接作业项。

在 Kettle 中,将作业项添加到作业的工作区之后,还需要根据实际需求,通过作业跳来连接这些作业项。连接作业项和连接步骤的常用方式相似，这里不再赘述。

接下来，使用作业跳将在作业 1 的工作区中添加的 4 个作业项进行连接，如图 3-28 所示。

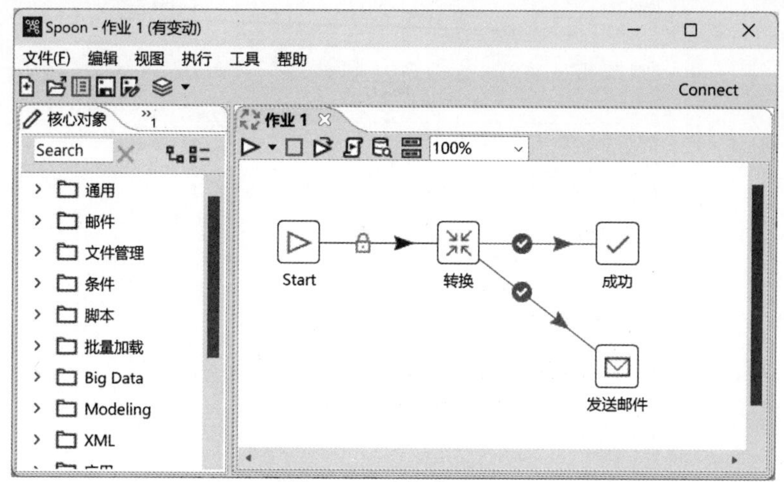

图 3-28　连接作业项

在图 3-28 中，各个作业项的执行流程如下。根据 Start 作业项的配置启动作业，当“转换”作业项运行成功时，将整个作业的状态更新为成功，并通过“发送邮件”作业项向指定邮箱地址发送邮件。

如果想要取消两个作业项之间的连接，那么可以通过鼠标右击相应的作业跳，然后在弹出的菜单中选择“删除节点连接”选项。

(3) 配置作业项。

在作业的工作区中添加的作业项默认并不具备任何功能，用户需要根据实际需求来配置这些作业项以实现特定的功能。在配置作业项时，用户可以在作业的工作区中双击需要配置的作业项，此时会打开一个窗口，用户可以在这个窗口中对作业项进行详细的配置。

由于每个作业项实现的功能各不相同，所以在配置不同的作业项时，打开的窗口也会有所差异。在这里，以“转换”步骤为例，介绍如何配置作业项。至于其他作业项的配置方式，将在后续章节中陆续进行介绍。

在作业 1 的工作区中，双击“转换”作业项打开“转换”窗口，如图 3-29 所示。

从图 3-29 可以看出，“转换”窗口主要包含 5 个区域，具体介绍如下。

- 标注①的区域用于设置作业项的名称。同一作业中的每个作业项都有唯一的名称。
- 标注②的区域用于指定转换文件的路径，可以通过单击“浏览”按钮进行查找。
- 标注③的区域用于根据实际需求指定“转换”作业项的配置信息。
- 标注④的区域是一个“帮助”按钮 Help 。当用户单击该按钮时，浏览器会自动访问 Pentaho 官方网站中关于当前作业项的说明文档页面，通过该页面用户可以学习当前作业项的使用方式。
- 标注⑤的区域包含“确定”和“取消”两个按钮，其中“确定”按钮用于保存作业项的配置，“取消”按钮用于取消作业项的配置。

在图 3-29 中的“作业项名称”输入框中指定作业项的名称为“生成用户信息”。在 Transformation 输入框中指定转换文件 transformation_demo.ktr 的路径，如图 3-30 所示。

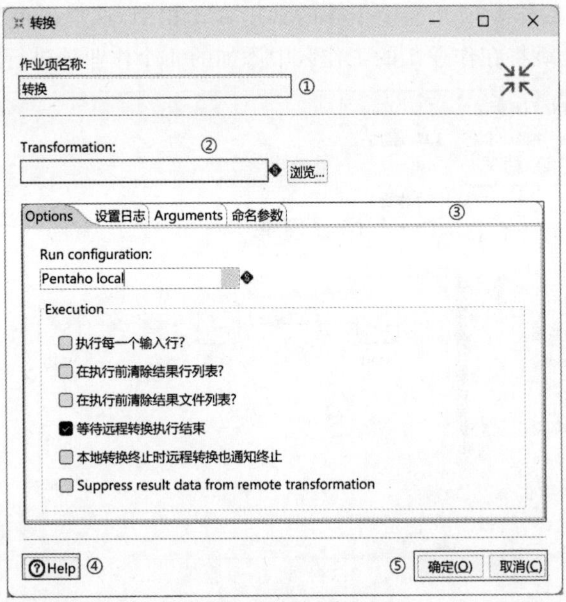

图 3-29 "转换"窗口(1)

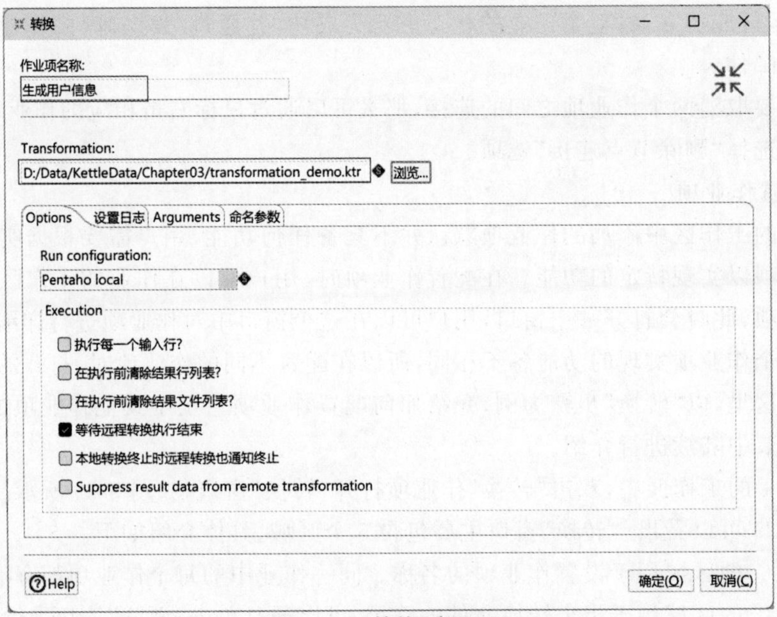

图 3-30 "转换"窗口(2)

在图 3-30 中,单击"确定"按钮保存当前作业项的配置。

(4) 添加注释。

注释用于在作业中添加额外的描述信息,它可以帮助开发人员更好地了解作业的业务逻辑。在作业的工作区中添加注释时,可以通过鼠标右击工作区的空白区域,在弹出的菜单中选择"新建记录"选项,此时会打开"注释"窗口,如图 3-13 所示。

在图 3-13 中,Note 选项卡的 Note 文本框用于输入注释的内容。Font _style 选项卡用于配置注释的样式,包括字体、字号、文字颜色、背景颜色等。在完成注释内容和样式的配置后,通过单击"确定"按钮在作业的工作区中添加注释。

接下来，演示如何在作业 1 的工作区中添加注释。添加的注释内容为“作业执行成功后会发送邮件”，注释的样式为默认样式，如图 3-31 所示。

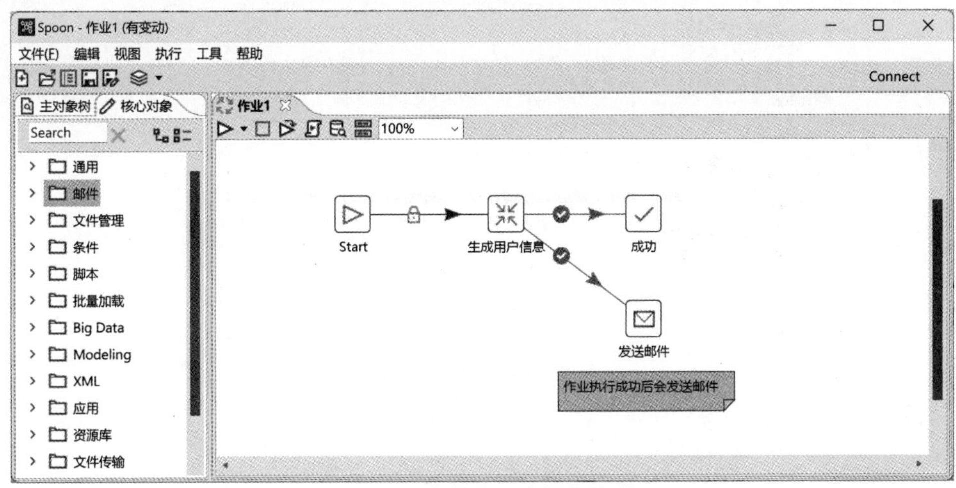

图 3-31　在作业 1 中添加注释

在图 3-31 中，注释的位置可以通过拖曳的方式进行调整。如果需要对注释的内容或样式进行修改，可以通过鼠标双击相应的注释打开“注释”窗口进行修改。

3. 保存作业

编辑好的作业需要在保存后才能运行。在 Kettle 中，作业以文件的形式保存，该文件称为作业文件，其扩展名为 kjb。在 Kettle 的图形化界面中，用户可以通过菜单栏、工具栏或快捷键来保存作业，实现方式如下。

（1）通过菜单栏保存作业。首先，单击菜单栏中的“文件”选项。然后，在弹出的菜单中选择“保存”选项，这样就可以保存当前作业。

（2）通过工具栏保存作业。单击工具栏中的“保存”按钮，这样也可以保存当前作业。

（3）通过快捷键保存作业。按 Ctrl+S 快捷键快速保存当前转换。

在第一次保存作业时，Kettle 会弹出一个“另存为”对话框，该对话框用于指定作业文件的存储路径，以及定义作业文件的名称。作业文件的名称会直接作为作业的名称。

接下来，演示如何保存作业。在图 3-31 中，单击工具栏中的“保存”按钮弹出“另存为”对话框，在该对话框内指定作业文件的名称为 job_demo，并且指定作业文件的存储路径为 D:\Data\KettleData\Chapter03，如图 3-32 所示。

在图 3-32 中，单击“保存”按钮返回至作业 job_demo 的工作区，如图 3-33 所示。

从图 3-33 中可以看出，作业 1 的名称已经变更为 job_demo。

4. 运行作业

在 Kettle 的图形化界面中，用户可以在作业的工作区中，单击“工具栏”中的“运行”按钮运行当前作业，也可以按键盘的 F9 键运行当前作业。当用户通过这两种方式运行作业时，作业并不会立即启动，而是打开“执行作业”窗口，如图 3-34 所示。

在图 3-34 中的“Start job at：”选项框中选择作为作业起始点的作业项，然后单击“执行”按钮即可运行当前作业。此外，用户还可以配置当前作业的日志级别、命名参数、变量等内容。但是，通常情况下，这些配置可以保持默认设置。

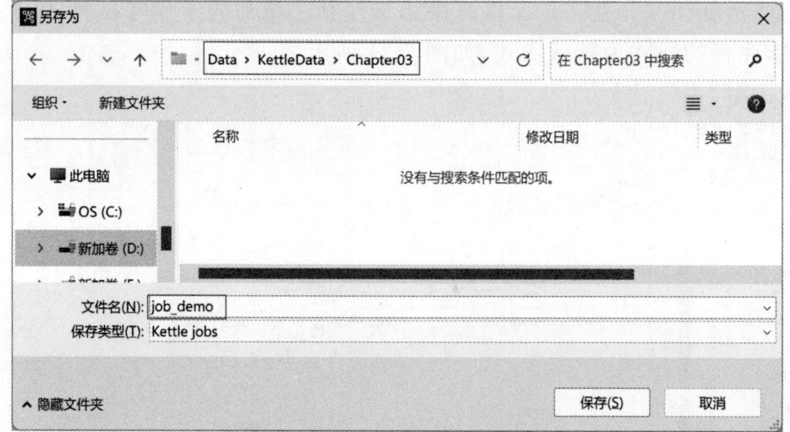

图 3-32　“另存为”对话框(2)

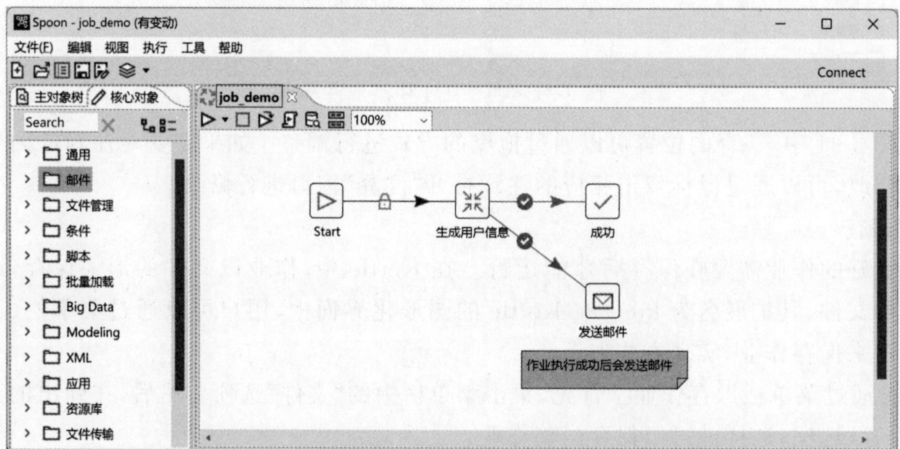

图 3-33　作业 job_demo 的工作区

执行作业
Run configuration:
Pentaho local
详细
Expand remote job
日志级别 基本日志
执行前清空日志
Start job at:
使用安全模式
Gather performance metrics
命名参数　变量

命名参数	默认值	值	Description

位置参数
Always show dialog on run
Help　执行　取消(C)

图 3-34　“执行作业”窗口(1)

接下来，演示如何运行作业 job_demo。不过在此之前，需要完成作业 job_demo 中 Start 和“发送邮件”作业项的配置，以实现每 10s 运行一次作业 job_demo，并在“生成用户信息”作业项运行成功后向指定邮件地址发送邮件的功能。具体操作步骤如下。

（1）配置 Start 作业项。

在图 3-33 中，双击 Start 作业项打开“作业定时调度”窗口。在该窗口的 Job entry name 输入框中指定作业项的名称为“定期生成用户信息”。勾选“重复”复选框允许当前作业重复运行。在“类型”下拉框中选择“时间间隔”选项，允许作业根据指定的秒和分钟周期运行。此时，“以秒计算的间隔”输入框和“以分钟计算的间隔”输入框将被激活，在这两个输入框内分别填写 10 和 0，允许作业每 10s 运行一次。

“作业定时调度”窗口配置完成的效果如图 3-35 所示。

在图 3-35 中，单击“确定”按钮保存当前作业项的配置。需要说明的是，若只需要让作业运行一次，则无须配置 Start 作业项。

（2）配置“发送邮件”作业项。

在图 3-33 中，双击“发送邮件”作业项打开“发送邮件”窗口，在该窗口的“邮件作业名称”输入框中指定作业项的名称为“通知作业运行完成”。在“收件人地址”输入框内指定收件人的邮箱地址。在“回复名称”输入框内指定发件人的昵称为“开发人员”。在“发件人地址”输入框内指定发件人的邮箱地址。“发送邮件”窗口配置完成的效果如图 3-36 所示。

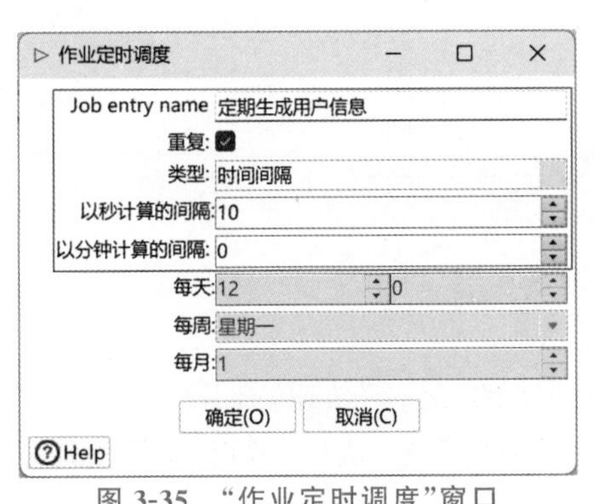

图 3-35 “作业定时调度”窗口

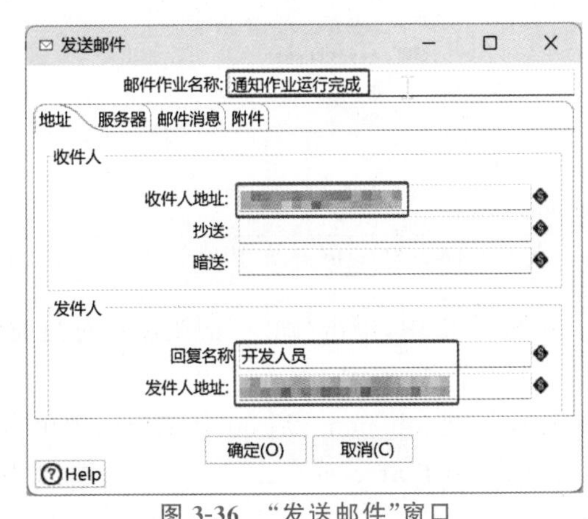

图 3-36 “发送邮件”窗口

在图 3-36 中，单击“服务器”选项卡标签，在该选项卡的“SMTP 服务器”输入框中指定腾讯企业邮箱的 SMTP 服务器地址 smtp.email.qq.com。在“端口号”输入框中指定腾讯企业邮箱的 SMTP 服务器端口号 465。勾选“用户验证？”复选框，允许通过用户名和密码验证发件人的邮箱地址。此时，“用户名”输入框和“密码”输入框，以及“使用安全验证？”复选框将被激活，分别在这两个输入框内指定发件人邮箱的用户名和密码，并且勾选“使用安全验证？”复选框允许进行安全认证。

“服务器”选项卡配置完成的效果如图 3-37 所示。

需要说明的是，在“密码”输入框填写的密码不一定是邮箱的登录密码，也有可能是授权码。授权码是提供邮箱服务的厂商为用户使用 SMTP 服务器时生成的字符串，需要用户自行获取。

除此之外,提供邮箱服务的不同厂商,其SMTP服务器地址和端口号也有所差异。例如,QQ邮箱的SMTP服务器地址和端口号分别为smtp.qq.com和465,而网易邮箱的SMTP服务器地址和端口号分别为smtp.163.com和25。不过,通常情况下,提供邮箱服务的厂商默认是不开启SMTP服务的,需要用户在邮箱设置中开启SMTP服务。

在图3-37中,单击"邮件消息"选项卡标签,在该选项卡中勾选"信息里带日期?"复选框,允许在邮件的内容中添加发送邮件的日期。在"主题"输入框中指定邮件的主题为"作业运行成功"。在"注释"文本框中指定邮件的内容为"定时生成用户信息的作业运行成功"。

"邮件消息"选项卡配置完成的效果如图3-38所示。

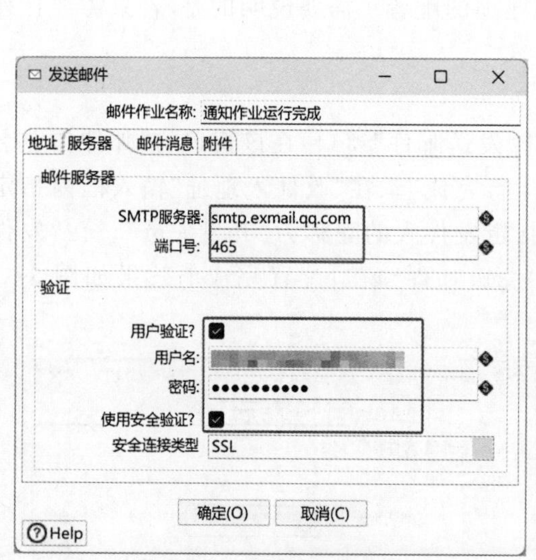

图3-37 "服务器"选项卡

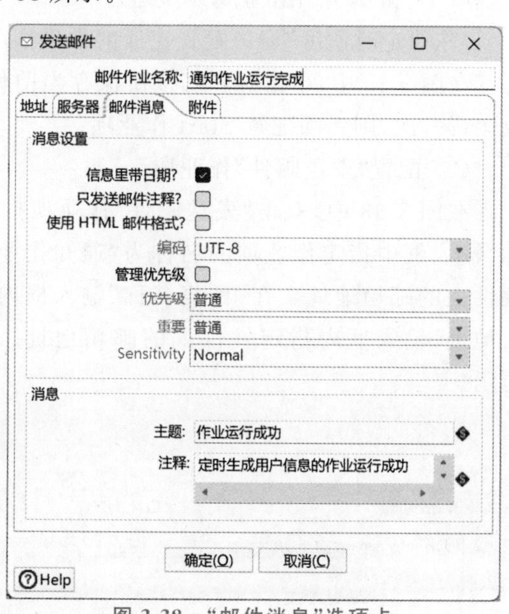

图3-38 "邮件消息"选项卡

在图3-38中,单击"确定"按钮保存对当前作业项的配置。

(3)运行作业job_demo。

保存作业job_demo后,在其工作区中单击工具栏中的"运行"按钮,打开"执行作业"窗口,在该窗口的"Start job at"下拉框中,选择"定期生成用户信息"选项,指定"定期生成用户信息"作业项作为作业的起始点,如图3-39所示。

在图3-39中,单击"执行"按钮,作业job_demo在等待10s后开始运行,并且每经过10s就会再次运行一次。作业job_demo每次运行成功后,都会向"地址"选项卡中配置的收件人邮箱地址发送一封邮件。邮件的内容如图3-40所示。

从图3-40中可以看出,邮件的内容包含作业的名称、执行结果和执行过程,用户可以通过邮件的内容查看作业的执行情况。

需要注意的是,由于作业job_demo是周期执行的,若要停止作业job_demo的运行,则需要在其工作区的工具栏中单击"停止"按钮。

多学一招:查看作业的相关信息

在Kettle的图形化界面中,用户可以通过"主对象树"选项卡查看当前作业的相关信

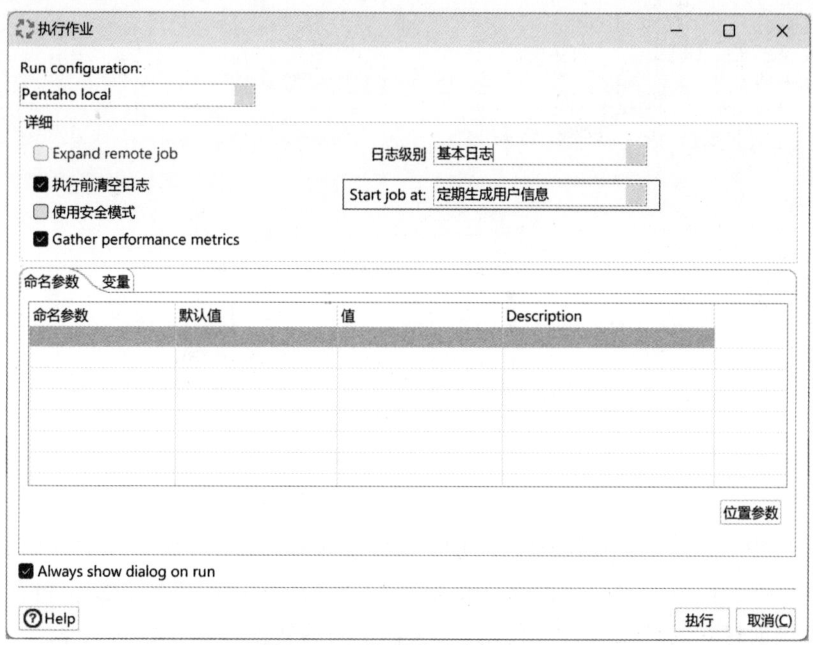

图 3-39 "执行作业"窗口(2)

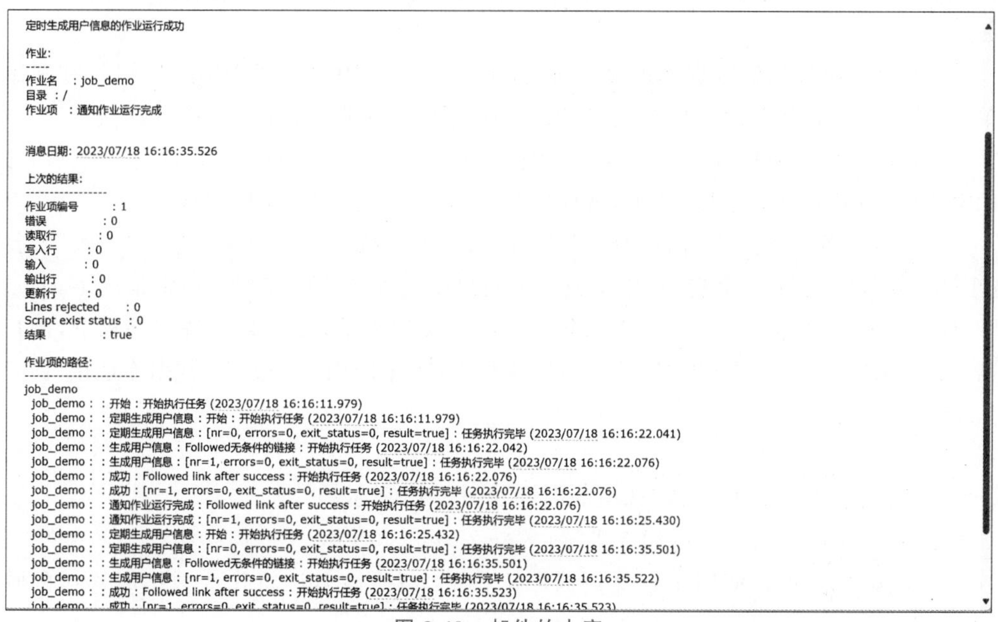

```
定时生成用户信息的作业运行成功

作业:
-----
作业名    : job_demo
目录  : /
作业项   : 通知作业运行完成


消息日期: 2023/07/18 16:16:35.526

上次的结果:
-----------------
作业项编号        : 1
错误             : 0
读取行           : 0
写入行        : 0
输入          : 0
输出行         : 0
更新行        : 0
Lines rejected       : 0
Script exist status  : 0
结果             : true

作业项的路径:
------------------------
job_demo
  job_demo :  : 开始 : 开始执行任务 (2023/07/18 16:16:11.979)
  job_demo :  : 定期生成用户信息 : 开始 : 开始执行任务 (2023/07/18 16:16:11.979)
  job_demo :  : 定期生成用户信息 : [nr=0, errors=0, exit_status=0, result=true] : 任务执行完毕 (2023/07/18 16:16:22.041)
  job_demo :  : 生成用户信息 : Followed无条件的链接 : 开始执行任务 (2023/07/18 16:16:22.042)
  job_demo :  : 生成用户信息 : [nr=1, errors=0, exit_status=0, result=true] : 任务执行完毕 (2023/07/18 16:16:22.076)
  job_demo :  : 成功 : Followed link after success : 开始执行任务 (2023/07/18 16:16:22.076)
  job_demo :  : 成功 : [nr=1, errors=0, exit_status=0, result=true] : 任务执行完毕 (2023/07/18 16:16:22.076)
  job_demo :  : 通知作业运行完成 : Followed link after success : 开始执行任务 (2023/07/18 16:16:22.076)
  job_demo :  : 通知作业运行完成 : [nr=1, errors=0, exit_status=0, result=true] : 任务执行完毕 (2023/07/18 16:16:25.430)
  job_demo :  : 定期生成用户信息 : 开始 : 开始执行任务 (2023/07/18 16:16:25.432)
  job_demo :  : 定期生成用户信息 : [nr=0, errors=0, exit_status=0, result=true] : 任务执行完毕 (2023/07/18 16:16:35.501)
  job_demo :  : 生成用户信息 : Followed无条件的链接 : 开始执行任务 (2023/07/18 16:16:35.501)
  job_demo :  : 生成用户信息 : [nr=1, errors=0, exit_status=0, result=true] : 任务执行完毕 (2023/07/18 16:16:35.522)
  job_demo :  : 成功 : Followed link after success : 开始执行任务 (2023/07/18 16:16:35.523)
  job_demo :  : 成功 : [nr=1, errors=0, exit_status=0, result=true] : 任务执行完毕 (2023/07/18 16:16:35.523)
```

图 3-40 邮件的内容

息。例如,查看作业 job_demo 的相关信息,如图 3-41 所示。

下面,针对图 3-41 中关于作业的核心信息进行介绍,具体内容如下。

- Run configurations:用于查看当前作业的运行配置信息。
- DB 连接:用于查看当前作业可用的数据库连接。
- 作业项目:用于查看当前作业包含的作业项。
- Hadoop clusters:用于查看当前作业可用的 Hadoop 集群。

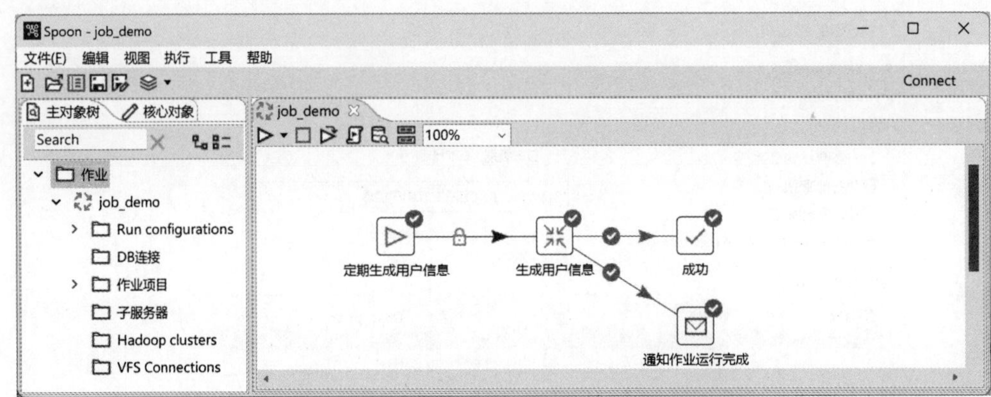

图 3-41 查看作业 job_demo 的相关信息

3.4.3 数据库连接

在 Kettle 中,数据库连接用于连接到特定的数据库,以便从数据库中抽取数据或者向数据库加载数据。Kettle 中的数据库连接是基于转换或作业创建的。默认情况下,每个数据库连接仅供创建它的转换或作业使用,无法在不同的转换或作业之间共享。

在 Kettle 的图形化界面中,用户可以通过菜单栏或工具栏来创建数据库连接,实现方式如下。

(1) 通过菜单栏创建数据库连接。首先,单击菜单栏中的“文件”选项。然后,在弹出的菜单中依次选择“新建”“数据库连接”选项,这样就可以创建一个新的数据库连接。

(2) 通过工具栏创建数据库连接。首先,单击工具栏中的“新建文件”按钮。然后,在弹出的菜单中选择“数据库连接”选项,这样也可以创建一个新的数据库连接。

当用户创建数据库连接时,Kettle 会打开“数据库连接”窗口,该窗口包含“一般”“高级”“选项”“连接池”“集群”5 个选项,用于通过不同角度配置数据库连接。通常情况下,通过配置“一般”选项中的内容,可以满足大部分数据库连接的需求,但在某些特殊场景下,用户可能需要进一步配置“高级”“选项”“连接池”“集群”选项中的内容。关于“数据库连接”窗口中 5 个选项的介绍如下。

1. “一般”选项

“数据库连接”窗口中“一般”选项的内容如图 3-42 所示。

针对图 3-42 中的内容进行如下讲解。

- “连接名称”输入框用于定义数据库连接的名称,该名称将作为数据库连接的唯一标识。
- “连接类型”部分用于选择数据库的类型。
- “连接方式”部分用于选择数据库的连接方式。
- “设置”部分指定连接数据库的必要参数。根据数据库的类型和连接方式的区别,“设置”部分的内容也会有所不同。例如,在图 3-42 中,当选择数据库的类型和连接方式为 MySQL 和 Native(JDBC)时,需要在“设置”部分指定主机名称、数据库名称、端口号、用户名和密码这些参数。
- “测试”按钮用于验证当前创建的数据库连接是否可以与相应的数据库成功建立

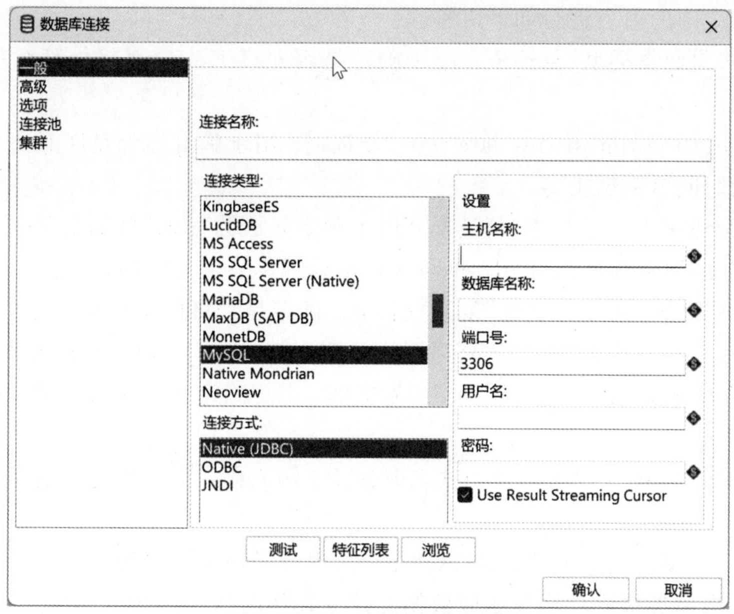

图 3-42 “一般”选项的内容

连接。

- “特征列表”按钮用于查看数据库连接的参数列表,用户可以对参数的值进行修改。
- “浏览”按钮用于查看数据库的目录结构。
- “确认”按钮用于保存当前数据库连接的配置,该按钮适用于“数据库连接”窗口的每个选项。
- “取消”按钮用于取消当前数据库连接的配置,该按钮适用于“数据库连接”窗口的每个选项。

2. “高级”选项

“数据库连接”窗口中“高级”选项的内容如图 3-43 所示。

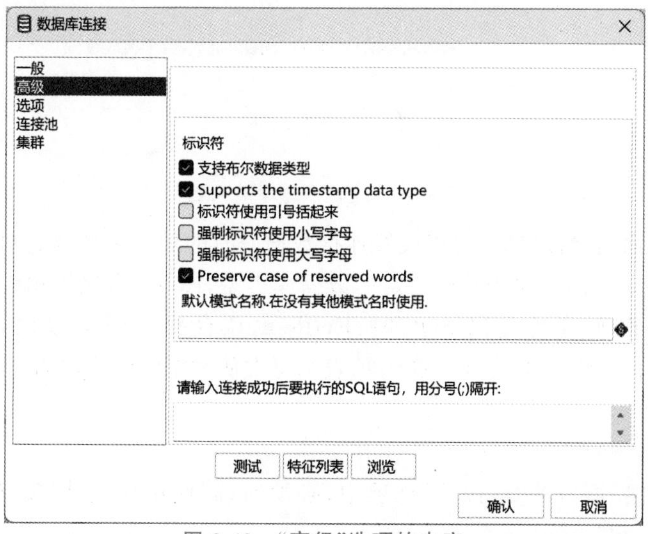

图 3-43 “高级”选项的内容

针对图3-43中的内容进行如下讲解。

- “支持布尔数据类型”复选框：用于确定是否允许Kettle直接处理数据库的布尔数据类型。
- “Supports the timestamp data type”复选框：用于确定是否允许Kettle直接处理数据库的时间戳数据类型。
- “标识符使用引号括起来”复选框：用于确定是否为标识符(如表名、字段名等)添加引号修饰，以实现严格区分大小写并正确处理带有引号的标识符。
- “强制标识符使用小写字母”复选框：用于确定是否将标识符转换为小写字母。
- “强制标识符使用大写字母”复选框：用于确定是否将标识符转换为大写字母。
- “Preserve case of reserved words”复选框：用于确定是否保持数据库中保留字的原始格式。
- “默认模式名称.在没有其他模式名时使用.”输入框：用于指定数据库使用的默认模式(Schema)。
- “请输入连接成功后要执行的SQL语句，用分号(;)分隔”输入框：用于指定当前创建的数据库连接成功后与相应数据库建立连接时执行的SQL语句。

3.“选项”选项

“数据库连接”窗口中“选项”选项的内容如图3-44所示。

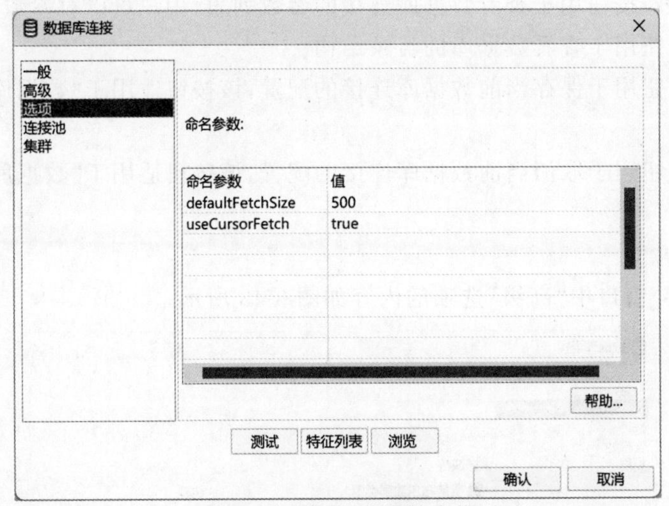

图3-44 “选项”选项的内容

在图3-44中“命名参数”部分可以设置连接数据库时的额外参数及其对应的值，通常这些参数都是数据库预定义的。对于某些特定的数据库类型，Kettle会提供预设参数及其默认值。例如，当选择的数据库类型为MySQL时，Kettle默认会提供两个参数defaultFetchSize和useCursorFetch，它们的值分别是500和true，表示每次从数据库中获取的记录数和使用游标获取数据的方式。

4.“连接池”选项

在“数据库连接”窗口的“连接池”选项中，必须勾选“使用连接池”复选框才可以配置该选项的内容，如图3-45所示。

在图3-45中，“初始大小”输入框用于设置连接池的初始大小。“最大空闲空间”输入框

图 3-45　“连接池”选项的内容

用于设置连接池的最大连接数。“命名参数”部分用于查看连接池的参数及其默认值，参数的描述信息会显示在“描述”部分，用户可以根据实际需求对连接池参数的值进行修改。

5.“集群”选项

在“数据库连接”窗口的“集群”选项中，必须勾选“使用集群”复选框才可以配置该选项的内容，如图 3-46 所示。

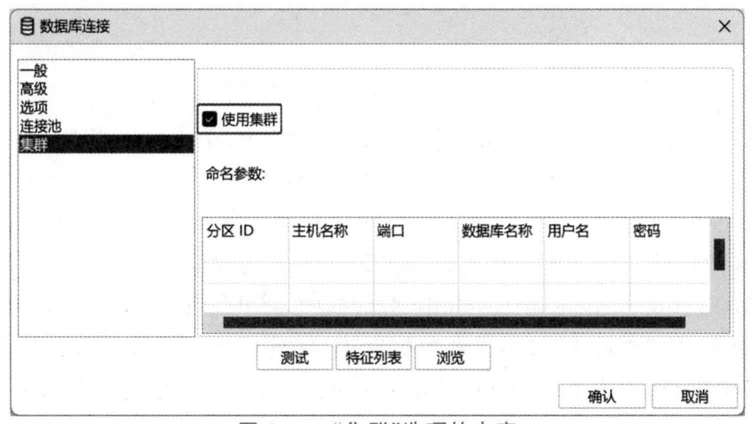

图 3-46　“集群”选项的内容

在图 3-46 中的“命名参数”部分，需要填写与集群相关的数据库服务连接信息，包括分区 ID、主机名、端口、数据库名称、用户名和密码。

接下来，基于 3.4.1 节创建的转换 transformation_demo 来创建数据库连接，该数据库连接与本地安装的 MySQL 建立连接，关于安装 MySQL 的操作，读者可参考本章提供的配套文档。基于转换 transformation_demo 来创建数据库连接的操作步骤如下。

(1) 将 MySQL 的连接驱动程序 mysql-connector-j-8.0.32.jar 复制到 Kettle 安装目录的 lib 文件夹中,并随后重新启动 Kettle,以便它加载新的驱动程序。

(2) 在 Kettle 的图形化界面中,单击"打开文件"按钮打开已保存的转换 transformation_demo。

(3) 在 Kettle 的图形化界面中,首先,单击工具栏中的"新建文件"按钮。然后,在弹出的菜单中选择"数据库连接"选项,打开"数据库连接"窗口。

(4) 在"数据库连接"窗口的"一般"选项中,设置数据库连接的名称为 first_connect。选择连接的数据库类型为 MySQL。选择连接数据库的方式为 Native(JDBC)。分别设置主机名称、数据库名称、端口号、用户名和密码为 localhost、mysql、3306、itcast 和 Itcast@2023,如图 3-47 所示。

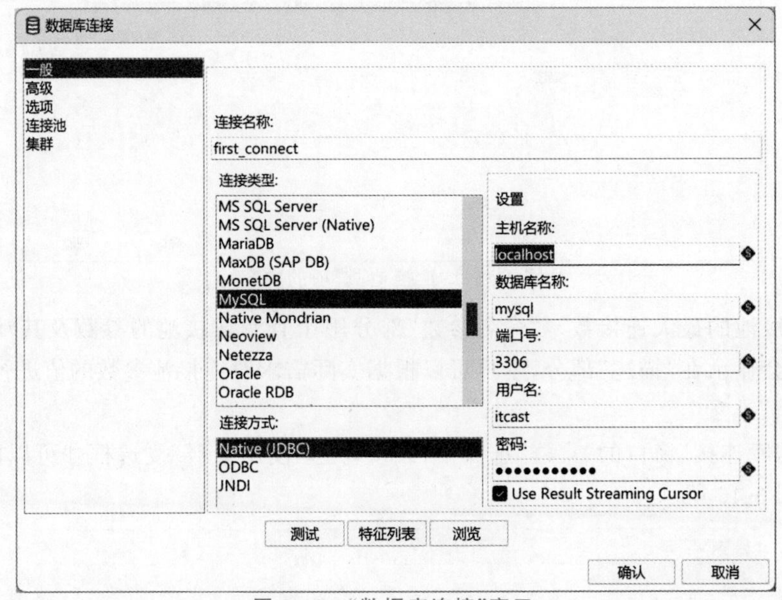

图 3-47 "数据库连接"窗口

(5) 确保 MySQL 服务处于启动状态下,在图 3-47 中,单击"测试"按钮,验证当前创建的数据库连接是否可以与名为 mysql 的数据库成功建立连接,如图 3-48 所示。

从图 3-48 中可以看出,在单击"测试"按钮之后弹出了 Connection tested successfully 对话框,说明当前创建的数据库连接可以与名为 mysql 的数据库建立连接。

(6) 在 Connection tested successfully 对话框中,单击"确定"按钮,返回"数据库连接"窗口,在该窗口中,单击"确认"按钮保存数据库连接的配置。此时,在 Kettle 的图形化界面中,通过"主对象树"选项卡查看转换 transformation_demo 可用的数据库连接,如图 3-49 所示。

从图 3-49 中可以看出,转换 transformation_demo 存在一个可用的数据库连接 first_connect。如果需要对已创建的数据库连接进行修改,那么可以通过双击相应的数据库连接打开"数据库连接"窗口,在该窗口内进行修改。

默认情况下,数据库连接 first_connect 仅限于在转换 transformation_demo 中使用。

图 3-48　验证连接

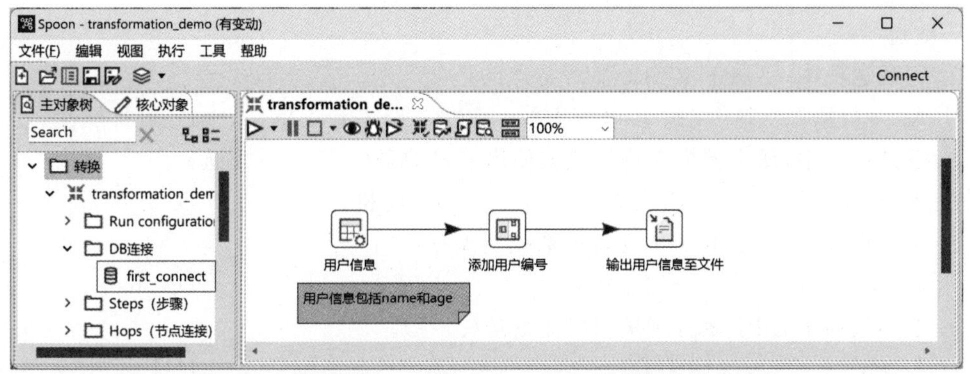

图 3-49　查看转换 transformation_demo 可用的数据库连接

如果需要在其他转换或作业中使用相同的数据库连接，通常需要重新创建数据库连接，这可能会导致冗余操作。为了避免这个问题，Kettle 提供了共享数据库连接的功能，允许将已创建的数据库连接共享给其他转换或者作业使用。要实现共享数据库连接，可以右击已创建的数据库连接，在弹出的菜单中选择"共享"选项。当数据库连接的名称加粗显示时，说明共享成功。

3.5　本章小结

本章主要讲解了 Kettle 的相关内容。首先，讲解了 Kettle 的作用和特点。接着，讲解了 Kettle 的安装与启动。然后，讲解了 Kettle 的转换和作业。最后，讲解了 Kettle 的基本操作，包括转换管理、作业管理和数据库连接。通过本章的学习，读者可以对 Kettle 有一个基本的了解，并熟悉 Kettle 的基本使用。这将为读者在后续进行 ETL 相关操作时奠定坚实的基础。

3.6 课后习题

一、填空题

1. ________是 Kettle 的图形化开发环境。

2. 用于启动 Kettle 的图形化开发环境的批处理文件是________。

3. 在 Kettle 的转换中,用于从 HDFS 中的文件抽取数据的步骤是________。

4. 在转换中,跳的类型分为________和错误跳。

5. Kettle 的图形化界面,用于创建转换的快捷键是________。

二、判断题

1. Kettle 是基于 Java 虚拟机运行的。( )

2. Kettle 无法在 Linux 操作系统中运行。( )

3. Kettle 的组件 Kitchen 用于批量运行转换。( )

4. 在 Kettle 中,跳定义了一个单向通道。( )

5. 在运行转换时,所有的步骤都会同时启动并以并行的方式运行。( )

三、选择题

1. 下列选项中,不属于 Kettle 显著特点的是( )。

A. 多数据源支持　B. 多语言支持　C. 跨平台支持　D. 可扩展性

2. 下列选项中,属于转换支持的数据输出方式的是( )。(多选)

A. 轮询　B. 复制　C. 随机　D. 分发

3. 下列选项中,属于 Kettle 支持的数据类型是( )。

A. Number　B. Double　C. List　D. Char

4. 下列选项中,用于运行转换的快捷键是( )。

A. F8　B. F6　C. F3　D. F9

5. 下列选项中,关于 Kettle 的转换中步骤的描述,错误的是( )。

A. "执行 SQL 脚本"步骤用于执行 SQL 脚本处理数据库中的数据

B. "数据库查询"步骤基于 SQL 语句实现查询

C. "流查询"步骤用于查询指定步骤中的数据

D. "表输出"步骤适用于向表中插入数据或者更新表的数据

四、简答题

1. 简述作业跳的 3 种类型及其含义。

2. 简述转换中的步骤支持的两种数据输出方式及其含义。

第 4 章 数据抽取

学习目标

- 掌握从文件抽取数据，能够灵活运用 Kettle 从不同类型的文件中抽取数据；
- 掌握从数据库中抽取数据，能够灵活运用 Kettle 从不同类型的数据库中抽取数据；
- 掌握从 Hive 中抽取数据，能够使用 Kettle 从 Hive 抽取数据；
- 熟悉从 HTML 页面中抽取数据，能够使用 Kettle 从 HTML 页面中抽取数据。

在当今这个数据驱动的社会中，数据的重要性日益凸显，并且展现出了无尽的价值。企业已经意识到，数据是一种珍贵的资源，可以为它们提供决策依据、业务流程优化和市场机会。然而，数据往往散布在不同的地方，存储于各种不同的数据源，例如关系数据库、网络、文件等。这使数据的获取变得既复杂又具有挑战性。本章将讲解如何使用 Kettle 从各种常见的数据源中抽取数据。

4.1 从文件中抽取数据

文件是最常见的一种数据源，可以存储大量的结构化和非结构化数据。文件的类型多种多样，包括 CSV 文件、JSON 文件、XML 文件等，这些文件可能承载着极其丰富和重要的数据，涵盖了业务交易记录、用户行为数据、日志信息等。本节将讲解如何使用 Kettle 从不同类型的文件中抽取数据。

4.1.1 从 CSV 文件中抽取数据

CSV(Comma-Separated Values，逗号分隔值)文件是一种常见的文本文件格式，被广泛应用于数据交换和数据分析领域。在 CSV 文件中，每一行数据代表一个数据记录，数据记录由多个字段组成。不同字段之间使用逗号作为分隔符。这种设计使 CSV 文件能够以简洁的方式表示结构化数据。通常情况下，CSV 文件的第一行用于描述字段的名称，这些字段名称描述了数据记录中每个字段的含义，对于理解数据起着至关重要的作用。类似地，在生活中也需要用清晰的语言来表达观点和想法，这样可以增强沟通的效果，避免误解。

以下是一个简单的 CSV 文件内容的示例。

```
姓名,年龄,性别,职业
Alice,28,女,工程师
Bob,35,男,市场营销
Cathy,23,女,设计师
```

在上述示例中,每一行的数据由逗号分隔成不同字段,其中第一行数据描述了每个字段的名称,便于数据的理解。

尽管CSV文件简单易用,但在实际应用中需要注意以下几点。

- 每行数据的字段顺序和数量应保持一致,以确保数据的正确解析。
- 逗号在CSV文件中通常被解析为字段分隔符。如果某个字段的值中包含逗号,应在逗号前后加上引号或使用转义字符,以避免数据解析错误。
- 换行符在CSV文件中通常表示新的行。如果某个字段的值中包含换行符,同样需要在换行符前后加上引号或使用转义字符,以避免数据解析错误。
- CSV文件支持多种编码格式,如UTF-8、Unicode等。在处理CSV文件时,请确保使用正确的编码格式,以防止解析错误或乱码等问题。
- CSV文件本身并不规定字段的数据类型,这可能导致数据在读取时出现类型转换问题。因此,在读取CSV文件时,需要根据实际情况进行类型转换,以确保数据的正确性。
- CSV文件在设计上没有对空行进行特殊规定或限制。但从实际应用的角度来看,最好避免在数据文件中使用空行,以确保数据的有效性。
- CSV文件可以包含空字段,即某个数据记录中字段的值为空。
- CSV文件中的逗号分隔符为英文逗号。

CSV文件通常以csv作为其扩展名。用户可以通过文本编辑器(如记事本、Notepad++等)或电子表格软件(如Microsoft Excel、WPS表格等)轻松地打开、查看和编辑CSV文件。图4-1展示了使用Microsoft Excel打开CSV文件csv_extract.csv的效果。

	A	B	C	D	E	F
1	用户ID	性别	年龄	身高(cm)	体重(kg)	
2	1	Male	19	170	60	
3	2	Male	21	165	55	
4	3	Female	20	180	70	
5	4	Female	23	175	65	
6	5	Female	31	185	75	
7	6	Female	22	160	50	
8	7	Female	35	172	62	
9	8	Female	23	177	67	
10	9	Male	64	182	72	
11	10	Female	30	179	69	
12	11	Male	67	168	58	
13	12	Female	35	163	53	
14	13	Female	58	187	77	
15	14	Female	24	174	64	
16	15	Male	37	189	79	
17	16	Male	22	176	66	

csv_extract

图4-1 CSV文件csv_extract.csv

从图4-1中可以看出,CSV文件的每一行数据包含5个字段,其中第一行数据描述了每个字段的名称。

接下来,将演示如何使用Kettle从CSV文件csv_extract.csv抽取数据,具体操作步骤如下。

1. 创建转换

在Kettle的图形化界面中创建转换,指定转换的名称为csv_extract。

2. 添加步骤

在转换csv_extract的工作区中添加"CSV文件输入"步骤,用于实现从CSV文件抽取数据的功能。转换 csv_extract 的工作区如图 4-2 所示。

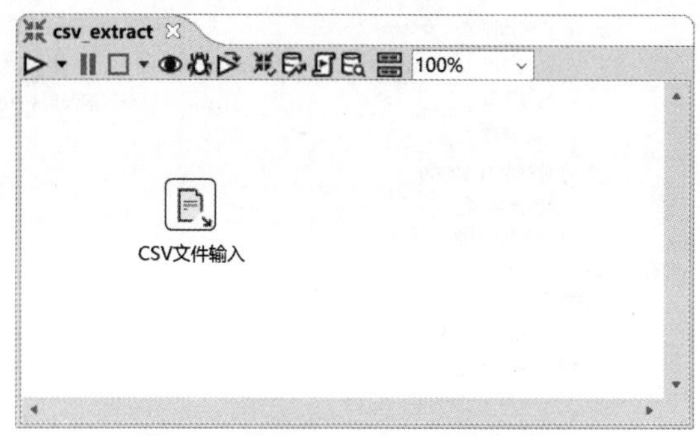

图 4-2 转换 csv_extract 的工作区

3. 配置步骤

在转换 csv_extract 的工作区中,双击"CSV 文件输入"步骤打开"CSV 文件输入"窗口,在该窗口中单击"浏览"按钮,打开 Select a File 窗口,选择要抽取的 CSV 文件 csv_extract.csv,如图 4-3 所示。

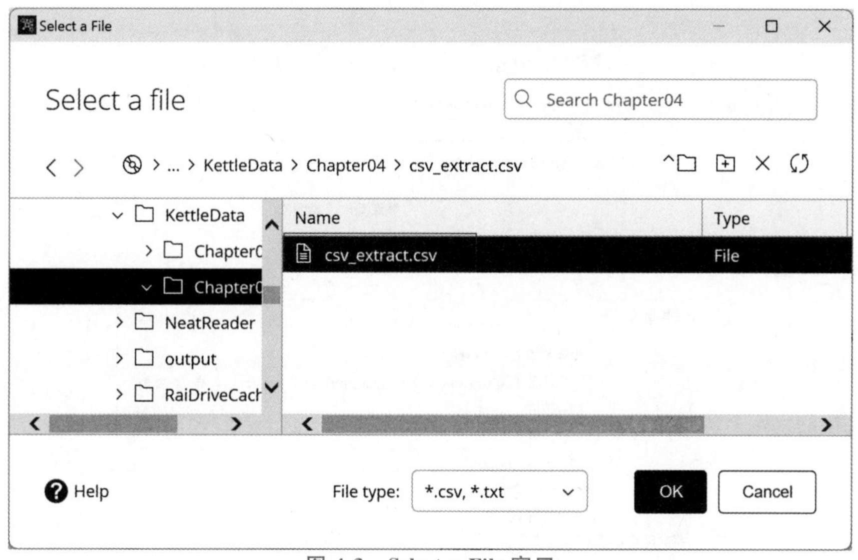

图 4-3 Select a File 窗口

在图 4-3 中,单击 OK 按钮返回"CSV 文件输入"窗口,如图 4-4 所示。

从图 4-4 中可以看出,"文件名"输入框内添加了 CSV 文件 csv_extract.csv 的路径。

在图 4-4 中,单击"获取字段"按钮,通过"CSV 文件输入"步骤检测 CSV 文件 csv_extract.csv 中指定行数的数据,以推断出字段的信息。在弹出的 Sample data 对话框中指定检测 CSV 文件的行数,如图 4-5 所示。

在图 4-5 中,用户可以通过 Number of lines to sample 输入框来调整默认检测的行数,该行数可以超出 CSV 文件的行数。这里不做任何修改,直接单击"确定"按钮返回"CSV 文件输入"窗口,如图 4-6 所示。

从图 4-6 中可以看出,"CSV 文件输入"步骤推断出 CSV 文件 csv_extract.csv 包含了 5 个字段,这些字段的名称分别是用户 ID、性别、年龄、身高(cm)和体重(kg)。如果"CSV 文

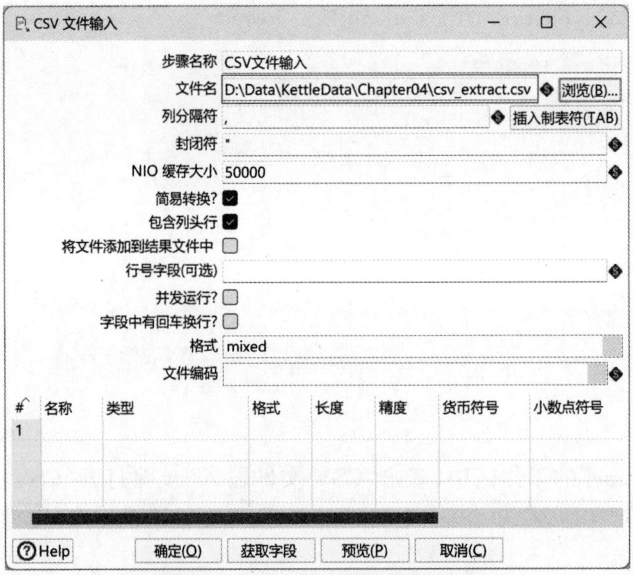

图 4-4 “CSV 文件输入”窗口(1)

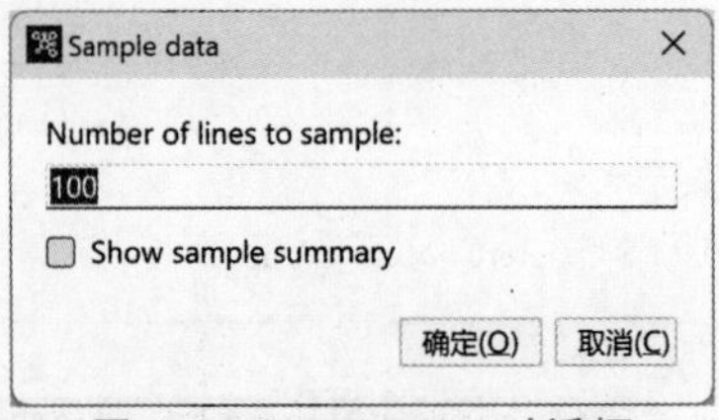

图 4-5 Sample data 对话框

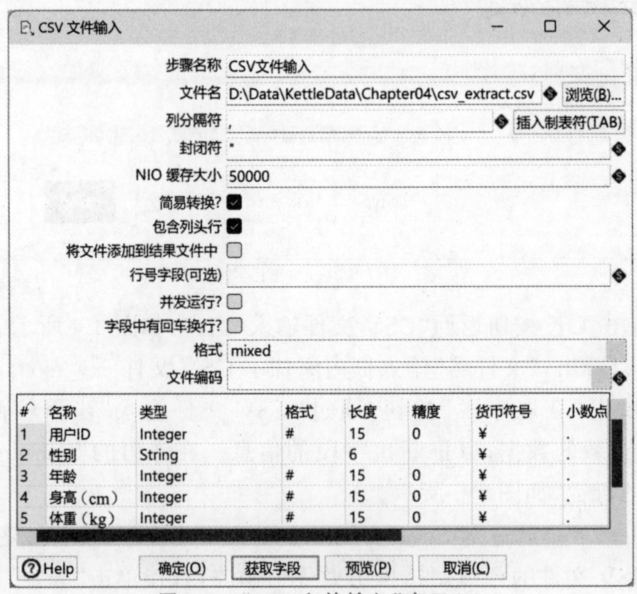

图 4-6 “CSV 文件输入”窗口(2)

件输入”步骤的推断结果有误或不符合实际使用需求,用户可以手动修改相应字段的信息。

在图 4-6 中,单击“确定”按钮保存对当前步骤的配置。

值得一提的是，在“CSV 文件输入”窗口中，除了通过单击“获取字段”按钮来指定字段信息之外，用户还可以根据需求手动指定每个字段的信息。在手动指定每个字段的信息时，至少需要指定字段的名称和类型。

4. 运行转换

保存并运行转换 csv_extract。当转换 csv_extract 运行完成后，在其工作区中选择“CSV 文件输入”步骤，然后在“执行结果”面板中单击 Preview data 选项卡标签，查看“CSV 文件输入”步骤中的数据，如图 4-7 所示。

图 4-7　查看“CSV 文件输入”步骤中的数据

从图 4-7 中可以看出，“CSV 文件输入”步骤中包含了来自 CSV 文件 csv_extract.csv 的数据，说明 Kettle 成功从 CSV 文件 csv_extract.csv 中抽取了数据。

注意：在“CSV 文件输入”窗口中，“包含列头行”默认框和“简易转换?”复选框默认为已勾选。其中，勾选“包含列头行”复选框表示将 CSV 文件的第一行数据视为字段名称而不被抽取为数据。勾选“简易转换?”复选框表示 CSV 文件中的数据不会立即转换为 Kettle 内部支持的数据类型。这样做可以提高数据抽取的性能，但可能会降低数据类型的准确性。当处理复杂数据(例如时间类型数据)时，可能会出现潜在的类型转换问题。

4.1.2　从 TSV 文件中抽取数据

TSV(Tab-Separated Values，制表符分隔值)文件是一种纯文本文件，通常用于在不同程序之间交换数据。TSV 文件的结构与 CSV 文件类似，但字段之间使用制表符而不是逗号作为分隔符。以下是一个简单的 TSV 文件内容示例，如图 4-8 所示。

姓名	年龄	性别	职业
Alice	28	女	工程师
Bob	35	男	市场营销
Cathy	23	女	设计师

图 4-8　TSV 文件示例

在图 4-8 中，每一行的数据由制表符分隔成不同字段，其中第一行数据描述了每个字段的名称，便于数据的理解。

制表符常见的输入方式分为两种。第一种方式是在文本编辑器中按键盘的 Tab 键，在指定位置插入一个制表符。第二种方式是使用转义字符,在一些编程语言中,用户可以使用转义字符“\t”来表示制表符。

需要注意的是,制表符的显示宽度并不是固定的,它受到以下几个因素的影响。

- 不同文本编辑器或软件显示制表符的方式可能有所不同。
- 制表符的显示宽度可能会受到使用字体和字号的影响。
- 制表符是一个控制字符,其实际宽度可能会受到相邻文本字符的影响。
- 在文本对齐的情况下,制表符的位置可能会根据文本的对齐方式有所调整。

TSV 文件通常以 tsv 作为其扩展名。用户可以通过文本编辑器(如记事本、Notepad++等)或电子表格软件(如 Microsoft Excel、WPS 表格等)轻松地打开、查看和编辑 TSV 文件。图 4-9 展示了使用记事本打开 TSV 文件 tsv_extract.tsv 的效果。

接下来,将演示如何使用 Kettle 从 TSV 文件 tsv_extract.tsv 抽取数据,具体操作步骤如下。

1. 创建转换

在 Kettle 的图形化界面中创建转换,指定转换的名称为 tsv_extract。

2. 添加步骤

在转换 tsv_extract 的工作区中添加“文本文件输入”步骤,用于实现从 TSV 文件抽取数据的功能。转换 tsv_extract 的工作区如图 4-10 所示。

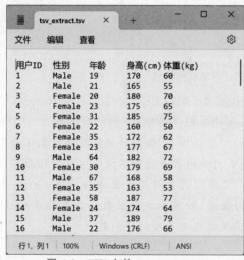

tsv_extract.tsv

文件 编辑 查看

用户ID	性别	年龄	身高(cm)	体重(kg)
1	Male	19	170	60
2	Male	21	165	55
3	Female	20	180	70
4	Female	23	175	65
5	Female	31	185	75
6	Female	22	160	50
7	Female	35	172	62
8	Female	23	177	67
9	Male	64	182	72
10	Female	30	179	69
11	Male	67	168	58
12	Female	35	163	53
13	Female	58	187	77
14	Female	24	174	64
15	Male	37	189	79
16	Male	22	176	66

行 1, 列 1 100% Windows (CRLF) ANSI

图 4-9 TSV 文件 tsv_extract.tsv

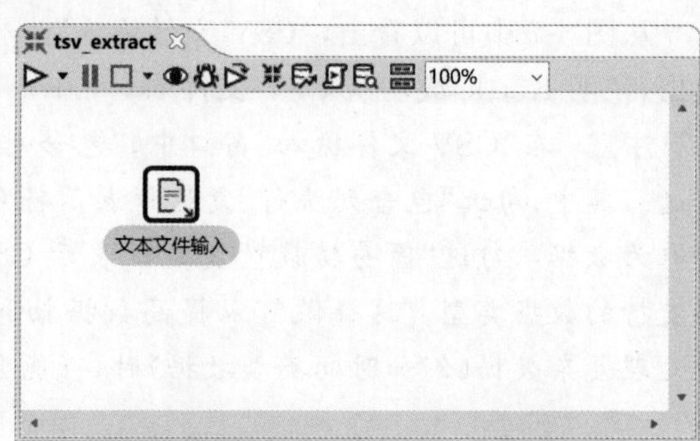

图 4-10 转换 tsv_extract 的工作区

3. 配置步骤

在转换 tsv_extract 的工作区中,双击“文本文件输入”步骤打开“文本文件输入”窗口,在该窗口中单击“浏览”按钮打开 Select File or Folder 窗口,在 Select File or Folder 窗口的 File type 下拉框中选择 All Files 选项,以显示所有文件类型。接下来,选择要抽取的 TSV 文件 tsv_extract.tsv,如图 4-11 所示。

在图 4-11 中,单击 OK 按钮返回“文本文件输入”窗口,如图 4-12 所示。

从图 4-12 中可以看出“文件或目录”输入框内添加了 TSV 文件 tsv_extract.tsv 的路径。

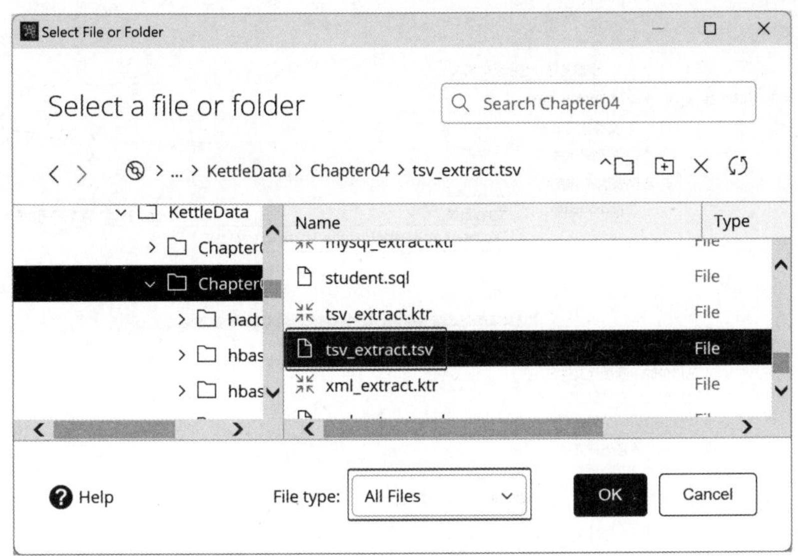

图 4-11　Select File or Folder 窗口(1)

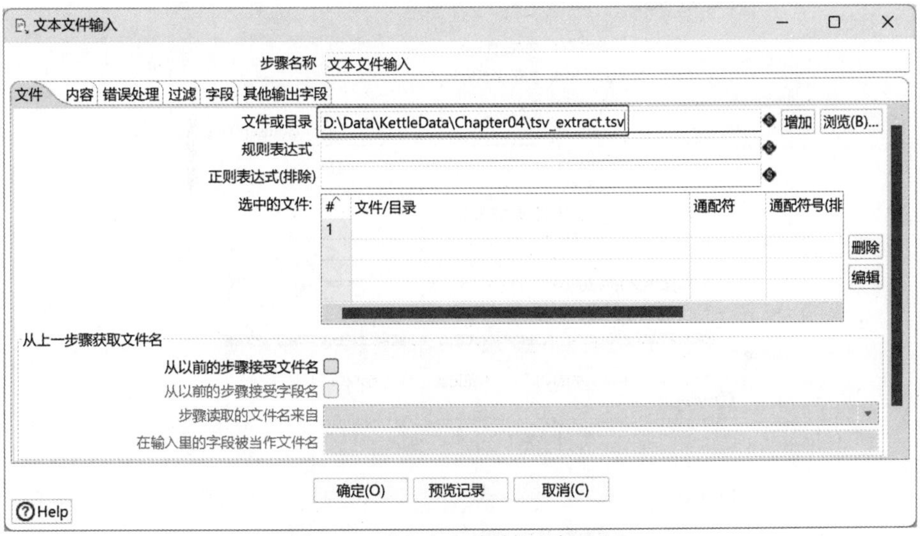

图 4-12　“文本文件输入”窗口(1)

在图 4-12 中，单击“增加”按钮将 TSV 文件 tsv_extract.tsv 添加到“选中的文件”部分，如图 4-13 所示。

在图 4-13 中，单击“内容”选项卡，在该选项卡中清空“分隔符”输入框的默认内容，然后单击 Insert TAB 按钮，在“分隔符”输入框中插入一个制表符作为分隔符，如图 4-14 所示。

值得注意的是，在 Kettle 中，TSV 文件被视为 CSV 文件的一种特殊形式，因此在“内容”选项卡中，“文件类型”下拉框直接使用默认的 CSV 选项即可。

在图 4-14 中，单击“字段”选项卡，在该选项卡中单击“获取字段”按钮，通过“文本文件输入”步骤检测 TSV 文件 tsv_extract.tsv 中指定行数的数据，以推断出字段的信息。在弹出的 Sample data 对话框中可以指定检测 TSV 文件的行数。这里在 Sample data 对话框不进行任何修改，直接单击“确定”按钮返回“字段”选项卡，如图 4-15 所示。

从图 4-15 中可以看出，“文本文件输入”步骤推断出 TSV 文件 tsv_extract.tsv 包含了 5

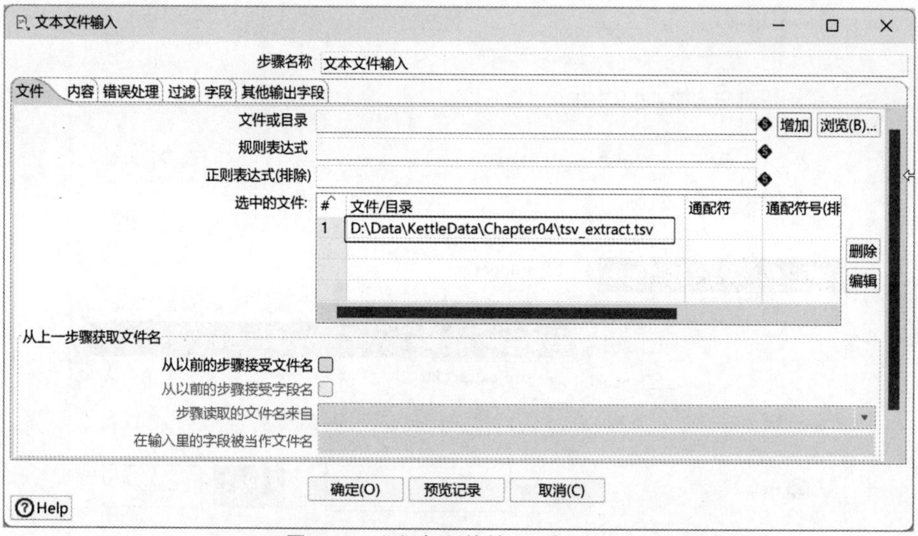

图 4-13　“文本文件输入”窗口(2)

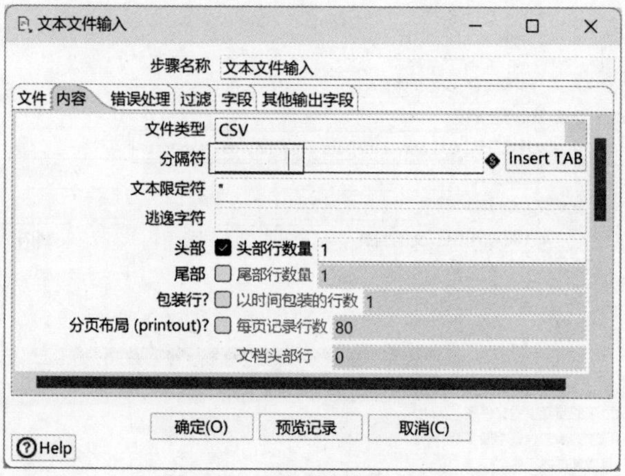

图 4-14　“内容”选项卡(1)

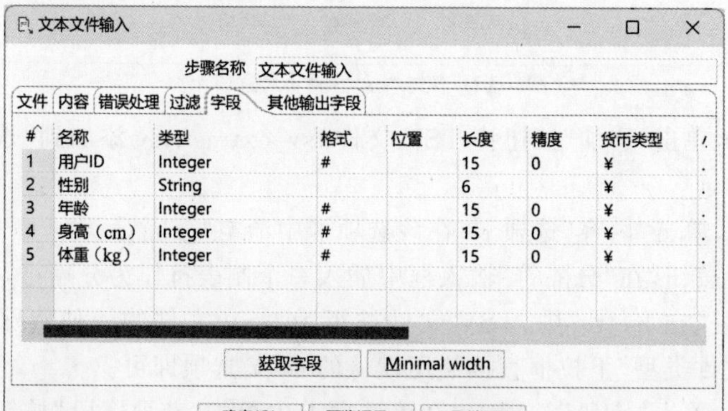

图 4-15　“字段”选项卡(1)

个字段,这些字段的名称分别是用户 ID、性别、年龄、身高(cm)和体重(kg)。如果“文本文件输入”步骤的推断结果有误或不符合实际使用需求,用户可以手动修改相应字段的信息。

在图 4-15 中,单击“确定”按钮保存对当前步骤的配置。

值得一提的是,在“文本文件输入”步骤的“字段”选项卡中,除了通过单击“获取字段”按钮来指定字段信息之外,用户还可以根据需求手动指定每个字段的信息。在手动指定每个字段的信息时,至少需要指定字段的名称和类型。

4. 运行转换

保存并运行转换 tsv_extract。当转换 tsv_extract 运行完成后,在其工作区中选择“文本文件输入”步骤,然后在“执行结果”面板中单击 Preview data 选项卡标签,查看“文本文件输入”步骤中的数据,如图 4-16 所示。

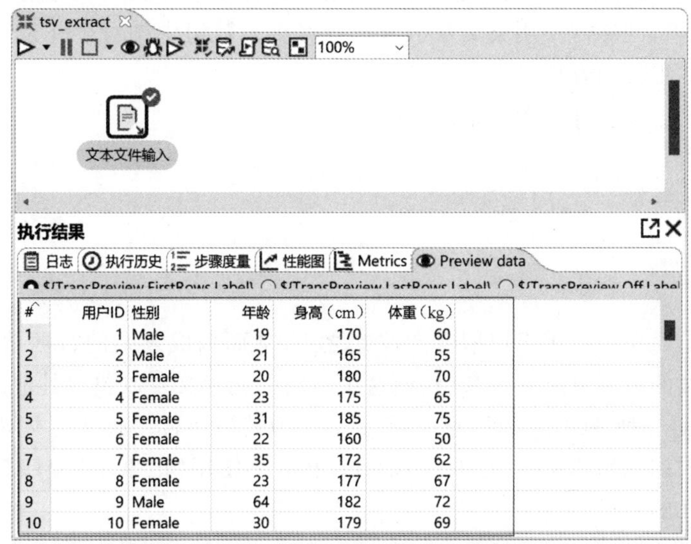

#	用户ID	性别	年龄	身高(cm)	体重(kg)
1	1	Male	19	170	60
2	2	Male	21	165	55
3	3	Female	20	180	70
4	4	Female	23	175	65
5	5	Female	31	185	75
6	6	Female	22	160	50
7	7	Female	35	172	62
8	8	Female	23	177	67
9	9	Male	64	182	72
10	10	Female	30	179	69

图 4-16　查看“文本文件输入”步骤中的数据

从图 4-16 中可以看出,“文本文件输入”步骤中包含了来自 TSV 文件 tsv_extract.tsv 的数据,说明 Kettle 从 TSV 文件 tsv_extract.tsv 中成功地抽取了数据。

注意:在“文本文件输入”步骤的“内容”选项卡中,“头部”复选框默认为已勾选,并且“头部行数据”输入框中的默认值为 1,这表示将 TSV 文件的第一行数据视为字段名称而不被抽取为数据。

4.1.3　从 JSON 文件中抽取数据

JSON(JavaScript Object Notation)是一种轻量级的数据交换格式,它基于 JavaScript 语言设计,采用独立于任何编程语言的文本格式来存储和传输数据。JSON 以其简洁性和易用性而著称,从而成为理想的数据交换语言。

1. JSON 的基本结构

JSON 的基本结构包含对象和数组,下面分别介绍这两种结构的特点。

(1) 对象。

对象是由无序的键值对构成的集合,其中,键是字符串类型,而值可以是 JSON 支持的任意数据类型,包括字符串、数字(整数或浮点数)、布尔值、对象、数组和 null。对于字符串类型的键和值,需要用英文双引号进行修饰。

在对象中,键和值之间用英文冒号分隔,每个键值对之间用英文逗号分隔,整个对象使用大括号进行包围。例如,以下是一个包含 3 个键值对的对象。

```
{
  "name": "Alice",
  "isStudent": true,
  "age": 28
}
```

在上述对象中,键 name、isStudent 和 age 的值分别为 Alice、true 和 28。

(2) 数组。

数组是由有序的元素组成的列表,每个元素可以是 JSON 支持的任意数据类型。对于字符串类型的元素,同样需要用英文双引号进行修饰。数组中的每个元素之间用英文逗号进行分隔,整个数组使用方括号进行包围。

例如,以下是一个包含 3 个元素的数组。

```
[
  "Hello, world!",
  123,
  true
]
```

在 JSON 中,对象和数组可以嵌套在彼此之中,从而构成复杂的数据结构。举例来说,在对象中,某个键的值可以是一个数组,而这个数组的元素又可以包含其他的对象。

JSON 文件是一种纯文本文件,通常以 json 作为其拓展名。通过文本编辑器,用户可以轻松地打开、查看和编辑 JSON 文件。图 4-17 展示了使用"记事本"程序打开 JSON 文件 json_extract.json 的效果。

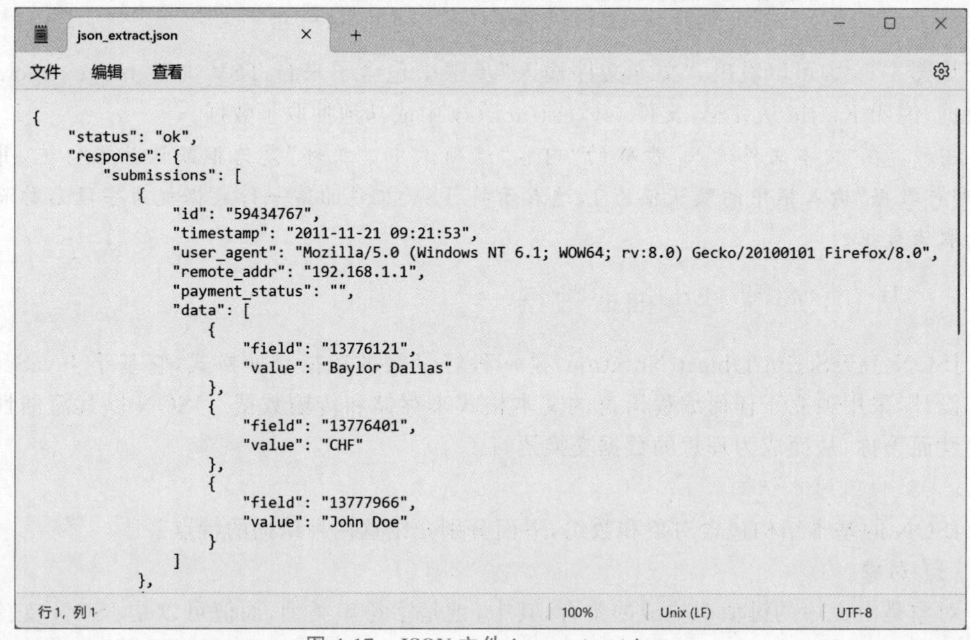

图 4-17　JSON 文件 json_extract.json

在图 4-17 中,JSON 文件的内容为网站服务器端对客户端请求的响应结果。例如,键 status 的值为 ok,表示请求成功。键 response 的值是一个对象,该对象包含了响应的信息。

2. 从 JSON 文件中抽取数据的操作

接下来，将演示如何使用 Kettle 从 JSON 文件 json_extract.json 抽取数据，具体操作步骤如下。

(1) 创建转换。

在 Kettle 的图形化界面中创建转换，指定转换的名称为 json_extract。

(2) 添加步骤。

在转换 json_extract 的工作区中添加两个 JSON input 步骤，并将这两个步骤通过跳进行连接，用于实现从 JSON 文件抽取数据的功能。转换 json_extract 的工作区如图 4-18 所示。

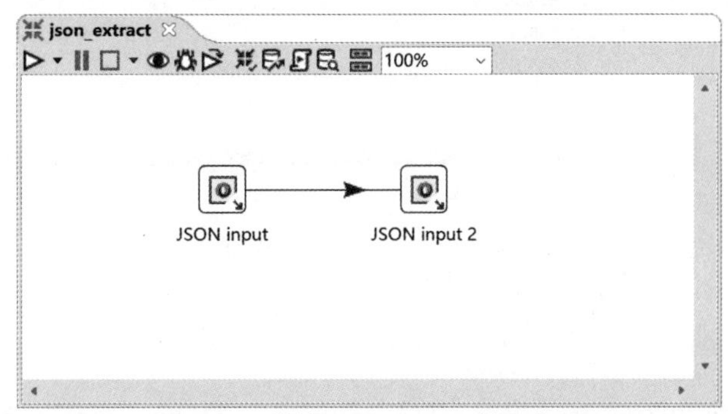

图 4-18 转换 json_extract 的工作区

在图 4-18 中添加两个 JSON input 步骤的原因是 JSON 文件 json_extract.json 的结构较为复杂，涉及多级嵌套的对象和数组。因此，使用两个 JSON input 步骤，可以分别从不同的层级中抽取所需的数据。

(3) 配置 JSON input 步骤。

在转换 json_extract 的工作区中，双击 JSON input 步骤打开"JSON 输入"窗口。在该窗口中单击"浏览"按钮，打开 Select a file or folder 窗口选择要抽取的 JSON 文件 json_extract.json，如图 4-19 所示。

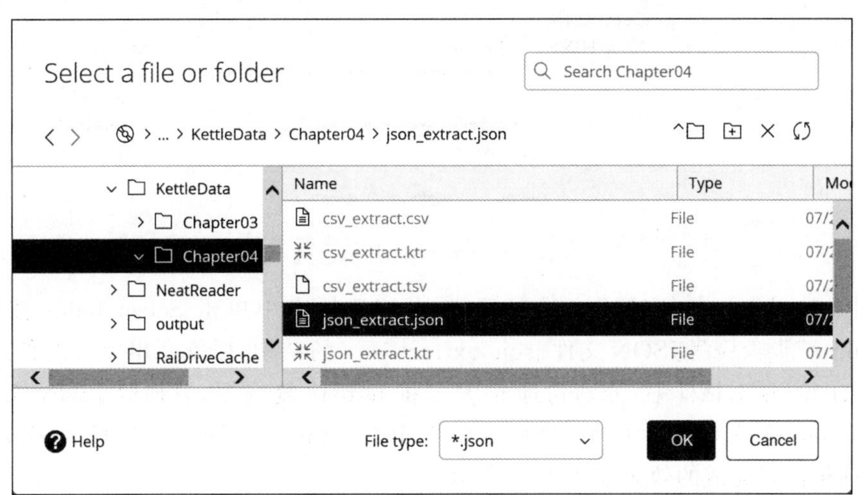

图 4-19 Select a file or folder 窗口(2)

在图 4-19 中，单击 OK 按钮返回"JSON 输入"窗口，如图 4-20 所示。

在图 4-20 中，单击"增加"按钮将 JSON 文件 json_extract.json 添加到"选中的文件"部

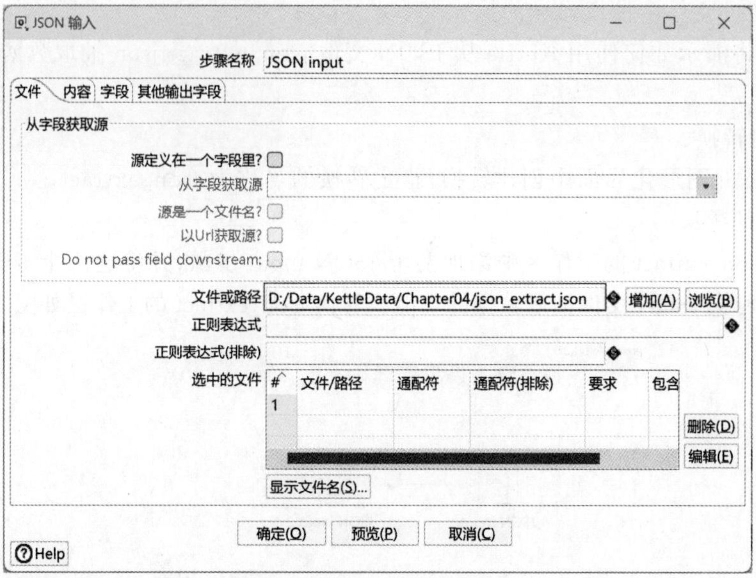

图 4-20 “JSON 输入”窗口(1)

分,如图 4-21 所示。

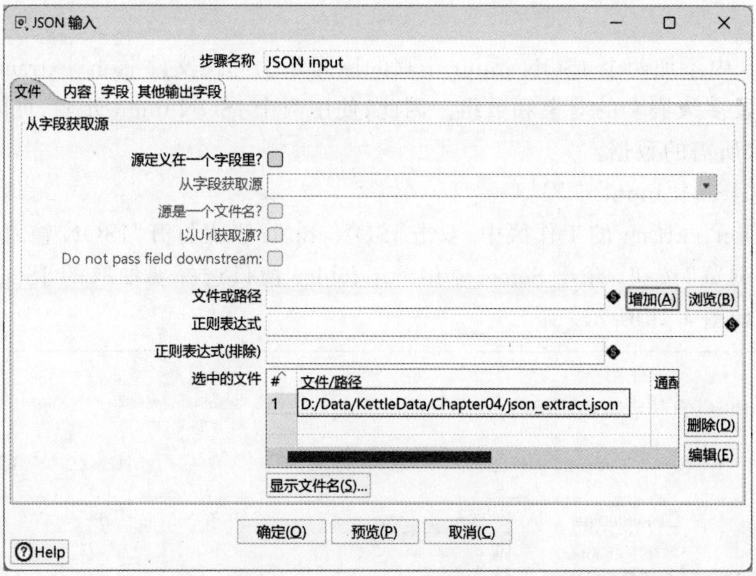

图 4-21 “JSON 输入”窗口(2)

在图 4-21 中,单击“字段”选项卡标签,在该选项卡中单击 Select fields 按钮,通过“JSON input”步骤检测 JSON 文件 json_extract.json 的结构,以推断出字段的信息。在弹出的 Select fields 对话框中,分别勾选 id 复选框和 data 复选框,以抽取 JSON 文件 json_extract.json 中键 id 和 data 的值,这些键将在 JSON input 步骤中被解析为字段。Select fields 对话框配置完成的效果如图 4-22 所示。

在图 4-22 中,单击 OK 按钮返回“字段”选项卡,如图 4-23 所示。

在图 4-23 中,单击“确定”按钮保存对当前步骤的配置。

结合 JSON 文件 json_extract.json 的内容,可以发现 JSON input 步骤中字段 data 的数

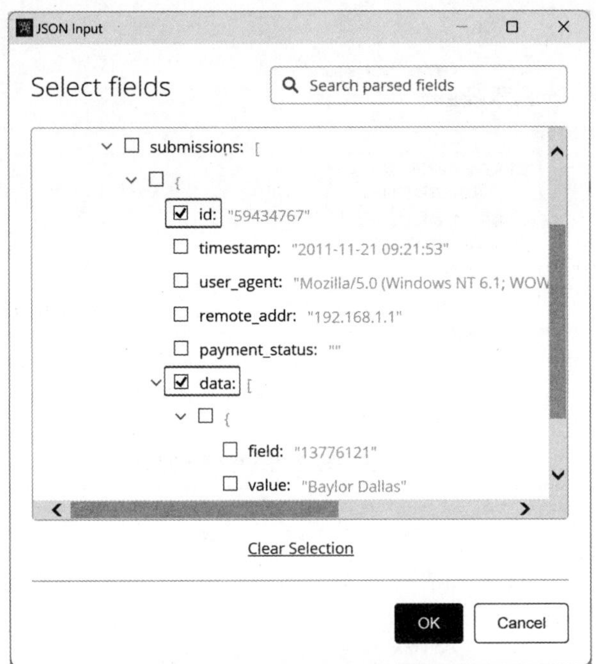

图 4-22　Select fields 对话框

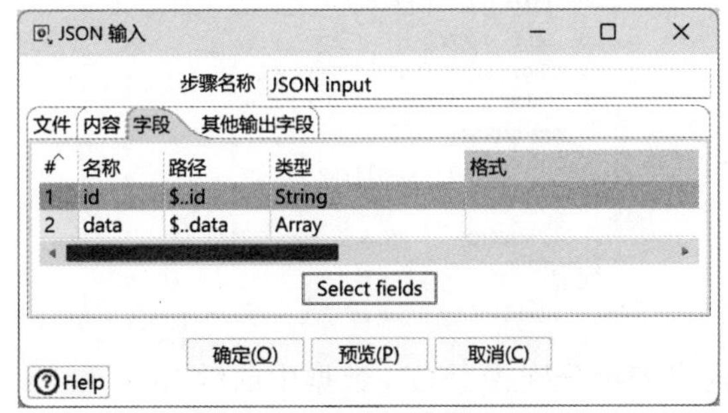

图 4-23　“字段”选项卡(2)

据为数组,数组中的每个元素为对象,对象中包含键为 field 和 value 的键值对。后续,将使用 JSON input 2 步骤,将对象中的键 field 和 value 解析为 JSON input 2 步骤中的字段。

需要说明的是,我们并未直接在图 4-22 中勾选 field 复选框和 value 复选框,将键 field 和 value 解析为 JSON input 步骤中字段。这是因为在 JSON 文件 json_extract.json 中,键 id、field 和 value 并不处于同一层级。若勾选 field 复选框和 value 复选框,将导致在抽取 JSON 文件 json_extract.json 的数据时,字段 field 和 value 出现 NULL 的情况。

(4) 配置 JSON input 2 步骤。

在转换 json_extract 的工作区中,双击 JSON input 2 步骤打开“JSON 输入”窗口,在该窗口中勾选“源定义在一个字段里?”复选框,并且在“从字段获取源”下拉框中选择 data 选项,表示从字段 data 获取 JSON 数据,如图 4-24 所示。

在图 4-24 中,单击“字段”选项卡标签,在该选项卡中添加两行内容。其中第一行内容中,“名称”“路径”“类型”列的值分别为 field、$..field 和 String;第二行内容中,“名称”“路径”“类型”列的内容分别为 value、$..value 和 String,如图 4-25 所示。

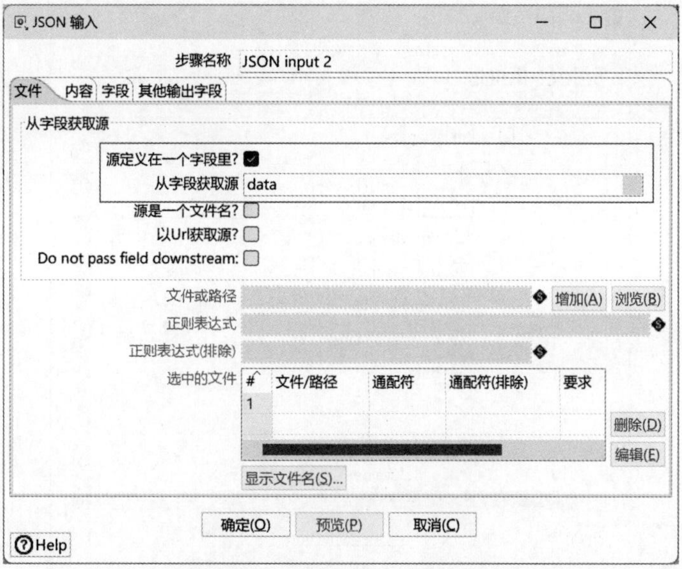

图 4-24 “JSON 输入”窗口(3)

图 4-25 “字段”选项卡(3)

图 4-25 中配置的内容表示分别将 JSON 数据中的键 field 和 value 解析为字段 field 和 value。在图 4-25 中,单击“确定”按钮保存对当前步骤的配置。

需要说明的是,因为 JSON input 2 步骤并非从 JSON 文件中抽取数据,所以无法通过单击 Select fields 按钮来推断字段的信息。

(5) 运行转换。

保存并运行转换 json_extract。当转换 json_extract 运行完成后,在其工作区选择 JSON input 2 步骤,然后在“执行结果”面板中单击 Preview data 选项卡标签,查看 JSON input 2 步骤中的数据,如图 4-26 所示。

从图 4-26 中可以看出,JSON input 2 步骤中的每行数据包含 4 个字段 id、data、field 和 value,其中字段 id 和 data 是从 JSON input 步骤传递到 JSON input 2 步骤的字段,而字段 field 和 value 是通过解析字段 data 的 JSON 数据生成的新字段。这 4 个字段的值与 JSON 文件 json_extract.json 中相应键的值相匹配,说明 Kettle 成功从 JSON 文件 json_extract.json 中抽取数据。

4.1.4 从 XML 文件中抽取数据

XML(Extensible Markup Language,可扩展标记语言)是一种被广泛应用于数据传输

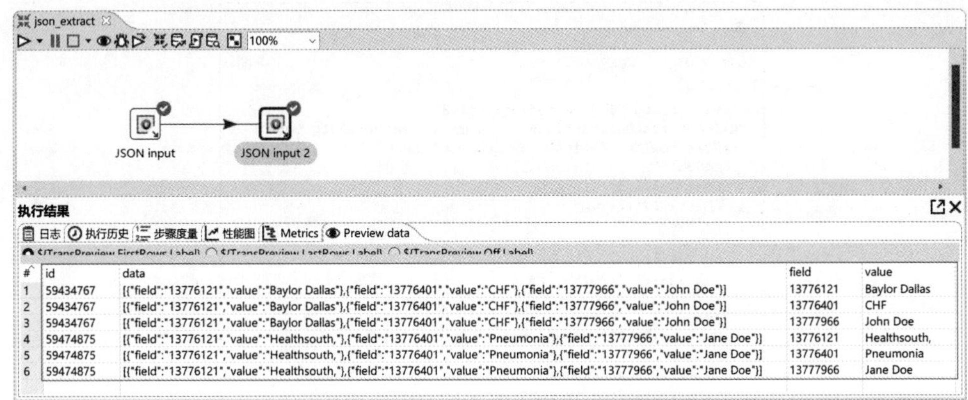

图 4-26　查看 JSON input 2 步骤中的数据

和存储的标记语言，它由一系列标签组成，这些标签按照特定的规则进行嵌套和组织。每个标签在 XML 中都起着定义数据结构和意义的重要作用。标签由一个开始标记和一个结束标记组成，而标签所包含的数据则位于这两个标记之间。

在 XML 中，每个标签都有一个固定的名称，该名称由用户根据实际需求自行定义，用于标识标签所代表的数据内容。XML 标签的名称是由字母、数字和一些特定的字符组成。值得注意的是，标签名称必须以字母或下画线(_)开头，并且在名称中区分大小写。例如，book 和 BOOK 被视为两个不同的标签名称，它们代表着完全不同的标签。

除此之外，在 XML 中，每个标签可以有零个或多个属性，用于提供有关标签的附加信息。属性位于标签的开始标记中，具有"name=value"的格式。其中 name 用于指定属性的名称；value 用于指定属性的值，该值需要使用英文双引号修饰。属性的名称和值由用户根据实际需求自行定义。

以下是一个简单的 XML 示例。

```
<book category="fiction" ISBN="978-0-123456-78-9">
  <title>Example Book</title>
  <author>John Doe</author>
  <year>2023</year>
</book>
```

在上述示例中，<title>Example Book</title>被视为一个标签。其中，title 为标签的名称，<title>为标签的开始标记，</title>为标签的结束标记，Example Book 为标签的数据。

值得一提的是，XML 本身并不限制数据类型，可以用于表示各种类型的数据。从 XML 的角度来看，所有数据都是以文本形式表示的。

XML 文件是一种纯文本文件，通常以 xml 作为其拓展名。通过文本编辑器，用户可以轻松地打开、查看和编辑 XML 文件。需要说明的是，在 XML 文件的第一行，通常会包含一个声明来指定 XML 的版本和字符编码，其固定格式如下。

```
<?xml version="1.0" encoding="UTF-8"?>
```

上述内容声明 XML 的版本为 1.0，并且声明使用的字符编码为 UTF-8。

图 4-27 展示了使用"记事本"程序打开 XML 文件 xml_extract.xml 的效果。

```xml
<?xml version="1.0" encoding="utf-8"?>
<AllRows testDescription="1 - simple functionality test">
  <Rows rowID="1">first row chunk of data
    <Row>
      <v1>1.1.1</v1>
      <v2>1.1.2</v2>
    </Row>
    <Row>
      <v1>1.2.1</v1>
      <v2>1.2.2</v2>
    </Row>
  </Rows>
  <Rows rowID="2">second row chunk of data
    <Row>
      <v1>2.1.1</v1>
      <v2>2.1.2</v2>
    </Row>
    <Row>
      <v1>2.2.1</v1>
      <v2>2.2.2</v2>
    </Row>
  </Rows>
  <Rows rowID="3">third row chunk of data
    <Row>
      <v1>3.1.1</v1>
      <v2>3.1.2</v2>
    </Row>
    <Row>
      <v1>3.2.1</v1>
      <v2>3.2.2</v2>
    </Row>
  </Rows>
</AllRows>
```

图 4-27 XML 文件 xml_extract.xml

接下来,将演示如何使用 Kettle 从 XML 文件 xml_extract.xml 中抽取数据,具体操作步骤如下。

1. 创建转换

在 Kettle 的图形化界面中创建转换,指定转换的名称为 xml_extract。

2. 添加步骤

在转换 xml_extract 的工作区中添加 Get data from XML 步骤,用于实现从 XML 文件抽取数据的功能。转换 xml_extract 的工作区如图 4-28 所示。

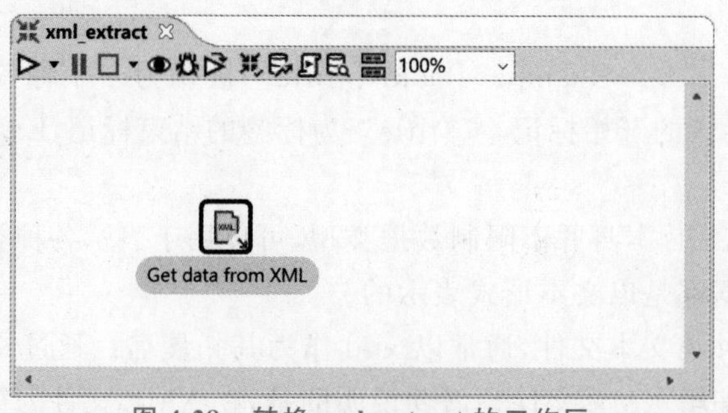

图 4-28 转换 xml_extract 的工作区

3. 配置步骤

在转换 xml_extract 的工作区中,双击 Get data from XML 步骤打开“XML 文件输入”窗口。在该窗口中单击“浏览”按钮打开 Select File or Folder 窗口选择要抽取的 XML 文件 xml_extract.xml,然后单击 OK 按钮返回“XML 文件输入”窗口,如图 4-29 所示。

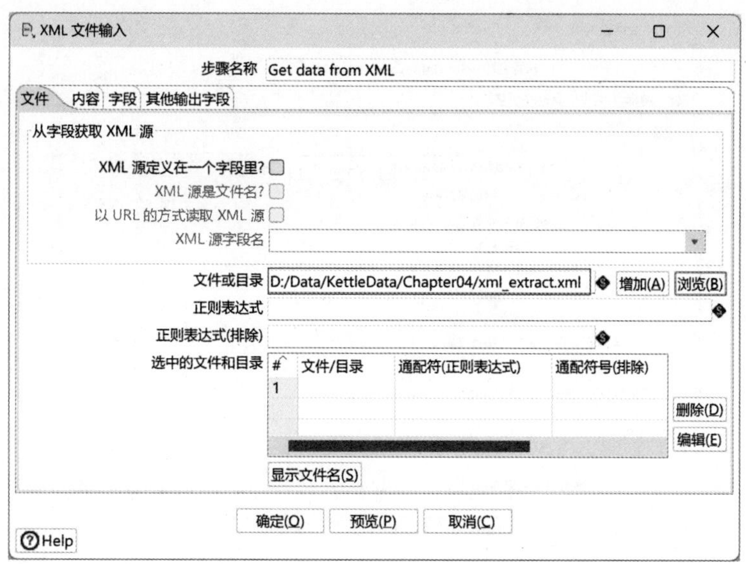

图 4-29　"XML 文件输入"窗口(1)

在图 4-29 中，单击"增加"按钮将 XML 文件 xml_extract.xml 添加到"选中的文件和目录"部分，如图 4-30 所示。

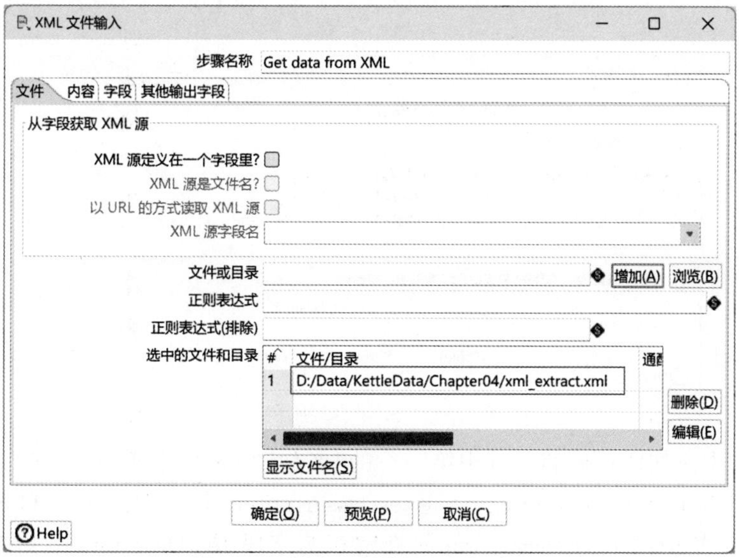

图 4-30　"XML 文件输入"窗口(2)

在图 4-30 中，单击"内容"选项卡标签，在该选项卡中单击"获取 XML 文档的所在路径"按钮，通过 Get data from XML 步骤自动将 XML 文件 xml_extract.xml 的结构解析为 XPath 表达式。在打开的"可用路径"窗口中选择"/AllRows/Rows/Row"选项，循环读取＜Row＞标签的内容，如图 4-31 所示。

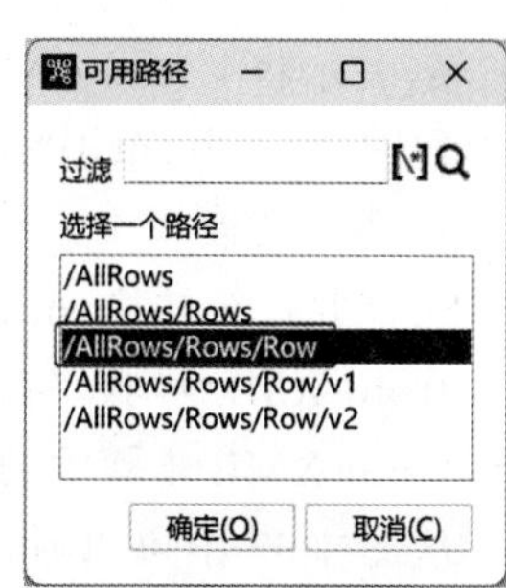

图 4-31　"可用路径"窗口

在图 4-31 中，单击"确定"按钮返回"内容"选项卡，如图 4-32 所示。

在图 4-32 中，单击"字段"选项卡标签。在该选项卡中单击

XML 文件输入

步骤名称 Get data from XML

文件 内容 字段 其他输出字段

设置

循环读取路径 /AllRows/Rows/Row　获取 XML 文档的所有路径

编码 UTF-8

考虑命名空间

忽略注释?

验证 XML ?

使用标记

忽略空文件

如果没有文件不要报告错误

限制 0

用于截取数据的 XML 路径 (大

附件字段

输出中包括文件名? 文件名字段

确定(O)　预览(P)　取消(C)

Help

图 4-32　“内容”选项卡(2)

“获取字段”按钮，通过 Get data from XML 步骤，根据“内容”选项卡的“循环读取路径”输入框中指定的 XPath 表达式，将<Row>标签中的<v1>和<v2>标签解析为字段 v1 和 v2，如图 4-33 所示。

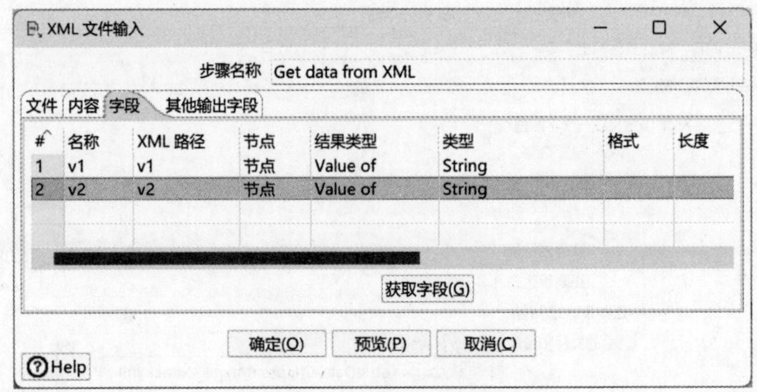

图 4-33　“字段”选项卡(4)

在图 4-33 中添加两行内容。其中第一行的“名称”“XML 路径”“节点”“结果类型”“类型”列的值分别为 testDescription、../../@testDescription、属性、Value of 和 String，表示将<AllRows>标签中的 testDescription 属性解析为字段 testDescription；第二行的“名称”“XML 路径”“节点”“结果类型”“类型”列为值分别为 rowID、../@rowID、属性、Value of 和 String，表示将<Rows>标签中的 rowID 属性解析为字段 rowID，如图 4-34 所示。

在图 4-34 中，单击“确定”按钮保存对当前步骤的配置。

4. 运行转换

保存并运行转换 xml_extract。当转换 xml_extract 运行完成后，在其工作区选择 Get data from XML 步骤，然后在“执行结果”面板中单击 Preview data 选项卡标签，查看 Get data from XML 步骤中的数据，如图 4-35 所示。

从图 4-35 中可以看出，Get data from XML 步骤中的每行数据包含 4 个字段 v1、v2、testDescription 和 rowID，这些字段的值与 XML 文件 xml_extract.xml 中相应标签的数据

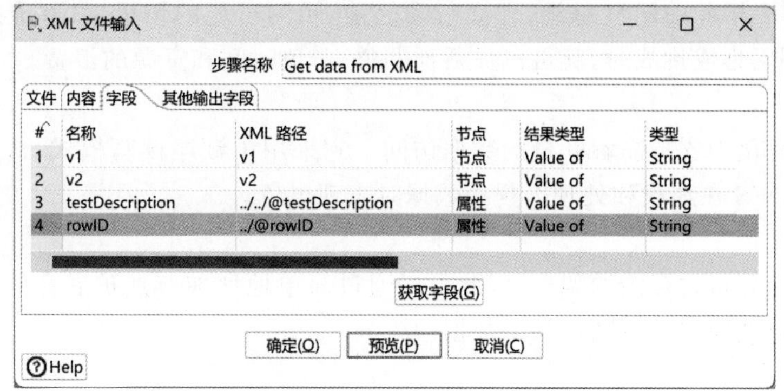

图 4-34　"字段"选项卡(5)

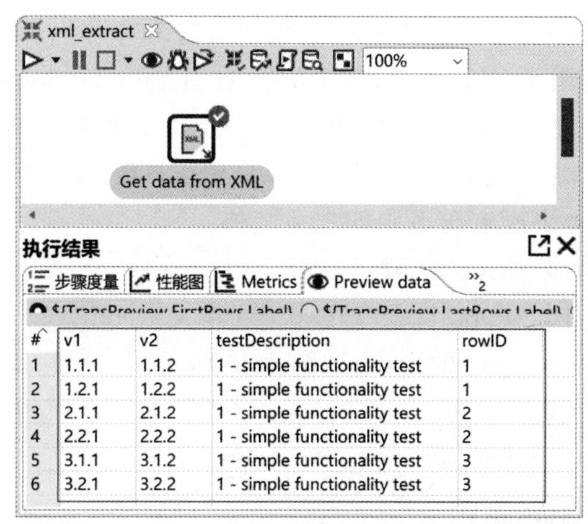

#	v1	v2	testDescription	rowID
1	1.1.1	1.1.2	1 - simple functionality test	1
2	1.2.1	1.2.2	1 - simple functionality test	1
3	2.1.1	2.1.2	1 - simple functionality test	2
4	2.2.1	2.2.2	1 - simple functionality test	2
5	3.1.1	3.1.2	1 - simple functionality test	3
6	3.2.1	3.2.2	1 - simple functionality test	3

图 4-35　查看 Get data from XML 步骤中的数据

和属性的属性值相匹配，说明 Kettle 成功从 XML 文件 xml_extract.xml 中抽取数据。

4.1.5　从 HDFS 中抽取数据

HDFS(Hadoop Distributed File System)是 Hadoop 的核心组件，它是一个分布式文件系统，旨在存储和管理大规模数据。HDFS 采用主从架构，通常由一个主节点和多个从节点所组成。其中，主节点在 HDFS 中的角色为 NameNode，负责管理文件系统的命名空间，并将文件分布到从节点；从节点在 HDFS 中的角色为 DataNode，负责存储文件的数据块(block)。除此之外，HDFS 为了缓解单个 NameNode 的压力，还提供了一个 SecondaryNameNode，用于辅助 NameNode。

1. HDFS 的优点

HDFS 作为大数据处理中的核心组件，具有许多优点，使其成为存储和管理大规模数据的首选方案。以下是 HDFS 的主要优点。

(1) 高可靠性。

HDFS 通过在集群中复制数据块来提供高度的容错性。默认情况下，每个数据块都会有三个副本，这些副本分布在不同的从节点上。因此，即使某个从节点发生故障，存储在 HDFS 的文件仍然可用，并且 HDFS 会自动恢复丢失的数据块。

不确定性是日常生活中不可避免的现象，它会对我们的计划和目标产生影响。为了应对不确定性,需要培养前瞻性思维,即在行动之前,预测可能的情境,做好充分的准备。这样,当我们遇到困难或挑战时,就可以灵活地调整,避免时间和资源的浪费。

(2) 高吞吐量。

HDFS被优化为支持高吞吐量的数据访问。它采用了顺序读写模式,适用于批处理任务。这使得HDFS在加载和处理大规模数据时表现出色。

(3) 易于扩展。

HDFS采用分布式存储的架构,因此可以通过简单地增加节点扩展存储容量。这使得HDFS非常适合处理规模不断增长的数据。

(4) 易用性。

HDFS支持多种数据访问接口,包括Java API、命令行工具、Web界面等。这使得开发和管理人员可以使用多种方式与HDFS交互,便于管理和操作。

需要注意的是,在使用HDFS之前,需要部署Hadoop。Hadoop支持多种部署模式,其部署模式决定了HDFS的工作方式和架构。本书为了方便学习,采用伪分布式模式部署Hadoop,即在单台虚拟机上模拟一个完整的Hadoop集群。有关安装虚拟机和部署Hadoop的操作,请参考本书配套资源中的相关文档。

2. 从HDFS中抽取数据的操作过程

在HDFS的/Chapter04/data/目录存在一个文本文件hdfs_extract.txt,使用HDFS命令查看文本文件hdfs_extract.txt的内容,如图4-36所示。

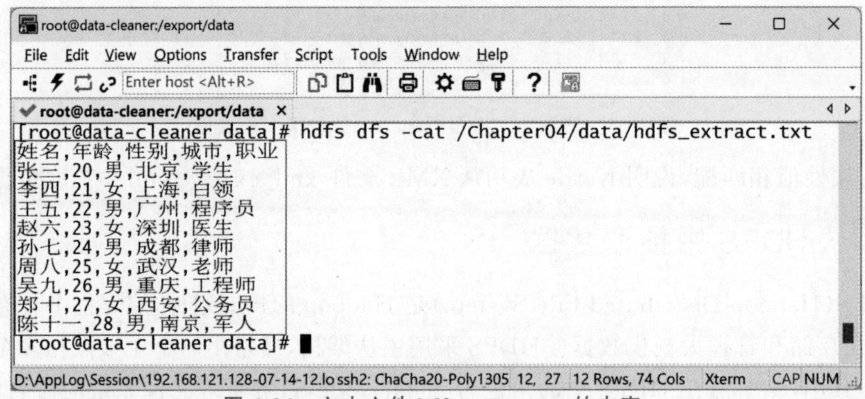

图4-36 文本文件hdfs_extract.txt的内容

接下来,将演示如何使用Kettle从HDFS中的文本文件hdfs_extract.txt抽取数据,具体操作步骤如下。

(1) 创建转换。

在Kettle的图形化界面中创建转换,指定转换的名称为hdfs_extract。

(2) 连接Hadoop集群。

从HDFS抽取数据之前,用户需要在Kettle中配置连接Hadoop集群的相关内容。在Kettle图形化界面单击"主对象树"选项卡标签,如图4-37所示。

在图4-37中,选中并右击Hadoop clusters选项,在弹出的菜单选择Add driver选项,打开Hadoop Clusters窗口的Add driver界面,如图4-38所示。

在图4-38中,单击Browse按钮打开"选择要加载的文件"对话框,通过浏览本地文件系

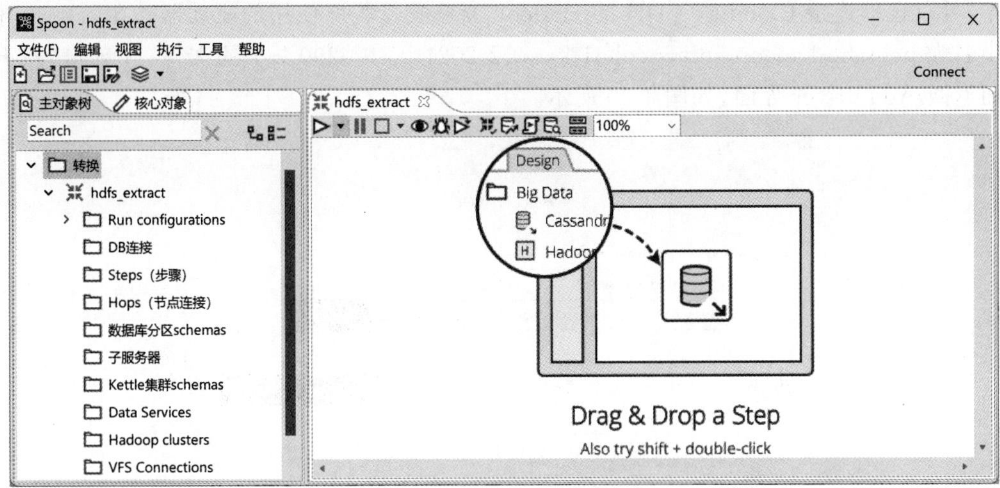

图 4-37 "主对象树"选项卡

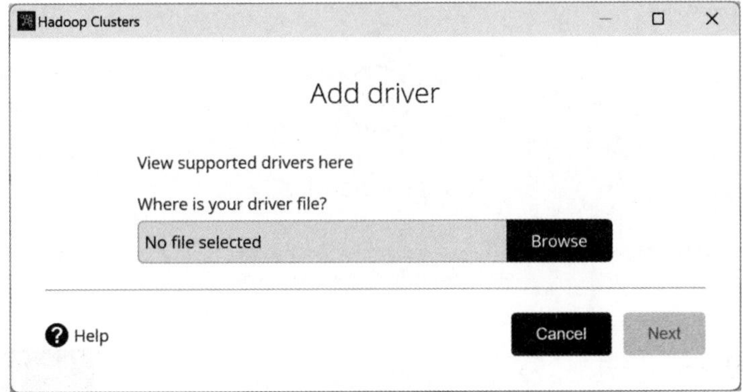

图 4-38 Add driver 界面(1)

统选择连接 Hadoop 集群的驱动器，这些驱动器位于 Kettle 安装目录的 ADDITIONAL-FILES\drivers 目录中，如图 4-39 所示。

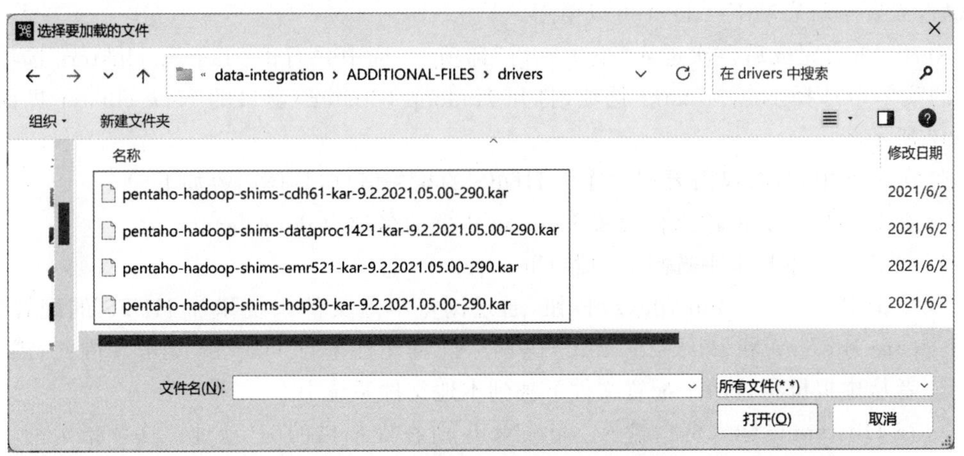

图 4-39 "选择要加载的文件"对话框

图 4-39 展示了连接不同的 Hadoop 商业发行版所使用的驱动器，包括 Cloudera CDH、Google Cloud Dataproc、Amazon EMR 和 Hortonworks HDP。本书采用的是 Hadoop 官方

版本,可以选择连接 Cloudera CDH 的 Hadoop 商业发行版所使用的驱动器。在图 4-39 中,选中名为 pentaho-hadoop-shims-cdh61-kar-9.2.2021.05.00-290.kar 的文件,并单击"打开"按钮返回 Add driver 界面,如图 4-40 所示。

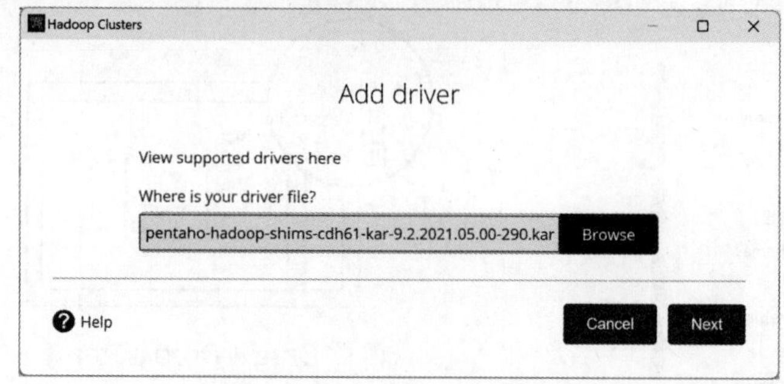

图 4-40　Add driver 界面(2)

在图 4-40 中,单击 Next 按钮添加驱动器,驱动器添加完成的效果如图 4-41 所示。

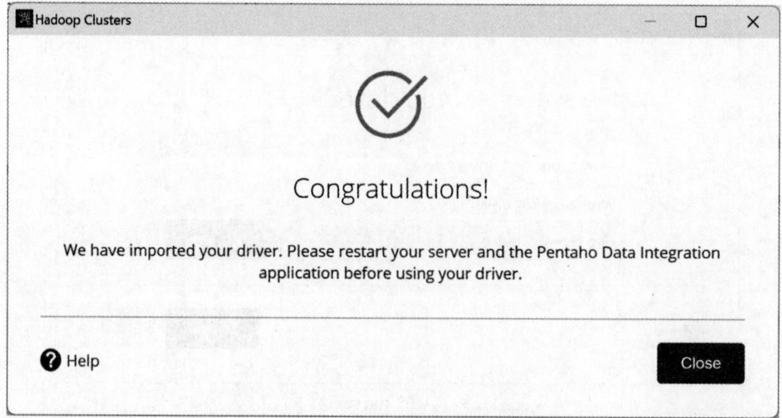

图 4-41　驱动器添加完成的效果

在图 4-41 中,单击 Close 按钮关闭 Hadoop Clusters 窗口。需要注意的是,驱动器添加完成后,需要重新启动 Kettle 才可以使用。

Kettle 重启完成后再次进入"主对象树"选项卡,选中并右击 Hadoop clusters 选项,在弹出的菜单中选择 New cluster 选项,打开 Hadoop Clusters 窗口的 New cluster 界面,如图 4-42 所示。

在图 4-42 中,暂时仅需要配置连接 HDFS 的相关信息,具体内容如下。

- 在 Cluster name 输入框设置 Hadoop 集群的名称为 dataCleaner。
- 在 Driver 下拉框中选择驱动器 Cloudera。
- 单击 Browse to add file(s)按钮,通过浏览本地文件系统添加 HDFS 的配置文件 core-site.xml 和 hdfs-site.xml。这两个配置文件来自 Hadoop 集群。因此,需要读者从虚拟机将这两个配置文件下载到本地文件系统中。
- 在 Hostname 输入框内输入 NameNode 所在虚拟机的 IP 地址。这里指定的 IP 地址为 192.168.121.128。
- 在 Port 输入框内输入 NameNode 进行 RPC 通信的端口号。这里指定的端口号为 9820。

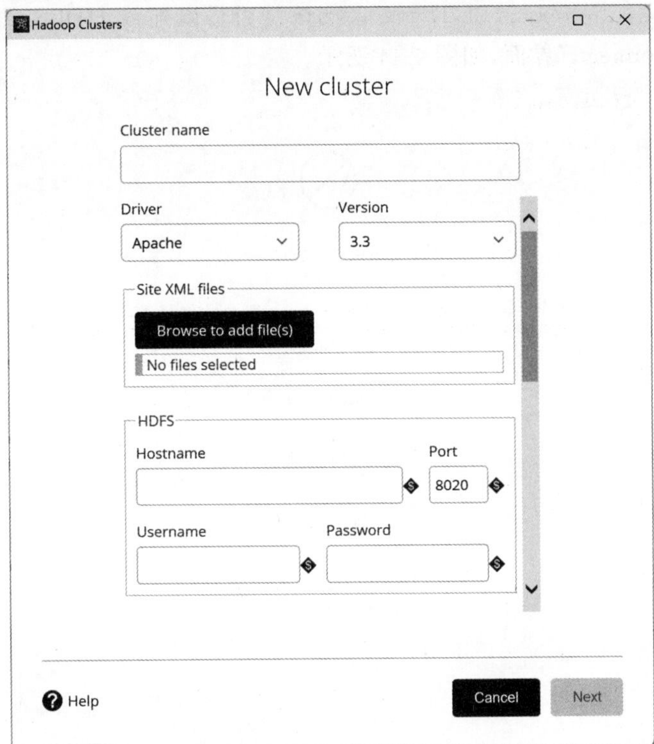

图 4-42 New cluster 界面(1)

New cluster 界面配置完成的效果如图 4-43 所示。

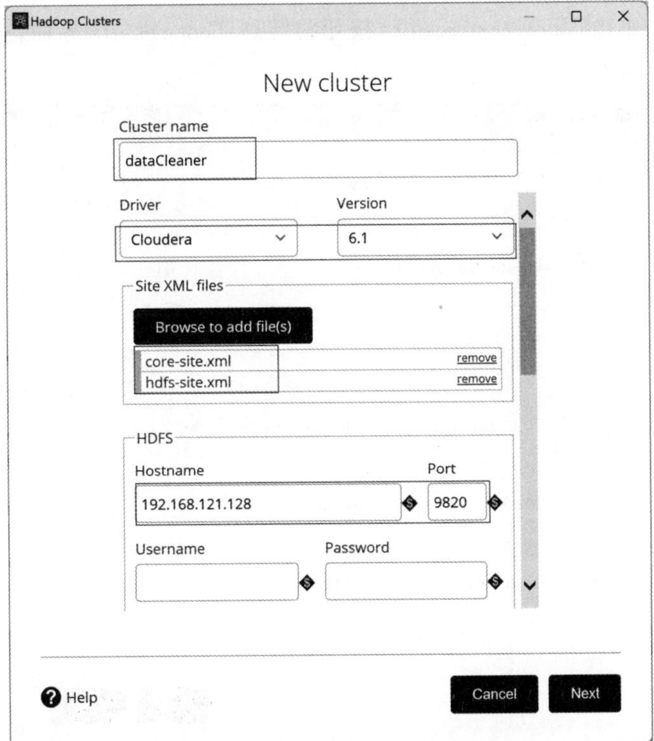

图 4-43 New cluster 界面(2)

在图 4-43 中,单击 Next 按钮,Kettle 会测试是否可以连接 HDFS,测试完成后会跳转到"We couldn't connect."界面,如图 4-44 所示。

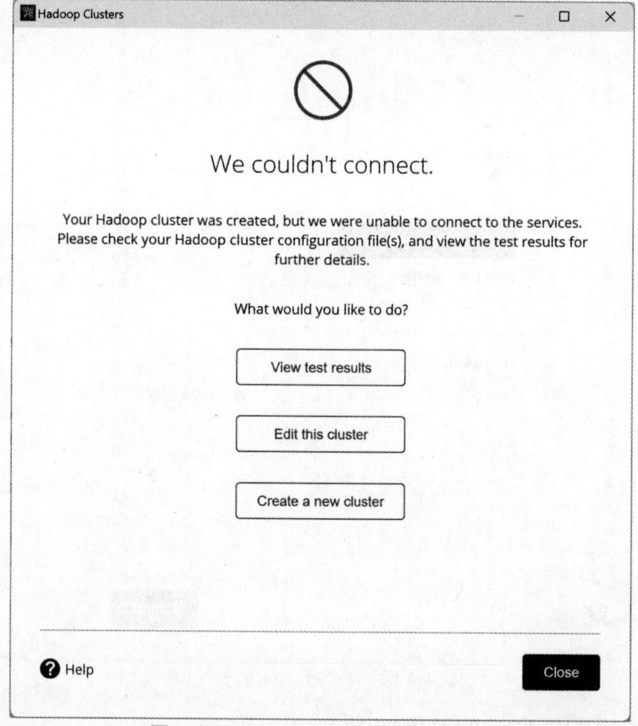

图 4-44 We couldn't connect.界面

在图 4-44 中,单击 View test results 按钮跳转到 Test results 界面,查看测试结果的详细信息,如图 4-45 所示。

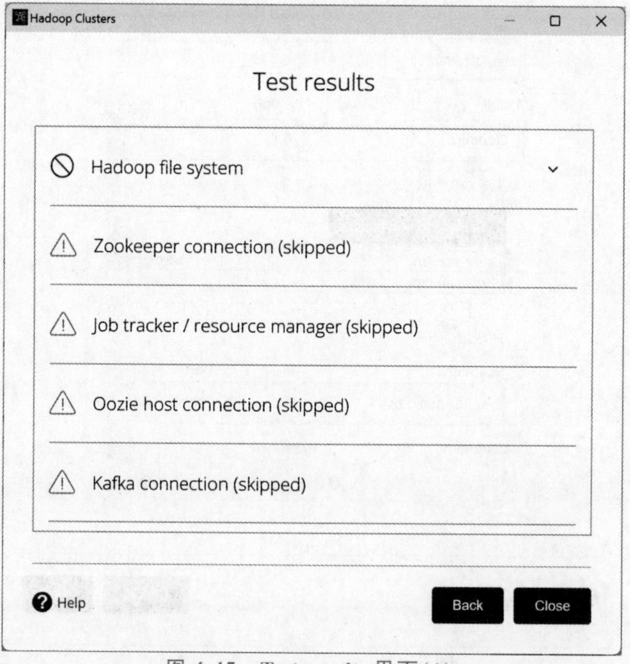

图 4-45 Test results 界面(1)

在图 4-45 中，单击 Hadoop file system 选项右侧的∨按钮查看连接 HDFS 的详细信息，如图 4-46 所示。

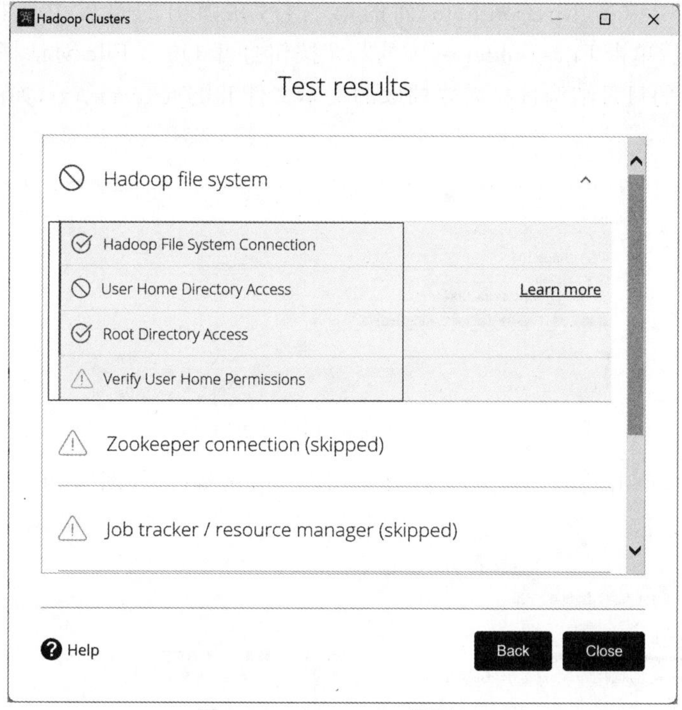

图 4-46　Test results 界面(2)

在图 4-46 中，通过⊘标记的信息为错误信息，通过⚠标记的信息为警告信息。其中，出现错误信息 User Home Directory Access 的原因是本机计算机的用户与操作 HDFS 的用户不一致，该错误并不会影响 HDFS 的使用，读者可以忽略。另外，警告信息同样也不会影响 HDFS 的使用。读者只需要确认图 4-46 中的 Hadoop File System Connection 和 Root Directory Access 信息前面有✓标记即可。

在图 4-46 中，单击 Close 按钮完成连接 Hadoop 集群的配置。此时，在“主对象树”选项卡的 Hadoop clusters 选项中会出现已创建的 Hadoop 集群 dataCleaner，该连接默认会共享给所有转换和作业使用。

(3) 添加步骤。

在转换 hdfs_extract 的工作区中添加 Hadoop file input 步骤，用于实现从 HDFS 中抽取数据的功能。转换 hdfs_extract 的工作区如图 4-47 所示。

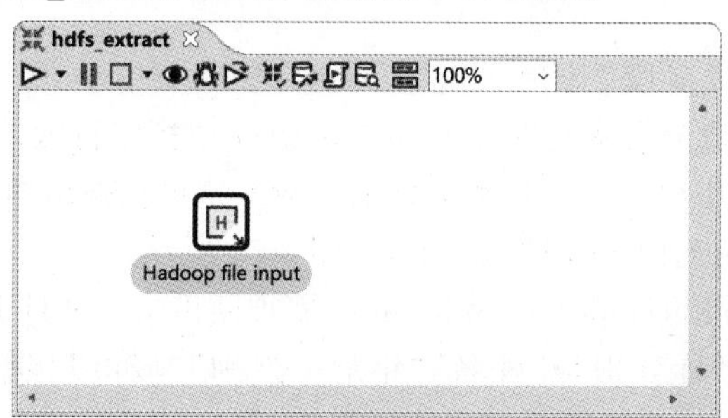

图 4-47　转换 hdfs_extract 的工作区

(4) 配置步骤。

在转换 hdfs_extract 的工作区中,双击 Hadoop file input 步骤打开 Hadoop file input 窗口。在该窗口中单击 Environment 列的第一行,在弹出的菜单中选择 Hadoop 集群 dataCleaner。然后单击 File/Folder 列中的"..."按钮打开 Open File 对话框,在该对话框中通过浏览 HDFS 的目录结构选择需要抽取的文本文件 hdfs_extract.txt,如图 4-48 所示。

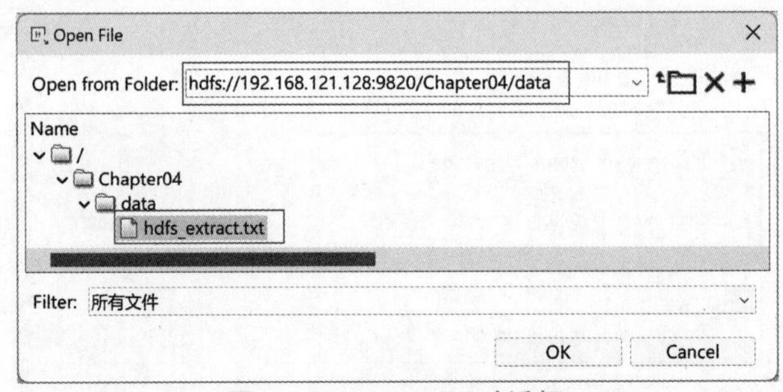

图 4-48 Open File 对话框

在图 4-48 中,单击 OK 按钮返回 Hadoop file input 窗口,如图 4-49 所示。

Hadoop file input
步骤名称 Hadoop file input
文件 内容 错误处理 过滤 字段
选中的文件:

#	Environment	File/Folder	通配符	要求	包含子目录
1	dataCleaner	/Chapter04/data/hdfs_extract.txt			

从上一步骤获取文件名
从以前的步骤接受文件名
从以前的步骤接受字段名
步骤读取的文件名来自
在输入里的字段被当作文件名
显示文件名... 显示文件内容 显示来自第一条数据行的内容
确定(O) 预览记录 取消(C)
Help

图 4-49 Hadoop file input 窗口

在图 4-49 中,单击"内容"选项卡标签,在该选项卡的"分隔符"输入框中指定分隔符为英文逗号,并且在"编码方式"下拉框中指定编码格式为 UTF-8,如图 4-50 所示。

图 4-50 中配置的内容表示使用英文逗号解析文本文件 hdfs_extract.txt 中的每个字段。同时,为了防止文件中的中文出现乱码,选择 UTF-8 编码格式来解析文本文件 hdfs_extract.txt 中的内容。

在图 4-50 中,单击"字段"选项卡标签,在该选项卡中单击"获取字段"按钮,通过 Hadoop file input 步骤检测文本文件 hdfs_extract.txt 中指定行数的数据,以推断出字段的信息。在弹出的对话框中可以指定检测文件的行数。这里在弹出的对话框中不进行任何修改,直接单击"确定"按钮返回"字段"选项卡,如图 4-51 所示。

从图 4-51 中可以看出,Hadoop file input 步骤推断出文本文件 hdfs_extract.txt 包含了 5 个字段,这些字段的名称分别是"姓名""年龄""性别""城市""职业"。如果 Hadoop file input 步骤的推断结果有误或不符合实际使用需求,用户可以手动修改相应字段的信息。

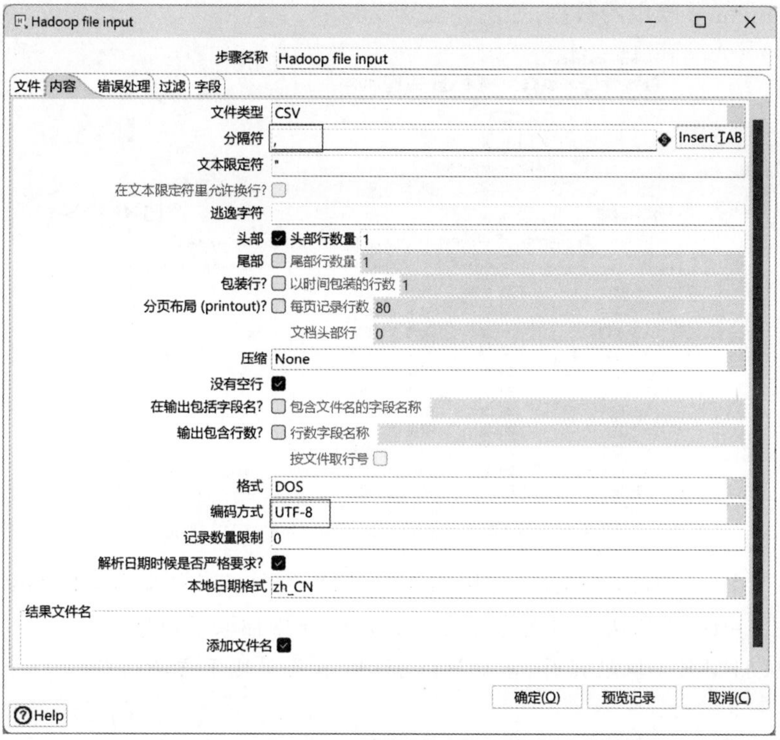

图 4-50 “内容”选项卡(3)

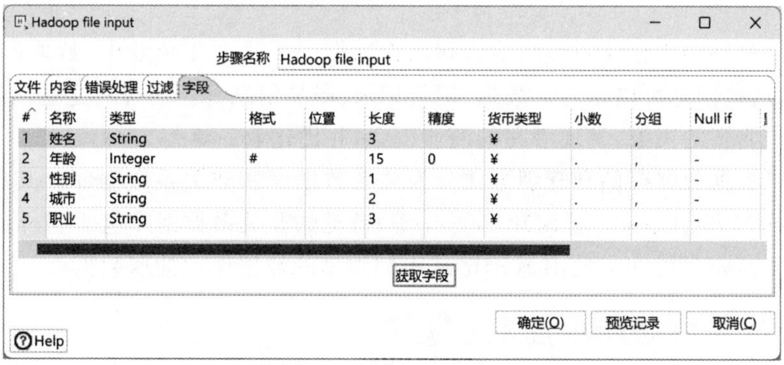

图 4-51 “字段”选项卡(6)

在图 4-51 中,单击“确定”按钮保存对当前步骤的配置。

值得一提的是,在 Hadoop file input 步骤的“字段”选项卡中,除了通过单击“获取字段”按钮来指定字段信息之外,用户还可以根据需求手动指定每个字段的信息。在手动指定每个字段的信息时,至少需要指定字段的名称和类型。

注意:在 Hadoop file input 步骤的“内容”选项卡中,“头部”复选框默认为勾选,并且“头部行数量”输入框中的默认值为 1,这表示将文件的第一行数据视为字段名称而不被抽取为数据。

(5) 运行转换。

保存并运行转换 hdfs_extract。当转换 hdfs_extract 运行完成后,在其工作区选择 Hadoop file input 步骤,然后在“执行结果”面板中单击 Preview data 选项卡标签,查看

Hadoop file input 步骤中的数据,如图 4-52 所示。

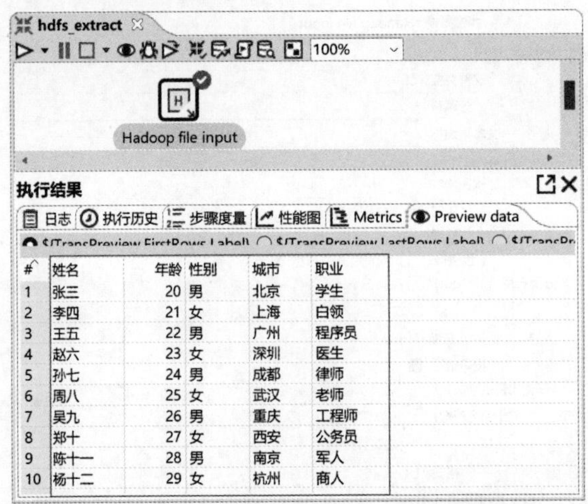

#	姓名	年龄	性别	城市	职业
1	张三	20	男	北京	学生
2	李四	21	女	上海	白领
3	王五	22	男	广州	程序员
4	赵六	23	女	深圳	医生
5	孙七	24	男	成都	律师
6	周八	25	女	武汉	老师
7	吴九	26	男	重庆	工程师
8	郑十	27	女	西安	公务员
9	陈十一	28	男	南京	军人
10	杨十二	29	女	杭州	商人

图 4-52 查看 Hadoop file input 步骤中的数据

从图 4-52 中可以看出,Hadoop file input 步骤中包含了来自文本文件 hdfs_extract.txt 的数据,说明 Kettle 成功从文本文件 hdfs_extract.txt 中抽取了数据。

注意:从 HDFS 抽取数据时,需要确保 Hadoop 集群处于启动状态。

4.2 从数据库中抽取数据

数据库是一种用于存储、管理、检索和操作数据的工具。在企业中,数据库存储了大量有用的信息,这些信息可以是客户数据、销售记录、产品信息等。通过对这些信息的分析,企业可以做出更明智的决策,发现潜在的商业机会,并优化业务流程。

数据库可根据数据存储和管理方式分为关系数据库和非关系数据库。其中,常见的关系数据库包括 MySQL、Oracle、SQL Server 等,常见的非关系数据库包括 MongoDB、Redis、HBase 等。本节将讲解如何使用 Kettle 从不同类型的数据库中抽取数据。

4.2.1 从关系数据库中抽取数据

关系数据库是一种基于关系模型的数据库管理系统,它使用表格(二维表)来组织和存储数据,表中的行表示记录,列(字段)表示属性。关系数据库具有严格的数据结构,需要事先定义数据的模式,即表结构,并通过 SQL(结构化查询语言)进行数据的查询和操作。这种类型的数据库适用于复杂的数据关系,强调数据的一致性和完整性,常用于企业应用、金融系统等需要保证数据一致性和事务处理的场景。

本节以常用的关系数据库 MySQL 为例,演示如何使用 Kettle 从关系数据库中抽取数据。关于安装 MySQL 的操作,读者可参考配套资源中提供的相关文档。

例如,在 MySQL 的数据库 chapter04 中存在表 student,其表结构和数据如图 4-53 所示。

从图 4-53 中可以看出,表 student 包含 4 个字段,分别为 id、name、age 和 sex,并且包含了 10 行数据。读者可以使用本书提供的配套资源中的 SQL 脚本文件 chapter04.sql,在

表结构

Field	Type	Null	Key	Default	Extra
id	char(10)	YES		(NULL)	
name	char(10)	YES		(NULL)	
age	int	YES		(NULL)	
sex	char(10)	YES		(NULL)	

数据

id	name	age	sex
s001	Allen	18	female
s002	Linda	20	female
s003	Eric	18	male
s004	Lily	18	female
s005	Rose	19	female
s006	Abbott	22	male
s007	Carl	20	male
s008	Cindy	21	female
s009	Haley	18	male
s010	Devin	20	male

图 4-53　表 student 的表结构和数据

MySQL 中创建数据库 chapter04、表 student，并插入相关数据。

接下来，将演示如何使用 Kettle 从表 student 中抽取数据，具体操作步骤如下。

1. 创建转换

在 Kettle 的图形化界面中创建转换，指定转换的名称为 mysql_extract。

2. 创建数据库连接

在转换 mysql_extract 中创建数据库连接 chapter04_connect，其连接类型为 MySQL，连接方式为 Native(JDBC)，主机名称为 localhost，数据库名称为 chapter04，端口号为 3306，用户名为 itcast，密码为 Itcast@2023，如图 4-54 所示。

图 4-54　创建数据库连接 chapter04_connect

在图 4-54 中，如果单击“测试”按钮之后弹出了 Connection tested successfully 对话框，则说明当前创建的数据库连接可以与 MySQL 的数据库 chapter04 建立连接。

3. 添加步骤

在转换 mysql_extract 的工作区中添加“表输入”步骤，用于实现从 MySQL 抽取数据的功能。转换 mysql_extract 的工作区如图 4-55 所示。

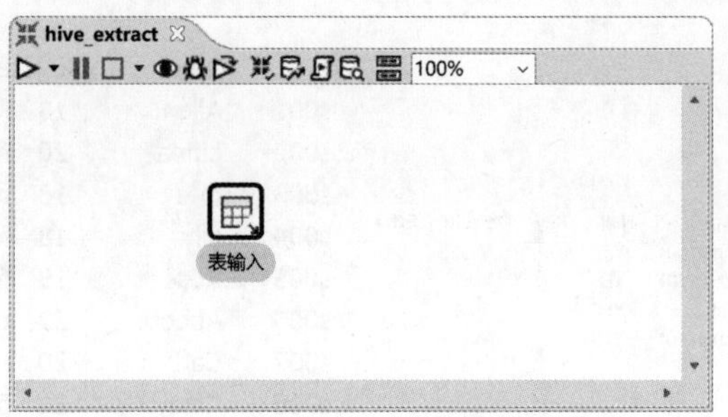

图 4-55 转换 mysql_extract 的工作区

4. 配置步骤

在转换 mysql_extract 的工作区中,双击“表输入”步骤打开“表输入”窗口,如图 4-56 所示。

图 4-56 “表输入”窗口(1)

从图 4-56 中可以看出,在“数据库连接”下拉框中自动选择了当前转换中创建的数据库连接 chapter04_connect。

在图 4-56 中的 SQL 文本框中,输入查询表 student 中所有字段的查询语句“SELECT * FROM student”,如图 4-57 所示。

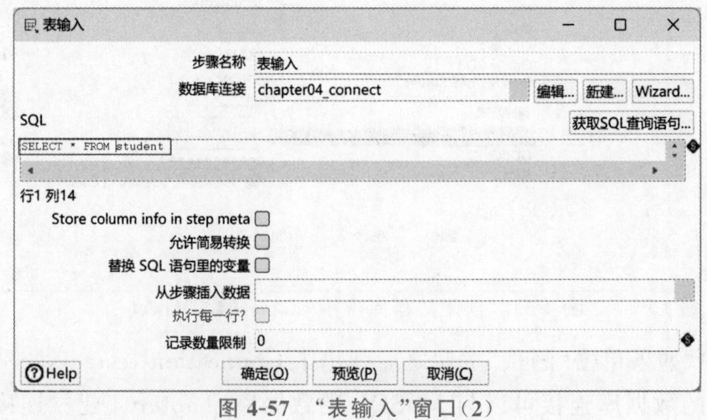

图 4-57 “表输入”窗口(2)

在图 4-57 中,单击“确定”按钮保存对当前转换的配置。

5. 运行转换

保存并运行转换 mysql_extract。当转换 mysql_extract 运行完成后,在其工作区选择

“表输入”步骤，然后在“执行结果”面板中单击 Preview data 选项卡标签，查看“表输入”步骤中的数据，如图 4-58 所示。

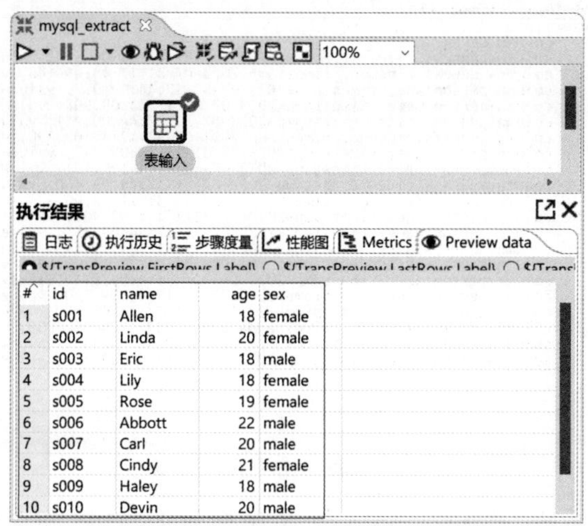

图 4-58　查看“表输入”步骤中的数据(1)

从图 4-58 中可以看出，“表输入”步骤包含了来自表 student 的数据，说明 Kettle 成功从表 student 中抽取了数据。

注意：从 MySQL 抽取数据时，需要确保 MySQL 服务处于启动状态。

4.2.2　从非关系数据库中抽取数据

非关系数据库，又称为 NoSQL(Not Only SQL)数据库，是一种与传统的关系数据库不同的数据库类型。它采用了各种不同的数据模型，如键值对、文档、列族、图等，以便更加灵活地存储和处理数据。非关系数据库通常被应用于大规模的分布式系统中，能够更好地处理海量数据，同时也具备较高的可伸缩性和性能优势。

本节以常用的非关系数据库 HBase 为例，演示如何使用 Kettle 从非关系数据库抽取数据。关于部署 HBase 的操作，读者可参考配套资源中提供的相关文档。

例如，在 HBase 的命名空间 itcast 中存在表 user_info，其表结构和数据分别如图 4-59 和图 4-60 所示。

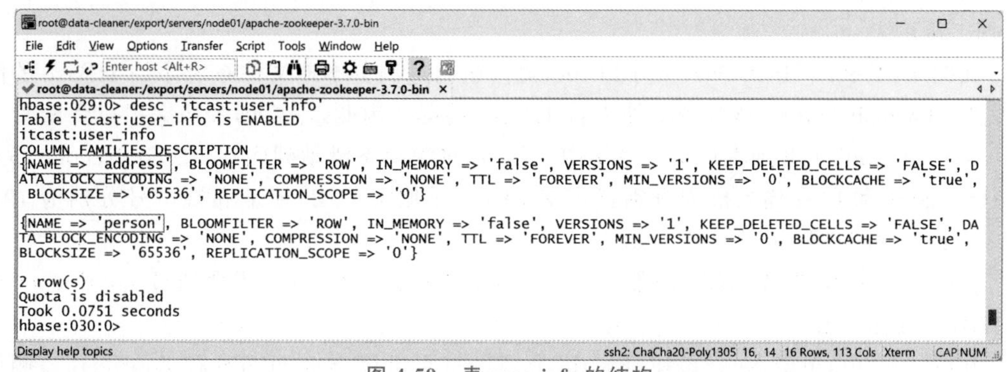

图 4-59　表 user_info 的结构

从图 4-59 可以看出，表 user_info 包含 address 和 person 两个列族。

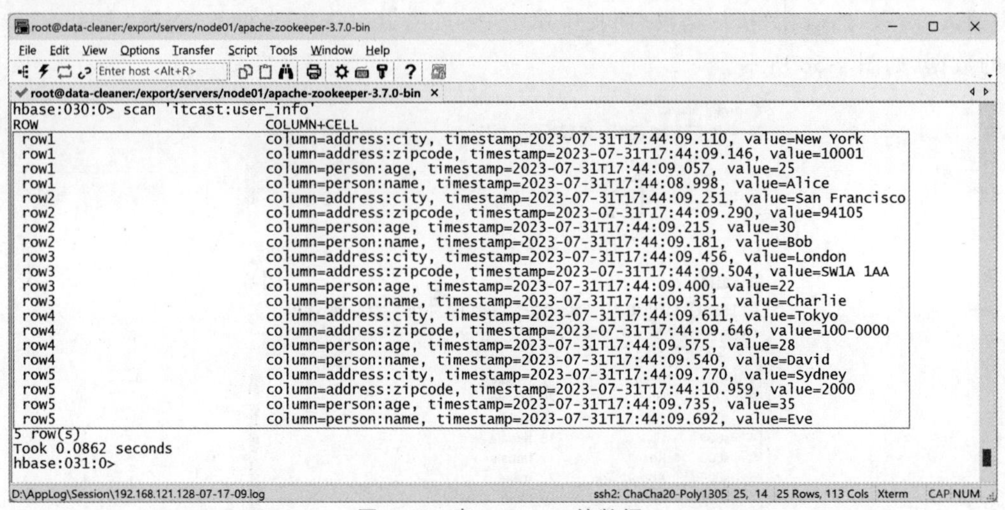
```
hbase:030:0> scan 'itcast:user_info'
ROW                              COLUMN+CELL
 row1                            column=address:city, timestamp=2023-07-31T17:44:09.110, value=New York
 row1                            column=address:zipcode, timestamp=2023-07-31T17:44:09.146, value=10001
 row1                            column=person:age, timestamp=2023-07-31T17:44:09.057, value=25
 row1                            column=person:name, timestamp=2023-07-31T17:44:08.998, value=Alice
 row2                            column=address:city, timestamp=2023-07-31T17:44:09.251, value=San Francisco
 row2                            column=address:zipcode, timestamp=2023-07-31T17:44:09.290, value=94105
 row2                            column=person:age, timestamp=2023-07-31T17:44:09.215, value=30
 row2                            column=person:name, timestamp=2023-07-31T17:44:09.181, value=Bob
 row3                            column=address:city, timestamp=2023-07-31T17:44:09.456, value=London
 row3                            column=address:zipcode, timestamp=2023-07-31T17:44:09.504, value=SW1A 1AA
 row3                            column=person:age, timestamp=2023-07-31T17:44:09.400, value=22
 row3                            column=person:name, timestamp=2023-07-31T17:44:09.351, value=Charlie
 row4                            column=address:city, timestamp=2023-07-31T17:44:09.611, value=Tokyo
 row4                            column=address:zipcode, timestamp=2023-07-31T17:44:09.646, value=100-0000
 row4                            column=person:age, timestamp=2023-07-31T17:44:09.575, value=28
 row4                            column=person:name, timestamp=2023-07-31T17:44:09.540, value=David
 row5                            column=address:city, timestamp=2023-07-31T17:44:09.770, value=Sydney
 row5                            column=address:zipcode, timestamp=2023-07-31T17:44:10.959, value=2000
 row5                            column=person:age, timestamp=2023-07-31T17:44:09.735, value=35
 row5                            column=person:name, timestamp=2023-07-31T17:44:09.692, value=Eve
5 row(s)
Took 0.0862 seconds
hbase:031:0>
```

图 4-60 表 user_info 的数据

从图 4-60 中可以看出，表 user_info 包含 5 行数据，这些数据的行键分别为 row1、row2、row3、row4 和 row5。每行数据都包含 address:city、address:zipcode、person:age 和 person:name 4 个列，每一列都存储了特定的数据。例如，行键为 row1 的行，其列 address:city 存储的数据为 New York。

读者可以使用配套资源中的文本文件 hbase-command.txt 所提供的 HBase Shell 命令，在 HBase 中创建命名空间 itcast 和表 user_info，并插入相关数据。

接下来，将演示如何使用 Kettle 从表 user_info 抽取数据，具体操作步骤如下。

1. 创建转换

在 Kettle 的图形化界面中创建转换，指定转换的名称为 hbase_extract。

2. 连接 Hadoop 集群

在从 HBase 抽取数据之前，用户需要在 Kettle 中配置连接 Hadoop 集群的相关内容。这里，为了简化操作流程，将基于 4.1.4 节创建的 Hadoop 集群 dataCleaner 进行修改，使其能够连接 HBase。

在 Kettle 图形化界面的“主对象树”选项卡中，选中并右击 Hadoop 集群 dataCleaner，在弹出的菜单中选择 Edit cluster 选项打开 Hadoop Clusters 窗口的 Edit cluster 界面，如图 4-61 所示。

在图 4-61 中，单击 Browse to add file(s)按钮通过浏览本地文件系统添加 HBase 的配置文件 hbase-site.xml。该配置文件来自 HBase 集群。因此，需要读者从虚拟机将配置文件 hbase-site.xml 下载到本地文件系统中。然后，将滚动条滑动到底部，在 ZooKeeper 部分的 Hostname 和 Port 输入框内分别指定 ZooKeeper 服务的 IP 地址和端口号分别为 192.168.121.128 和 2181，如图 4-62 所示。

在图 4-62 中配置 ZooKeeper 服务的原因是，在连接 HBase 时，需要通过 ZooKeeper 获取 HBase 的元数据。

在图 4-62 中，单击 Next 按钮，Kettle 会测试是否可以连接 HDFS 和 ZooKeeper，测试完成后会跳转到“We couldn't connect.”界面，在该界面中单击 View test results 按钮跳转到 Test results 界面，查看测试结果的详细信息，如图 4-63 所示。

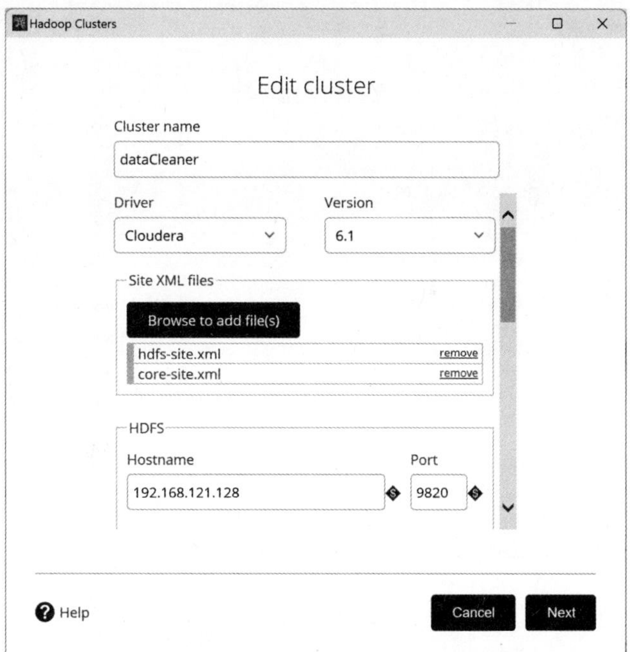

图 4-61　Edit cluster 界面(1)

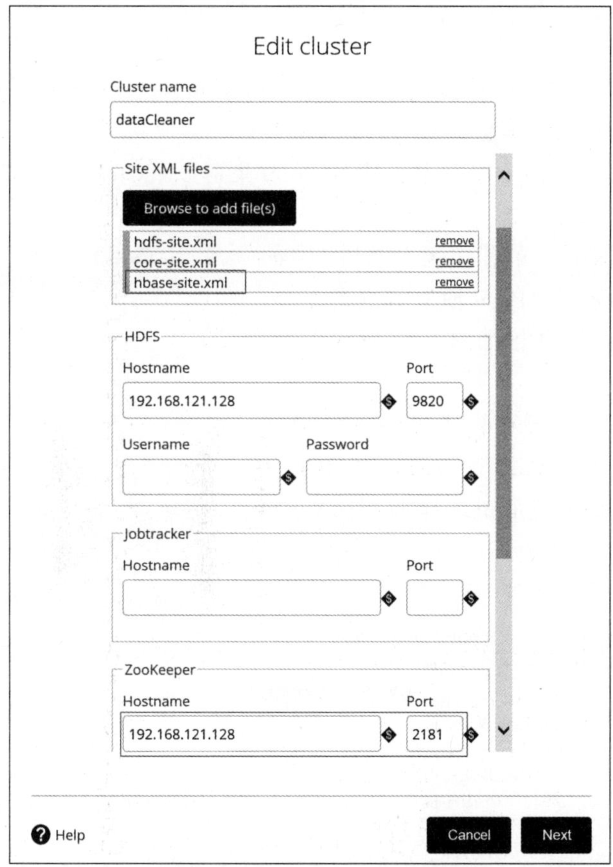

图 4-62　Edit cluster 界面(2)

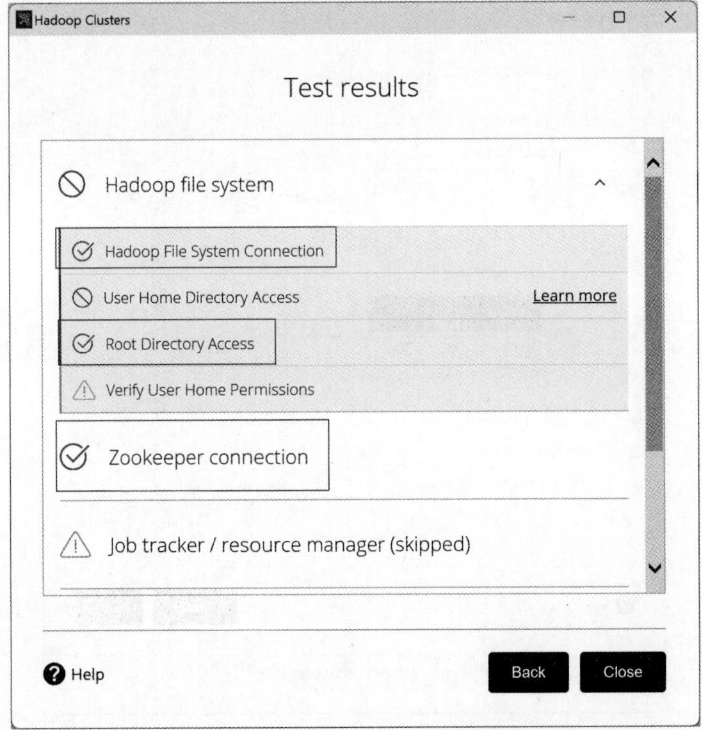

图 4-63　Test results 界面(3)

从图 4-63 中可以看出,Hadoop File System Connection、Root Directory Access 和 Zookeeper connection 三个信息都有✓标记,说明 Kettle 成功连接 HDFS 和 ZooKeeper。

在图 4-63 中,单击 Close 按钮完成对 Hadoop 集群 dataCleaner 的修改。

3. 添加步骤

在转换 hbase_extract 的工作区中添加 HBase input 步骤,用于实现从 HBase 抽取数据的功能。转换 hbase_extract 的工作区如图 4-64 所示。

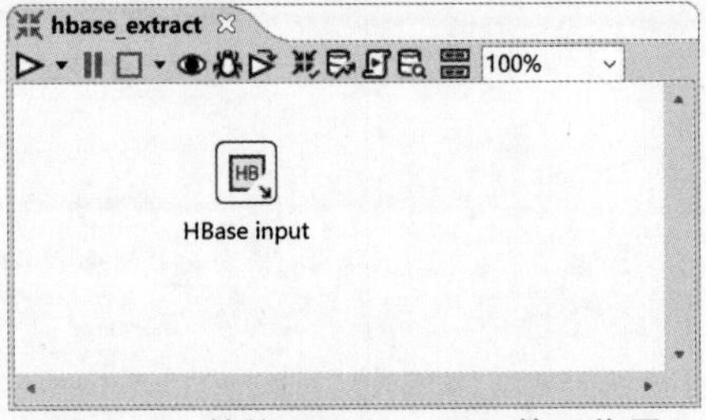

图 4-64　转换 hbase_extract 的工作区

4. 配置步骤

在转换 hbase_extract 的工作区中,双击 HBase input 步骤打开 HBase input 窗口。在该窗口的 Hadoop Cluster 下拉框中选择 Hadoop 集群 dataCleaner,如图 4-65 所示。

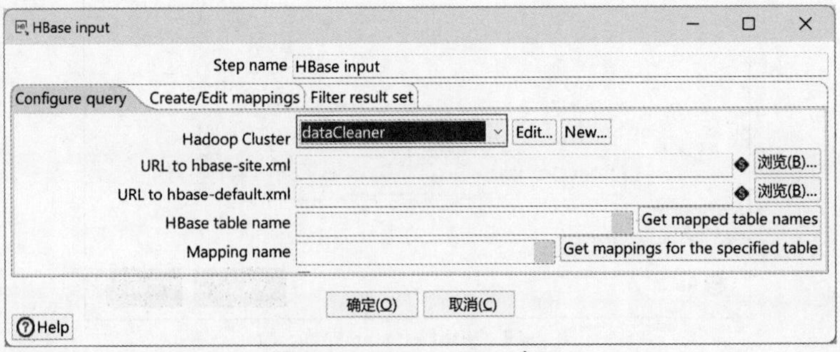

图 4-65　HBase input 窗口

在图 4-65 中，单击 Create/Edit mappings 选项卡标签，在该选项卡中单击 Get table names 按钮获取 HBase 中的所有表。然后，在 HBase table name 下拉框中选择需要建立映射关系的表 user_info，该表的名称在 Kettle 中以“命名空间：表”的格式显示，例如 itcast：user_info，如图 4-66 所示。

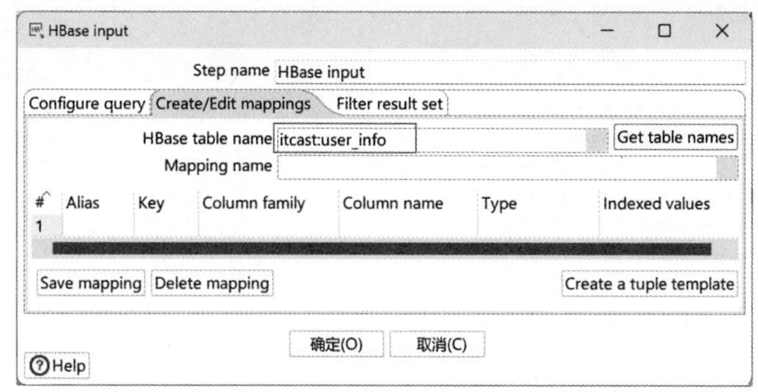

图 4-66　Create/Edit mappings 选项卡(1)

在图 4-66 中的 Mapping name 输入框中指定映射关系的名称为 user_info_mapping，并在下面的 Alias、Key 和 Column family 等列中配置表 user_info 中的列与 HBase input 步骤中字段之间的映射关系，如图 4-67 所示。

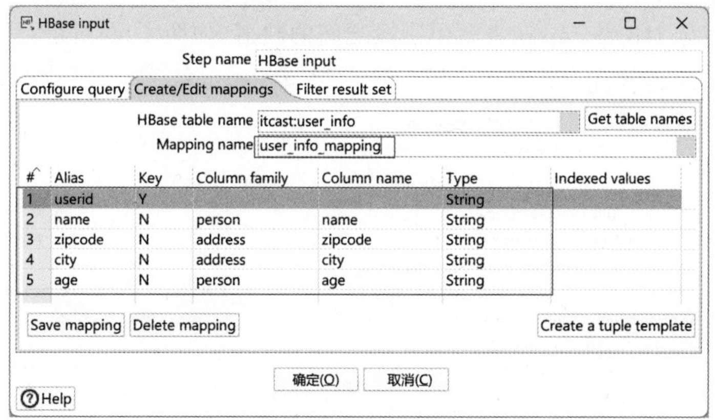

图 4-67　Create/Edit mappings 选项卡(2)

针对图 4-67 中配置的映射关系进行如下讲解。

- Alias 列用于定义 HBase input 步骤中字段的名称，这里在 HBase input 步骤中定义了 5 个字段，分别是 userid、name、zipcode、city 和 age。
- Key 列用于指定当前字段是否与表 user_info 的行键映射。这里指定字段 userid 与表 user_info 的行键映射。
- Column family 列用于指定当前字段与表 user_info 中指定列所在列族的映射。如果当前字段与表的行键映射，则无须指定该列的内容。
- Column name 列用于指定当前字段与表 user_info 中指定列所在列标识的映射。如果当前字段与表的行键映射，则无须指定该列的内容。
- 在 Type 列定义当前字段的数据类型。通常情况下，定义的数据类型为 String。

在图 4-67 中，单击 Save mapping 按钮保存配置的映射关系。然后，单击 Configure query 选项卡标签。在该选项卡的 HBase table name 输入框中以“命名空间：表”的格式指定需要抽取的表 itcast:user_info,并在 Mapping name 输入框中指定使用的映射关系 user_info_mapping,如图 4-68 所示。

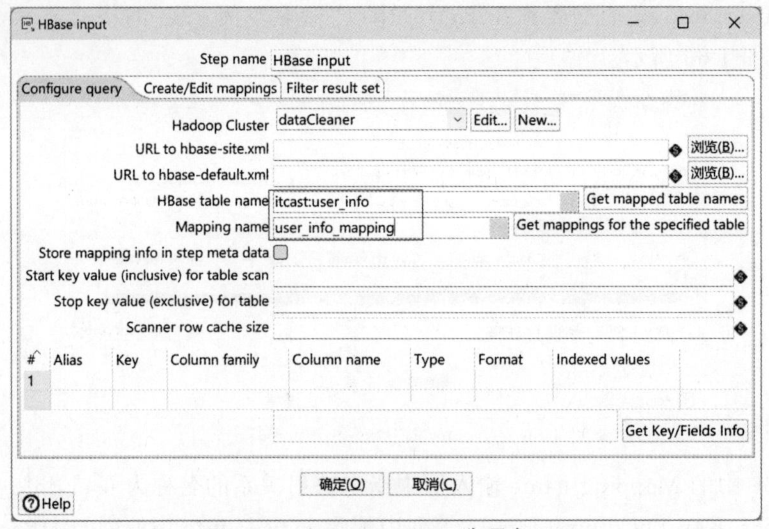

图 4-68　Configure query 选项卡(1)

在图 4-68 中,单击 Get Key/Fields Info 按钮,通过映射关系 user_info_mapping 建立表 user_info 中的列与 HBase input 步骤中字段之间的映射,如图 4-69 所示。

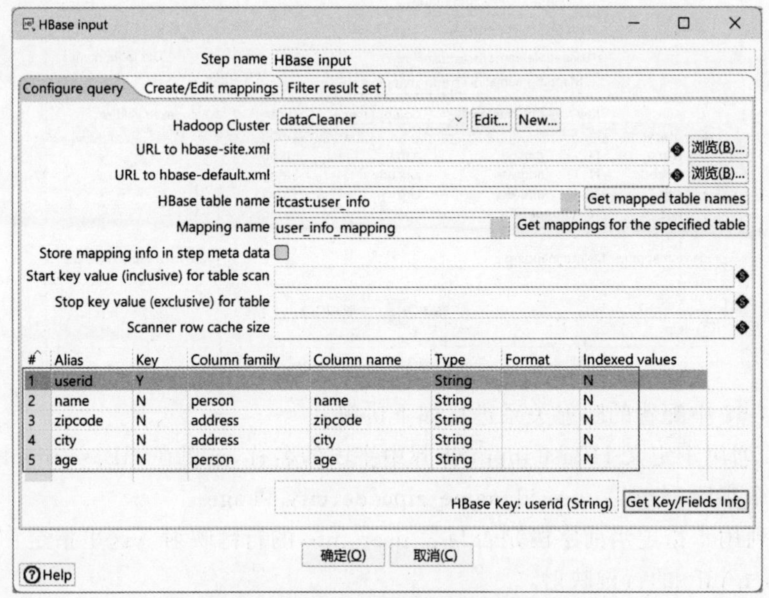

图 4-69　Configure query 选项卡(2)

在图 4-69 中,单击"确定"按钮保存对当前步骤的配置。

5. 运行转换

保存并运行转换 hbase_extract。当转换 hbase_extract 运行完成后,在其工作区选择 HBase input 步骤,然后在"执行结果"面板中单击 Preview data 选项卡标签,查看 HBase input 步骤中的数据,如图 4-70 所示。

从图 4-70 中可以看出,HBase input 步骤包含了来自表 user_info 的数据,说明 Kettle

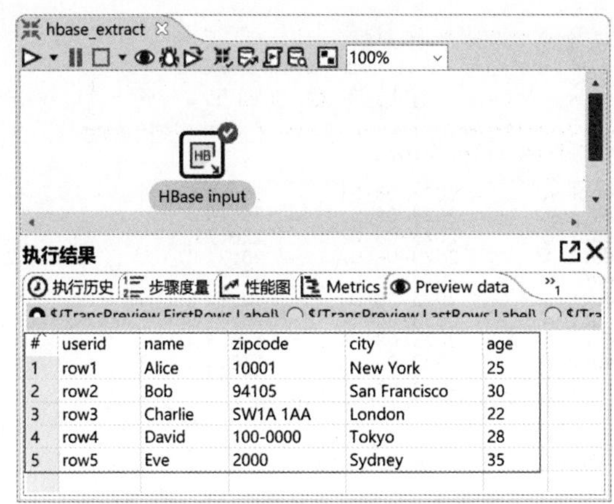

图 4-70　查看 HBase input 步骤中的数据

成功从表 user_info 中抽取了数据。

注意：从 HBase 抽取数据时，需要确保 Hadoop、ZooKeeper 和 HBase 集群处于启动状态。

4.3　从 Hive 中抽取数据

Hive 是一种基于 Hadoop 生态系统构建的数据仓库工具，旨在简化大规模数据的处理和分析任务，其数据模型类似于传统的关系数据库，同样使用表格来组织和存储数据。Hive 使用类似于 SQL 的查询语言，即 HiveQL(Hive Query Language)，让用户可以用 SQL 语法来查询和分析数据。Hive 会将某些复杂查询转换为 MapReduce 任务，如聚合查询、子查询等，以便在分布式的 Hadoop 集群上执行。这种将 SQL 语句转换为 MapReduce 任务的过程使得 Hive 能够处理大规模数据。例如，在 Hive 的数据库 itcast 中存在表 sale_info，其表结构和数据分别如图 4-71 和图 4-72 所示。

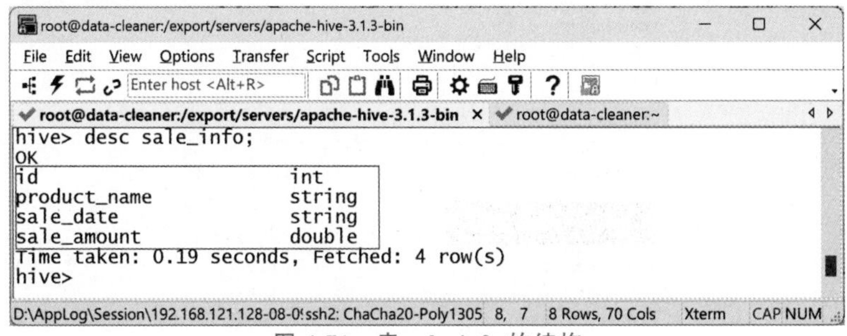

图 4-71　表 sale_info 的结构

从图 4-71 可以看出，表 sale_info 包含 4 个字段，分别是 id、product_name、sale_date 和 sale_amount。

从图 4-72 中可以看出，表 sale_info 包含 10 行数据。

读者可以用本书配套资源中提供的相关文档部署 Hive，并且使用配套资源的文本文件 hive-command.txt 中提供的 HiveQL 语句在 Hive 中创建数据库 itcast 和表 sale_info，并插入相关数据。

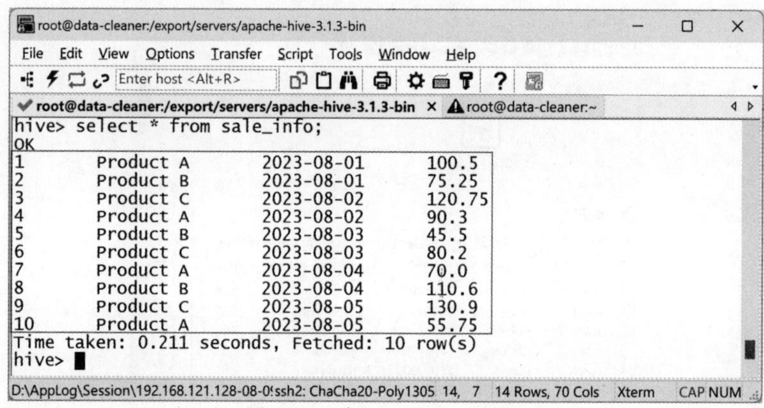
```
hive> select * from sale_info;
OK
1	Product A	2023-08-01	100.5
2	Product B	2023-08-01	75.25
3	Product C	2023-08-02	120.75
4	Product A	2023-08-02	90.3
5	Product B	2023-08-03	45.5
6	Product C	2023-08-03	80.2
7	Product A	2023-08-04	70.0
8	Product B	2023-08-04	110.6
9	Product C	2023-08-05	130.9
10	Product A	2023-08-05	55.75
Time taken: 0.211 seconds, Fetched: 10 row(s)
hive>
```

图 4-72　表 sale_info 的数据

接下来，将演示如何使用 Kettle 从表 sale_info 中抽取数据，具体操作步骤如下。

1. 创建转换

在 Kettle 的图形化界面中创建转换，指定转换的名称为 hive_extract。

2. 连接 Hadoop 集群

在从 Hive 中抽取数据之前，用户需要在 Kettle 中配置连接 Hadoop 集群的相关内容。这里，为了简化操作流程，同样将基于 4.1.4 节创建的 Hadoop 集群 dataCleaner 进行修改，使其能够连接 Hive。

在 Kettle 图形化界面的“主对象树”选项卡中，选中并右击 Hadoop 集群 dataCleaner，在弹出的菜单中选择 Edit cluster 选项，打开 Hadoop Clusters 窗口的 Edit cluster 界面，如图 4-73 所示。

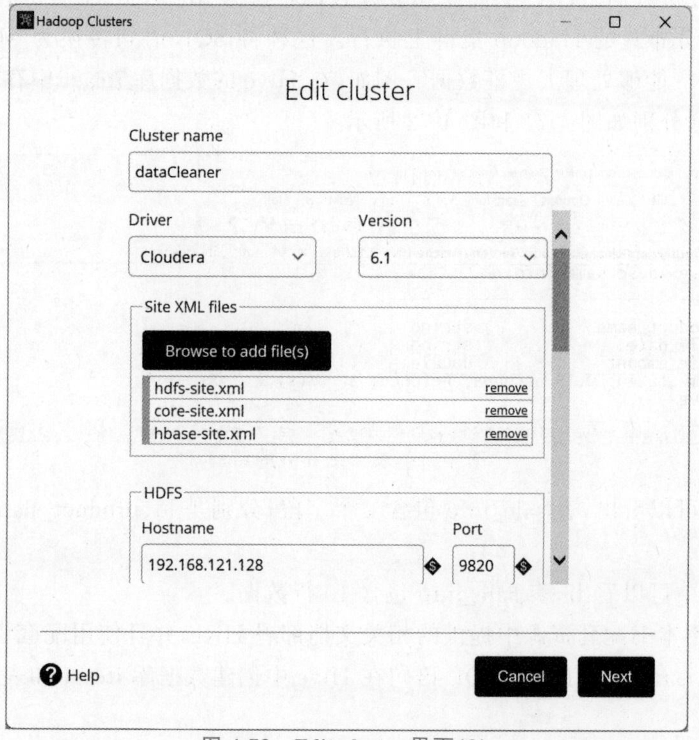

图 4-73　Edit cluster 界面(3)

在图 4-73 中，单击 Browse to add file(s)按钮，通过浏览本地文件系统添加 Hive 的配置文件 hive-site.xml，以及 YARN 的配置文件 yarn-site.xml 和 mapred-site.xml。这些配置文件都来自 Hive 和 Hadoop 集群。因此，需要读者将这些配置文件从虚拟机下载到本地文件系统中。然后，将滚动条滑动到底部，在 Jobtracker 部分的 Hostname 输入框和 Port 输入框内分别指定 ResourceManager 的 IP 地址和默认端口号为 192.168.121.128 和 8032，如图 4-74 所示。

图 4-74　Edit cluster 界面(4)

在图 4-74 中配置 YARN 的原因是，Hive 会将某些复杂的查询语句转换为 MapReduce 任务在 YARN 中执行。

在图 4-74 中，单击 Next 按钮，Kettle 会测试是否可以连接 HDFS 和 YARN，测试完成后会跳转到“We couldn't connect.”界面。在该界面中单击 View test results 按钮跳转到 Test results 界面，查看测试结果的详细信息，如图 4-75 所示。

从图 4-75 中可以看出，Hadoop File System Connection、Root Directory Access 和 Job tracker / resource manager 三个信息都有✓标记，说明 Kettle 成功连接 HDFS 和 YARN。在图 4-75 中，单击 Close 按钮完成对 Hadoop 集群 dataCleaner 的修改。

需要说明的是，由于在执行图 4-74 所示操作时，虚拟机中的 ZooKeeper 集群处于关闭状态，所以图 4-75 中的 Zookeeper connection 信息有⊘标记。ZooKeeper 集群并不会影响

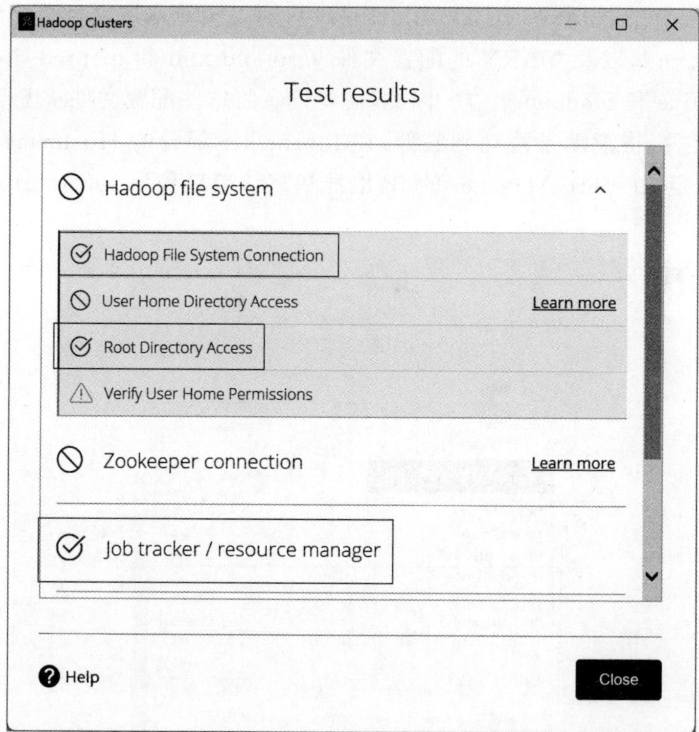

图 4-75 Test results 界面(4)

从 Hive 中抽取数据的操作。

3. 创建数据库连接

在转换 hive_extract 中创建数据库连接 hive_connect,其连接类型为 Hadoop Hive 2/3,连接方式为 Native(JDBC),主机名称为 192.168.121.128,数据库名称为 itcast,端口号为 10000,用户名为 root,Hadoop Cluster 为 Hadoop 集群 dataCleaner,如图 4-76 所示。

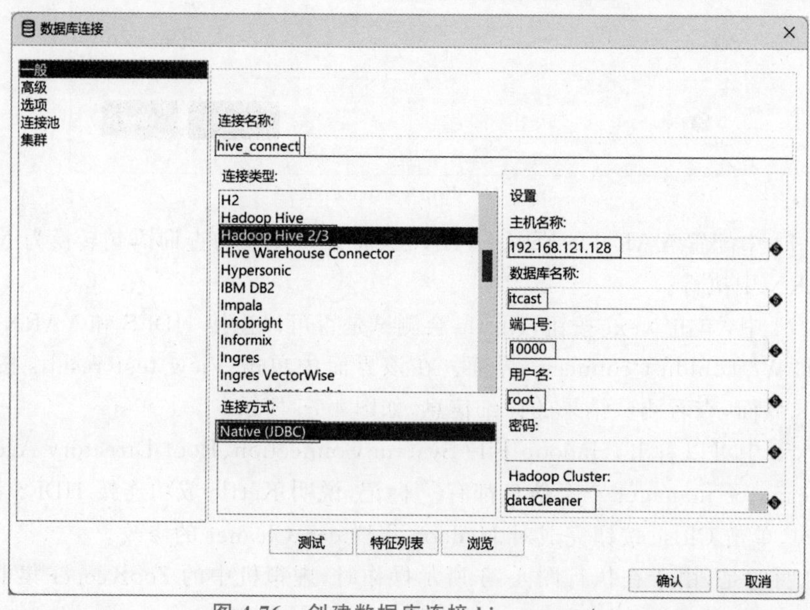

图 4-76 创建数据库连接 hive_connect

在图 4-76 中指定的端口号 10000 为 Hive 的 HiveServer2 服务默认使用的端口号，Kettle 会通过 HiveServer2 服务连接 Hive。除此之外，指定的用户名 root 是具有 HDFS 操作权限的用户，这是因为 Hive 基于 HDFS 存储数据。密码指定为空是因为在 Hive 中并没有启用身份认证。

确保虚拟机中的 HiveServer2 服务处于启动状态。在图 4-76 中，如果单击“测试”按钮之后弹出了 Connection tested successfully 对话框，说明当前创建的数据库连接可以与 Hive 的数据库 itcast 建立连接。

4. 添加步骤

在转换 hive_extract 的工作区中添加“表输入”步骤，用于实现从 Hive 中抽取数据的功能。转换 hive_extract 的工作区如图 4-77 所示。

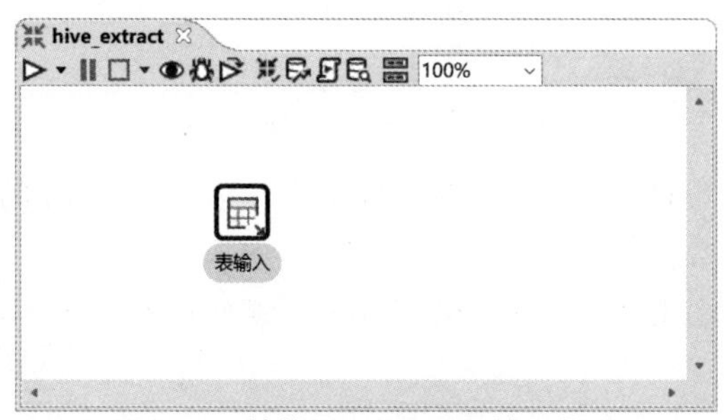

图 4-77 转换 hive_extract 的工作区

5. 配置步骤

在转换 hive_extract 的工作区中，双击“表输入”步骤打开“表输入”窗口，在该窗口的“数据库连接”下拉框中选择 hive_connect 选项以使用数据库连接 hive_connect。然后在 SQL 文本框中输入查询表 sale_info 所有字段数据的查询语句“SELECT * FROM sale_info”，如图 4-78 所示。

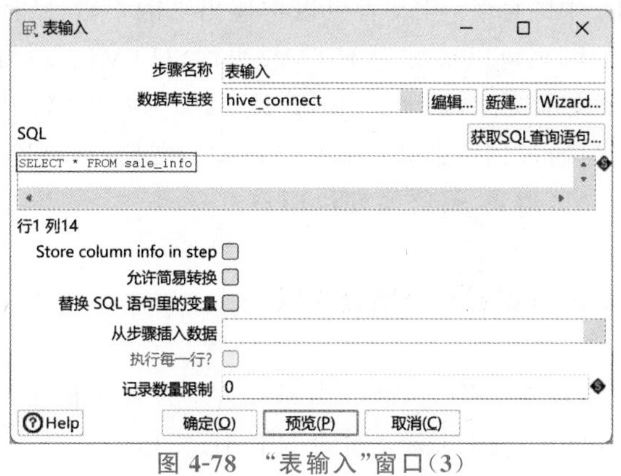

图 4-78 “表输入”窗口(3)

在图 4-78 中，单击“确定”按钮保存对当前步骤的配置。

6. 运行转换

保存并运行转换 hive_extract。当转换 hive_extract 运行完成后，在其工作区选择“表输入”步骤，然后在“执行结果”面板中单击 Preview data 选项卡标签，查看“表输入”步骤中的数据，如图 4-79 所示。

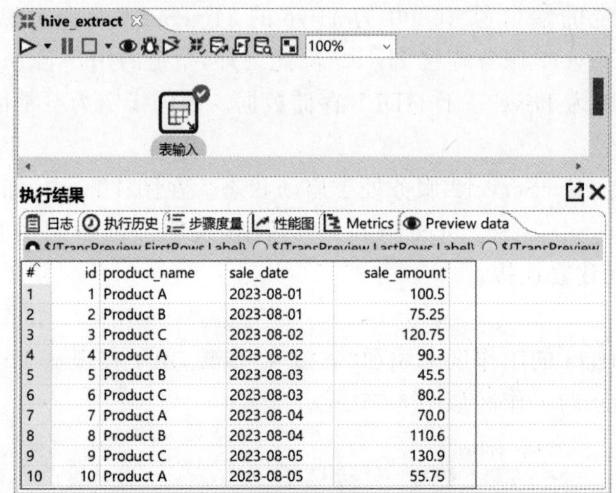

图 4-79 查看"表输入"步骤中的数据(2)

从图 4-79 中可以看出,"表输入"步骤包含了来自表 sale_info 的数据,说明 Kettle 成功从表 sale_info 中抽取了数据。

注意:从 Hive 抽取数据时,需要确保 Hadoop 集群和 HiveServer2 服务处于启动状态。

4.4 从 HTML 页面中抽取数据

HTML(HyperText Markup Language,超文本标记语言)是一种用于构建网页结构的标记语言。HTML 与 XML 在某种程度上是相似的,它们都是由一系列标签组成的,这些标签按照特定的规则进行排列、嵌套和组织。不过,在 HTML 中,每个标签都是预定义的,并且具有特定的含义,它们用来描述和确定网页中的各种元素,如标题、段落、链接、图像等。通过合理地使用 HTML 中的标签,开发者可以构建出功能丰富、结构清晰的网页。

基于 HTML 构建的网页可以被称为 HTML 页面,HTML 页面以 HTML 文档形式存在。HTML 文档是一个文本文件,通常以 html 或 htm 为扩展名。在 HTML 文档中包含标签和文本内容。当用户通过浏览器访问这些 HTML 文档时,浏览器会读取其中的内容,并将其解析为可视化的网页形式,最终呈现给用户。

1. 从 HTML 页面中抽取数据的过程

从 HTML 页面中抽取数据通常可以分为以下几个阶段。

(1) 请求页面。

使用网络请求获取指定 HTML 页面的内容。这个过程类似于在浏览器中访问目标页面。一旦请求成功,服务器将返回目标页面的 HTML 文档。

(2) 解析页面。

获得相应的 HTML 文档后,需要将其中的内容解析为便于操作的对象。根据实际需求可以选择恰当的解析器,例如,Python 的 BeautifulSoup 库、Java 的 JSoup 库等来解析 HTML 文档。

(3) 定位数据。

将 HTML 文档解析为可操作的对象后,下一步是定位所需数据。HTML 文档构建了网页内容的结构和层次,可以通过特定的标签、类名、ID 等信息定位目标数据。

(4) 抽取数据。

定位到所需数据后,下一步就是抽取数据。通常情况下,需要从 HTML 元素中抽取文本数据,有时也需要抽取特定标签的属性。例如,从＜a＞标签的 href 属性获取链接,从＜img＞标签的 src 属性获取图片地址等。

抽取的数据通常需要进行清洗和转换,以满足特定的要求。最终,这些数据会保存到特定存储介质,例如文件、数据库等中。

2. 从 HTML 页面中抽取数据的操作

接下来,将演示如何使用 Kettle 从 HTML 页面中抽取数据。这里从黑马程序员社区的网站中抽取“Python＋大数据开发”就业薪资页面相关帖子的标题,并将其加载到 MySQL 数据库 chapter04 的表 html 中。该页面的部分内容如图 4-80 所示。

图 4-80　“Python＋大数据开发”就业薪资页面

使用 Kettle 从“Python＋大数据开发”就业薪资页面抽取数据的操作步骤如下。

(1) 创建转换。

在 Kettle 的图形化界面中创建转换,指定转换的名称为 html_extract。

(2) 添加步骤。

在转换 html_extract 的工作区中添加“自定义常量数据”“HTTP client”“Java 代码”步骤,并将这三个步骤通过跳进行连接,用于实现从 HTML 页面中抽取数据的功能。转换 html_extract 的工作区如图 4-81 所示。

针对转换 html_extract 的工作区中添加的步骤进行如下说明。

- “自定义常量数据”步骤用于指定“Python＋大数据开发”就业薪资页面的 URL。
- HTTP client 步骤用于通过 URL 获取 HTML 文档。
- “Java 代码”步骤用于通过 Java 的 JSoup 库解析 HTML 文档,并抽取所需数据,将抽取的数据加载到数据库 chapter04 的表 html 中。

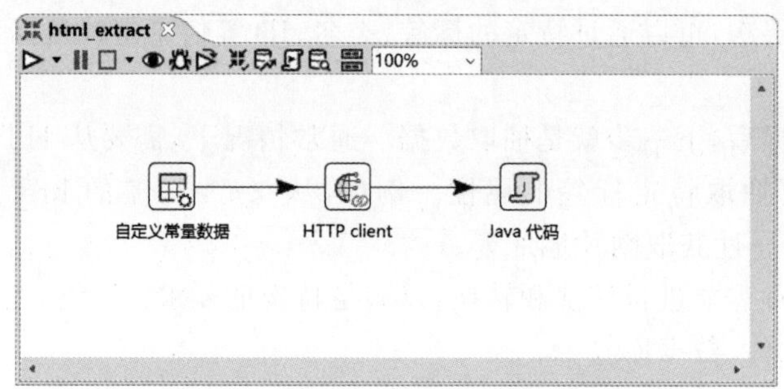

图 4-81　转换 html_extract 的工作区

(3) 配置"自定义常量"步骤。

在转换 html_extract 的工作区中,双击"自定义常量数据"步骤打开"自定义常量数据"窗口,在该窗口添加 3 行内容。其中,"名称"列的值分别为 filename、User-Agent 和 Accept;"类型"列的值都为 String,表示添加 3 个数据类型为 String 的字段 filename、User-Agent 和 Accept,如图 4-82 所示。

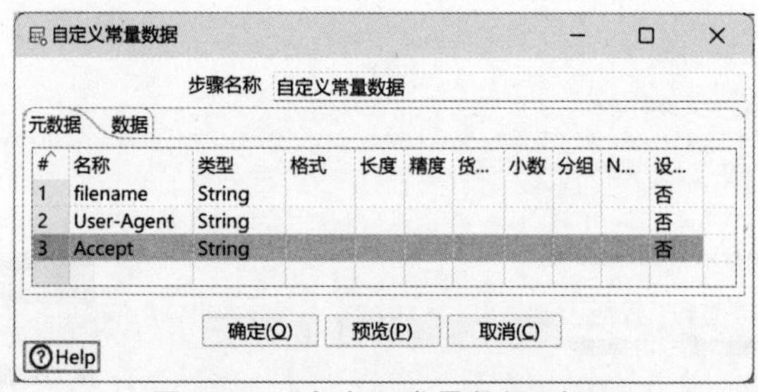

图 4-82　"自定义常量数据"窗口

在图 4-82 中,字段 filename 用于存储"Python＋大数据开发"就业薪资页面的 URL。字段 User-Agent 和 Accept 用于存储 HTTP 请求头中 User-Agent 和 Accept 的信息。

在图 4-82 中,单击"数据"选项卡标签,分别在字段 filename、User-Agent 和 Accept 中填写如下数据。

```
#在字段 filename 填写
http://bbs.itheima.com/forum-f635-t2666.html
#在字段 User-Agent 填写
Mozilla/5.0 (Windows NT 10.0; Win64; x64; rv:98.0) Gecko/20100101 Firefox/98.0
#在字段 Accept 填写
text/html, application/xhtml + xml, application/xml; q = 0. 9, image/avif, image/
webp, * / * ;q=0.8
```

"数据"选项卡配置完成的效果如图 4-83 所示。

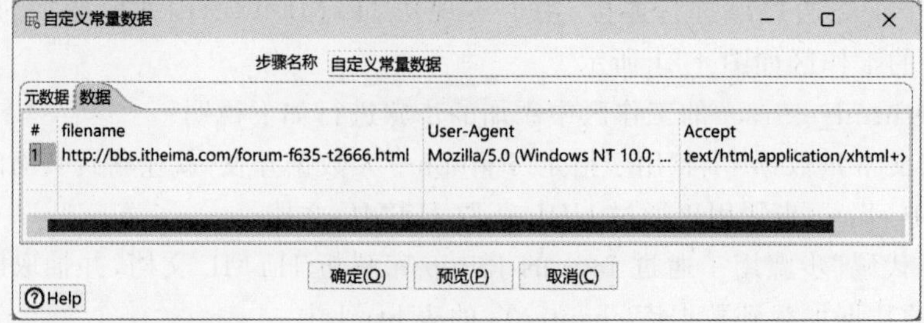

图 4-83　"数据"选项卡

在图 4-83 中,单击“确定”按钮保存对当前步骤的配置。

(4) 配置 HTTP client 步骤。

在转换 html_extract 的工作区中,双击 HTTP client 步骤打开 HTTP web service 窗口。在该窗口中勾选“从字段中获取 URL?”复选框激活“URL 字段名”下拉框。然后单击该下拉框,在弹出的菜单中选择将字段 filename 的值作为 URL,如图 4-84 所示。

需要说明的是,在图 4-84 中,“结果字段名”输入框用于定义存储请求 URL 之后服务器响应结果的字段,该输入框的默认值为 result。

在图 4-84 中,单击 Fields 选项卡标签,在该选项卡的 Custom HTTP Headers 部分添加两行内容。其中,第一行内容中,Field 列和 Header 列的值都为 Accept,表示使用字段 Accept 的值作为请求头中 Accept 的信息;第二行内容中,Field 列和 Header 列的值都为 User-Agent,表示使用字段 User-Agent 的值作为请求头中 User-Agent 的信息。

Fields 选项卡配置完成的效果如图 4-85 所示。

图 4-84 HTTP web service 窗口

图 4-85 Fields 选项卡

在图 4-85 中,单击“确定”按钮保存对当前步骤的配置。

(5) 配置“Java 代码”步骤。

在转换 html_extract 的工作区中,双击“Java 代码”步骤打开“Java 代码”窗口,在该窗口中进行如下配置。

- 在“类和代码片段”部分依次双击 Code Snippits、Common use 和 Main 选项,在“代码”部分添加程序入口的样例代码。
- 在“字段”选项卡的“字段”部分添加一行内容,其“字段”列和“类型”列的值分别为 title 和 String,表示通过字段 title 来存储 Java 代码输出的结果,即从“Python+大数据开发”就业薪资页面抽取帖子的标题。
- 单击“参数”选项卡标签,在“命名参数”部分添加一行内容,其“标签”列和“值”列的值都为 result,表示在 Java 代码中通过参数 result 获取字段 result 的值。

“Java 代码”窗口配置完成的效果如图 4-86 所示。

将图 4-86 中“代码”部分的 Java 代码修改为如下内容。

图 4-86 “Java 代码”窗口(1)

```
import org.jsoup.Jsoup;
import org.jsoup.nodes.Document;
import org.jsoup.nodes.Element;
import org.jsoup.select.Elements;
import java.sql.DriverManager;
import java.sql.SQLException;
import java.sql.Connection;
import java.sql.PreparedStatement;
private String result;
private String title;
private Connection connection = null;
public boolean processRow(StepMetaInterface smi, StepDataInterface sdi)
            throws KettleException,SQLException {
  if (first) {
    result=getParameter("result");
    first = false;
  }
  Object[] r = getRow();
  if (r == null) {
    setOutputDone();
    return false;
  }
  Object[] outputRow = createOutputRow(r, data.outputRowMeta.size());
  String html = get(Fields.In, result).getString(r);
  Document doc = Jsoup.parse(html);
  Elements paragraphs = doc.select("a.s.xst");
  //通过遍历获取所有 HTML 页面中的所有特定元素
  for (Element paragraph : paragraphs) {
    //获取元素的文本数据并添加到输出行的字段 title
    get(Fields.Out, "title").setValue(outputRow,paragraph.text());
    //设置数据库连接的 URL
```

```
32       String url = "jdbc:mysql://localhost:3306/chapter04";
33       //设置数据库连接的用户名为 itcast
34       String userName = "itcast";
35       //设置数据库连接的密码为 Itcast@2023
36       String userPwd = "Itcast@2023";
37       try{
38           //加载 MySQL 数据库的 JDBC 驱动程序
39           Class.forName("com.mysql.cj.jdbc.Driver");
40           } catch(ClassNotFoundException e){
41           System.out.println("Error: " + e.getMessage());
42           }
43       //建立数据库连接,获取连接对象 connection
44       connection= (Connection) DriverManager.getConnection(url,userName, userPwd);
45       //定义数据库插入操作的 SQL 语句
46       String sql="insert into html (title) values (?);";
47       //创建 PreparedStatement 对象,用于执行预编译的 SQL 语句
48       PreparedStatement stat = (PreparedStatement) connection.prepareStatement(sql);
49       title = paragraph.text();
50       //将变量 title 设置为 SQL 语句中的参数
51       stat.setString(1, title);
52       //用于指定数据库更新操作
53       stat.executeUpdate();
54       //将输出行发送至下一个步骤
55       putRow(data.outputRowMeta, outputRow);
56     }
57   return true;
58 }
```

上述代码中，第 14～17 行代码用于判断是否为第一次运行 Java 代码，如果是第一次运行，那么获取参数 result 的值。第 18 行代码用于从“Java 代码”步骤获取一行数据。第 19～22 行代码用于判断当前获取的数据是否为空，如果为空，则停止运行。第 23 行代码用于创建一个用于输出数据的对象。第 25 行和第 26 行代码使用 Java 的 JSoup 库将参数 result 的数据解析为便于操作的 Document 对象，并通过该对象提供的 select()方法获取特定元素，该元素通过选择器 a.s.xst 获取，表示类为 s 和 xst 的 a 标签。

“Java 代码”窗口配置完成的效果如图 4-87 所示。

在图 4-87 中单击“确定”按钮保存对当前步骤的配置。

(6) 添加依赖包。

将 JSoup 库的依赖包 jsoup-1.15.3.jar 添加到 Kettle 安装目录的 lib 目录下，然后重新启动 Spoon 使添加的依赖包生效。

(7) 创建表。

在 MySQL 的数据库 chapter04 中创建表 html，该表包含一个数据类型为 VARCHAR 的字段 title，其 SQL 语句如下。

```
CREATE TABLE IF NOT EXISTS `html` (
  `title` varchar(100)
);
```

(8) 运行转换。

保存并运行转换 html_extract。当转换 html_extract 运行完成后，在 MySQL 的命令行界

图 4-87 “Java 代码”窗口(2)

面执行“SELECT * FROM chapter04.html;”命令查询表 html 的数据,如图 4-88 所示。

图 4-88 查询表 html 的数据

从图 4-88 中可以看出,表 html 中包含“Python＋大数据开发”就业薪资页面中帖子的标签,说明 Kettle 成功从“Python＋大数据开发”就业薪资页面抽取数据。

4.5　本章小结

本章主要讲解了使用 Kettle 实现数据抽取的相关内容。首先,讲解了从文件中抽取数据,包括从 CSV 文件、JSON 文件、XML 文件中抽取数据。接着,讲解了从数据库中抽取数据,包括从关系数据库和非关系数据库中抽取数据。然后,讲解了从 Hive 中抽取数据。最后,讲解了从 HTML 页面中抽取数据。通过本章的学习,读者可以掌握使用 Kettle 从不同类型的数据源中抽取数据的方法和技巧。

4.6　课后习题

一、填空题

1. 在 CSV 文件中,不同字段之间使用________作为分隔符。
2. 在 TSV 文件中,不同字段之间使用________作为分隔符。
3. JSON 的基本结构包含________和数组。
4. XML 由一系列________组成。
5. HDFS 采用________架构。

二、判断题

1. 使用 Kettle 从 HBase 中抽取数据时,ZooKeeper 集群必须处于启动状态。(　　)
2. HiveServer2 服务默认使用的端口号为 9000。(　　)
3. HTML 中标签的名称是用户预定义的。(　　)
4. HDFS 中的 NameNode 负责管理文件系统。(　　)
5. 在 Kettle 中从 HBase 中抽取数据的步骤是 HBase input。(　　)

三、选择题

1. 下列选项中,关于 CSV 文件描述错误的是(　　)。
   A. CSV 文件本身并不规定字段的数据类型
   B. CSV 文件可以包含空字段
   C. CSV 文件中的逗号分隔符为中文逗号
   D. CSV 文件中可以包含空行
2. 下列 Kettle 的步骤中,用于从 XML 文件中抽取数据的是(　　)。
   A. Get data from XML　　B. XML input
   C. XML 文件输入　　D. XML 输入
3. 下列 Kettle 的步骤中,用于从 HDFS 中抽取数据的是(　　)。
   A. Hadoop input　　B. HDFS input
   C. Hadoop file input　　D. HDFS file input
4. 下列 Kettle 的步骤中,用于从 Hive 中抽取数据的是(　　)。
   A. Hive input　　B. 表输入

C. Get data from Table　　D. Get data from Hive

5. 使用 Kettle 从 HDFS 抽取数据时，需要在配置连接 Hadoop 集群时添加的配置文件包括(　　)。(多选)

A. core-site.xml　　B. yarn-site.xml

C. hdfs-site.xml　　D. hadoop-site.xml

四、简答题

1. 简述从 HTML 页面中抽取数据的 4 个阶段。

2. 简述图 4-89 中标注的配置内容的含义。

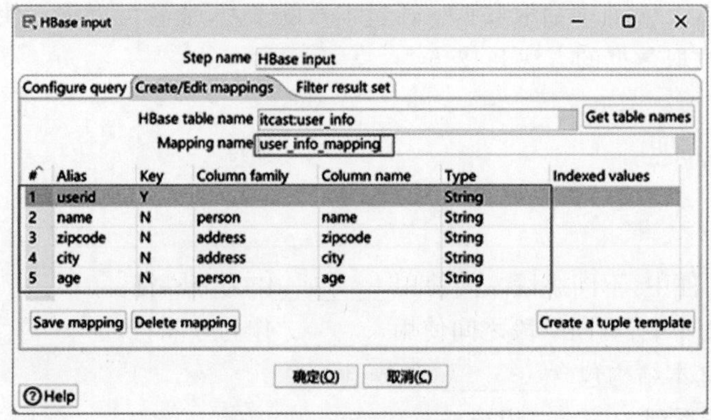

图 4-89　简答题 2 配图

第 5 章 数据清洗

学习目标

- 掌握重复值处理，能够灵活使用 Kettle 去除原始数据中的重复值；
- 掌握缺失值处理，能够灵活使用 Kettle 删除或填补原始数据中的缺失值；
- 异常值处理，能够灵活使用 Kettle 删除或替换原始数据中的异常值。

数据清洗是一项复杂且烦琐的工作，同时也是 ETL 过程中的关键步骤。数据清洗的目的在于提高数据质量和准确性，将原始数据中的脏数据清洗干净，常见的脏数据包括重复值、缺失值、异常值等。本节将详细讲解如何使用 Kettle 对常见的脏数据进行清洗。

5.1 重复值处理

重复值处理是在原始数据中识别和处理重复的记录。

1. 重复值处理步骤

Kettle 提供了"唯一行（哈希值）"和"去除重复记录"步骤用于重复值处理，它们都可以基于指定字段来识别和删除重复数据，以确保数据的唯一性，具体介绍如下。

(1) "唯一行（哈希值）"步骤。

"唯一行（哈希值）"步骤通过计算指定字段值的哈希值来识别重复数据，将哈希值相同的数据识别为重复。"唯一行（哈希值）"步骤适用于数据量较小的情况，对于大规模数据来说，计算的开销会随之增加。

(2) "去除重复记录"步骤。

"去除重复记录"步骤首先会根据指定字段的值进行排序，然后比较相邻的两行数据，检查这些数据中指定字段的值是否相同。如果字段值相同，那么这些数据就会被识别为重复数据。相较于"唯一行（哈希值）"步骤，"去除重复记录"步骤更适合处理大规模数据。

2. 重复值处理操作

现在有两个 CSV 文件 202307.csv 和 202308.csv，分别记录某公司在 2023 年 7 月份和 2023 年 8 月份的客户信息。这两个 CSV 文件的内容如图 5-1 所示。

从图 5-1 中可以看出，202307.csv 文件和 202308.csv 文件共包含 16 条客户信息，这些信息中存在重复的客户信息。接下来，分别演示如何使用"唯一行（哈希值）"和"去除重复记录"步骤对这两个 CSV 文件进行重复值处理，具体内容如下。

图 5-1 202307.csv 文件和 202308.csv 文件的内容

(1) 使用“唯一行 (哈希值)”步骤进行重复值处理。

要求将 CSV 文件 202307.csv 和 202308.csv 合并后进行重复值处理,去除重复的客户信息,具体操作步骤如下。

① 创建转换。在 Kettle 的图形化界面中创建转换,指定转换的名称为 repeat01。

② 添加步骤。在转换 repeat01 的工作区中添加“文本文件输入”和“唯一行 (哈希值)”步骤,并将这两个步骤通过跳进行连接,用于实现对 CSV 文件 202307.csv 和 202308.csv 进行重复值处理的功能。转换 repeat01 的工作区如图 5-2 所示。

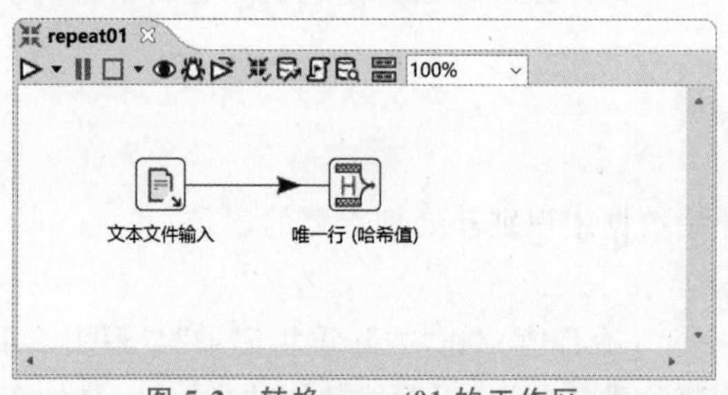

图 5-2 转换 repeat01 的工作区

在图 5-2 中,“文本文件输入”步骤用于从 CSV 文件 202307.csv 和 202308.csv 中抽取数据。之所以选择使用“文本文件输入”步骤而不是“CSV 文件输入”步骤,是因为前者能够同时从多个文件中抽取数据,而后者仅适用于单个文件的数据抽取。

③ 配置“文本文件输入”步骤。在转换 repeat01 的工作区中,双击“文本文件输入”步骤打开“文本文件输入”窗口,在该窗口中分别将 CSV 文件 202307.csv 和 202308.csv 添加到“选中的文件”部分,如图 5-3 所示。

在图 5-3 中,单击“内容”选项卡标签,将“分隔符”输入框的值修改为英文半角逗号。然后在“编码方式”输入框中填写 UTF-8,如图 5-4 所示。

在图 5-4 中,单击“字段”选项卡标签,在该选项卡中单击“获取字段”按钮,在弹出的 Sample data 对话框中不做任何修改,直接单击“确定”按钮。让“文本文件输入”步骤检测 CSV 文件 202307.csv 和 202308.csv,从而推断出字段的信息,如图 5-5 所示。

从图 5-5 中可以看出,“文本文件输入”步骤通过检测这两个 CSV 文件,推断出 5 个字段,这些字段的名称分别为“客户姓名”“年龄”“城市”“电子邮箱”“电话号码”。

在图 5-5 中,单击“确定”按钮保存对当前步骤的配置。

④ 配置“唯一行 (哈希值)”步骤。在转换 repeat01 的工作区中,双击“唯一行 (哈希

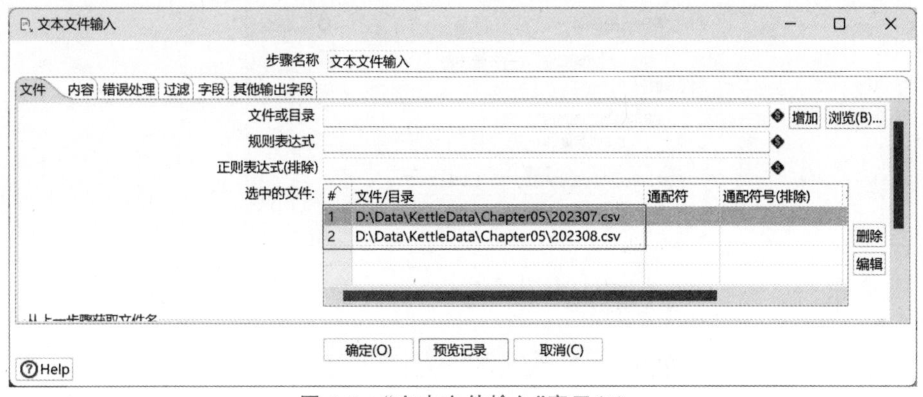

图 5-3　“文本文件输入”窗口(1)

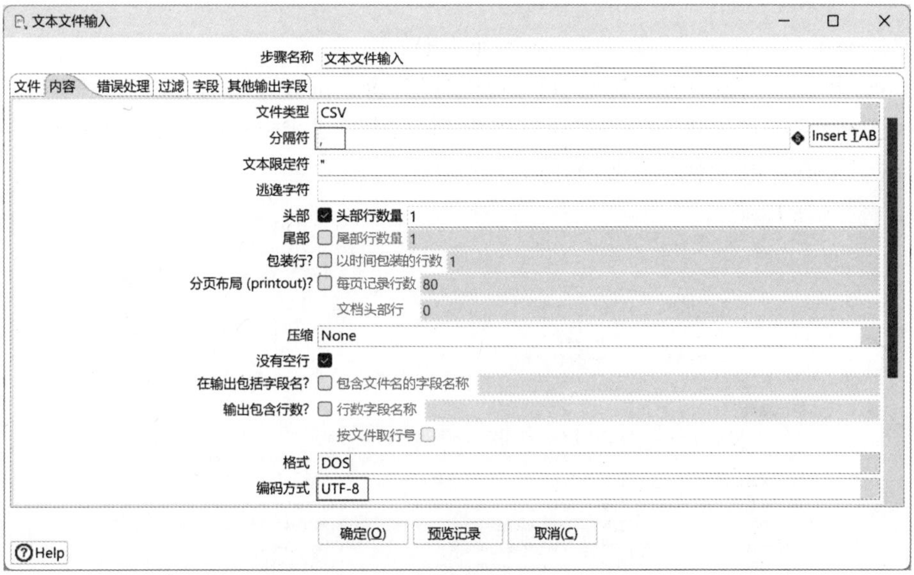

图 5-4　“内容”选项卡(1)

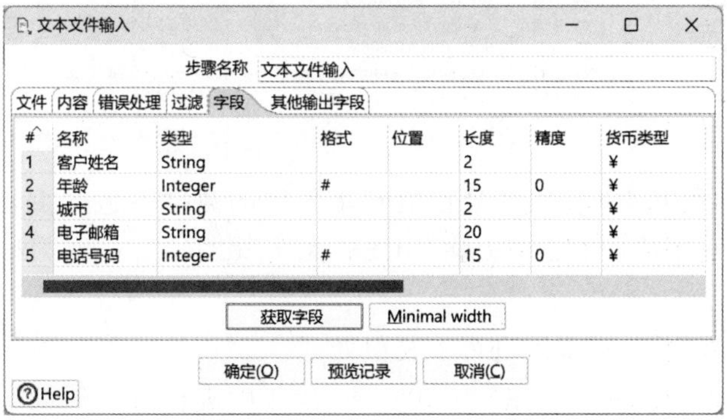

图 5-5　“字段”选项卡(1)

值)”步骤，打开“唯一行（哈希值)”窗口。在该窗口的“字段名称”列添加 5 行内容，分别是“客户姓名”“年龄”“城市”“电子邮箱”“电话号码”，如图 5-6 所示。

图 5-6 中配置的内容意味着通过计算“客户姓名”“年龄”“城市”“电子邮箱”“电话号码”字段的哈希值来识别重复数据，将哈希值相同的数据识别为重复，进而实现去除重复的客户

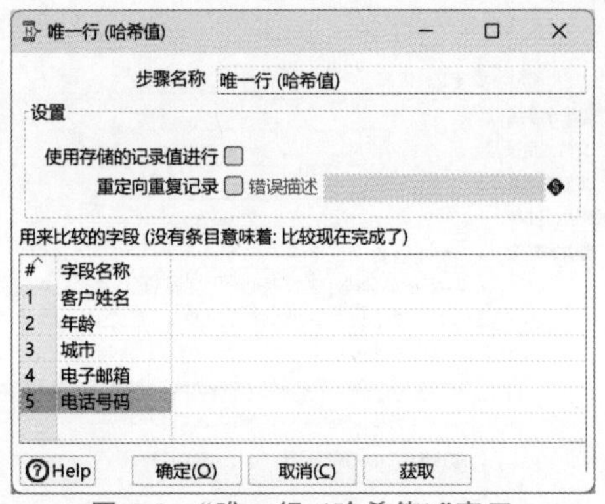

图 5-6　“唯一行（哈希值）”窗口

信息。

在图 5-6 中,单击“确定”按钮保存对当前步骤的配置。

⑤ 运行转换。保存并运行转换 repeat01。当转换 repeat01 运行完成后,在其工作区选择“唯一行（哈希值）”步骤,然后在“执行结果”面板中单击 Preview data 选项卡标签,查看“唯一行（哈希值）”步骤中的数据,如图 5-7 所示。

#	客户姓名	年龄	城市	电子邮箱	电话号码
1	张三	35	北京	zhangsan@example.com	13812345678
2	李四	28	上海	lisi@example.com	13987654321
3	王五	40	广州	wangwu@example.com	13698765432
4	赵六	25	深圳	zhaoliu@example.com	13788888888
5	陈七	33	成都	chenqi@example.com	13666666666
6	刘八	27	广州	liuba@example.com	13999999999
7	周九	29	上海	zhoujiu@example.com	13511111111
8	王五	42	天津	wangwu1@example.com	13798866432
9	黄十	31	北京	huangshi@example.com	13777777777
10	郑十一	24	上海	zhengshiyi@example.com	13566666666
11	钱十二	26	上海	qianshier@example.com	13555555555

图 5-7　查看“唯一行（哈希值）”步骤中的数据

从图 5-7 中可以看出,“唯一行（哈希值）”步骤中的数据不包含重复的客户信息,这说明使用“唯一行（哈希值）”步骤成功去除了 CSV 文件 202307.csv 和 202308.csv 中重复的客户信息。

（2）使用“去除重复记录”步骤进行重复值处理。

要求将 CSV 文件 202307.csv 和 202308.csv 合并后进行重复值处理,通过去除重复的城市,获取客户覆盖的城市范围,具体操作步骤如下。

① 创建转换。在 Kettle 的图形化界面中创建转换,指定转换的名称为 repeat02。

② 添加步骤。在转换 repeat02 的工作区中添加“文本文件输入”“排序记录”“去除重复记录”“字段选择”步骤,并将这 4 个步骤通过跳进行连接,用于实现对 CSV 文件 202307.csv 和 202308.csv 进行重复值处理的功能。转换 repeat02 的工作区如图 5-8 所示。

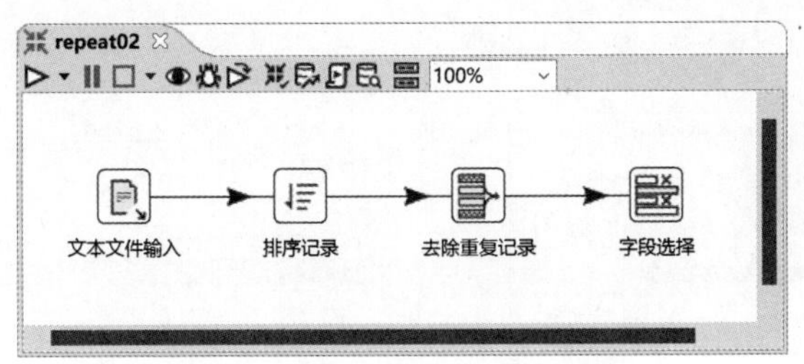

图 5-8 转换 repeat02 的工作区

在图 5-8 中,"文本文件输入"步骤用于从 CSV 文件 202307.csv 和 202308.csv 抽取数据。"排序记录"步骤用于对抽取的数据进行排序。"去除重复记录"步骤用于对排序后的数据进行重复值处理。"字段选择"步骤用于从重复值处理后的数据中选择城市信息。

③ 配置"文本文件输入"步骤。转换 repeat02 和 repeat01 中"文本文件输入"步骤的配置内容一致,这里不再赘述。

④ 配置"排序记录"步骤。在转换 repeat02 的工作区中,双击"排序记录"步骤打开"排序记录"窗口。在该窗口中"字段"部分的"字段名称"和"升序"列分别填写"城市"和"是",表示根据字段"城市"的值对数据进行升序排序,如图 5-9 所示。

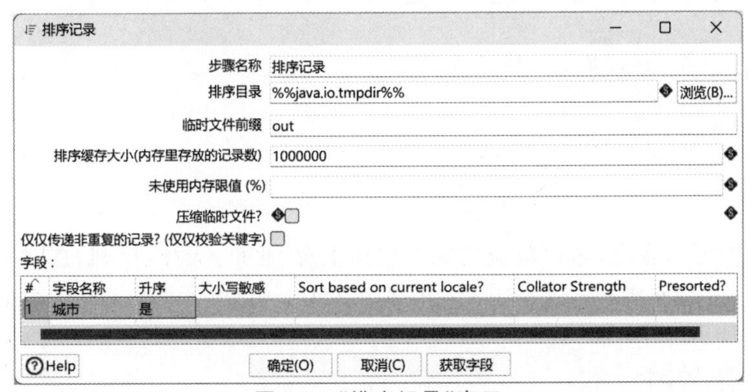

图 5-9 "排序记录"窗口

在图 5-9 中,单击"确定"按钮保存对当前步骤的配置。

⑤ 配置"去除重复记录"步骤。在转换 repeat02 的工作区中,双击"去除重复记录"步骤打开"去除重复记录"窗口,在该窗口的"字段名称"列填写"城市",如图 5-10 所示。

图 5-10 配置的内容表示比较相邻的两行数据,检查这些数据中字段"城市"的值是否相同。如果字段值相同,那么这些数据就会被识别为重复数据。在图 5-10 中,单击"确定"按钮保存对当前步骤的配置。

⑥ 配置"字段选择"步骤。在转换 repeat02 的工作区中,双击"字段选择"步骤打开"选择/改名值"窗口。在该窗口的"字段名称"列填写"城市",如图 5-11 所示。

图 5-11 配置的内容表示获取数据中字段"城市"的值。在图 5-11 中,单击"确定"按钮保存对当前步骤的配置。

⑦ 运行转换。保存并运行转换 repeat02。当转换 repeat02 运行完成后,在其工作区选择"字段选择"步骤,然后在"执行结果"面板中单击 Preview data 选项卡标签,查看"字段选择"步骤中的数据,如图 5-12 所示。

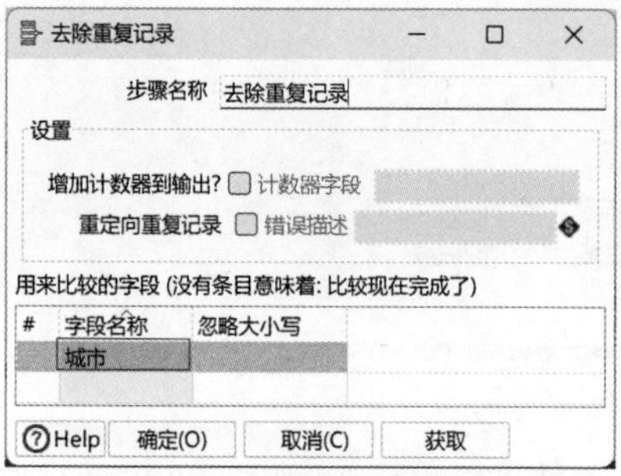

图 5-10　“去除重复记录”窗口

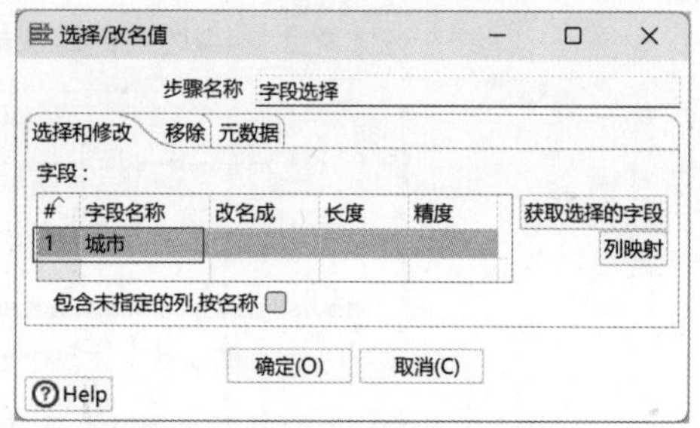

图 5-11　“选择/改名值”窗口(1)

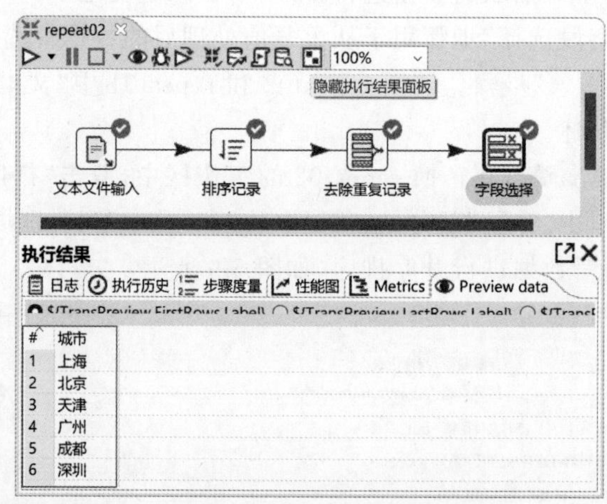

图 5-12　查看“字段选择”步骤中的数据(1)

从图 5-12 中可以看出,客户覆盖的城市包括上海、北京、天津、广州、成都和深圳。说明使用“去除重复记录”步骤成功去除 CSV 文件 202307.csv 和 202308.csv 中重复的城市。

5.2　缺失值处理

在进行数据清洗时,经常会遇到缺失值的情况。这些缺失值可能源于多种原因,例如记录错误、系统故障或样本选择偏差。但不论造成缺失的具体原因是什么,缺失值都在数据中留下了空白,给随后的分析和建模带来了一定挑战。在本节中,将详细介绍如何借助 Kettle 有效处理缺失值问题。

5.2.1　缺失值处理策略

忽略或不适当地处理缺失值可能导致错误的结论,甚至影响对问题的深入理解。因此,制定合理的缺失值处理策略有助于提升数据的可靠性,对分析或建模的结果具有重要影响。缺失值的处理通常可以根据缺失值的重要性和缺失率分为以下 4 种情况,如图 5-13 所示。

在图 5-13 中,每种情况分别对应了不同的缺失值处理策略,具体介绍如下。

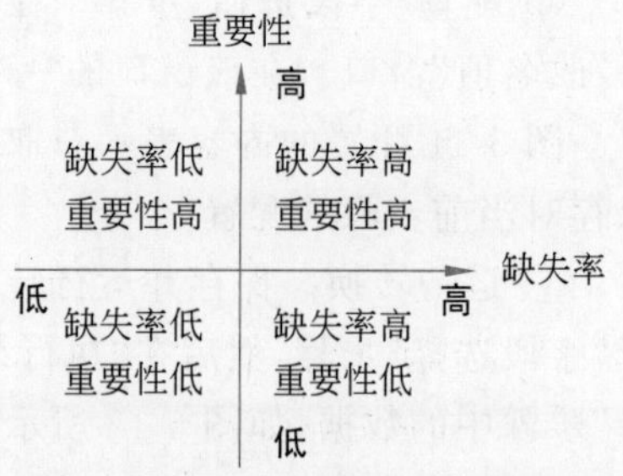

图 5-13　缺失值的重要性和缺失率

1. 缺失率低并且重要性高

当缺失值对于分析或建模结果具有重要影响，但缺失率相对较低时，直接删除缺失值可能会导致信息损失。因此，应该考虑使用更复杂的填补方法，例如插值填补，以更好地保留有价值的信息并减少对分析或建模结果的影响。

2. 缺失率高并且重要性高

当缺失值对分析或建模结果影响较大且缺失率较高时，缺失值处理变得更具挑战性。在这种情况下，需要综合应用多种方法，并根据缺失值的特性和领域知识选择合适的处理策略。在使用填充方法时，需要特别小心，并可能需要使用特定模型来处理缺失值。

3. 缺失率低并且重要性低

当缺失值对分析或建模结果影响较小，且缺失率较低时，可以考虑直接删除缺失值。这样可以简化数据集，减少噪声的引入，并且不会对结果产生显著影响。

4. 缺失率高并且重要性低

当缺失值对分析或建模结果影响较小，但缺失率较高时，删除缺失值可能会导致大量信息丢失。在这种情况下，可以考虑使用填充方法，如使用平均值填充、中位数填充或众数填充。这样可以在保留数据的同时，避免引入过多的偏差。

在实际应用中，决定如何处理缺失值需要权衡缺失值的重要性和缺失率，同时考虑分析或建模的目标。没有一种通用的方法适用于所有情况，因此在选择缺失值处理策略时，需要根据具体情况进行合理的判断和决策。这一点提醒我们要认识并发挥自己的优势，并将其转换为实践。专注于自己的优势领域，有助于我们提高表现，并取得更多的成果。

5.2.2　删除缺失值

删除缺失值是一种简单而直接的方法。在删除缺失值之前，需要仔细考虑数据集的性质以及缺失值的分布情况。如果缺失值的比例相对较小，并且可以合理假设这些缺失值是随机分布的，那么删除它们可能不会对整体分析产生显著影响。然而，如果缺失值的比例较大，或者缺失值的分布与特定模式相关，那么删除缺失值可能会导致信息丧失，甚至可能引入偏见。

1. 删除缺失值的方式

删除缺失值的方式主要分为两种，一种是删除包含缺失值的行，另一种是删除包含缺失值的字段(列)。针对这两种方式的介绍如下。

(1) 删除包含缺失值的行。

删除包含缺失值的行的方式是将包含缺失值的整行数据从数据集中移除，适用于缺失值分布较随机且对分析结果影响有限的情况。然而，这种方式可能导致数据减少，特别是在缺失值较多的情况下。因此，在使用这种方式删除缺失值时，需要权衡数据量减少与分析结果影响之间的关系。

(2) 删除包含缺失值的字段。

删除包含缺失值的字段的方式是将包含缺失值的整个字段从数据集中删除，适用于字段的缺失值较多且对分析结果影响有限的情况。但是，需要注意的是，删除字段可能会丢失某些特征信息，因此应在充分理解分析需求的前提下使用。

例如，现在有一个 TSV 文件 sale.tsv，该文件记录了不同产品的销售信息。由于某种原因，产品的销售信息中产生了缺失值。TSV 文件 sale.tsv 的内容如图 5-14 所示。

从图 5-14 中可以看出，TSV 文件 sale.tsv 中的产品销售信息存在 3 个缺失值，其中产品 C 和产品 I 的售价缺失，产品 H 的销量缺失。

假设，我们的需求是要计算所有产品的平均销量。在这种情况下，产品的售价对于本次计算的结果没有影响。因此，在进行数据清洗时，可以直接删除。除此之外，在所有产品的销量信息中，只有产品 H 的销量缺失。不过，从销售信息的整体角度来看，产品 H 的销量在整个数据集中所占比例较小。鉴于此，可以合理考虑删除产品 H 的销售信息，以确保数据的完整性。

sale.tsv　文件　编辑　查看

产品名称	售价（元）	销量（个）
产品A	100	50
产品B	120	60
产品C		45
产品D	80	32
产品E	150	30
产品F	90	70
产品G	130	55
产品H	110	
产品I		40
产品J	75	25
产品K	160	80
产品L	200	95
产品M	140	60

行 1，列 1　100%　Windows (CRLF)　UTF-8

图 5-14　TSV 文件 sale.tsv 的内容

2. 删除缺失值的操作过程

接下来，将演示如何使用 Kettle 删除文件 sale.tsv 中的缺失值，具体操作步骤如下。

（1）创建转换。

在 Kettle 的图形化界面中创建转换，指定转换的名称为 delete_missing_value。

（2）添加步骤。

在转换 delete_missing_value 的工作区中添加“文本文件输入”“字段选择”“过滤记录”和两个“空操作（什么也不做）”步骤，并将这些步骤通过跳进行连接，用于实现删除文件 sale.tsv 中缺失值的功能。转换 delete_missing_value 的工作区如图 5-15 所示。

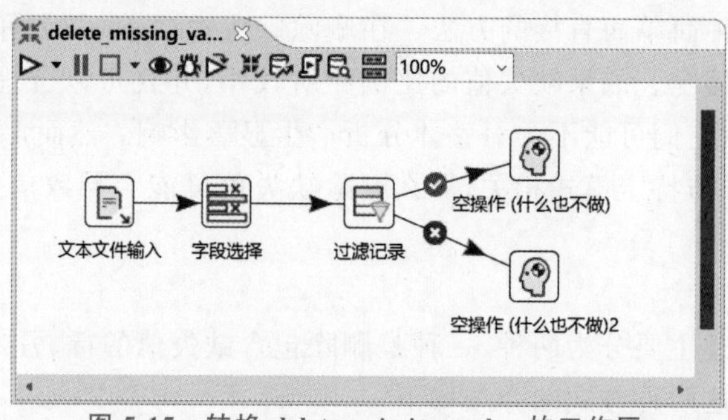

图 5-15　转换 delete_missing_value 的工作区

在图 5-15 中，“文本文件输入”步骤用于从文件 sale.tsv 中抽取数据。“字段选择”步骤用于从销量信息中移除产品的售价。“过滤记录”步骤用于过滤销量信息，分别将不包含缺失值的销售信息和包含缺失值的销售信息输出到“空操作（什么也不做）”和“空操作（什么也不做）2”步骤。

（3）配置“文本文件输入”步骤。

在转换 delete_missing_value 的工作区中，双击“文本文件输入”步骤打开“文本文件输入”窗口。在该窗口中将 TSV 文件 sale.tsv 添加到“选中的文件”部分，如图 5-16 所示。

在图 5-16 中，单击“内容”选项卡标签，将“分隔符”输入框内的值设为制表符，并且在“编码方式”输入框内填写 UTF-8，如图 5-17 所示。

文本文件输入
步骤名称 文本文件输入
文件 内容 错误处理 过滤 字段 其他输出字段
文件或目录
增加 浏览(B)...
规则表达式
正则表达式(排除)
选中的文件:
文件/目录 通配符 通配符号(排除)
1 D:\Data\KettleData\Chapter05\sale.tsv
删除
编辑
从上一步骤获取文件名
从以前的步骤接受文件名
从以前的步骤接受字段名
确定(O) 预览记录 取消(C)
Help

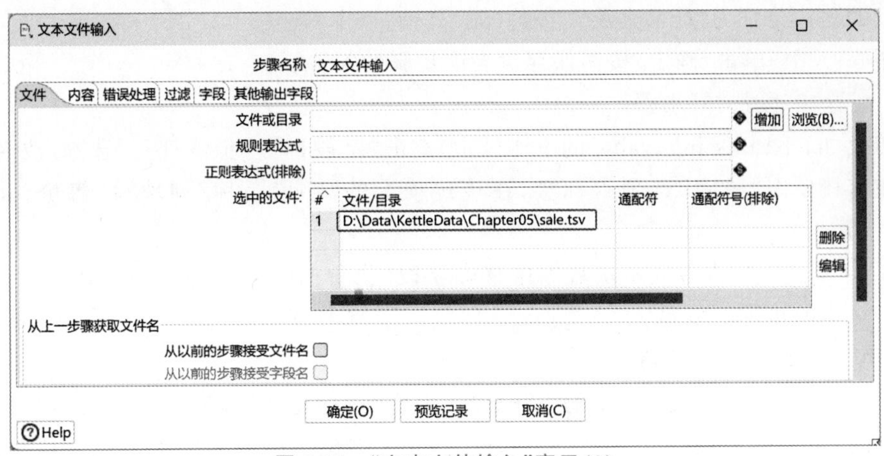

图 5-16 “文本文件输入”窗口(2)

文本文件输入
步骤名称 文本文件输入
文件 内容 错误处理 过滤 字段 其他输出字段
文件类型 CSV
分隔符
Insert TAB
文本限定符 "
逃逸字符
头部 头部行数量 1
尾部 尾部行数量 1
包装行? 以时间包装的行数 1
分页布局 (printout)? 每页记录行数 80
文档头部行 0
压缩 None
没有空行
在输出包括字段名? 包含文件名的字段名称
输出包含行数? 行数字段名称
按文件取行号
格式 DOS
编码方式 UTF-8
确定(O) 预览记录 取消(C)
Help

图 5-17 “内容”选项卡(2)

在图 5-17 中,单击“字段”选项卡标签。在该选项卡中单击“获取字段”按钮让“文本文件输入”步骤检测 TSV 文件 sale.tsv,从而推断出字段的信息,如图 5-18 所示。

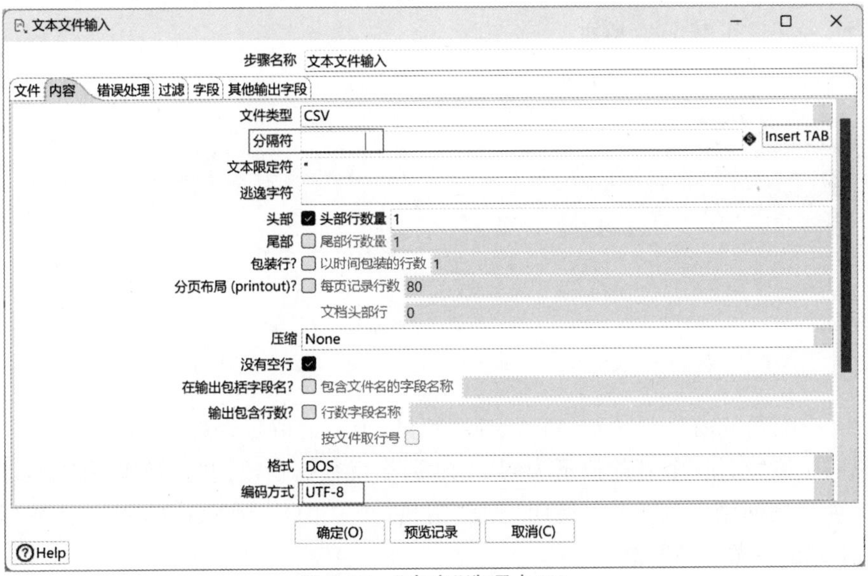

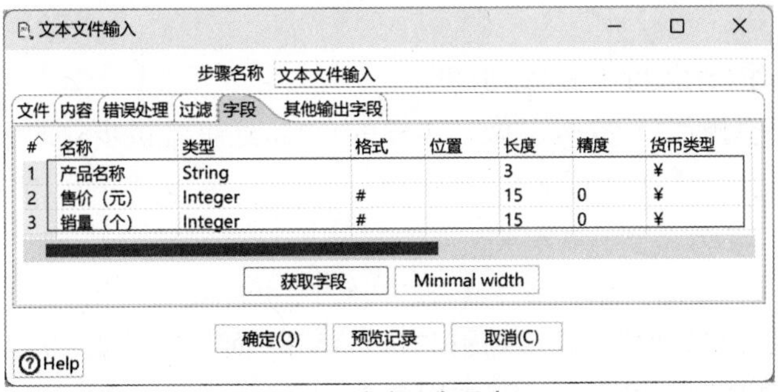

文本文件输入
步骤名称 文本文件输入
文件 内容 错误处理 过滤 字段 其他输出字段
名称 类型 格式 位置 长度 精度 货币类型
1 产品名称 String 3 ¥
2 售价 (元) Integer # 15 0 ¥
3 销量 (个) Integer # 15 0 ¥
获取字段 Minimal width
确定(O) 预览记录 取消(C)
Help

图 5-18 “字段”选项卡(2)

从图 5-18 中可以看出,“文本文件输入”步骤推断出 TSV 文件 sale.tsv 包含 3 个字段,这些字段的名称分别为“产品名称”“售价(元)”“销量(个)”。

在图 5-18 中,单击“确定”按钮保存对当前步骤的配置。

(4) 配置“字段选择”步骤。

在转换 delete_missing_value 的工作区中,双击“字段选择”步骤打开“选择/改名值”窗口。在该窗口单击“移除”选项卡标签,在该选项卡的“字段名称”列填写“售价(元)”,如图 5-19 所示。

图 5-19 中配置的内容表示从数据中移除字段“售价(元)”。在图 5-19 中,单击“确定”按钮保存对当前步骤的配置。

(5) 配置“过滤记录”步骤。

在转换 delete_missing_value 的工作区中,双击“过滤记录”步骤打开“过滤记录”窗口。在该窗口的“条件”部分添加判断条件。首先,单击左侧的＜field＞选项打开“字段”窗口,在该窗口中双击“销量(个)”选项。然后,单击=选项打开“函数”窗口,在该窗口中双击 IS NOT NULL 选项,如图 5-20 所示。

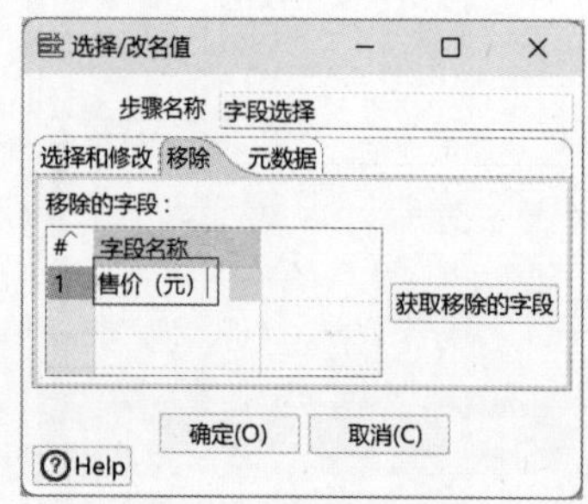

图 5-19 “移除”选项卡

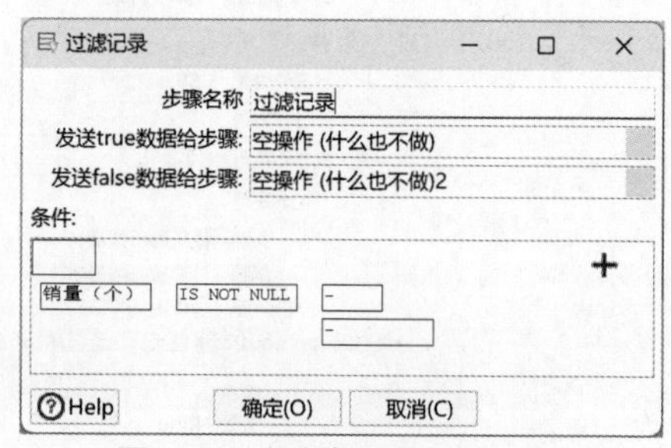

图 5-20 “过滤记录”窗口(1)

图 5-20 中配置的内容意味着,判断字段“销量(个)”的值是否为 NULL。如果判断结果为 true,说明字段“销量(个)”的值不为 NULL,那么将数据输出到“空操作(什么也不做)”步骤。反之,如果判断结果为 false,说明字段“销量(个)”的值为 NULL,那么将数据输出到“空操作(什么也不做) 2”步骤。

在图 5-20 中单击“确定”按钮保存对当前步骤的配置。

(6) 配置“空操作(什么也不做)”步骤。

为了区分两个“空操作(什么也不做)”步骤的含义,这里将该步骤的名称设置为“不包含缺失值”。

(7) 配置“空操作(什么也不做)2”步骤。

为了区分两个“空操作(什么也不做)”步骤的含义,这里将该步骤的名称设置为“包含缺失值”。

(8) 运行转换。

保存并运行转换 delete_missing_value。当转换 delete_missing_value 运行完成后,在其工作区选择“不包含缺失值”步骤,然后在“执行结果”面板中单击 Preview data 选项卡标签,查看“不包含缺失值”步骤中的数据,如图 5-21 所示。

从图 5-21 中可以看出,“不包含缺失值”步骤中的数据不包含缺失值,说明使用 Kettle 成功删除文件 sale.tsv 中的缺失值。

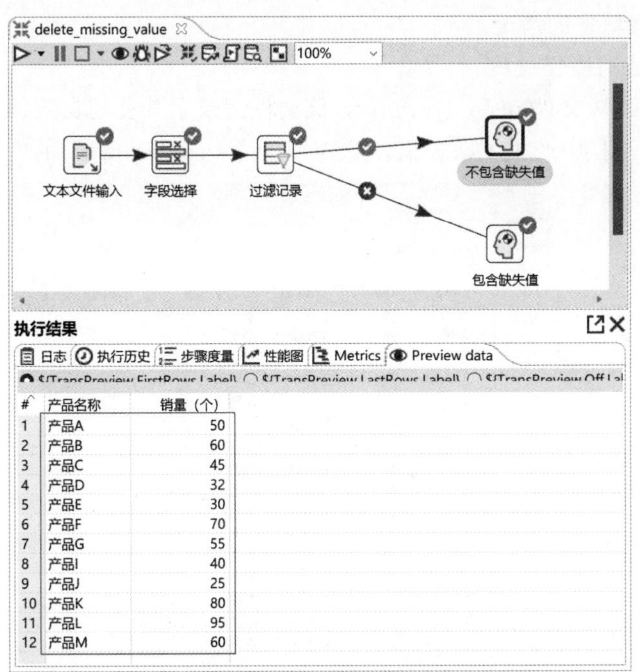

#	产品名称	销量（个）
1	产品A	50
2	产品B	60
3	产品C	45
4	产品D	32
5	产品E	30
6	产品F	70
7	产品G	55
8	产品I	40
9	产品J	25
10	产品K	80
11	产品L	95
12	产品M	60

图 5-21　查看“不包含缺失值”步骤中的数据

5.2.3　填补缺失值

删除缺失值是一种简单直接的方法，但它可能会对原始数据集的完整性产生负面影响。因此，更为合理的做法是采用适当的方法来填补原始数据集中的缺失值，这样可以最大程度地保留原始数据的信息，从而在分析过程中获得更准确可靠的结果。

1. 填补缺失值的方法及其应用场景

在本书的第 1 章讲解了填补缺失值的常用方法。下面，对这些方法的适用场景进行说明。

（1）均值填补。

均值填补基于数据的平均值进行预测，特别适用于数据分布较为均匀的情况。

（2）中位数填补。

中位数填补基于数据的中位数来预测缺失值，适用于数据分布存在极端值的情况。

（3）众数填补。

众数填补基于数据的众数来预测缺失值，适用于出现次数最多的数据能够代表数据的总体分布情况。

（4）回归填补。

回归填补是通过建立线性模型来预测缺失值，适用于具有连续性变量的数据。

（5）插值填补。

插值填补是通过在已有数据点之间进行线性插值得到新的数据点来填充缺失值，适用于数据分布较为连续的情况。

（6）特殊值填补。

特殊值填补是根据特定的规则或经验来确定缺失值的替代值，适用于特殊情况或者无法用其他方法进行填补的情况。

2. 填补缺失值的操作过程

现在有一个 TSV 文件 person_info.tsv,该文件记录了某公司员工的信息。由于某种原因,在数据采集的过程中产生了缺失值。TSV 文件 person_info.tsv 的内容如图 5-22 所示。

person_info.tsv

文件 编辑 查看

id	name	age	income	education	city
1	张三	28	55000	本科	北京
2	李四	34	72000	硕士	上海
3	王五	45	95000	博士	北京
4	赵六	22	35000	高中	广州
5	刘七	29		本科	深圳
6	陈八	31	60000	硕士	上海
7	杨九	26	48000	本科	广州
8	周十	40	82000	博士	北京
9	吴十一	27	58000	硕士	深圳
10	朱十二	33	69000	本科	上海
11	孙十三	28	45000	本科	北京
12	郑十四	37		博士	广州
13	冯十五	42	88000	硕士	深圳
14	魏十六	29	53000	本科	上海
15	董十七	24	39000	硕士	北京
16	田十八	30	62000	本科	广州

行 10,列 21 100% Windows (CRLF) UTF-8

图 5-22 TSV 文件 person_info.tsv 的内容

从图 5-22 中可以看出,TSV 文件 person_info.tsv 的字段 income 存在两个缺失值,该字段记录了员工的工资信息。下面,以均值填补的方法演示如何使用 Kettle 填补 TSV 文件 person_info.tsv 中的缺失值,具体操作步骤如下。

(1) 创建转换。

在 Kettle 的图形化界面创建两个转换,指定转换的名称分别为 fill_missing_value01 和 fill_missing_value02。转换 fill_missing_value01 主要用于计算所有员工的平均工资。转换 fill_missing_value02 用于根据平均工资来填补缺失值。

(2) 向转换 fill_missing_value01 添加步骤。

在转换 fill_missing_value01 的工作区中添加"文本文件输入""替换 NULL 值""分组""设置变量"步骤,并将这些步骤通过跳进行连接,用于实现计算平均工资的功能。转换 fill_missing_value01 的工作区如图 5-23 所示。

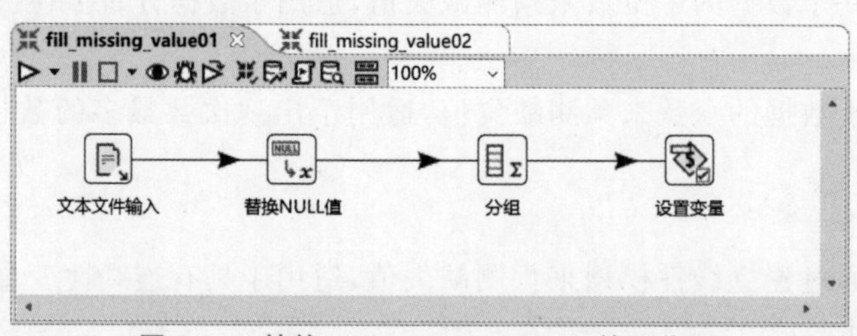

图 5-23 转换 fill_missing_value01 的工作区

在图 5-23 中,"文本文件输入"步骤用于从 TSV 文件 person_info.tsv 抽取数据。"替换 NULL 值"步骤用于将文件 person_info.tsv 中的缺失值填补为 0,便于后续计算所有员工的平均工资。"分组"步骤用于计算所有员工的平均工资。"设置变量"步骤用于将平均工资的值定义为变量，便于在转换 fill_missing_value02 中使用变量来填补缺失值。

(3) 向转换 fill_missing_value02 添加步骤。

在转换 fill_missing_value02 的工作区中添加“文本文件输入”“替换 NULL 值”步骤，并将这些步骤通过跳进行连接，用于实现根据平均工资来填补缺失值的功能。转换 fill_missing_value02 的工作区如图 5-24 所示。

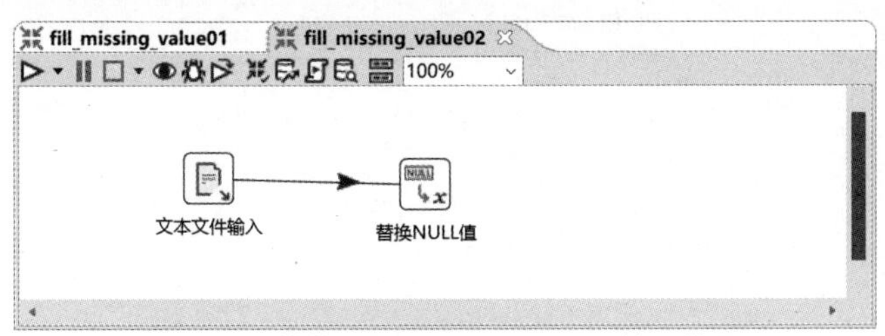

图 5-24　转换 fill_missing_value02 的工作区

在图 5-24 中，“文本文件输入”步骤用于从 TSV 文件 person_info.tsv 中抽取数据。“替换 NULL 值”步骤用于根据平均工资来填补缺失值。

(4) 配置转换 fill_missing_value01 的步骤。

对转换 fill_missing_value01 中添加的 4 个步骤进行配置，具体内容如下。

① 配置“文本文件输入”步骤。在转换 fill_missing_value01 的工作区中，双击“文本文件输入”步骤打开“文本文件输入”窗口。在该窗口中将 TSV 文件 person_info.tsv 添加到“选中的文件”部分，如图 5-25 所示。

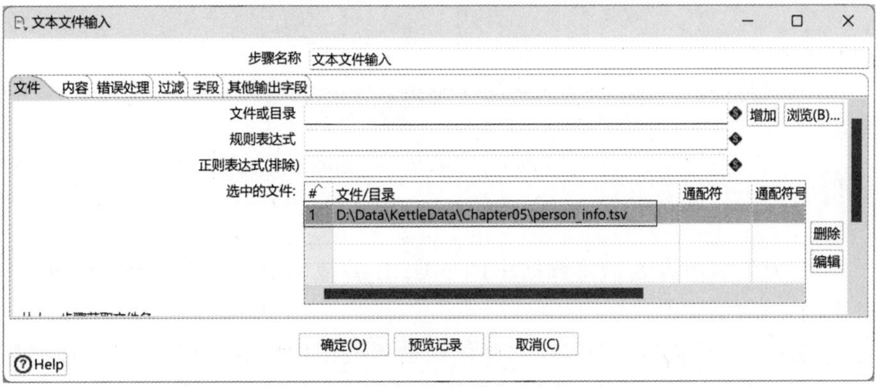

图 5-25　“文本文件输入”窗口(3)

在图 5-25 中，单击“内容”选项卡标签，将“分隔符”输入框内的值设为制表符，并且在“编码方式”输入框中填写 UTF-8，如图 5-26 所示。

在图 5-26 中，单击“字段”选项卡标签。在“字段”选项卡中单击“获取字段”按钮让“文本文件输入”步骤检测 TSV 文件 person_info.tsv，从而推断出字段的信息，如图 5-27 所示。

从图 5-27 中可以看出，“文本文件输入”步骤推断出 TSV 文件 person_info.tsv 包含 6 个字段，这些字段的名称分别为 id、name、age、income、education 和 city。

在图 5-27 中，单击“确定”按钮保存对当前步骤的配置。

② 配置“替换 NULL 值”步骤。在转换 fill_missing_value01 的工作区中，双击“替换 NULL 值”步骤，打开“替换 NULL 值”窗口。在该窗口的“值替换为”输入框中填写 0，如图 5-28 所示。

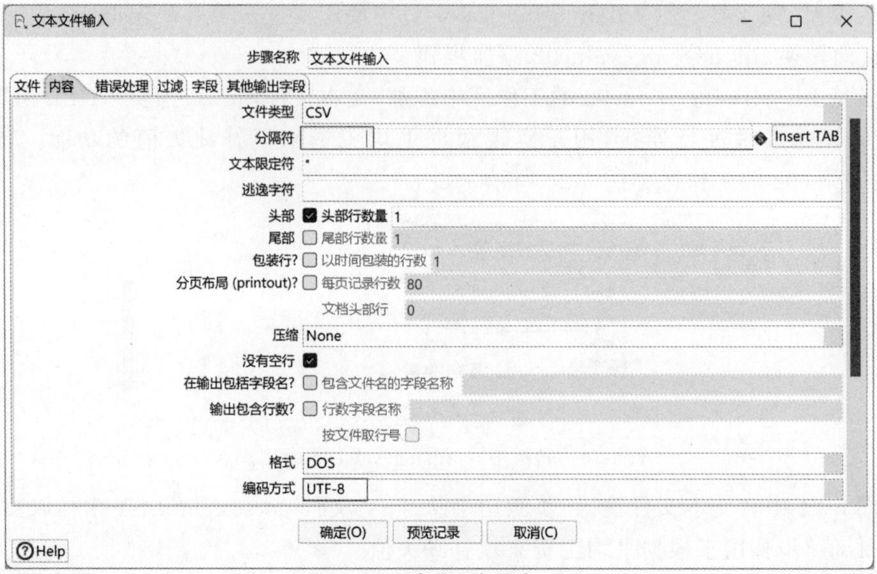

图 5-26 “内容”选项卡(3)

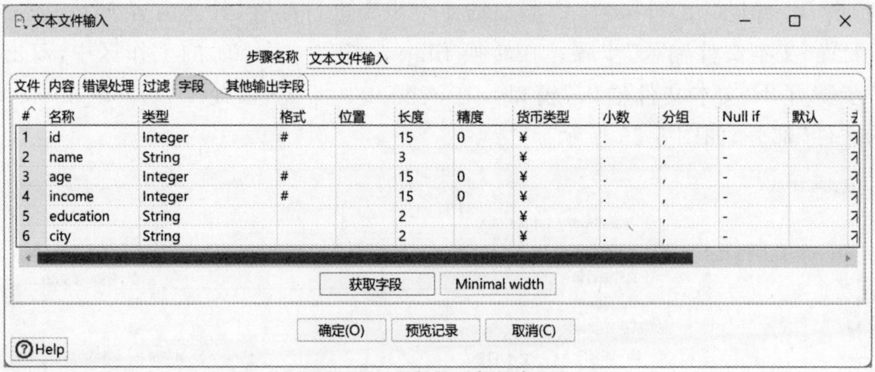

图 5-27 “字段”选项卡(3)

图 5-28 中配置的内容表示将数据中的 NULL 替换为 0。在图 5-28 中,单击“确定”按钮保存对当前步骤的配置。

需要说明的是,“替换 NULL 值”步骤默认会将数据中所有字段的 NULL 都替换为“值替换为”输入框内填写的值。不过,用户可以通过勾选“选择字段”复选框激活“字段”部分,在其中的“字段”列填写需要替换 NULL 的字段名称,并且在“值替换为”列填写需要替换的值,从而实现将指定字段中的 NULL 替换为特定值。

③ 配置“分组”步骤。在转换 fill_missing_value01 的工作区中,双击“分组”步骤,打开“分组”窗口。在该窗口的“聚合”部分添加一行内容,其中“名称”列的值为 income_avg,Subject 列的值为 income,“类型”列的值为“平均”,如图 5-29 所示。

图 5-29 中配置的内容表示计算字段 income 的平均值,将计算结果存放在字段 income_avg 中。在图 5-29 中,单击“确定”按钮保存对当前步骤的配置。

需要说明的是,在图 5-29 中,“构成分组的字段”部分的“分组字段”列用于指定分组字段,在没有指定分组字段的情况下,聚合运算针对的是整体数据。除此之外,如果指定了分组字段,那么输入到“分组”步骤的数据必须基于分组字段进行排序。

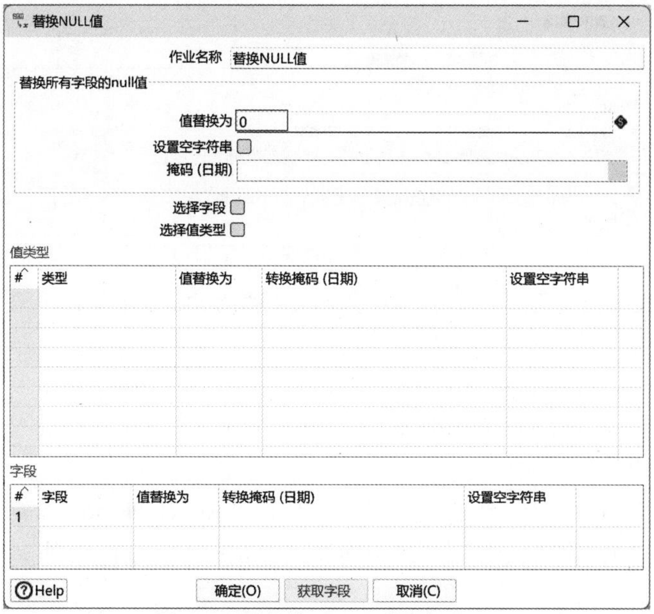

图 5-28　“替换 NULL 值”窗口(1)

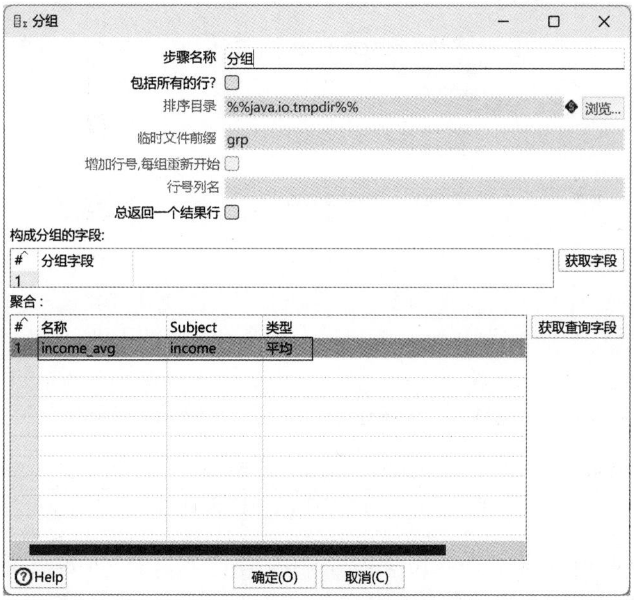

图 5-29　“分组”窗口(1)

④ 配置“设置变量”步骤。在转换 fill_missing_value01 的工作区中，双击“设置变量”步骤，打开“设置环境变量”窗口。在该窗口的“字段值”部分添加一行内容，其中“字段名称”列的值为 income_avg，“变量名”列的值为 income_avg，“变量活动类型”列的值为 Valid in the Java Virtual Machine，如图 5-30 所示。

图 5-30 配置的内容表示定义一个变量 income_avg，该变量的值来自字段 income_avg，其作用范围为 Valid in the Java Virtual Machine(在 Java 虚拟机范围内有效)。

在图 5-30 中，单击“确定”按钮保存对当前步骤的配置。

设置环境变量

步骤名称：设置变量

Apply formatting

字段值:

#	字段名称	变量名	变量活动类型	Default value
1	income_avg	income_avg	Valid in the Java Virtual Machine	

确定(O)　取消(C)　获取字段

Help

图 5-30　“设置环境变量”窗口(1)

注意：通过“设置变量”步骤定义的变量存在于内存中，当计算机重启之后，定义的变量将不可用。

(5) 配置转换 fill_missing_value02 的步骤。

转换 fill_missing_value02 和 fill_missing_value01 中“文本文件输入”步骤配置的内容一致，这里不再赘述。

在转换 fill_missing_value02 的工作区中，双击“替换 NULL 值”步骤打开“替换 NULL 值”窗口。在该窗口的“值替换为”输入框中填写 ${income_avg}，如图 5-31 所示。

图 5-31　“替换 NULL 值”窗口(2)

图 5-31 中配置的内容表示将数据中的 NULL 替换为变量 income_avg 的值。在图 5-31 中，单击“确定”按钮保存对当前步骤的配置。

(6) 运行转换 fill_missing_value01。

保存并运行转换 fill_missing_value01。当转换 fill_missing_value01 运行完成后，在其工作区选择“设置变量”步骤，然后在“执行结果”面板中单击 Preview data 选项卡标签，查看“设置变量”步骤中的数据，如图 5-32 所示。

从图 5-32 可以看出，变量 income_avg 的值为 53812，即所有员工的平均工资为 53812 元。

(7) 运行转换 fill_missing_value02。

保存并运行转换 fill_missing_value02。当转换 fill_missing_value02 运行完成后，在其

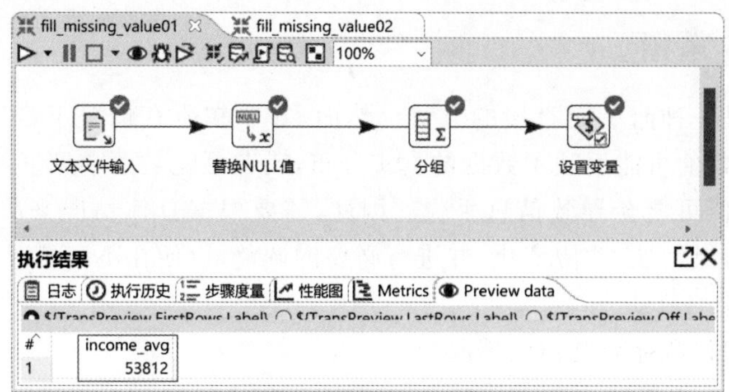

#	income_avg
1	53812

图 5-32　查看“设置变量”步骤中的数据(1)

工作区选择“替换 NULL 值”步骤，然后在“执行结果”面板中单击 Preview data 选项卡标签，查看“替换 NULL 值”步骤中的数据，如图 5-33 所示。

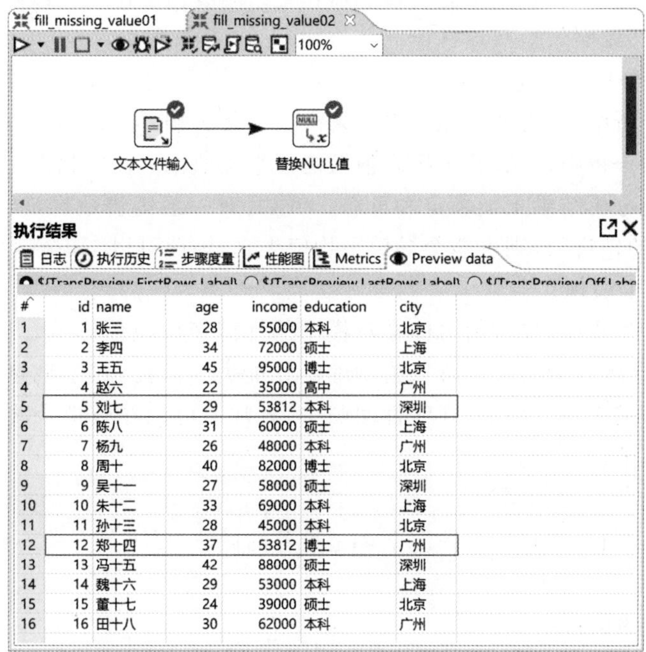

#	id	name	age	income	education	city
1	1	张三	28	55000	本科	北京
2	2	李四	34	72000	硕士	上海
3	3	王五	45	95000	博士	北京
4	4	赵六	22	35000	高中	广州
5	5	刘七	29	53812	本科	深圳
6	6	陈八	31	60000	硕士	上海
7	7	杨九	26	48000	本科	广州
8	8	周十	40	82000	博士	北京
9	9	吴十一	27	58000	硕士	深圳
10	10	朱十二	33	69000	本科	上海
11	11	孙十三	28	45000	本科	北京
12	12	郑十四	37	53812	博士	广州
13	13	冯十五	42	88000	硕士	深圳
14	14	魏十六	29	53000	本科	上海
15	15	董十七	24	39000	硕士	北京
16	16	田十八	30	62000	本科	广州

图 5-33　查看“替换 NULL 值”步骤中的数据

从图 5-33 中可以看出，TSV 文件 person_info.tsv 中的缺失值已经填补为 53812，说明使用 Kettle 成功填补了 TSV 文件 person_info.tsv 中的缺失值。

5.3　异常值处理

异常值，顾名思义，是指那些与正常数据偏离较大的数值。在金融、医疗、电商等领域，异常值的处理对于风险控制、精确诊断和个性化推荐等方面具有重要意义。然而，如何有效地识别和处理异常值，一直是困扰业界的难题。在本节中，将详细介绍如何借助 Kettle 有效处理异常值问题。

5.3.1 删除异常值

删除异常值是一种简单而直接的方法。然而,并非在所有情况下都适合删除异常值。在某些情况下,异常值可能反映了数据的真实分布,或者可能是由罕见事件引起的。在这些情况下,删除异常值可能会导致信息丢失。因此,需要根据具体情况来决定是否删除异常值。这说明要保持灵活性,适应变化,并进行必要的调整,以便在不同情况下取得最佳结果。

1. 删除异常值的益处

以下是一些建议删除异常值的情况。

(1) 提升数据的可信度。

在某些情况下,异常值可能是由数据采集过程中的错误,例如传感器故障、人为录入错误等引起的。在这种情况下,删除异常值是合理的,因为这可以提高数据的可信度,从而保证后续分析的准确性。例如,一个温度传感器在记录温度值时出现了故障,导致数据出现异常峰值,这时可以考虑删除这些异常值。

(2) 提升统计分析的稳定性。

在一些统计分析中,异常值可能会对结果产生显著影响,导致统计指标的不准确。特别是在基于平均值的分析中,少数几个极端值可能使平均值偏离真实情况。在这种情况下,删除异常值可能会使分析结果更加稳定和可靠。例如,对一组销售数据进行平均销售额计算时,若存在异常高的销售额,则可能会导致平均值失真,因此可以考虑删除这些异常值。

(3) 改善模型的表现。

在建立模型的过程中,异常值可能会对模型的性能产生负面影响。有些模型对异常值非常敏感,可能会导致过拟合或者降低模型的泛化能力。因此,在模型建立阶段,删除异常值可能会改善模型的表现。例如,在线性回归中,异常值可能导致拟合线不准确,因此可以考虑删除这些异常值。

2. 不适宜删除异常值的情况

然而,删除异常值并非在所有情况下都是推荐的做法,以下是一些不建议删除异常值的情况。

(1) 数据样本的偏移。

删除异常值可能导致数据样本的偏移,使分析结果无法代表整体数据分布。尤其是在样本较小的情况下,可能会误判真实情况。例如,在研究某个地区的收入水平时,若删除了高收入家庭的异常值,可能导致对整体收入分布的误判。

(2) 潜在信息的丢失。

异常值虽然可能是错误的,但有时也可能包含有价值的信息。删除异常值可能会忽视某些特殊情况或罕见事件,限制了分析的深度和广度。例如,在医疗数据中,某些罕见疾病的发病率异常低,但这些数据点可能对疾病研究具有重要意义,删除可能会丢失这些信息。

(3) 数据分布的复杂性。

在某些数据集中,异常值可能反映了数据分布的复杂性。删除异常值可能会误解数据分布,无法捕捉到真实特点。在这种情况下,应考虑使用更可靠的统计方法来处理异常值,而不是盲目删除。例如,金融市场数据中的极端波动可能反映了市场的非线性特性,删除这些异常值可能导致对市场行为的错误解读。

3. 删除异常值的操作过程

现在有一个 TSV 文件 temperature.tsv，该文件记录了某传感器在 2023 年 8 月 1 日每个小时的温度记录情况。TSV 文件 temperature.tsv 的内容如图 5-34 所示。

从图 5-34 中可以看出，TSV 文件 temperature.tsv 中的每条记录都对应 2023 年 8 月 1 日每个小时的温度。

接下来，将演示如何在 Kettle 中使用常见的异常值检测方法——箱形图来检测并删除 TSV 文件 temperature.tsv 中的异常值。为了帮助读者更好地理解箱形图的异常值检测原理，将对箱形图的概念进行简要介绍。

箱形图是一种用于显示数据分布情况的统计图表，它展示了一组数据的上边界（upper bound）、上四分位数（Q3）、中位数、下四分位数（Q1）和下边界（lower bound），以及可能存在的异常值，帮助我们快速了解数据的中心趋势、离散程度和异常值情况，如图 5-35 所示。

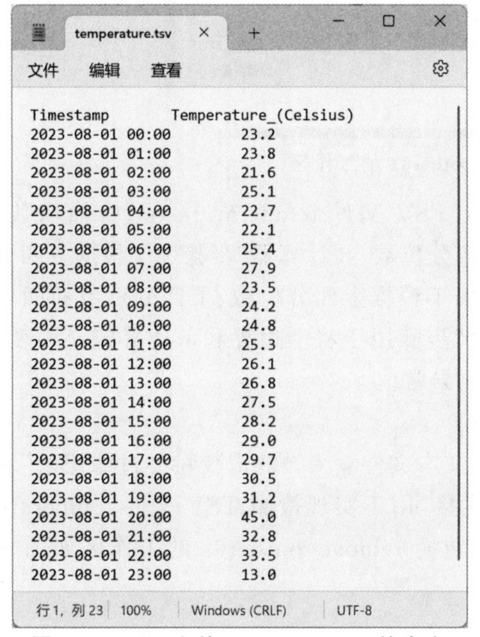

temperature.tsv

文件 编辑 查看

Timestamp	Temperature_(Celsius)
2023-08-01 00:00	23.2
2023-08-01 01:00	23.8
2023-08-01 02:00	21.6
2023-08-01 03:00	25.1
2023-08-01 04:00	22.7
2023-08-01 05:00	22.1
2023-08-01 06:00	25.4
2023-08-01 07:00	27.9
2023-08-01 08:00	23.5
2023-08-01 09:00	24.2
2023-08-01 10:00	24.8
2023-08-01 11:00	25.3
2023-08-01 12:00	26.1
2023-08-01 13:00	26.8
2023-08-01 14:00	27.5
2023-08-01 15:00	28.2
2023-08-01 16:00	29.0
2023-08-01 17:00	29.7
2023-08-01 18:00	30.5
2023-08-01 19:00	31.2
2023-08-01 20:00	45.0
2023-08-01 21:00	32.8
2023-08-01 22:00	33.5
2023-08-01 23:00	13.0

行 1，列 23 | 100% | Windows (CRLF) | UTF-8

图 5-34 TSV 文件 temperature.tsv 的内容

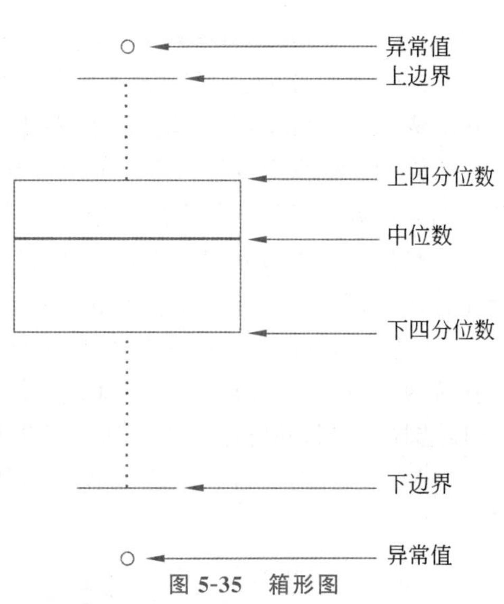

图 5-35 箱形图

针对图 5-35 中箱形图的关键内容进行如下介绍。

- 上四分位数是数据按照从小到大排列后，处于 75% 位置的值。
- 下四分位数是数据按照从小到大排列后，处于 25% 位置的值。
- 中位数是数据按照从小到大排列后，处于 50% 位置的值。
- 上边界是箱形图的最大值，超过上边界的数据通常被认为是异常值。计算上边界的公式为上四分位数加上 1.5 倍的四分位距离（IQR）。四分位距离的计算公式为上四分位数减去下四分位数。
- 下边界是箱形图的最小值，超过下边界的数据通常被认为是异常值。计算下边界的公式为下四分位数减去 1.5 倍的四分位距离（IQR）。

下面，分步骤讲解如何在 Kettle 中使用箱形图检测 TSV 文件 temperature.tsv 中的异常值，并对其进行删除处理，具体内容如下。

(1) 创建转换。

在 Kettle 的图形化界面创建两个转换,指定转换的名称分别为 remove_outlier01 和 remove_outlier02。其中转换 remove_outlier01 主要用于根据 TSV 文件 temperature.tsv 中记录的温度来计算上四分位数、下四分位数、四分位距离、上边界和下边界。转换 remove_outlier02 用于根据上边界和下边界检测异常值,并对其进行删除。

(2) 向转换 remove_outlier01 添加步骤。

在转换 remove_outlier01 的工作区中添加"文本文件输入""分组""计算器""公式""设置变量"步骤,并将这些步骤通过跳进行连接,用于实现计算上四分位数、下四分位数、四分位距离、上边界和下边界的功能。转换 remove_outlier01 的工作区如图 5-36 所示。

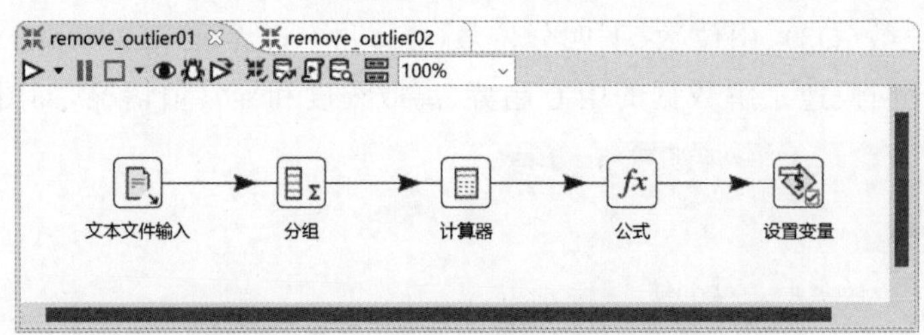

图 5-36 转换 remove_outlier01 的工作区

在图 5-36 中,"文本文件输入"步骤用于从 TSV 文件 temperature.tsv 中抽取数据。"分组"步骤用于根据温度计算上四分位数和下四分位数。"计算器"步骤用于根据上四分位数和下四分位数计算四分位距离。"公式"步骤用于根据上四分位数、下四分位数和四分位距离计算箱形图的上边界和下边界。"设置变量"步骤用于将上边界和下边界定义为变量,便于在转换 remove_outlier02 中使用变量来检测异常值。

(3) 向转换 remove_outlier02 添加步骤。

在转换 remove_outlier02 的工作区中添加"文本文件输入""获取变量""过滤记录"和两个"字段选择"步骤,并将这些步骤通过跳进行连接,用于实现检测 TSV 文件 temperature.tsv 中的异常值,并对其进行删除处理的功能。转换 remove_outlier02 的工作区如图 5-37 所示。

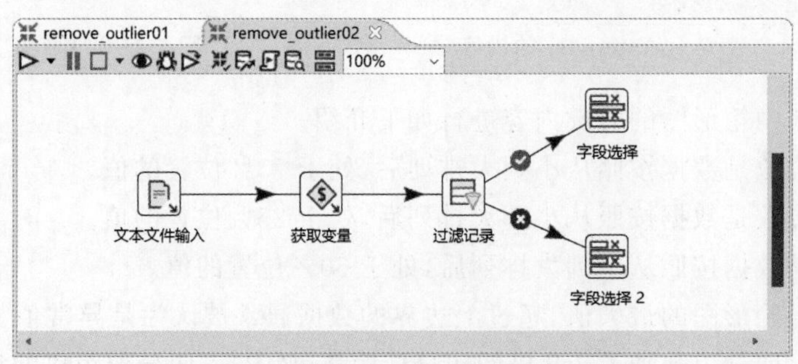

图 5-37 转换 remove_outlier02 的工作区

在图 5-37 中,"文本文件输入"步骤用于从 TSV 文件 temperature.tsv 中抽取数据。"获取变量"步骤获取 remove_outlier01 中设置的变量。"过滤记录"步骤用于根据上边界和下边界检测异常值,将不包含异常值的数据输出到"字段选择 2"步骤,将包含异常值的数据输出到"字段选择"步骤。"字段选择""字段选择 2"步骤用于移除与 TSV 文件 temperature.

tsv 内容无关的字段。

(4) 配置转换 remove_outlier01 的步骤。

对转换 remove_outlier01 中添加的 5 个步骤(如图 5-36 所示)进行配置,具体内容如下。

① 配置"文本文件输入"步骤。在转换 remove_outlier01 的工作区(如图 5-36 所示)中,双击"文本文件输入"步骤打开"文本文件输入"窗口。在该窗口中将 TSV 文件 temperature.tsv 添加到"选中的文件"部分,如图 5-38 所示。

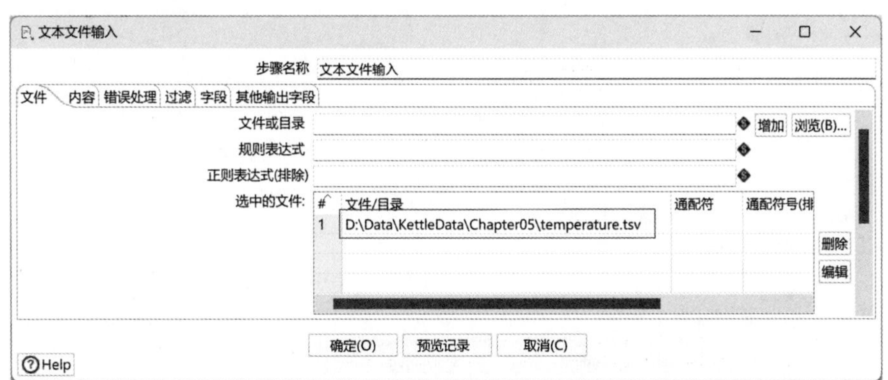

图 5-38　"文本文件输入"窗口(4)

在图 5-38 中,单击"内容"选项卡标签,将"分隔符"输入框内的值设为制表符,如图 5-39 所示。

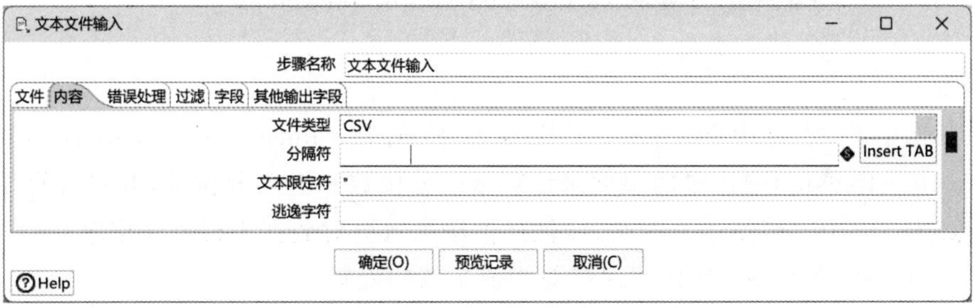

图 5-39　"内容"选项卡(4)

在图 5-39 中,单击"字段"选项卡标签。在该选项卡中单击"获取字段"按钮让"文本文件输入"步骤检测 TSV 文件 temperature.tsv,从而推断出字段的信息,如图 5-40 所示。

图 5-40　"字段"选项卡(4)

从图 5-40 中可以看出,"文本文件输入"步骤推断出 TSV 文件 temperature.tsv 包含 2 个字段,这些字段的名称分别为 Timestamp 和 Temperature_(Celsius)。

在图5-40中,单击“确定”按钮保存对当前步骤的配置。

② 配置“分组”步骤。在转换remove_outlier01的工作区中,双击“分组”步骤打开“分组”窗口,在该窗口的“聚合”部分添加两行内容。第一行内容中,“名称”“Subject”“类型”“值”列的值分别为Q1、Temperature_(Celsius)、Percentile (linear interpolation)和25。第二行内容中,“名称”“Subject”“类型”“值”列的值分别为Q3、Temperature_(Celsius)、Percentile (linear interpolation)和75。

“分组”窗口配置完成的效果如图5-41所示。

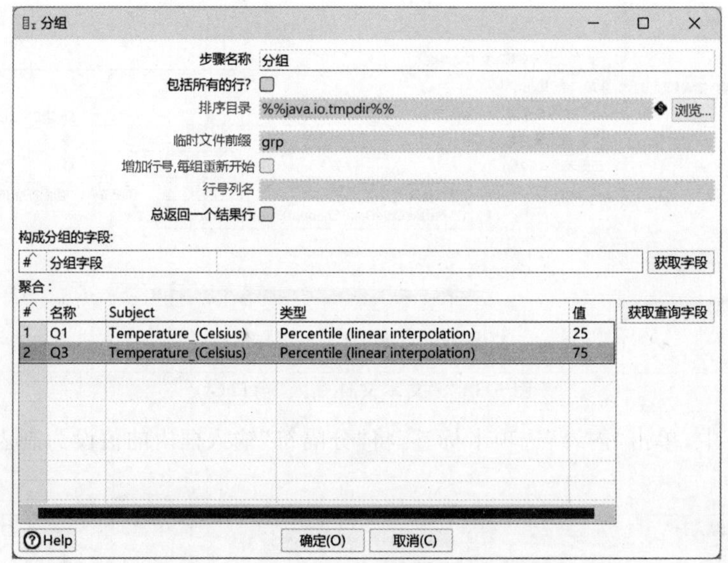

图5-41 “分组”窗口(2)

图5-41中配置的内容表示,使用线性插值法(linear interpolation)基于字段Temperature_(Celsius)中记录的温度来计算下四分位数和上四分位数,并将计算结果存储在字段Q1和Q3中。值得注意的是,线性插值法默认会对数据进行升序排序。

在图5-41中,单击“确定”按钮保存对当前步骤的配置。

③ 配置“计算器”步骤。在转换remove_outlier01的工作区中,双击“计算器”步骤打开“计算器”窗口。在该窗口“字段”部分添加一行内容,其中“新字段”列的值为IQR,“计算”列的值为A−B,“字段A”列的值为Q3,“字段B”列的值为Q1,“值类型”列的值为Number,如图5-42所示。

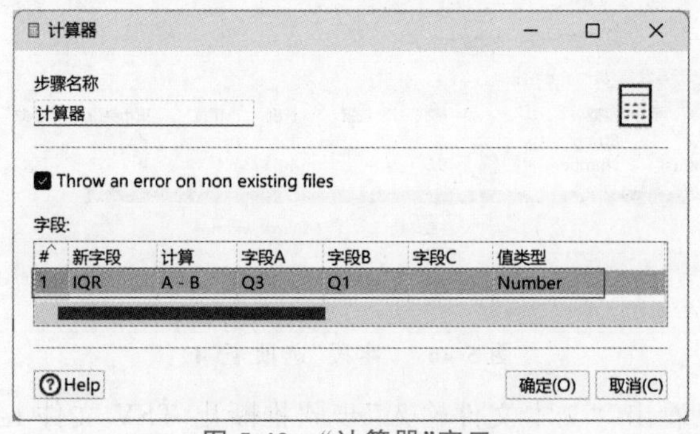

图5-42 “计算器”窗口

图 5-42 中配置的内容表示，通过将字段 Q3 的值减去字段 Q1 的值来计算四分位距离，并将计算结果存储在数据类型为 Number 的字段 IQR 中。

在图 5-42 中，单击“确定”按钮保存对当前步骤的配置。

④ 配置“公式”步骤。在转换 remove_outlier01 的工作区中，双击“公式”步骤打开“公式”窗口。在该窗口的“字段”部分添加两行内容。第一行内容中“新字段”“值类型”列的值分别为 upper_bound 和 Number。第二行内容中“新字段”“值类型”列的值分别为 lower_bound 和 Number。如图 5-43 所示。

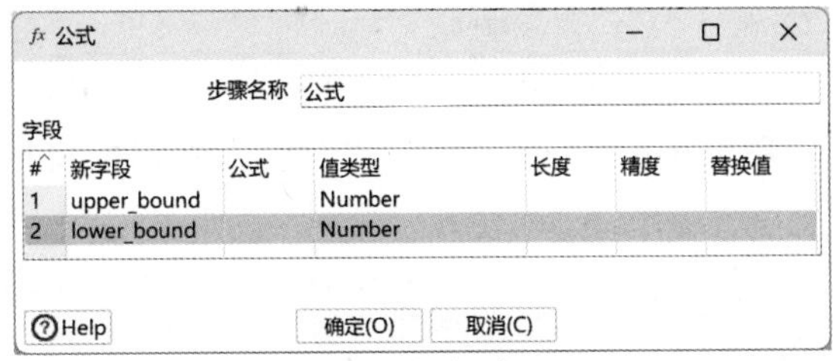

图 5-43　“公式”窗口(1)

图 5-43 中配置的内容表示，通过数据类型为 Number 的字段 upper_bound 和 lower_bound 存储上边界和下边界。

在图 5-43 中，单击字段 upper_bound 的“公式”列，在弹出的窗口中指定计算公式，如图 5-44 所示。

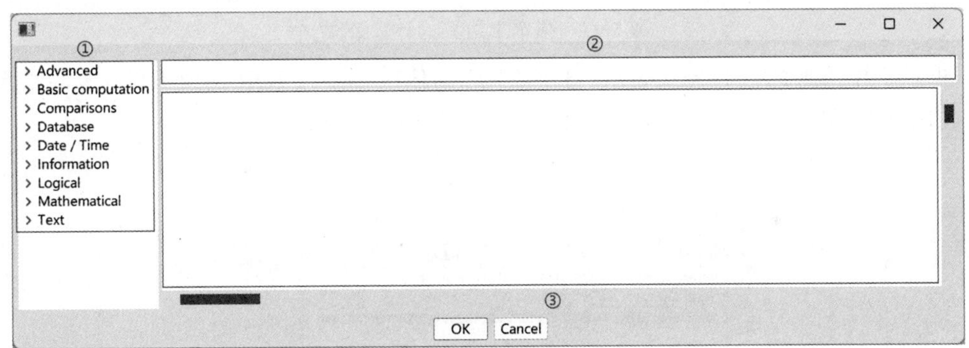

图 5-44　指定计算公式

在图 5-44 中，区域①用于查看 Kettle 支持的运算符和表达式。在查看运算符和表达式时，会在区域③显示相关介绍。区域②用于指定计算公式。

在图 5-44 的区域②指定计算上边界的计算公式([Q3]+[IQR]*1.5)，如图 5-45 所示。

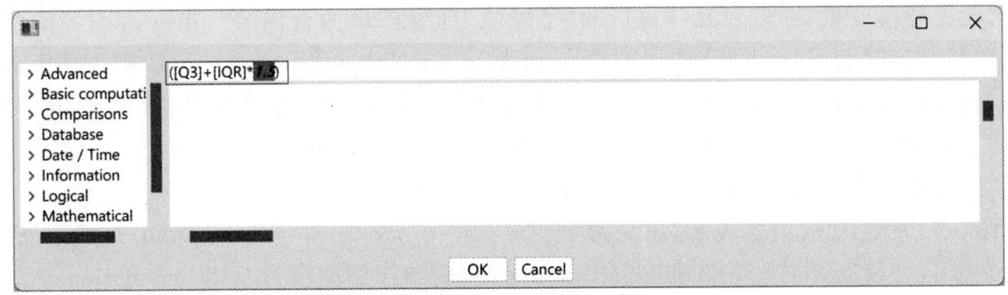

图 5-45　指定上边界的计算公式

图 5-45 中添加的计算公式表示,将字段 IQR 的值乘以 1.5,然后与字段 Q3 的值相加。

在图 5-45 中单击 OK 按钮返回"公式"窗口,如图 5-46 所示。

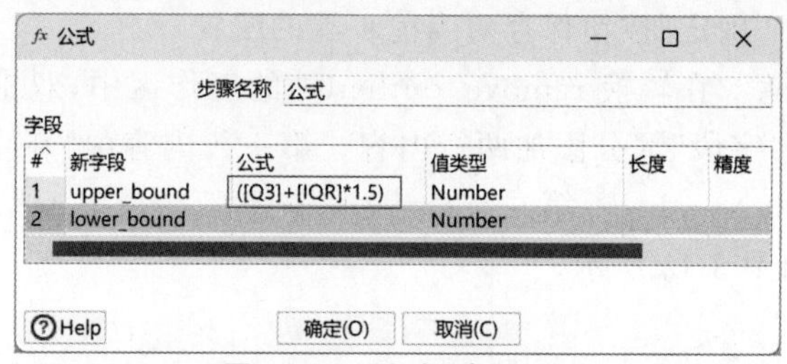

图 5-46 "公式"窗口(2)

在图 5-46 中,单击字段 lower_bound 的"公式"列,在弹出的窗口指定计算下边界的计算公式([Q1]-[IQR] * 1.5),如图 5-47 所示。

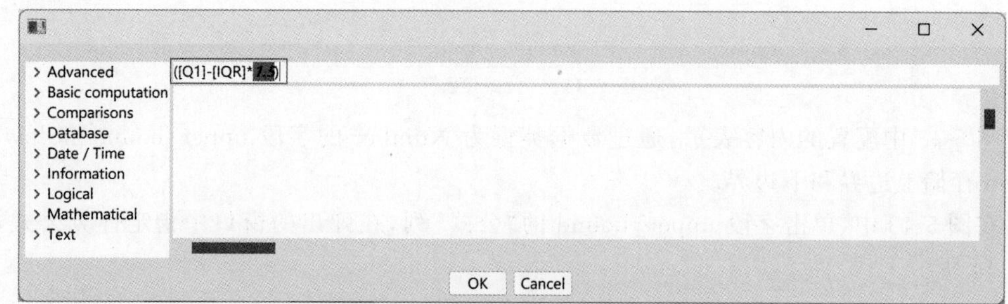

图 5-47 指定下边界的计算公式

图 5-47 中添加的计算公式表示,将字段 Q1 的值减去字段 IQR 的值乘以 1.5 的结果。

在图 5-47 中单击 OK 按钮返回"公式"窗口,如图 5-48 所示。

公式

步骤名称 公式

字段

#	新字段	公式	值类型	长度	精度
1	upper_bound	([Q3]+[IQR]*1.5)	Number		
2	lower_bound	([Q1]-[IQR]*1.5)	Number		

Help 确定(O) 取消(C)

图 5-48 "公式"窗口(3)

在图 5-48 中,单击"确定"按钮保存对当前步骤的配置。

⑤ 配置"设置变量"步骤。在转换 remove_outlier01 的工作区中,双击"设置变量"步骤打开"设置环境变量"窗口。在该窗口的"字段值"部分添加两行内容。第一行内容中"字段名称""变量名""变量活动类型"列的值分别为 lower_bound、lower_bound 和 Valid in the Java Virtual Machine。第二行内容中"字段名称""变量名""变量活动类型"列的值分别为 upper_bound、upper_bound 和 Valid in the Java Virtual Machine。

"设置环境变量"窗口配置完成的效果如图 5-49 所示。

图 5-49 中配置的内容表示,定义两个变量 lower_bound 和 upper_bound,这两个变量的值分别来自字段 lower_bound 和 upper_bound,它们的作用范围为 Valid in the Java Virtual Machine(在 Java 虚拟机范围内有效)。

在图 5-49 中,单击"确定"按钮保存对当前步骤的配置。

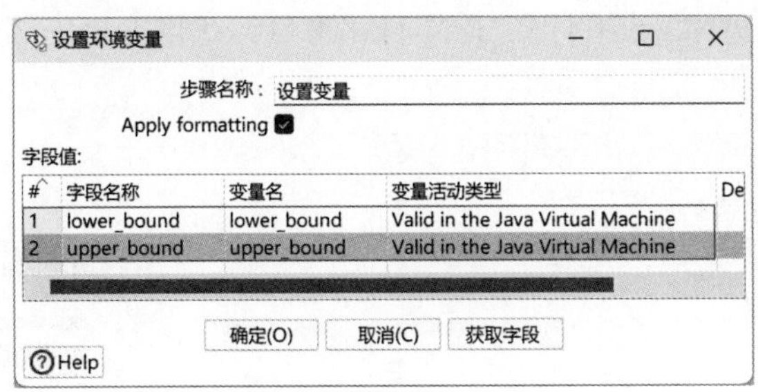

图 5-49　“设置环境变量”窗口(2)

(5) 配置转换 remove_outlier02 的步骤。

对转换 remove_outlier02 中添加的 5 个步骤(如图 5-37 所示)进行配置,具体内容如下。

① 配置“文本文件输入”步骤。转换 remove_outlier02 与 remove_outlier01 中“文本文件输入”步骤的配置内容一致,这里不再赘述。

② 配置“获取变量”步骤。在转换 remove_outlier02 的工作区(如图 5-37 所示)中,双击“获取变量”步骤打开“获取变量”窗口。在该窗口的“字段”部分添加两行内容。第一行内容中“名称”“变量”“类型”“格式”列的值分别为 lower_bound、${lower_bound}、Number 和 0.00。第二行内容中“名称”“变量”“类型”“格式”列的值分别为 upper_bound、${upper_bound}、Number 和 0.00。如图 5-50 所示。

图 5-50 中配置的内容表示,将变量 lower_bound 和 upper_bound 的值存储在数据类型为 Number 的字段 lower_bound 和 upper_bound 中,并且将值格式化为 0.00 的形式。

在图 5-50 中,单击“确定”按钮保存对当前步骤的配置。

③ 配置“过滤记录”步骤。在转换 remove_outlier02 的工作区中,双击“过滤记录”步骤打开“过滤记录”窗口。在该窗口的“条件”部分添加判断条件。首先,单击左侧的<field>选项打开“字段”窗口,在该窗口中双击 Temperature_(Celsius)选项。然后,单击=选项打开“函数”窗口,在该窗口中双击>选项。最后,单击右侧的<field>选项打开“字段”窗口,在该窗口中双击 upper_bound 选项。

“过滤记录”窗口配置完成的效果如图 5-51 所示。

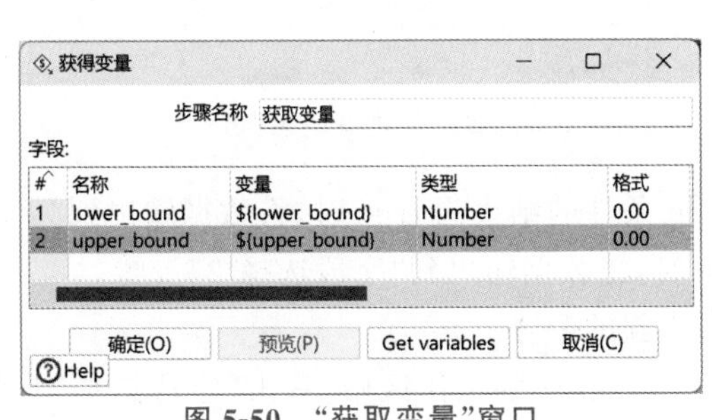

图 5-50　“获取变量”窗口

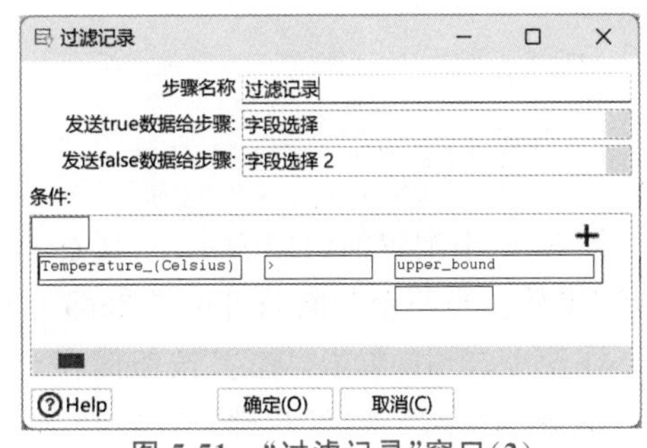

图 5-51　“过滤记录”窗口(2)

图 5-51 中配置的内容表示,通过比较字段 Temperature_(Celsius)和 upper_bound 的值,判断温度是否超过上边界。

在图 5-51 中,单击+按钮再添加一个判断条件,如图 5-52 所示。

在图 5-52 中，单击 AND 选项打开“操作符:”窗口。在该窗口中选择 OR 选项，如图 5-53 所示。

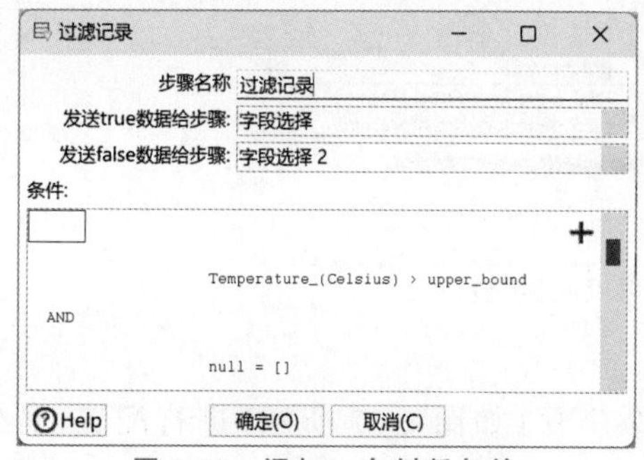

图 5-52　添加一个判断条件

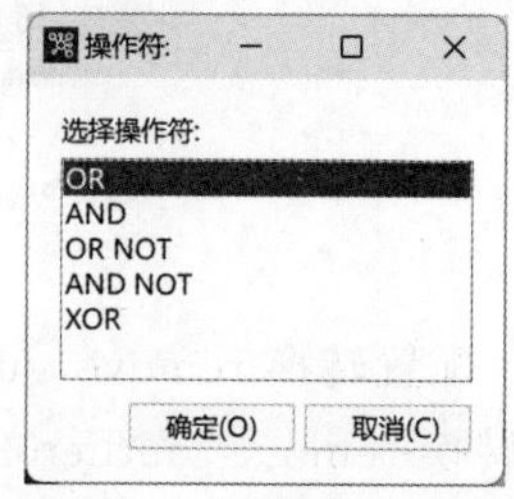

图 5-53　“操作符:”窗口

图 5-53 中配置的内容表示，使用操作符 OR 连接两个判断条件，这意味着只要其中一个判断条件的结果为 true，整个判断条件的结果就为 true。

在图 5-53 中，单击“确定”按钮返回“过滤记录”窗口。在该窗口中单击“null = []”选项配置新添加的判断条件。首先，单击左侧的＜field＞选项打开“字段”窗口。在该窗口中双击 Temperature_(Celsius)选项。然后，单击＝选项打开“函数”窗口。在该窗口中双击＜选项。最后，单击右侧的＜field＞选项打开“字段”窗口，在该窗口中双击 lower_bound 选项。“过滤记录”窗口配置完成的效果如图 5-54 所示。

图 5-54 中配置的内容表示，通过比较字段 Temperature_(Celsius)和 lower_bound 的值，判断温度是否超过下边界。

在图 5-54 中，单击“确定”按钮会显示完整的判断条件，如图 5-55 所示。

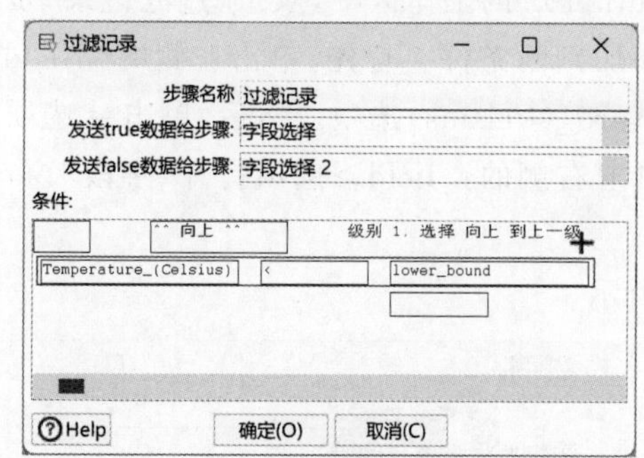

图 5-54　“过滤记录”窗口(3)

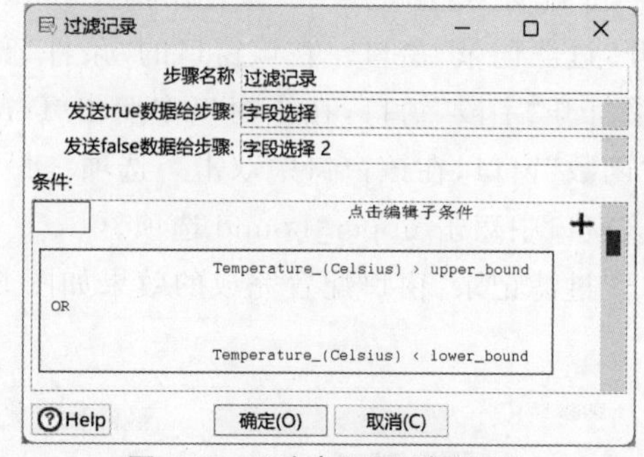

图 5-55　“过滤记录”窗口(4)

图 5-55 中配置的内容表示，当任意一个判断条件的结果为 true 时，将数据输出到“字段选择”步骤。当两个判断条件的结果都为 false 时，将数据输出到“字段选择 2”步骤。

在图 5-55 中，单击“确定”按钮保存对当前步骤的配置。

④ 配置“字段选择”步骤。在转换 remove_outlier02 的工作区中，双击“字段选择”步骤打开“选择/改名值”窗口。在该窗口中将步骤的名称设置为“包含异常值”，并且在“字段”部分的“字段名称”列添加 Timestamp 和 Temperature_(Celsius)两行内容，如图 5-56 所示。

图 5-56 中配置的内容表示获取字段 Timestamp 和 Temperature_(Celsius)。在图 5-56 中，单击“确定”按钮保存对当前步骤的配置。

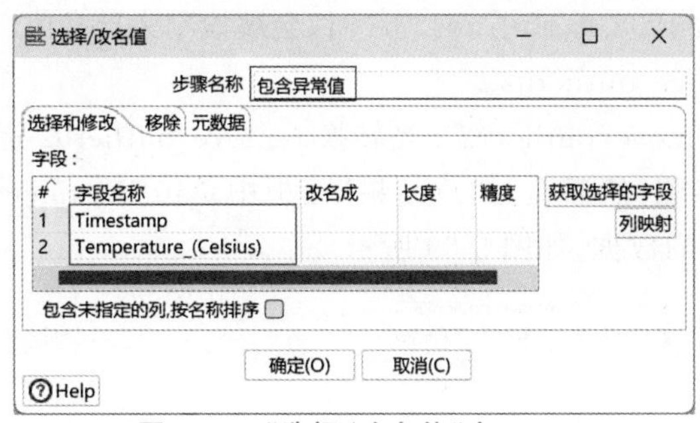

图 5-56 “选择/改名值”窗口(2)

⑤ 配置“字段选择 2”步骤。在转换 remove_outlier02 的工作区中，双击“字段选择 2”步骤打开“选择/改名值”窗口。在该窗口中将步骤的名称设置为“不包含异常值”，并且在“字段”部分的“字段名称”列添加 Timestamp 和 Temperature_(Celsius)两行内容，如图 5-57 所示。

选择/改名值
步骤名称 不包含异常值
选择和修改 移除 元数据
字段：
字段名称 改名成 长度 精度
1 Timestamp
2 Temperature_(Celsius)
获取选择的字段
列映射
包含未指定的列,按名称排序
确定(O) 取消(C)
Help

图 5-57 “选择/改名值”窗口(3)

图 5-57 中配置的内容表示获取了字段 Timestamp 和 Temperature_(Celsius)。在图 5-57 中，单击“确定”按钮保存对当前步骤的配置。

(6) 运行转换 remove_outlier01。

保存并运行转换 remove_outlier01。当转换 remove_outlier01 运行完成后，在其工作区选择“设置变量”步骤，然后在“执行结果”面板中单击 Preview data 选项卡标签，查看“设置变量”步骤中的数据，如图 5-58 所示。

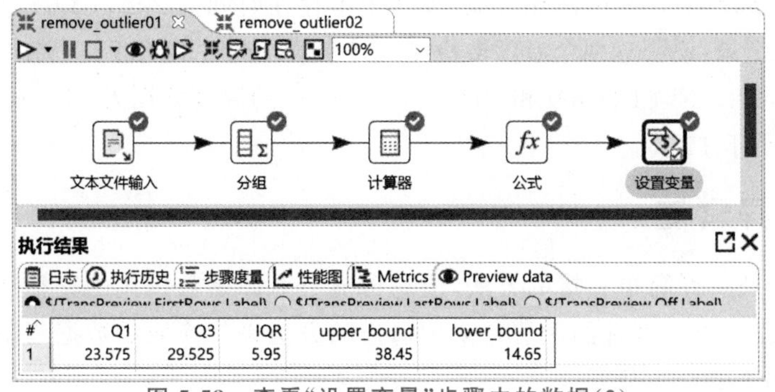

#	Q1	Q3	IQR	upper_bound	lower_bound
1	23.575	29.525	5.95	38.45	14.65

图 5-58 查看“设置变量”步骤中的数据(2)

从图 5-58 可以看出，根据 TSV 文件 temperature.tsv 中记录的温度计算得到的上四分位数、下四分位数、四分位距离、上边界和下边界分别为 23.575、29.525、5.95、38.45 和 14.65。

由此可以看出,当温度大于38.45或小于14.65时,会被检测为异常值。

(7) 运行转换remove_outlier02。

保存并运行转换remove_outlier02。当转换remove_outlier02运行完成后,在其工作区选择“不包含异常值”步骤,然后在“执行结果”面板中单击Preview data选项卡标签,查看“不包含异常值”步骤中的数据,如图5-59所示。

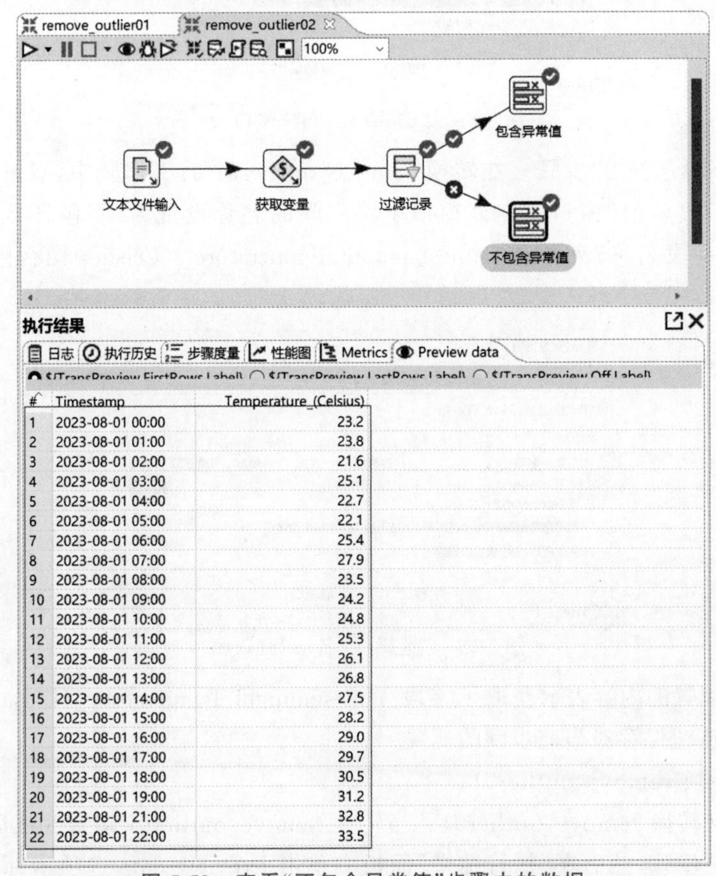

图5-59 查看“不包含异常值”步骤中的数据

从图5-59可以看出,“不包含异常值”步骤中不存在时间为2023-08-01 20:00和2023-08-01 23:00的温度记录,说明这两个温度被检测为异常值。通过对比TSV文件temperature.tsv,可以发现时间为2023-08-01 20:00和2023-08-01 23:00的温度分别为45.0和13.0。这两个温度大于38.45或小于14.65。

5.3.2 替换异常值

删除异常值是一种简单直接的方法,但它可能会对原始数据集的完整性产生负面影响。在某些应用场景下,更为合理的做法是采用适当的方法来替换原始数据集中的异常值。

1. 替换异常值的应用场景

替换异常值的应用场景可以包括以下几方面。

(1) 统计分析。

在进行统计分析时,异常值可能会对结果产生较大影响。通过使用平均数、中位数等代表性指标来替代异常值,可以降低异常值对整体趋势的扰动,并更好地反映数据集的总体特征。

(2) 机器学习建模。

在构建机器学习模型时,如果训练数据中存在异常值,这些异常值可能会干扰模型拟合过程并导致性能下降。通过将异常值替换为相邻样本或利用回归模型进行预测来替换异常值,会在一定程度上提高模型对未知样本的泛化能力。

(3) 可视化展示。

当使用图表或可视化方式呈现数据时,异常值可能会引起误解。通过替换异常值,可以使可视化更加准确地展示数据分布,提高对数据的理解。

2. 替换异常值的操作

例如,现在有一个 CSV 文件 height_info.csv,该文件记录了某学校高二学生的身高信息。该文件的部分内容如图 5-60 所示。

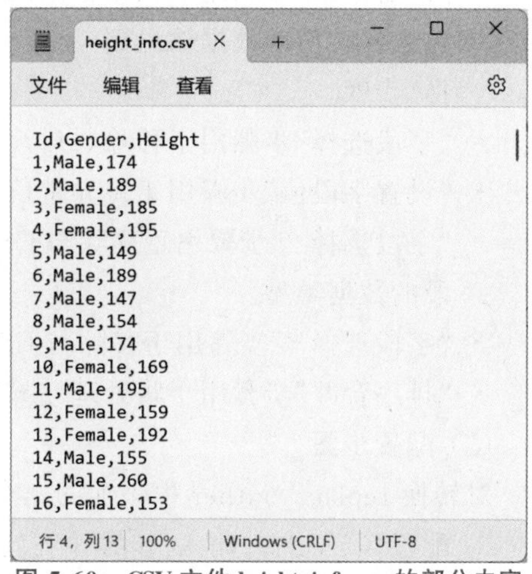

图 5-60　CSV 文件 height_info.csv 的部分内容

从图 5-60 中可以看出,CSV 文件 height_info.csv 中的每条记录对应不同学生的性别和身高信息。

接下来,将演示如何在 Kettle 中使用常见的异常值检测方法——标准分数(standard score)检测并替换 CSV 文件 height_info.csv 中的异常值。为了帮助读者更好地理解标准分数的异常值检测原理,下面将对标准分数的概念进行简要介绍。

标准分数也称为 z-score,它用于衡量单个样本值相对于样本平均值的偏离程度。标准分数的计算公式如下。

$$z=(x-\mu)/\sigma$$

上述公式中,z 表示标准分数;x 表示单个样本值,即某个学生的身高;μ 表示样本平均值,即所有学生身高的平均值;σ 表示样本标准差,即所有学生身高的标准差。

使用标准分数检测异常值时,需要根据实际情况设定一个阈值,当标准分数的绝对值大于设定的阈值时,便认为当前的单个样本值为异常值。通常情况下,阈值为 2 或 3。

下面,分步骤讲解在 Kettle 中使用标准分数检测 CSV 文件 height_info.csv 中的异常值,并对其进行替换处理,具体内容如下。

(1) 创建转换。

在 Kettle 的图形化界面中创建转换,指定转换的名称为 replace_outlier。

(2) 添加步骤。

在转换 replace_outlier 的工作区中添加"CSV 文件输入""分组""公式""过滤记录""排序合并""设置字段值"和三个"字段选择"步骤,并将这些步骤通过跳进行连接,用于实现检测 CSV 文件 height_info.csv 中的异常值,并对其进行替换的功能。转换 replace_outlier 的工作区如图 5-61 所示。

针对转换 replace_outlier 中添加的步骤进行如下介绍。

- "CSV 文件输入"步骤用于从 CSV 文件 height_info.csv 中抽取数据。

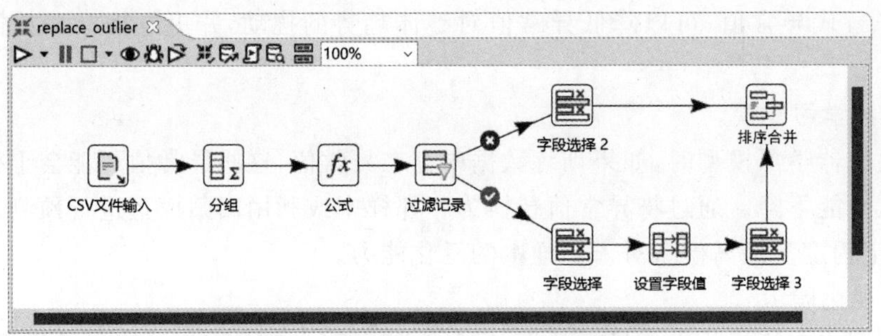

图 5-61 转换 replace_outlier 的工作区

- “分组”步骤用于计算所有学生身高的平均值和标准差。
- “公式”步骤用于根据每个学生的身高计算其标准分数。
- “过滤记录”步骤用于根据指定阈值 2 和每个学生身高的标准分数检测异常值，将不包含异常值的数据输出到“字段选择 2”步骤，将包含异常值的数据输出到“字段选择”步骤。
- “字段选择”步骤用于移除与后续操作无关的字段，并修改字段的数据类型。
- “设置字段值”步骤用于将异常值替换为平均值。
- “字段选择 2”步骤用于移除与 CSV 文件 height_info.csv 内容无关的字段，并修改字段的数据类型。
- “字段选择 3”步骤用于移除与 CSV 文件 height_info.csv 内容无关的字段。
- “排序合并”步骤用于将处理完异常值的数据与不包含异常值的数据进行合并。

(3) 配置步骤。

对转换 replace_outlier 中添加的 9 个步骤进行配置，具体内容如下。

① 配置“CSV 文件输入”步骤。在转换 replace_outlier 的工作区中，双击“CSV 文件输入”步骤打开“CSV 文件输入”窗口。在该窗口添加要抽取的 CSV 文件 height_info.csv。然后单击“获取字段”按钮让“CSV 文件输入”步骤检测 CSV 文件 height_info.csv，从而推断出字段的信息，如图 5-62 所示。

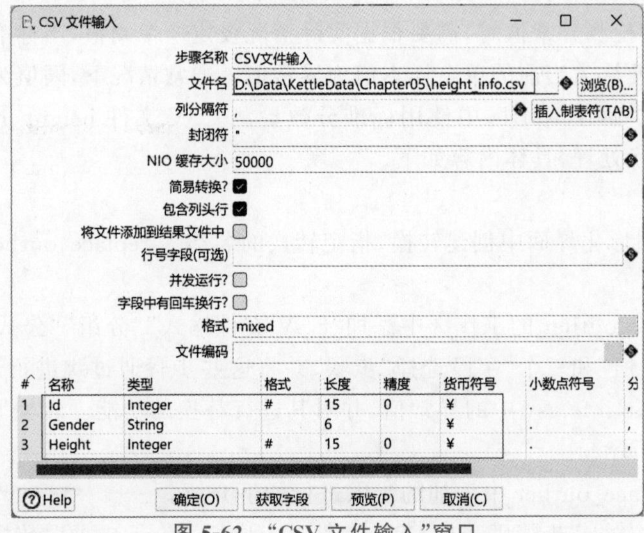

图 5-62 “CSV 文件输入”窗口

从图 5-62 中可以看出，“CSV 文件输入”步骤推断出 CSV 文件 height_info.csv 包含 3 个字段，这些字段的名称分别为 Id、Gender 和 Height。

在图 5-62 中，单击“确定”按钮保存对当前步骤的配置。

② 配置“分组”步骤。在转换 replace_outlier 的工作区中，双击“分组”步骤打开“分组”窗口。在该窗口勾选“包括所有的行？”复选框。然后在“聚合”部分添加两行内容。第一行内容中，“名称”“Subject”“类型”列的值分别为 avg、Height 和“平均”。第二行内容中，“名称”“Subject”“类型”列的值分别为 sd、Height 和“标准差”。

“分组”窗口配置完成的效果如图 5-63 所示。

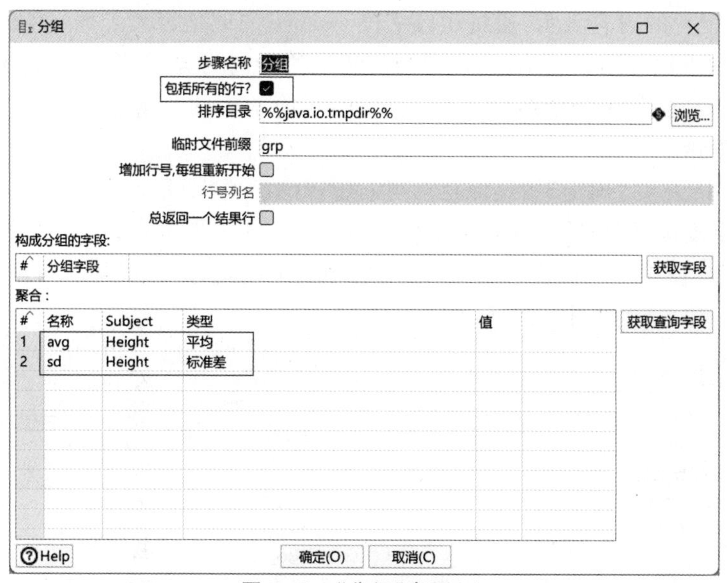

图 5-63　“分组”窗口(3)

图 5-63 中配置的内容表示，基于字段 Height 中记录的身高计算平均值和标准差，并将计算结果存储在字段 avg 和 sd 中。此外，还需确保“分组”步骤输出的数据中，除了包含这些计算结果的字段外，还应包含输入该步骤的所有其他数据。否则，默认情况下，仅会输出存储计算结果的字段。

在图 5-63 中，单击“确定”按钮保存对当前步骤的配置。

③ 配置“公式”步骤。在转换 replace_outlier 的工作区中，双击“公式”步骤打开“公式”窗口，在该窗口的“字段”部分添加一行内容，其“新字段”“公式”“值类型”列的值分别为 z-score、ABS(([Height]−[avg])/[sd])和 Number，如图 5-64 所示。

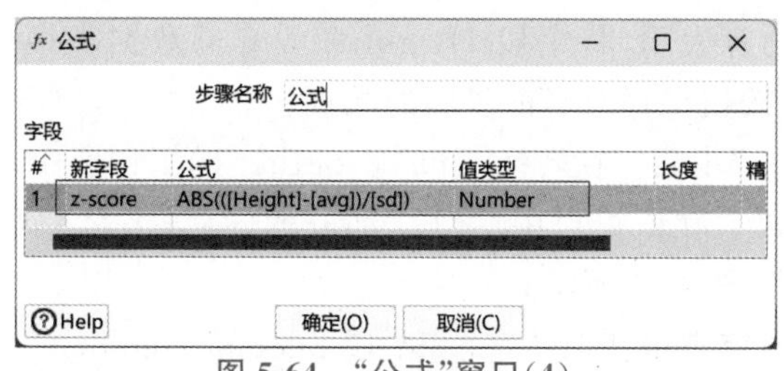

图 5-64　“公式”窗口(4)

图 5-64 中配置的内容表示，基于字段 Height、avg 和 sd 的值计算标准分数，通过 ABS()表

达式获取标准分数的绝对值,并通过数据类型为 Number 的字段 z-score 进行存储。

在图 5-64 中,单击“确定”按钮保存对当前步骤的配置。

④ 配置“过滤记录”步骤。在转换 replace_outlier 的工作区中,双击“过滤记录”步骤打开“过滤记录”窗口。在该窗口的“条件”部分添加判断条件。首先,单击左侧的＜field＞选项打开“字段”窗口,在该窗口中双击 z-score 选项。然后,单击＝选项打开“函数”窗口,在该窗口中双击＞选项。最后,单击＜value＞选项打开“E 输入一个值”窗口。在该窗口的“类型”下拉框选择 Number 选项,并在“值”输入框内填写值 2.0,最后单击“确定”按钮。

“过滤记录”窗口配置完成的效果如图 5-65 所示。

图 5-65 中配置的内容表示,通过比较字段 z-score 的值是否大于 2.0 判断学生的身高是否为异常值。如果比较结果为 true,说明当前学生的身高为异常值,那么将数据输出到“字段选择”步骤。反之,如果判断结果为 false,说明当前学生的身高正常,那么将数据输出到“字段选择 2”步骤。

在图 5-65 中,单击“确定”按钮保存对当前步骤的配置。

⑤ 配置“字段选择”步骤。在转换 replace_outlier 的工作区中,双击“字段选择”步骤打开“选择/改名值”窗口。在该窗口中“字段”部分的“字段名称”列添加 4 行内容,分别是 Id、Gender、Height 和 avg,如图 5-66 所示。

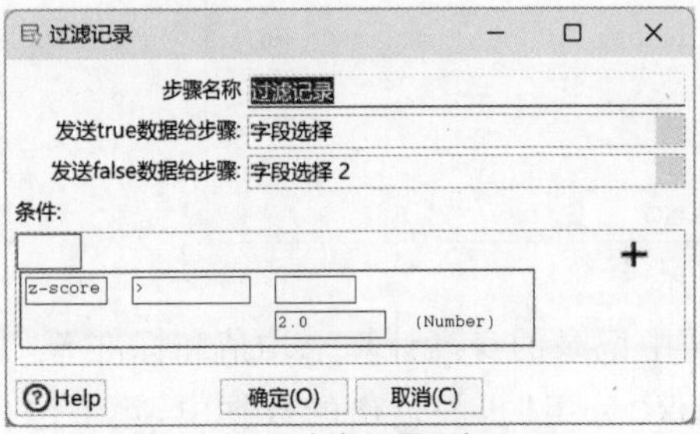

图 5-65　“过滤记录”窗口(5)

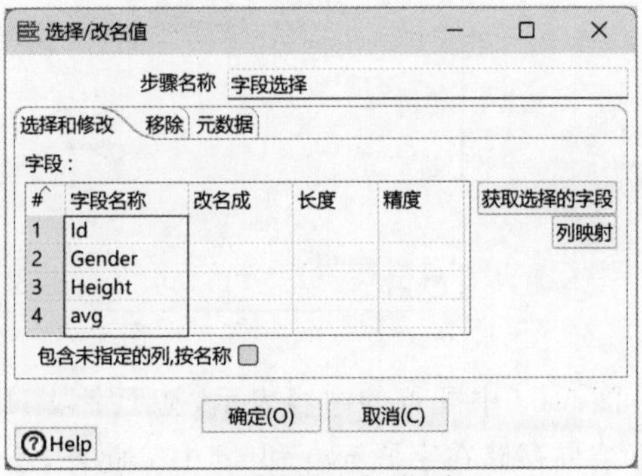

图 5-66　“选择/改名值”窗口(4)

图 5-66 中配置的内容表示,获取字段 Id、Gender、Height 和 avg。

在图 5-66 中,单击“元数据”选项卡标签。在该选项卡的“需要改变元数据的字段”部分添加两行内容。其中第一行内容中,“字段名称”“类型”列的值分别为 Height 和 Number;第二行内容中,“字段名称”“类型”列的值分别为 avg 和 Number。

“元数据”选项卡配置完成的效果如图 5-67 所示。

图 5-67 中配置的内容表示,将字段 Height 和 avg 的数据类型修改为了 Number。在图 5-67 中,单击“确定”按钮保存对当前步骤的配置。

⑥ 配置“字段选择 2”步骤。在转换 replace_outlier 的工作区中,双击“字段选择 2”步骤打开“选择/改名值”窗口。在该窗口中“字段”部分的“字段名称”列添加 3 行内容,分别是 Id、Gender 和 Height,如图 5-68 所示。

图 5-68 中配置的内容表示获取了字段 Id、Gender 和 Height。

在图 5-68 中,单击“元数据”选项卡标签。在该选项卡的“需要改变元数据的字段”部分添加一行内容,其“字段名称”“类型”列的值分别为 Height 和 Number,如图 5-69 所示。

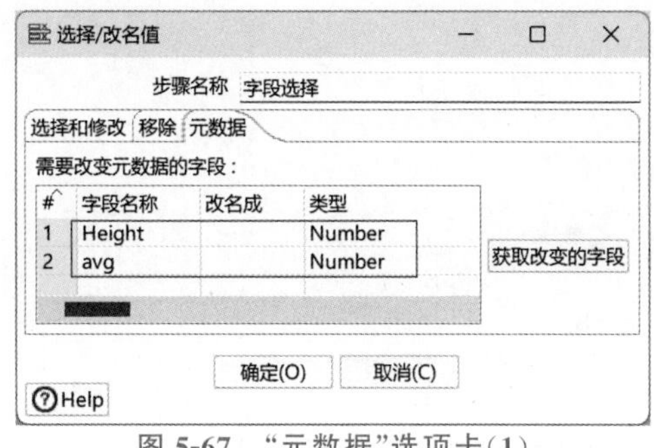

图 5-67　“元数据”选项卡(1)

图 5-68　“选择/改名值”窗口(5)

图 5-69 中配置的内容表示将字段 Height 的数据类型修改为了 Number。在图 5-69 中，单击“确定”按钮保存对当前步骤的配置。

⑦ 配置“设置字段值”步骤。在转换 replace_outlier 的工作区中，双击“设置字段值”步骤打开 Set field value 窗口。在该窗口的 Fields 部分添加一行内容，其 Field name 和 Replace by value from field 列的值分别为 Height 和 avg，如图 5-70 所示。

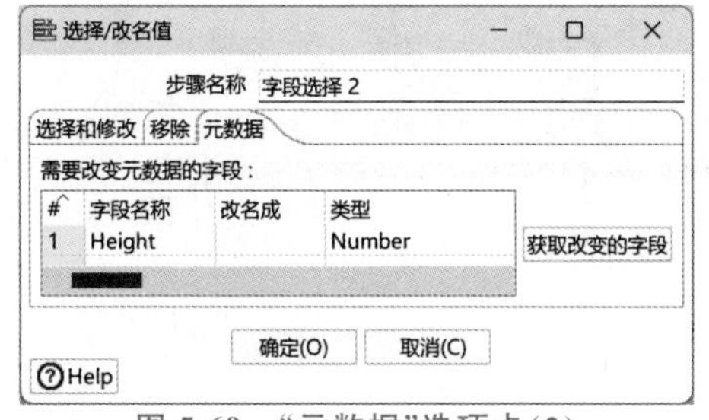

图 5-69　“元数据”选项卡(2)

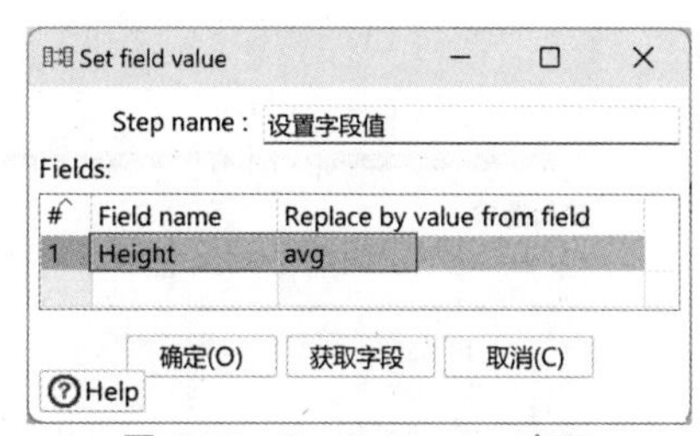

图 5-70　Set field value 窗口

图 5-70 中配置的内容表示将字段 Height 的值替换为了字段 avg 的值。在图 5-70 中，单击“确定”按钮保存对当前步骤的配置。

⑧ 配置“字段选择 3”步骤。在转换 replace_outlier 的工作区中，双击“字段选择 3”步骤打开“选择/改名值”窗口。在该窗口中“字段”部分的“字段名称”列添加 3 行内容，分别是 Id、Gender 和 Height，如图 5-71 所示。

图 5-71 中配置的内容表示获取了字段 id、Gender 和 Height。在图 5-71 中，单击“确定”按钮保存对当前步骤的配置。

⑨ 配置“排序合并”步骤。在转换 replace_outlier 的工作区中，双击“排序合并”步骤打开“排序合并”窗口。在该窗口的“字段”部分添加一行内容，其“字段名称”“升序”列的值分别为 Id 和“否”，如图 5-72 所示。

图 5-72 中配置的内容表示，根据字段 Id 的值对“字段选择 2”和“字段选择 3”步骤的数据进行降序排序，然后将排序后的数据进行合并。在图 5-72 中，单击“确定”按钮保存对当前步骤的配置。

(4) 运行转换。

保存并运行转换 replace_outlier。当转换 replace_outlier 运行完成后，在其工作区选择“字段选择”步骤，然后在“执行结果”面板中单击 Preview data 选项卡标签，查看“字段选择”

步骤中的数据,如图 5-73 所示。

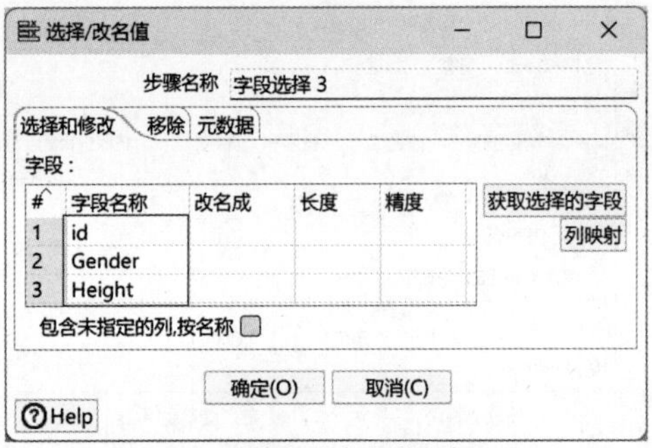

选择/改名值

步骤名称 字段选择 3

选择和修改 移除 元数据

字段:

#	字段名称	改名成	长度	精度
1	id			
2	Gender			
3	Height			

获取选择的字段 列映射

包含未指定的列,按名称

确定(O) 取消(C) Help

图 5-71 “选择/改名值”窗口(6)

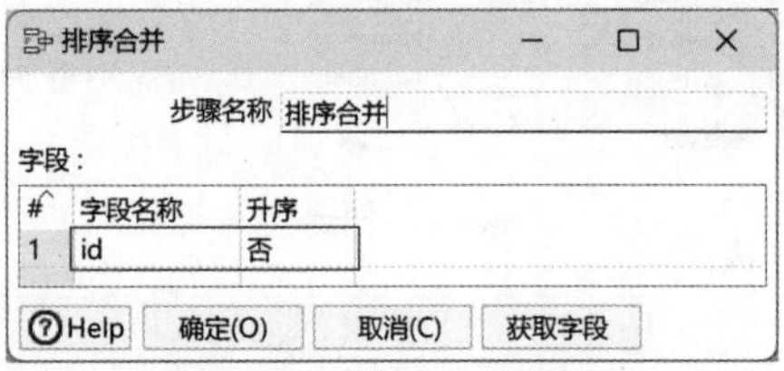

排序合并

步骤名称 排序合并

字段:

#	字段名称	升序
1	id	否

Help 确定(O) 取消(C) 获取字段

图 5-72 “排序合并”窗口

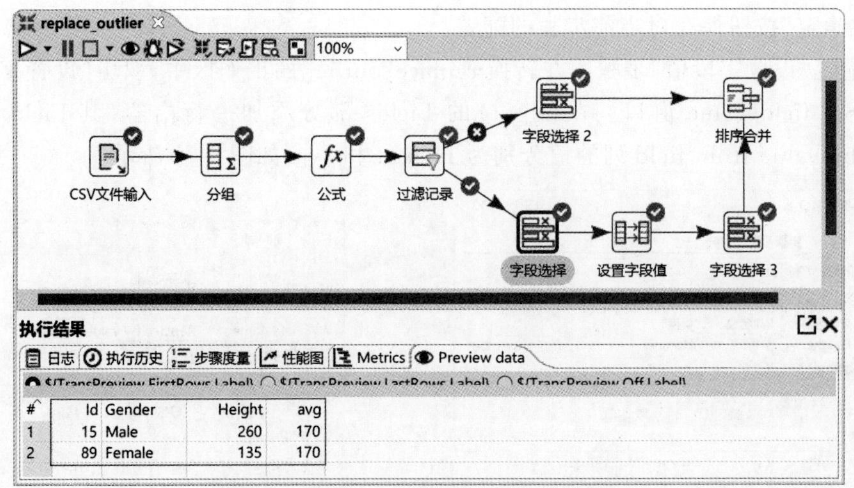

图 5-73 查看“字段选择”步骤中的数据(2)

从图 5-73 中可以看出,Id 为 15 和 89 的学生,其身高 260 和 135 被检测为异常值;所有学生身高的平均值为 170。

在图 5-73 中单击“字段选择 3”步骤查看异常值是否被成功替换为平均值,如图 5-74 所示。

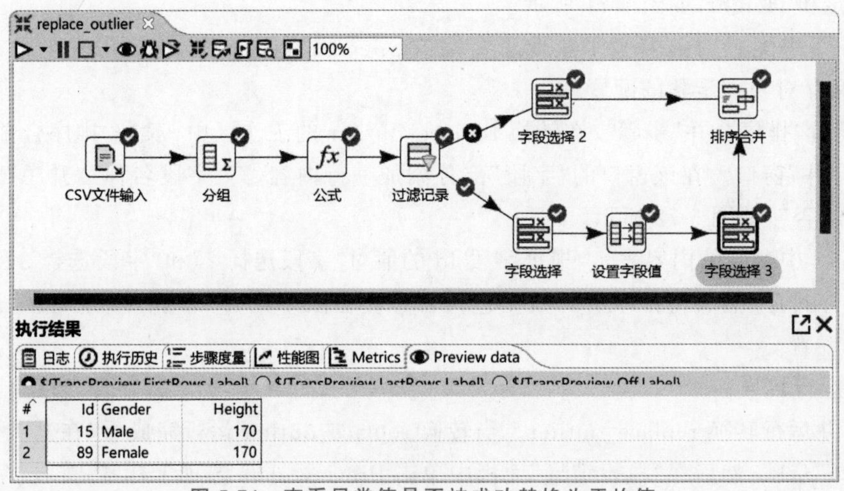

图 5-74 查看异常值是否被成功替换为平均值

从图 5-74 中可以看出，Id 为 15 和 89 的学生，其身高由 260 和 135 替换为 170。这说明使用 Kettle 成功检测并替换 CSV 文件 height_info.csv 中的异常值。

5.4 本章小结

本章主要讲解了使用 Kettle 实现数据清洗的相关内容。首先，讲解了重复值处理。然后，讲解了缺失值处理，包括缺失值处理策略、缺失值删除和缺失值填补。最后，讲解了异常值处理，包括异常值删除和异常值替换。通过本章的学习，读者可以掌握使用 Kettle 处理数据中的重复值、缺失值和异常值，帮助读者有效地清洗数据，为后续的数据分析和建模工作打下坚实的基础。

5.5 课后习题

一、填空题

1. 在 Kettle 中，________步骤通过计算指定字段值的哈希值来识别重复数据。
2. 处理缺失值时，缺失率________且重要性________可以考虑直接删除缺失值。
3. 在 Kettle 中，通过“设置变量”步骤定义的变量存在于________中。
4. 计算箱型图中上边界的公式为上四分位数加上________倍的四分位距离。
5. 标准分数用于衡量单个样本值相对于样本________的偏离程度。

二、判断题

1. 在 Kettle 中，使用“去除重复记录”步骤处理重复值之前需要对数据进行排序。（　　）
2. 在 Kettle 中，“文本文件输入”步骤无法同时从多个文件抽取数据。（　　）
3. 在 Kettle 中，“排序记录”步骤只能进行升序排序。（　　）
4. 在 Kettle 中，“过滤记录”步骤可以添加多个判断条件。（　　）
5. 在 Kettle 中，“替换 NULL 值”步骤默认替换所有字段的 NULL。（　　）

三、选择题

1. 下列填补缺失值的方法中，适用于数据分布较为均匀的情况的是（　　）。
   A. k 邻近填补　B. 中位数填补　C. 众数填补　D. 均值填补
2. 下列选项中，用于在 Kettle 的“分组”步骤中指定分组字段的配置是（　　）。
   A. “字段”列　B. “分组字段”列　C. “分组”列　D. “名称”列
3. 在 Kettle 的“替换 NULL 值”步骤中，使用变量 income_avg 描述正确的是（　　）。
   A. ${income_avg}　B. @income_avg　C. {income_avg}　D. $income_avg
4. 在 Kettle 的“公式”步骤的计算公式中，使用字段 Q3 描述正确的是（　　）。
   A. (Q3)　B. [Q3]　C. {Q3}　D. $Q3
5. 下列选项中，关于标准分数的计算公式说法正确的是（　　）。
   A. $z=(x-\mu)/\sigma$　B. $z=(x-\mu)*\sigma$　C. $z=(x+\mu)/\sigma$　D. $z=(x+\mu)*\sigma$

四、简答题

1. 简述根据缺失值的重要性和缺失率来处理缺失值的 4 种情况及其处理方式。
2. 简述删除缺失值的两种方式及其适用的情况。

第 6 章 数据转换

学习目标

- 掌握数据规范化处理,能够灵活使用 Kettle 对原始数据进行结构化处理;
- 熟悉多数据源合并,能够使用 Kettle 对不同源系统的数据集进行整合;
- 熟悉数据粒度转换,能够使用 Kettle 调整原始数据的详细程度;
- 掌握数据的商务规则计算,能够灵活使用 Kettle 对原始数据进行具体计算。

在 ETL 中,数据转换同数据清洗一样是一个重要的步骤,它主要用于对原始数据的结构、格式和内容进行修改,以使其适应特定的需求。例如,将日期格式统一为 yyyy-MM-dd。本节将详细讲解如何使用 Kettle 进行数据转换操作。

6.1 数据规范化处理

6.1.1 数据规范化处理概述

数据规范化处理主要用于对原始数据进行结构化处理,使其符合特定的数据模型、标准或约定。明确的标准可以帮助我们确定清晰的目标和期望,并制订相应的计划和策略。通过如此操作,我们可以针对性地提高学习的质量,达到预定的标准。

1. 数据规范化处理涉及范围

数据规范化处理主要涉及数据类型转换、数据结构调整、数据标准化和字段规范化,具体介绍如下。

(1) 数据类型转换。

数据类型转换是对数据的数据类型进行调整,以便后续的数据分析和处理。例如,将字符串类型转换为数字类型,以便进行数学运算。

(2) 数据结构调整。

数据结构调整是对原始数据的数据结构进行调整,以创建一个符合特定需求的数据结构。这可能涉及拆分、增加或删除字段等操作,以使数据更加有序和易于处理。例如,将一个包含复杂数据的字段拆分为多个字段。

(3) 数据标准化。

数据标准化是指统一数据的表示方式或单位,以确保数据的一致性。例如,将使用不同单位的数据转换为相同的单位,或者将数据的表示方式统一为特定的标准格式。

(4) 字段规范化。

字段规范化是指对字段的命名约定、缩写形式和格式进行统一调整，从而提高数据的可读性，减少歧义。

2. 数据规范化处理应用场景

数据规范化处理主要应用于数据集成、数据仓库、数据迁移和数据交换等场景。下面是对这些应用场景的详细说明。

(1) 数据集成。

数据集成指的是将不同数据源的数据整合在一起。不同数据源的数据可能存在不同的格式、数据类型和结构，这就需要规范化处理来统一这些异构的数据，从而实现有效的数据集成和使用。

(2) 数据仓库。

数据仓库是一个用于存储和管理大量数据的中央存储库，通常用于支持企业的决策和分析需求。在构建数据仓库时，规范化处理可帮助将源系统中的数据转换为适合数据仓库结构的格式。

(3) 数据迁移。

数据迁移是将数据从一个系统迁移到另一个系统的过程。在这个过程中，源系统和目标系统可能具有不同的数据结构和格式，因此规范化处理可以帮助转换和整理源数据，使其与目标系统的要求相匹配。

(4) 数据交换。

数据交换是指在不同系统之间共享和传输数据的过程。在这个过程中，数据发送方和接收方可能使用不同的数据格式和标准，因此规范化处理可以将数据转换为共同约定的格式和标准，从而能够顺利地在不同系统之间进行传输和解释。

例如，现在有一个 TSV 文件 staff_info.tsv，该文件汇总了不同市场调研人员记录的社会人员基本信息。TSV 文件 staff_info.tsv 的内容如图 6-1 所示。

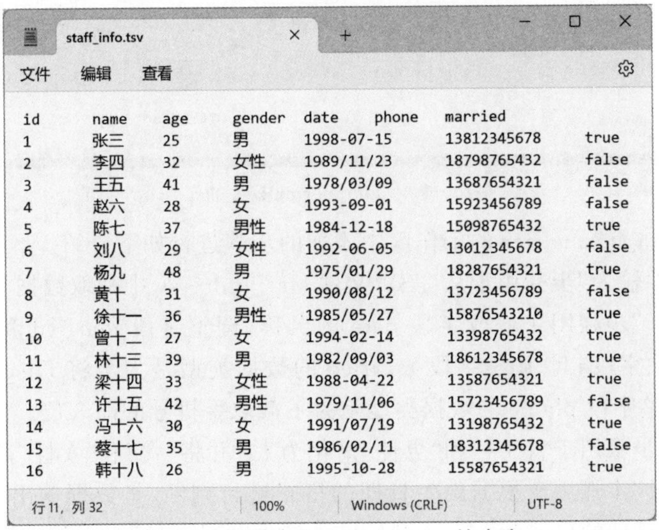

staff_info.tsv

文件　编辑　查看

id	name	age	gender	date	phone	married
1	张三	25	男	1998-07-15	13812345678	true
2	李四	32	女性	1989/11/23	18798765432	false
3	王五	41	男	1978/03/09	13687654321	false
4	赵六	28	女	1993-09-01	15923456789	false
5	陈七	37	男性	1984-12-18	15098765432	true
6	刘八	29	女性	1992-06-05	13012345678	false
7	杨九	48	男	1975/01/29	18287654321	true
8	黄十	31	女	1990/08/12	13723456789	false
9	徐十一	36	男性	1985/05/27	15876543210	true
10	曾十二	27	女	1994-02-14	13398765432	true
11	林十三	39	男	1982/09/03	18612345678	true
12	梁十四	33	女性	1988-04-22	13587654321	true
13	许十五	42	男性	1979/11/06	15723456789	false
14	冯十六	30	女	1991/07/19	13198765432	true
15	蔡十七	35	男	1986/02/11	18312345678	false
16	韩十八	26	男	1995-10-28	15587654321	true

行 11，列 32　100%　Windows (CRLF)　UTF-8

图 6-1　TSV 文件 staff_info.tsv 的内容

从图 6-1 中可以看出，在 TSV 文件 staff_info.tsv 中，每一条记录包括了社会人员的姓名(name)、年龄(age)、性别(gender)、出生日期(date)、手机号(phone)和婚姻状况(married)等信息。为了减少数据的复杂性,提高数据一致性,并为后续的统计分析提供便利,对TSV文件staff_info.tsv中的数据进行如下规范化处理。

- 将“男”和“男性”简化为M,并将“女”和“女性”简化为F。
- 将字段date的名称修改为便于识别的date_of_birth。
- 统一出生日期的格式为yyyy-MM-dd(年-月-日)。
- 将false和true简化为0和1。
- 截取手机号的前3位,便于识别所属的移动电话运营商。
- 删除字段id。

6.1.2 数据规范化处理过程

下面演示如何使用Kettle对TSV文件staff_info.tsv中的数据进行数据规范化处理,具体操作步骤如下。

1. 创建转换

在Kettle的图形化界面中创建转换,指定转换的名称为data_normalizer。

2. 添加步骤

在转换data_normalizer的工作区中添加“文本文件输入”“值映射”“过滤记录”“公式”和4个“字段选择”步骤,并将这些步骤通过跳进行连接,用于实现对TSV文件staff_info.tsv中的数据进行数据规范化处理的功能。转换data_normalizer的工作区如图6-2所示。

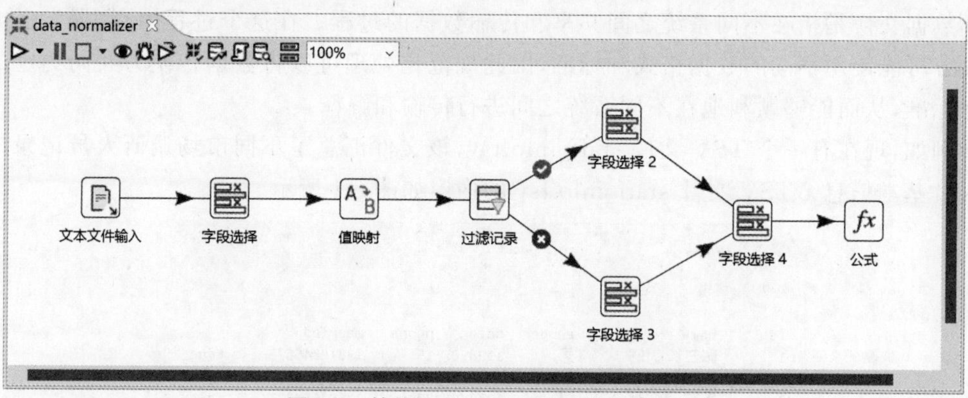

图6-2 转换data_normalizer的工作区

针对转换data_normalizer的工作区中添加的步骤进行如下介绍。

- “文本文件输入”步骤用于从TSV文件staff_info.tsv中抽取数据。
- “字段选择”步骤用于修改字段date的名称、调整字段married和phone的数据类型,并删除字段id。调整字段married的数据类型是为了将false和true简化为0和1。调整字段phone的数据类型是为了截取手机号的前3位。
- “值映射”步骤用于将“男”和“男性”简化为M,并将“女”和“女性”简化为F。
- “过滤记录”步骤用于根据出生日期的格式进行判断,将数据输出到不同的步骤中。对于出生日期的格式为yyyy-MM-dd的数据,将输出到“字段选择2”步骤。对于出生日期的格式为yyyy/MM/dd的数据,输出到“字段选择3”步骤。

- “字段选择 2”和“字段选择 3”步骤用于将出生日期转换为日期类型。
- “字段选择 4”步骤用于统一日期类型的格式。
- “公式”步骤用于截取手机号的前 3 位。

3. 配置转换

对转换 data_normalizer 的工作区中添加的 8 个步骤进行配置，具体内容如下。

(1) 配置“文本文件输入”步骤。

在转换 data_normalizer 的工作区中，双击“文本文件输入”步骤打开“文本文件输入”窗口。在该窗口中将 TSV 文件 staff_info.tsv 添加到“选中的文件”部分，如图 6-3 所示。

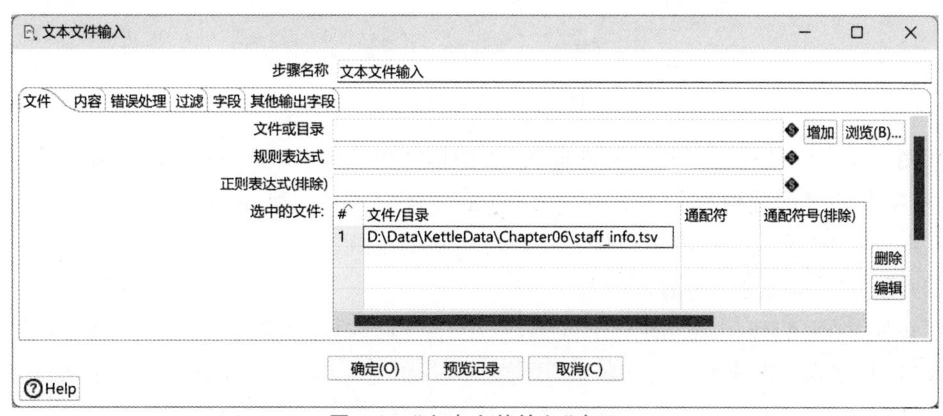

图 6-3　“文本文件输入”窗口

在图 6-3 中，单击“内容”选项卡标签，将“分隔符”输入框内的值设为制表符，并且在“编码方式”输入框内填写 UTF-8，如图 6-4 所示。

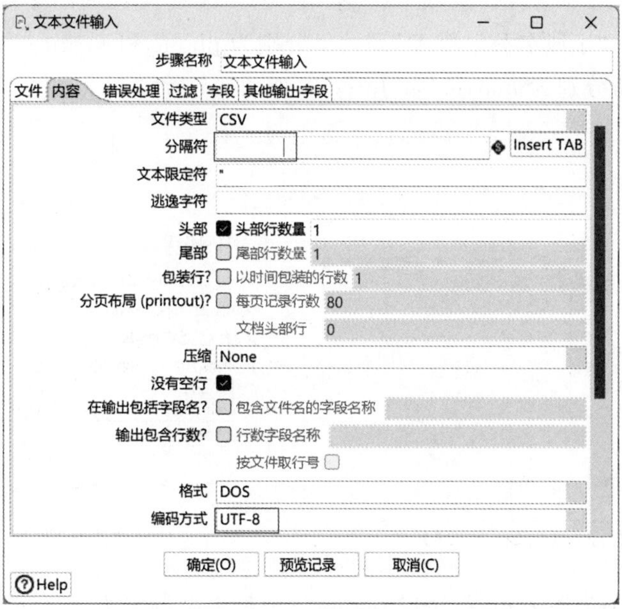

图 6-4　“内容”选项卡

在图 6-4 中，单击“字段”选项卡标签。在该选项卡中单击“获取字段”按钮，通过“文本文件输入”步骤检测 TSV 文件 staff_info.tsv，以推断出字段的信息，如图 6-5 所示。

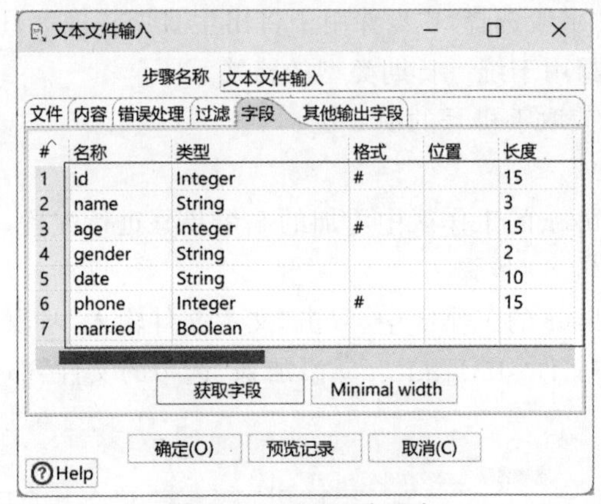

图 6-5 “字段”选项卡

从图 6-5 中可以看出,“文本文件输入”步骤推断出 TSV 文件 staff_info.tsv 包含 7 个字段,这些字段的名称分别为 id、name、age、gender、date、phone 和 married。

在图 6-5 中,单击“确定”按钮保存对当前步骤的配置。

(2) 配置“字段选择”步骤。

在转换 data_normalizer 的工作区中,双击“字段选择”步骤打开“选择/改名值”窗口。在该窗口中“字段”部分的“字段名称”列添加 6 行内容,分别是 name、age、gender、date、phone 和 married。然后,在 date 行的“改名成”列填写 date_of_birth,如图 6-6 所示。

图 6-6 中配置的内容表示获取了字段 name、age、gender、date、phone 和 married,并且将字段 date 的名称修改为 date_of_birth。

在图 6-6 中,单击“元数据”选项卡标签,在“需要改变元数据的字段”部分添加两行内容。第一行内容中,“字段名称”“类型”列的值分别为 phone 和 String;第二行内容中,“字段名称”“类型”列的值分别为 married 和 Integer,如图 6-7 所示。

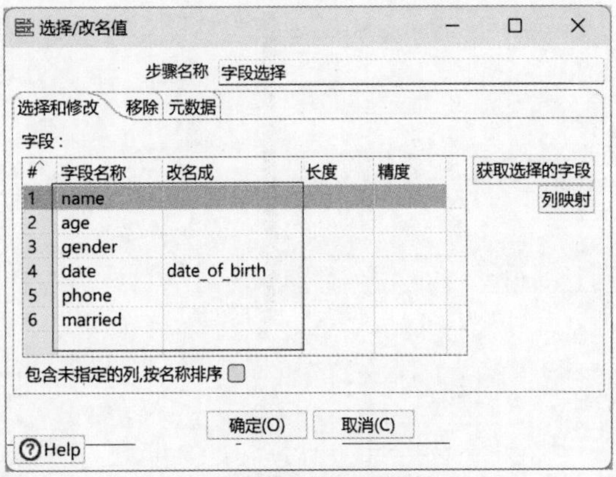

图 6-6 “选择/改名值”窗口(1)

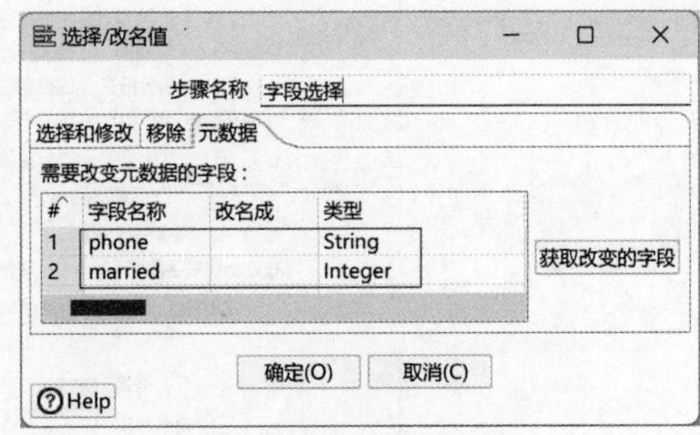

图 6-7 “元数据”选项卡(1)

图 6-7 中配置的内容表示,将字段 phone 的数据类型调整为 String,这样可以在后续操作中便于通过字符串处理截取手机号的前 3 位。将字段 married 的数据类型调整为 Integer,实现自动将 false 和 true 分别转换为 0 和 1。

在图 6-7 中,单击“确定”按钮保存对当前步骤的配置。

(3) 配置“值映射”步骤。

在转换 data_normalizer 的工作区中，双击“值映射”步骤打开“值映射”窗口。在该窗口的“使用的字段名”输入框内填写 gender。然后在“字段值”部分添加 4 行内容。第一行内容中，“源值”“目标值”列的值分别为“男”和 M；第二行内容中，“源值”“目标值”列的值分别为“男性”和 M；第三行内容中，“源值”“目标值”列的值分别为“女”和 F；第四行内容中，“源值”“目标值”列的值分别为“女性”和 F。

“值映射”窗口配置完成的效果窗口如图 6-8 所示。

图 6-8 中配置的内容表示，将字段 gender 中的“男”和“男性”值都替换为 M，“女”和“女性”值都替换为 F。在图 6-8 中，单击“确定”按钮保存对当前步骤的配置。

(4) 配置“过滤记录”步骤。

在转换 data_normalizer 的工作区中，双击“过滤记录”步骤打开“过滤记录”窗口。在该窗口的“条件”部分添加判断条件。首先，单击左侧的<field>选项打开“字段”窗口，在该窗口中双击 date_of_birth 选项。然后，单击＝选项打开“函数”窗口。在该窗口中双击 REGEXP 选项。最后，单击<value>选项打开“E 输入一个值”窗口。在该窗口的“类型”下拉框选择 String 选项，并在“值”输入框内填写值^\d{4}-\d{2}-\d{2}$，最后单击“确定”按钮。

“过滤记录”窗口配置完成的效果如图 6-9 所示。

图 6-8　“值映射”窗口

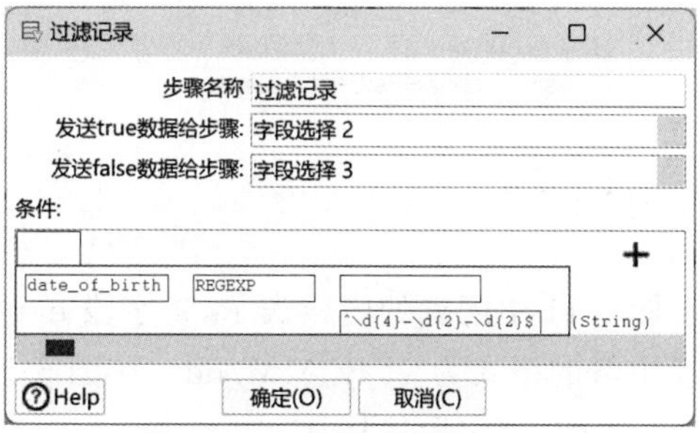

图 6-9　“过滤记录”窗口(1)

图 6-9 中配置的内容表示，通过比较字段 date_of_birth 的值是否与正则表达式^\d{4}-\d{2}-\d{2}$匹配，判断出生日期的格式是否为 yyyy-MM-dd。如果比较结果为 true，说明当前出生日期的格式为 yyyy-MM-dd，那么将数据输出到“字段选择 2”步骤。反之，如果判断结果为 false，说明当前出生日期的格式为 yyyy/MM/dd，那么将数据输出到“字段选择 3”步骤。

在图 6-9 中，单击“确定”按钮保存对当前步骤的配置。

(5) 配置“字段选择 2”步骤。

在转换 data_normalizer 的工作区中，双击“字段选择 2”步骤打开“选择/改名值”窗口。在“元数据”选项卡的“需要改变元数据的字段”部分添加一行内容，其“字段名称”“类型”“格式”列的值分别为 date_of_birth、Date 和 yyyy-MM-dd，如图 6-10 所示。

图 6-10 中配置的内容表示，将字段 date_of_birth 的数据类型调整为了 Date，并且指定该字段中值的格式为 yyyy-MM-dd。在图 6-10 中，单击“确定”按钮保存对当前步骤的配置。

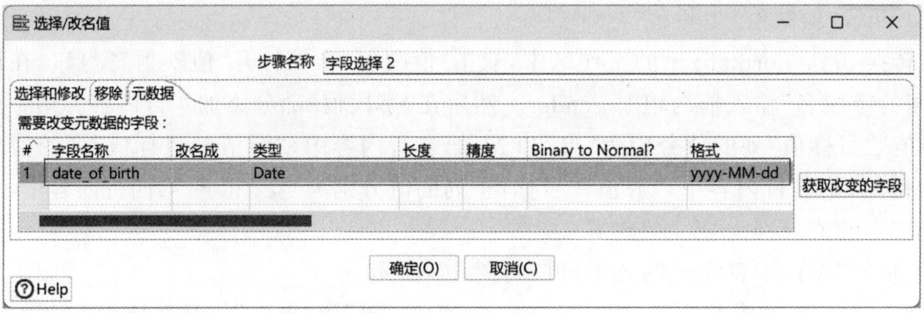

图 6-10 “元数据”选项卡(2)

需要说明的是，当某个字段记录了日期类型的数据时，只有其数据类型为 Date 的情况下才可以指定日期的格式。

(6) 配置“字段选择 3”步骤。

在转换 data_normalizer 的工作区中，双击“字段选择 3”步骤打开“选择/改名值”窗口。在“元数据”选项卡的“需要改变元数据的字段”部分添加一行内容，其“字段名称”“类型”“格式”列的值分别为 date_of_birth、Date 和 yyyy/MM/dd，如图 6-11 所示。

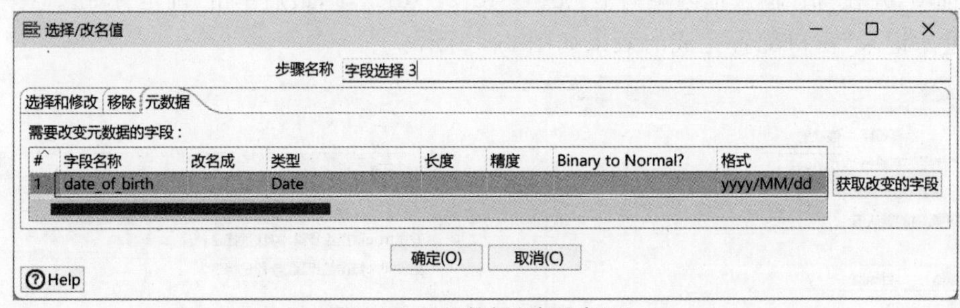

图 6-11 “元数据”选项卡(3)

图 6-11 中配置的内容表示，将字段 date_of_birth 的数据类型调整为 Date，并且指定该字段中值的格式为 yyyy/MM/dd。在图 6-11 中，单击“确定”按钮保存对当前步骤的配置。

(7) 配置“字段选择 4”步骤。

“字段选择 4”和“字段选择 2”步骤中的配置内容一致，这里不再赘述。其作用是合并“字段选择 2”和“字段选择 3”步骤中的数据，将字段 date_of_birth 中不同格式的值统一为 yyyy-MM-dd 格式。

(8) 配置“公式”步骤。

在转换 data_normalizer 的工作区中，双击“公式”步骤打开“公式”窗口。在“字段”部分添加一行内容，其“新字段”“公式”“值类型”列的值分别为 phone_head、REPLACE([phone]; 4; 11; "")和 String，如图 6-12 所示。

图 6-12 中配置的内容表示，使用 REPLACE() 表达式基于字段 phone 的值获取手机号的前 3 位，并存储在数据类型为 String 的字段 phone_head 中。

图 6-12 “公式”窗口(1)

在图 6-12 中，单击“确定”按钮保存对当前步骤的配置。

4. 运行步骤

保存并运行转换 data_normalizer。当转换 data_normalizer 运行完成后，在其工作区选择“公式”步骤，然后在“执行结果”面板中单击 Preview data 选项卡标签，查看“公式”步骤中的数据，如图 6-13 所示。

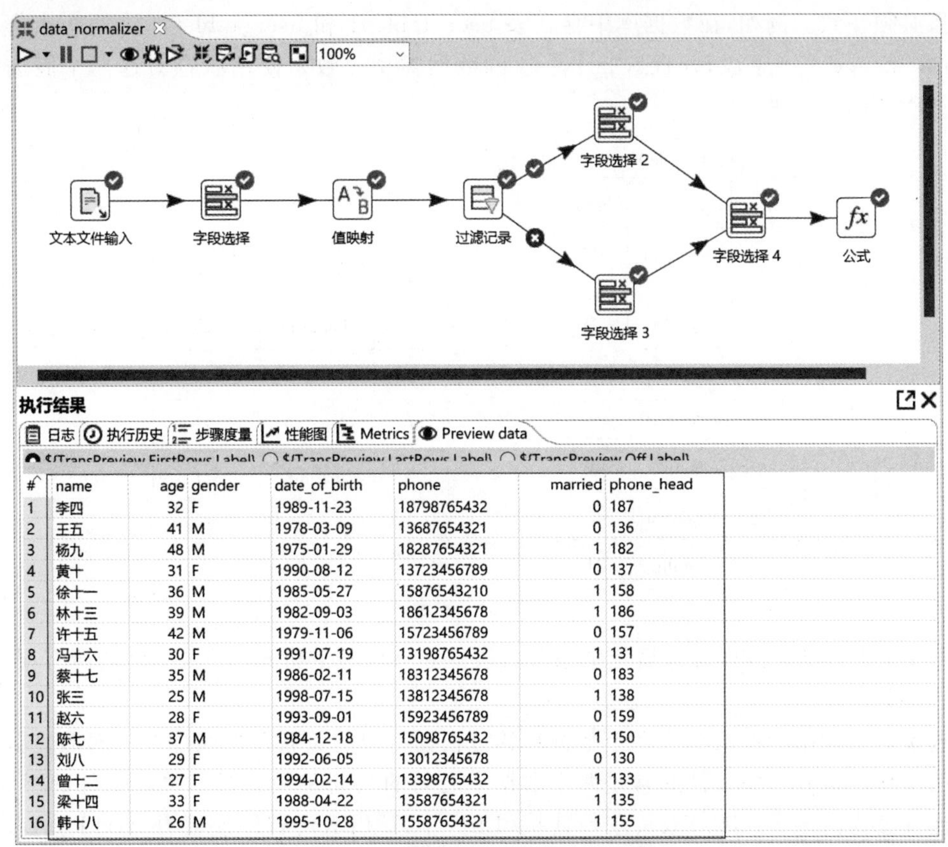

#	name	age	gender	date_of_birth	phone	married	phone_head
1	李四	32	F	1989-11-23	18798765432	0	187
2	王五	41	M	1978-03-09	13687654321	0	136
3	杨九	48	M	1975-01-29	18287654321	1	182
4	黄十	31	F	1990-08-12	13723456789	0	137
5	徐十一	36	M	1985-05-27	15876543210	1	158
6	林十三	39	M	1982-09-03	18612345678	1	186
7	许十五	42	M	1979-11-06	15723456789	0	157
8	冯十六	30	F	1991-07-19	13198765432	1	131
9	蔡十七	35	M	1986-02-11	18312345678	0	183
10	张三	25	M	1998-07-15	13812345678	1	138
11	赵六	28	F	1993-09-01	15923456789	0	159
12	陈七	37	M	1984-12-18	15098765432	1	150
13	刘八	29	F	1992-06-05	13012345678	0	130
14	曾十二	27	F	1994-02-14	13398765432	1	133
15	梁十四	33	F	1988-04-22	13587654321	1	135
16	韩十八	26	M	1995-10-28	15587654321	1	155

图 6-13 查看“公式”步骤中的数据

从图 6-13 可以看出，字段 gender 中记录的性别已经更改为 M 和 F。字段 date_of_date 中记录的出生日期格式统一为 yyyy-MM-dd。字段 married 中记录的婚姻状态已经变更为 0 和 1。字段 phone_head 中记录了手机号的前 3 位。说明 Kettle 成功对 TSV 文件 staff_info.tsv 中的数据进行了规范化处理。

6.2 多数据源合并

多数据源合并是将来自多个不同源系统的数据集整合到一个目标系统中的过程。这些源系统可以是不同的数据库、文件、应用程序或 API 接口。合并的目标是创建一个统一的数据集，使数据在结构、格式和内容上保持一致。

6.2.1 多数据源合并方法

在进行多数据源合并时，可以根据实际需求选择合适的合并方法。常见的合并方法分为联合(union)和连接(join)两种类型，具体介绍如下。

1. 联合

联合是一种用于将两个或多个具有相同结构的数据集合并在一起的操作,它会返回一个包含所有记录的新数据集。换句话说,联合会将两个或多个数据集中的所有记录堆叠在一起。使用联合进行多数据源合并时,要求两个或多个数据集的字段数量和对应字段的数据类型必须一致。例如,在数据库中存在表 user_table01 和 user_table02,这两个表都包含 id、name 和 age 三个字段,并且这三个字段的数据类型一致。使用联合对这两个表进行合并的过程如图 6-14 所示。

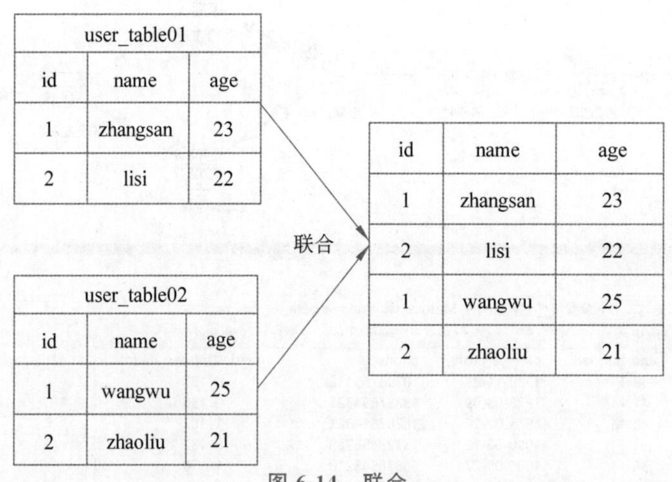

图 6-14 联合

从图 6-14 可以看出,合并后的结果包含表 user_table01 和 user_table02 的所有记录。

2. 连接

连接是一种用于将两个或多个数据集的行根据特定的关联条件匹配在一起形成新的数据集的操作。这些关联条件通常是两个数据集之间的共同字段。根据关联条件的不同,可以将连接分为内连接(INNER)、左外连接(LEFT OUTER)、右外连接(RIGHT OUTER)和全外连接(FULL OUTER)这四种类型,其中内连接仅返回两个数据集中满足关联条件的匹配行。左外连接返回左侧数据集中的所有行,以及右侧数据集中满足关联条件的匹配行。右外连接返回右侧数据集中的所有行,以及左侧数据集中满足关联条件的匹配行。全外连接返回两个数据集中的所有行,将不满足关联条件的行填充为 NULL 值。

例如,在数据库中存在表 customer_table 和 order_table,这两个表存在共同字段 customer_id。使用内连接对这两个表进行合并的过程如图 6-15 所示。

从图 6-15 中可以看出,合并后的结果仅包含表 customer_table 和 order_table 中字段 customer_id 相匹配的行,并且相匹配的行合并在一行中。

6.2.2 多数据源合并过程

下面,分别基于联合和连接这两种合并方法,演示如何使用 Kettle 进行多数据源合并,具体内容如下。

1. 基于联合的合并方法进行多数据源合并

例如,在 CSV 文件 sale.csv 和 MySQL 数据库 chapter06 的表 sale_info 中分别记录了某公司在 2023 年 7 月份和 2023 年 8 月份的销售数据。CSV 文件 sale.csv 和表 sale_info 的

customer_table		
customer_id	customer_name	customer_age
1	zhangsan	28
2	lisi	35

order_table			
order_id	customer_id	order_date	order_price
101	2	2023-07-15	150
103	3	2023-08-05	200

内连接

result_table						
customer_id	customer_name	customer_age	order_id	customer_id	order_date	order_price
2	lisi	35	101	2	2023-07-15	150

图 6-15 内连接

内容如图 6-16 所示。

```
order_id,customer_id,product,sale
202307001,3,commodityA,1200
202307002,4,commodityB,800
202307003,16,commodityA,1500
202307004,2,commodityB,900
202307005,3,commodityC,1100
202307006,5,commodityA,1300
202307007,7,commodityB,1000
202307008,1,commodityC,1800
202307009,8,commodityA,1300
202307010,9,commodityB,950
```

文件sale.csv

order_id	customer_id	product	sale
202308001	3	commodityA	1,200
202308002	7	commodityC	800
202308003	2	commodityC	1,500
202308004	5	commodityA	1,000
202308005	8	commodityA	750
202308006	1	commodityC	1,800
202308007	4	commodityC	1,100
202308008	9	commodityB	820
202308009	6	commodityC	1,600
202308010	10	commodityB	1,050
202308011	12	commodityB	780
202308012	11	commodityA	1,700

数据表sale_info

图 6-16 CSV 文件 sale.csv 和表 sale_info 的内容

从图 6-16 中可以看出，CSV 文件 sale.csv 和表 sale_info 记录的每条销售数据包括订单 ID（order_id）、客户 ID（customer_id）、产品（product）和销售额（sale）信息。

接下来，将演示如何使用 Kettle 将 CSV 文件 sale.csv 和表 sale_info 的数据进行合并，具体操作步骤如下。

（1）创建转换。

在 Kettle 的图形化界面中创建转换，指定转换的名称为 union。

（2）创建数据库连接。

在转换 union 中创建数据库连接 chapter06_connect，其连接类型为 MySQL，连接方式为 Native（JDBC），主机名称为 localhost，数据库名称为 chapter06，端口号为 3306，用户名为 itcast，密码为 Itcast@2023，如图 6-17 所示。

在图 6-17 中，如果单击"测试"按钮后弹出了 Connection tested successfully 对话框，则说明当前创建的数据库连接可以与 MySQL 的数据库 chapter06 建立连接。

（3）添加步骤。

在转换 union 的工作区中添加"CSV 文件输入""表输入""排序合并"步骤，并将这 3 个步骤通过跳进行连接，用于实现对 CSV 文件 sale.csv 和表 sale_info 的数据进行合并的功能。转换 union 的工作区如图 6-18 所示。

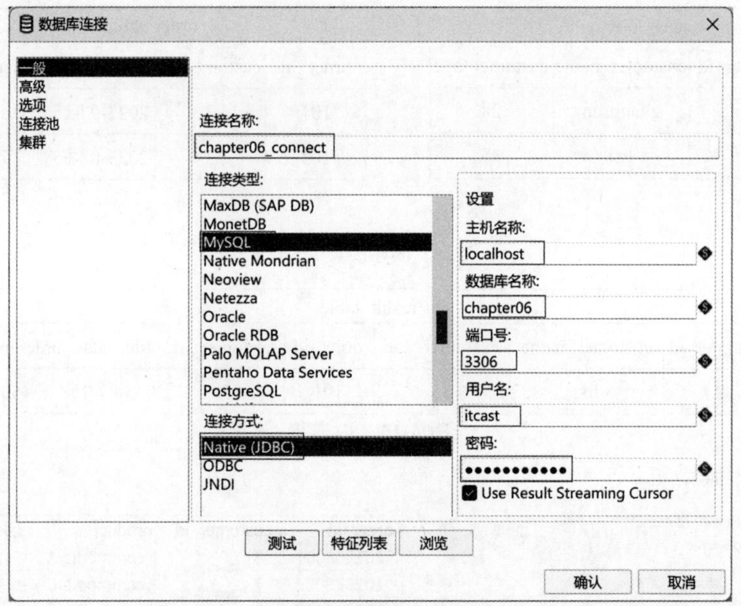

图 6-17 创建数据库连接 chapter06_connect

在图 6-18 中,"CSV 文件输入"步骤用于从 CSV 文件 sale.csv 中抽取数据。"表输入"步骤用于从表 sale_info 中抽取数据。"排序合并"步骤用于通过联合的合并方法将 CSV 文件 sale.csv 和表 sale_info 的数据进行合并。

(4) 配置"CSV 文件输入"步骤。

在转换 union 的工作区中,双击"CSV 文件输入"步骤打开"CSV 文件输入"窗口。在该窗口中添加要抽取的 CSV 文件 sale.csv。然后取消"简易转换?"复选框的勾选,并单击"获取字段"按钮,通过"CSV 文件输入"步骤检测 CSV 文件 sale.csv,以推断出字段的信息,如图 6-19 所示。

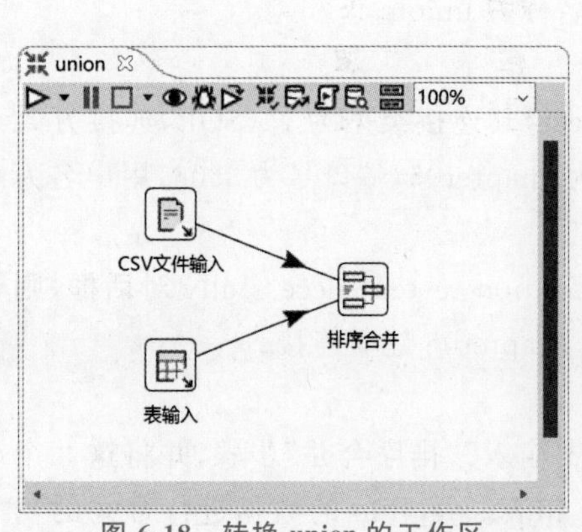

图 6-18 转换 union 的工作区

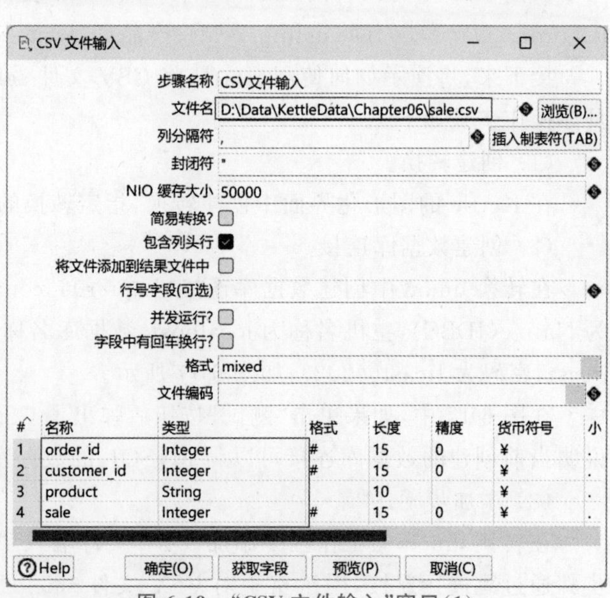

图 6-19 "CSV 文件输入"窗口(1)

从图 6-19 中可以看出，“CSV 文件输入”步骤推断出 CSV 文件 sale.csv 包含 4 个字段，名称分别为 order_id、customer_id、product 和 sale。

在图 6-19 中，将字段 order_id 和 customer_id 的数据类型修改为 String，如图 6-20 所示。

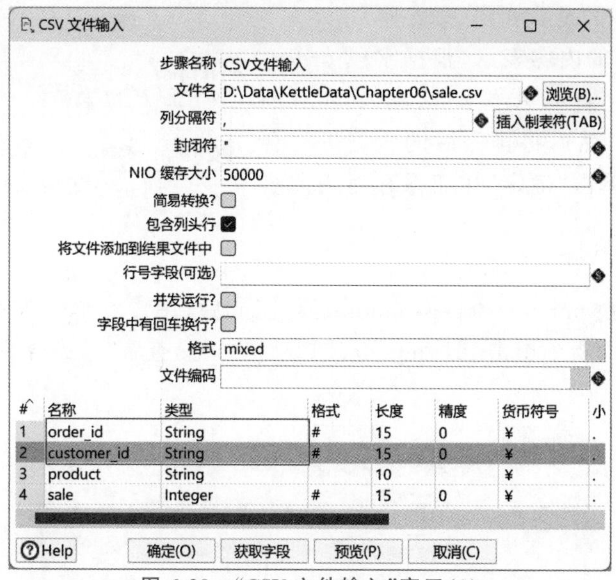

图 6-20　“CSV 文件输入”窗口(2)

在图 6-20 中修改字段 order_id 和 customer_id 的数据类型是因为表 sale_info 中字段 order_id 和 customer_id 的数据类型为 VARCHAR，使用“表输入”步骤抽取表 sale_info 中的数据时，这两个字段的数据类型会被解析为 String，然而“CSV 文件输入”步骤将 CSV 文件 sale.csv 中字段 order_id 和 customer_id 的数据类型解析为 Integer，这就导致合并数据时会出现字段的数据类型不一致的情况。

在图 6-20 中单击“确定”按钮保存对当前步骤的配置。

(5) 配置“表输入”步骤。

在转换 union 的工作区中，双击“表输入”步骤打开“表输入”窗口。在该窗口的“数据库连接”下拉框中选择数据库连接 chapter06_connect。然后，在 SQL 文本框中输入查询表 sale_info 中所有字段的查询语句 SELECT * FROM sale_info，如图 6-21 所示。

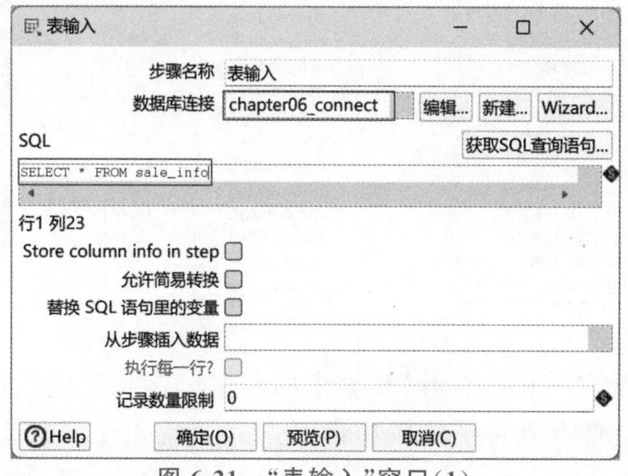

图 6-21　“表输入”窗口(1)

在图 6-21 中,单击“确定”按钮保存对当前步骤的配置。

(6) 配置“排序合并”步骤。

在转换 union 的工作区中,双击“排序合并”步骤打开“排序合并”窗口。在该窗口的“字段”部分添加一行内容,其“字段名称”“升序”列的值分别为 order_id 和“是”,如图 6-22 所示。

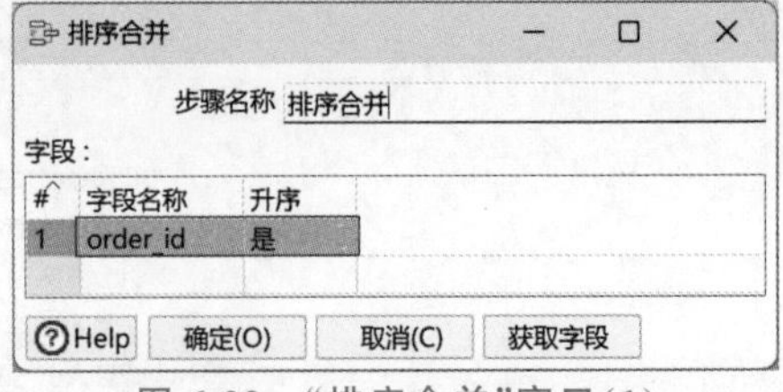

图 6-22 “排序合并”窗口(1)

图 6-22 中配置的内容表示,根据字段 order_id 的值对“CSV 文件输入”步骤和“表输入”步骤的数据进行升序排序,然后将排序后的数据进行合并。在图 6-22 中,单击“确定”按钮保存对当前步骤的配置。

(7) 运行转换。

保存并运行转换 union。当转换 union 运行完成后,在其工作区选择“排序合并”步骤,然后在“执行结果”面板中单击 Preview data 选项卡标签,查看“排序合并”步骤中的数据,如图 6-23 所示。

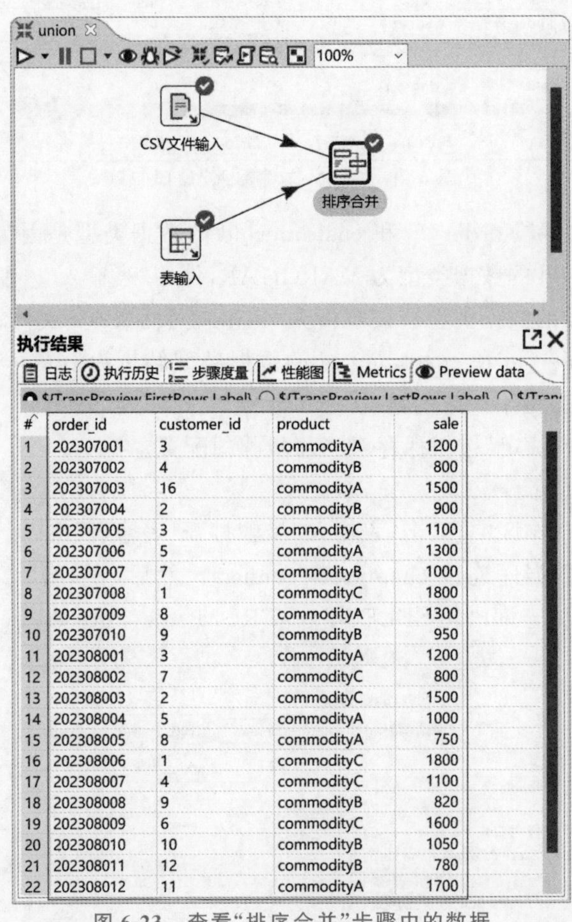

#	order_id	customer_id	product	sale
1	202307001	3	commodityA	1200
2	202307002	4	commodityB	800
3	202307003	16	commodityA	1500
4	202307004	2	commodityB	900
5	202307005	3	commodityC	1100
6	202307006	5	commodityA	1300
7	202307007	7	commodityB	1000
8	202307008	1	commodityC	1800
9	202307009	8	commodityA	1300
10	202307010	9	commodityB	950
11	202308001	3	commodityA	1200
12	202308002	7	commodityC	800
13	202308003	2	commodityC	1500
14	202308004	5	commodityA	1000
15	202308005	8	commodityA	750
16	202308006	1	commodityC	1800
17	202308007	4	commodityC	1100
18	202308008	9	commodityB	820
19	202308009	6	commodityC	1600
20	202308010	10	commodityB	1050
21	202308011	12	commodityB	780
22	202308012	11	commodityA	1700

图 6-23 查看“排序合并”步骤中的数据

从图 6-23 中可以看出,“排序合并”步骤中的数据包含“CSV 文件输入”步骤和“表输入”步骤的所有数据。这说明使用 Kettle 成功将 CSV 文件 sale.csv 和表 sale_info 中的数据进行了合并。

2. 基于连接的合并方法进行多数据源合并

例如，某公司分别将客户信息和订单信息记录在 CSV 文件 customers_info.csv 和 MySQL 数据库 chapter06 的表 order_info 中。CSV 文件 customers_info.csv 和表 order_info 的内容如图 6-24 所示。

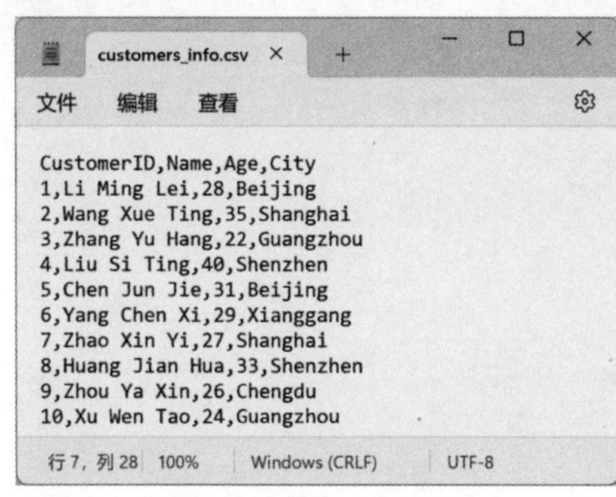

customers_info.csv
文件　编辑　查看

```
CustomerID,Name,Age,City
1,Li Ming Lei,28,Beijing
2,Wang Xue Ting,35,Shanghai
3,Zhang Yu Hang,22,Guangzhou
4,Liu Si Ting,40,Shenzhen
5,Chen Jun Jie,31,Beijing
6,Yang Chen Xi,29,Xianggang
7,Zhao Xin Yi,27,Shanghai
8,Huang Jian Hua,33,Shenzhen
9,Zhou Ya Xin,26,Chengdu
10,Xu Wen Tao,24,Guangzhou
```

行 7，列 28　100%　Windows (CRLF)　UTF-8

order_id	customer_id	product	amount
101	3	Product A	100
102	1	Product B	150
103	5	Product A	120
104	2	Product C	200
105	4	Product B	130
106	1	Product A	110
107	7	Product C	180
108	3	Product B	140
109	9	Product A	100
110	8	Product B	160

文件customers_info.csv　　　　表order_info

图 6-24　CSV 文件 customers_info.csv 和表 order_info 的内容

从图 6-24 中可以看出，在 CSV 文件 customers_info.csv 中，记录的每一条客户信息包括客户 ID(CustomerID)、客户姓名(Name)、客户年龄(Age)和所处城市(City)。在表 order_info 中，记录的每一条订单信息包括订单 ID(order_id)、客户 ID(customer_id)、产品名称(product)和销售额(amount)。

接下来，将演示如何使用 Kettle 将 CSV 文件 customers_info.csv 和表 order_info 中的数据进行合并。这里使用的连接类型为内连接，并且基于 CSV 文件 customers_info.csv 和表 order_info 中记录客户 ID 的字段指定关联条件，具体操作步骤如下。

(1) 创建转换。

在 Kettle 的图形化界面中创建转换，指定转换的名称为 join。

(2) 共享数据库连接。

为了优化操作步骤，避免重复创建数据库连接，可以共享在转换 union 中创建的数据库连接 chapter06_connect，使其可以在转换 join 中直接使用。在 Kettle 中打开转换 union，在“主对象树”选项卡中选中并右击数据库连接 chapter06_connect，在弹出的菜单中选择“共享”选项，如图 6-25 所示。

上述操作完成后，数据库连接 chapter06_connect 会显示为加粗样式。

(3) 添加步骤。

在转换 join 的工作区中添加“CSV 文件输入”“表输入”“记录集连接”和两个“排序记录”步骤，并将这些步骤通过跳进行连接，用于实现对 CSV 文件 customers_info.csv 和表 order_info 中的数据进行合并的功能。转换 join 的工作区如图 6-26 所示。

在图 6-26 中，“CSV 文件输入”步骤用于从 CSV 文件 customers_info.csv 中抽取数据。“表输入”步骤用于从表 order_info 中抽取数据。“排序记录”步骤和“排序记录 2”步骤分别用于对“CSV 文件输入”步骤和“表输入”步骤的数据进行排序，因为“记录集连接”步骤要求输入的数据已经排序。“记录集连接”步骤用于将 CSV 文件 customers_info.csv 和表 order_

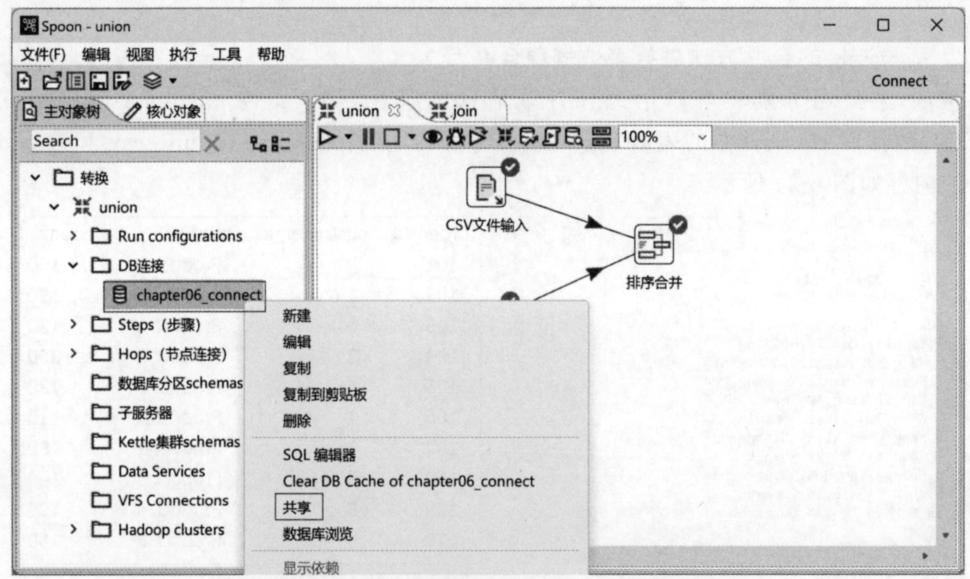

图 6-25　共享数据库连接 chapter06_connect

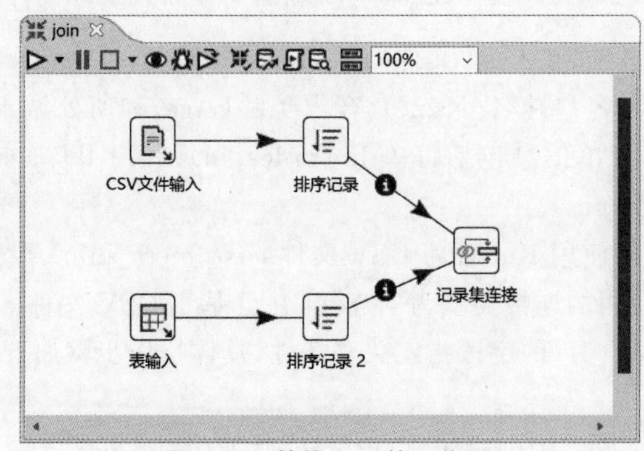

图 6-26　转换 join 的工作区

info 中的数据通过内连接进行合并。

(4) 配置"CSV 文件输入"步骤。

在转换 join 的工作区中,双击"CSV 文件输入"步骤打开"CSV 文件输入"窗口。在该窗口中添加要抽取的 CSV 文件 customers_info.csv。然后取消"简易转换?"复选框的勾选,并单击"获取字段"按钮通过"CSV 文件输入"步骤检测 CSV 文件 customers_info.csv,以推断出字段的信息。

"CSV 文件输入"窗口配置完成的效果如图 6-27 所示。

从图 6-27 中可以看出,"CSV 文件输入"步骤推断出 CSV 文件 customers_info.csv 包含 4 个字段,名称分别为 CustomerID、Name、Age 和 City。

在图 6-27 中,将字段 CustomerID 的数据类型修改为 String,如图 6-28 所示。

在图 6-28 中修改字段 CustomerID 的数据类型是因为表 order_info 中字段 customer_id 的数据类型为 VARCHAR,使用"表输入"步骤抽取表 order_info 中的数据时,该字段的数据类型会被解析为 String,然而"CSV 文件输入"步骤将 CSV 文件 customers_info.csv 中字段 CustomerID 的数据类型解析为 Integer,这就导致在合并数据时会出现字段的数据类

图 6-27 “CSV 文件输入”窗口(3)

图 6-28 “CSV 文件输入”窗口(4)

型不一致的情况。

在图 6-28 中单击“确定”按钮保存对当前步骤的配置。

(5) 配置“表输入”步骤。

在转换 join 的工作区中,双击“表输入”步骤打开“表输入”窗口。在该窗口的“数据库连接”下拉框中选择数据库连接 chapter06_connect,并在 SQL 文本框内填写 SELECT * FROM order_info,如图 6-29 所示。

图 6-29 配置的内容表示基于数据库连接 chapter06_connect 查询表 order_info 的所有字段。在图 6-29 中,单击“确定”按钮保存对当前步骤的配置。

(6) 配置“排序记录”步骤。

在转换 join 的工作区中,双击“排序记录”步骤打开“排序记录”窗口。在该窗口中“字

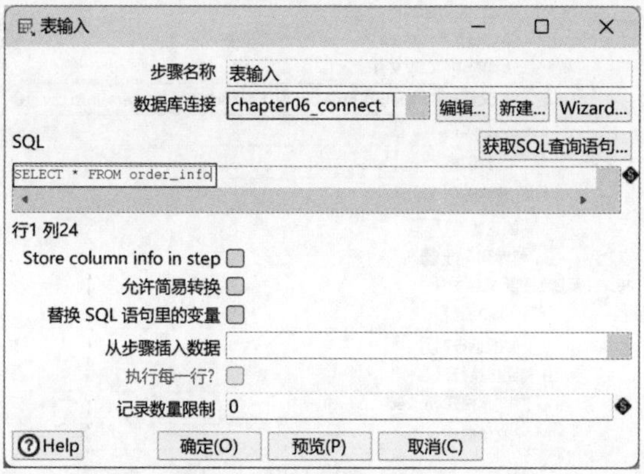

图 6-29 “表输入”窗口(2)

段”部分的“字段名称”“升序”列分别填写 CustomerID 和“是”,如图 6-30 所示。

图 6-30 中配置的内容表示根据字段 CustomerID 的值对数据进行升序排序。在图 6-30 中,单击“确定”按钮保存对当前步骤的配置。

需要说明的是,这里基于字段 CustomerID 的值对数据进行排序,是因为该字段是作为关联条件使用的字段。

(7) 配置“排序记录 2”步骤。

在转换 join 的工作区中,双击“排序记录 2”步骤打开“排序记录”窗口。在该窗口中“字段”部分的“字段名称”“升序”列分别填写 customer_id 和“是”,如图 6-31 所示。

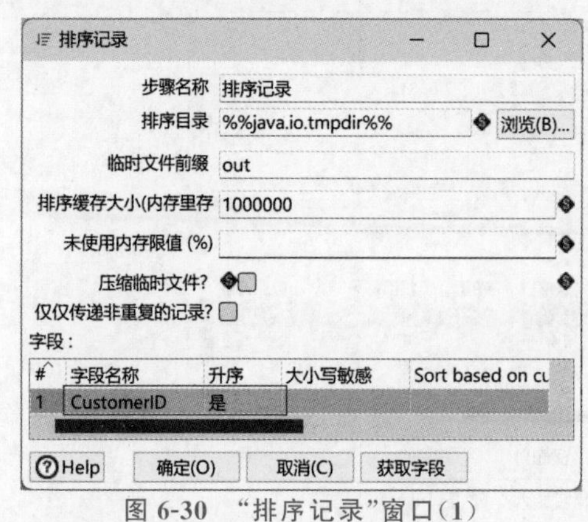

图 6-30 “排序记录”窗口(1)

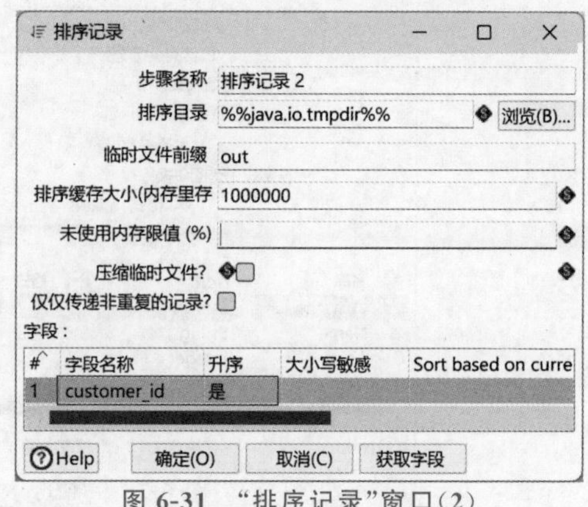

图 6-31 “排序记录”窗口(2)

需要说明的是,这里基于字段 customer_id 的值对数据进行排序,是因为该字段是作为关联条件使用的字段。在图 6-31 中,单击“确定”按钮保存对当前步骤的配置。

(8) 配置“记录集连接”步骤。

在转换 join 的工作区中,双击“记录集连接”步骤打开“合并排序”窗口,如图 6-32 所示。

在图 6-32 的“第一个步骤”下拉框和“第二个步骤”下拉框中分别选择“排序记录”选项和“排序记录 2”选项,并在“第一个步骤的连接字段”和“第二个步骤的连接字段”部分的“连接字段”列分别填写 CustomerID 和 customer_id,如图 6-33 所示。

图 6-33 中配置的内容表示,使用内连接将“排序记录”步骤和“排序记录 2”步骤的数据进行关联,指定字段 CustomerID 和 customer_id 为关联条件。当字段 CustomerID 和

customer_id 的值相匹配时，它们所在的行将合并为一行。

图 6-32 “合并排序”窗口(1)　　图 6-33 “合并排序”窗口(2)

在图 6-33 中，单击“确定”按钮保存对当前步骤的配置。

需要说明的是，“记录集连接”步骤默认使用的连接类型为内连接(INNER)。如果需要使用的连接类型为左外连接、右外连接或全外连接，那么可以在“连接类型”下拉框选择 LEFT OUTER、RIGHT OUTER 或 FULL OUTER 选项。另外，在使用左外连接或者右外连接时，第一个步骤和第二个步骤分别表示左侧的数据集和右侧的数据集。

(9) 运行转换。

保存并运行转换 join。当转换 join 运行完成后，在其工作区选择“记录集连接”步骤，然后在“执行结果”面板中单击 Preview data 选项卡标签，查看“记录集连接”步骤中的数据，如图 6-34 所示。

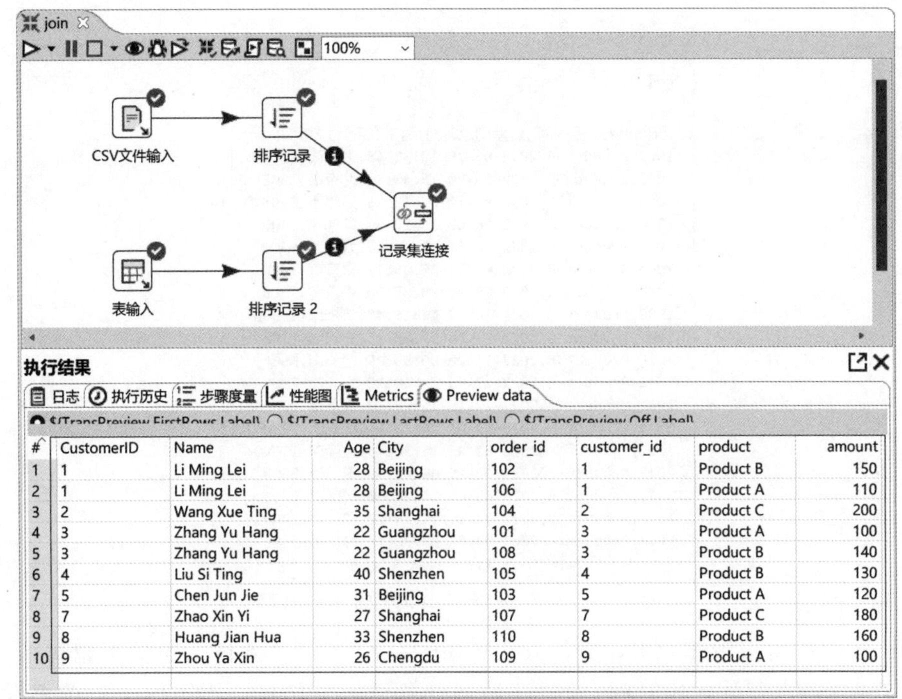

#	CustomerID	Name	Age	City	order_id	customer_id	product	amount
1	1	Li Ming Lei	28	Beijing	102	1	Product B	150
2	1	Li Ming Lei	28	Beijing	106	1	Product A	110
3	2	Wang Xue Ting	35	Shanghai	104	2	Product C	200
4	3	Zhang Yu Hang	22	Guangzhou	101	3	Product A	100
5	3	Zhang Yu Hang	22	Guangzhou	108	3	Product B	140
6	4	Liu Si Ting	40	Shenzhen	105	4	Product B	130
7	5	Chen Jun Jie	31	Beijing	103	5	Product A	120
8	7	Zhao Xin Yi	27	Shanghai	107	7	Product C	180
9	8	Huang Jian Hua	33	Shenzhen	110	8	Product B	160
10	9	Zhou Ya Xin	26	Chengdu	109	9	Product A	100

图 6-34 查看“记录集连接”步骤中的数据

从图 6-34 中可以看出，“排序记录”和“排序记录 2”步骤中，字段 customer_id 和

CustomerID 的值相同的数据合并为一行,而字段 customer_id 和 CustomerID 的值不相同的数据并没有出现在“记录集连接”步骤中。说明使用内连接成功将 CSV 文件 customers_info.csv 和表 order_info 的数据进行了合并。

6.3 数据粒度转换

数据粒度是指数据所呈现的详细程度,通常用于度量时间和空间的不同维度。例如,在时间上,数据粒度可以是年、季度或月份等维度。在空间上,数据粒度可以是国家、省份或市等维度。基于详细程度的不同,数据粒度可以被归类为粗粒度数据和细粒度数据。粗粒度数据是指具有相对较低详细程度的数据,这种数据提供了概括的信息。而细粒度数据则是指具有相对较高详细程度的数据,这种数据提供了精确的信息。

数据粒度转换是一种调整原始数据详细程度的过程,包括向上转换和向下转换两种方法。向上转换是指将细粒度数据转换为粗粒度数据,以得到更加总体的视角。例如,可以将每分钟记录的销售额数据转换成以小时记录的销售额数据。向下转换是指将粗粒度数据转换为细粒度数据,以获得更为详细的信息。例如,可以将每月记录的销售额数据转换为每天记录的销售额数据。通过粒度转换可以帮助我们从不同的角度观察和理解数据。在日常生活中,我们也应该具备从多个角度分析问题的能力。这样做可以帮助我们拓展思维,探索更多的可能性,实现更好的效果。

例如,现在有一个 CSV 文件 order_info.csv,该文件记录了某公司在 2022 年和 2023 年中不同产品的销售信息。该文件的部分内容如图 6-35 所示。

order_info.csv
文件 编辑 查看

```
订单编号,产品名称,订单创建时间,销售区域,订单金额
1001,Product A,2022-05-15 10:30:45,上海市,12000
1002,Product B,2022-06-20 15:45:22,北京市,7500
1003,Product C,2022-07-10 09:12:18,广州市,8900
1004,Product A,2022-08-05 14:20:30,成都市,6200
1005,Product D,2022-08-15 11:40:55,武汉市,5500
1006,Product B,2022-09-02 16:25:10,重庆市,9800
1007,Product C,2022-09-25 08:05:30,南京市,7200
1008,Product A,2022-10-18 13:15:40,杭州市,10500
1009,Product D,2022-11-08 17:30:15,天津市,6300
1010,Product B,2022-11-20 09:55:05,西安市,5500
1011,Product C,2022-12-05 12:40:20,长沙市,7500
1012,Product A,2022-12-15 14:20:30,青岛市,8900
1013,Product D,2023-01-02 10:10:15,沈阳市,7200
1014,Product B,2023-01-25 16:30:45,大连市,11000
1015,Product C,2023-02-18 08:45:55,厦门市,5600
1016,Product A,2023-03-05 11:20:30,济南市,6200
1017,Product D,2023-03-15 15:15:20,福州市,7700
1018,Product B,2023-04-02 09:30:10,兰州市,9400
```

行1, 列1 | 100% | Windows (CRLF) | UTF-8

图 6-35 文件 order_info.csv 的部分内容

从图 6-35 中可以看出,CSV 文件 order_info.csv 中,每一条记录包括了销售信息的订单编号、产品名称、订单创建时间、销售区域和订单金额等信息。为了便于后续根据年、月份、日期和省级行政区 4 个维度对 CSV 文件 order_info.csv 记录的销售信息进行分析,对 CSV 文件 order_info.csv 中的数据进行如下数据粒度转换。

- 将订单创建时间转换为年份、月份和日期。
- 将销售区域内的城市转换为所属的省级行政区。

接下来，演示如何使用 Kettle 对 CSV 文件 order_info.csv 中的数据进行数据粒度转换，具体操作步骤如下。

1. 创建转换

在 Kettle 的图形化界面中创建转换，指定转换的名称为 granularity。

2. 添加步骤

在转换 granularity 的工作区中添加“CSV 文件输入”“表输入”“公式”“过滤记录”“排序合并”“字段选择”等步骤，并将这些步骤通过跳进行连接，用于实现对 CSV 文件 order_info.csv 中的数据进行数据粒度转换的功能。转换 granularity 的工作区如图 6-36 所示。

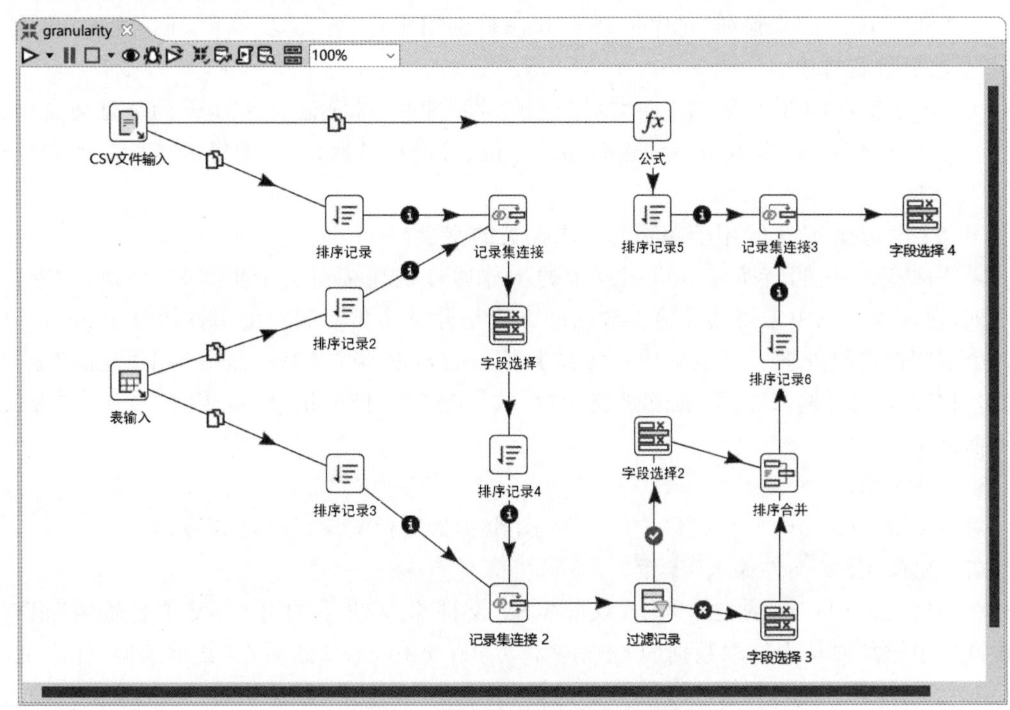

图 6-36　转换 granularity 的工作区

针对转换 granularity 的工作区中添加的步骤进行如下介绍。

- “CSV 文件输入”步骤用于从 CSV 文件 order_info.csv 中抽取数据。
- “表输入”步骤用于从 MySQL 数据库 chapter06 的表 region 中抽取数据，该表包含 id、name 和 parent_id 三个字段，这些字段分别记录了不同城市和省级行政区的编号、名称和映射关系。
- “公式”步骤用于根据订单创建时间获取年份、月份和日期。
- “排序记录”步骤和“排序记录 2”步骤分别用于对“CSV 文件输入”步骤和“表输入”步骤中的数据进行排序。
- “记录集连接”步骤用于将“排序记录”步骤和“排序记录 2”步骤的数据通过内连接进行合并，以获取销售区域与所属省级行政区的映射关系。
- “字段选择”步骤用于获取“记录集连接”步骤中的字段订单编号、parent_id 和 name。

- “排序记录3”步骤和“排序记录4”步骤分别用于对“表输入”步骤和“字段选择”步骤的数据进行排序。
- “记录集连接2”步骤用于将“排序记录3”步骤和“排序记录4”步骤的数据通过左外连接进行合并,以根据订单编号获取订单所属的省级行政区。由于直辖市本身就是城市,所以合并结果会产生NULL。
- “过滤记录”步骤用于过滤“记录集连接2”步骤中的数据。即将包含NULL的数据输出到“字段选择2”步骤,将不包含NULL的数据输出到“字段选择3”步骤。
- “字段选择2”步骤用户根据订单编号获取订单所属直辖市。
- “字段选择3”步骤用户根据订单编号获取订单所属省份。
- “排序合并”步骤用于将“字段选择2”步骤和“字段选择3”步骤的数据进行合并。
- “排序记录5”步骤和“排序记录6”步骤分别用于对“公式”步骤和“排序合并”步骤的数据进行排序。
- “记录集连接3”步骤用于将“排序记录5”步骤和“排序记录6”步骤的数据通过内连接进行合并,以获取订单创建时间的年份、月份和日期,以及销售区域所属的省级行政区。
- “字段选择4”步骤用于删除与需求无关的字段。

需要注意的是,当转换granularity中的步骤通过跳连接至多个步骤时,会弹出“警告”提示框,在该提示框中需要选择输出数据的方式是分发还是复制。由于转换granularity中的每个步骤都需要处理上一步骤中的完整数据,所以在“警告”提示框中单击“复制”按钮。例如,当“CSV文件输入”步骤通过跳连接“公式”步骤和“排序记录”步骤时,会弹出“警告”提示框。

3. 配置步骤

对转换granularity的工作区中添加的18个步骤进行配置,具体内容如下。

(1) 配置“CSV文件输入”步骤。

在转换granularity的工作区中,双击“CSV文件输入”步骤打开“CSV文件输入”窗口。在该窗口中添加要从中抽取数据的CSV文件order_info.csv。然后在“文件编码”输入框内填写UTF-8,取消“简易转换?”复选框的勾选,并单击“获取字段”按钮通过“CSV文件输入”步骤检测CSV文件order_info.csv,以推断出字段的信息。

“CSV文件输入”窗口配置完成的效果如图6-37所示。

从图6-37中可以看出,“CSV文件输入”步骤推断出CSV文件order_info.csv包含5个字段,这些字段的名称分别是订单编号、产品名称、订单创建时间、销售区域和订单金额。在图6-37中,单击“确定”按钮保存对当前步骤的配置。

(2) 配置“表输入”步骤。

在转换granularity的工作区中,双击“表输入”步骤打开“表输入”窗口。在该窗口的“数据库连接”下拉框中选择数据库连接chapter06_connect,并在SQL文本框内填写SELECT * FROM region,如图6-38所示。

图6-38配置的内容表示基于数据库连接chapter06_connect查询表region的所有字段。在图6-38中,单击“确定”按钮保存对当前步骤的配置。

图 6-37 “CSV 文件输入”窗口(5)

(3) 配置“公式”步骤。

在转换 granularity 的工作区中,双击“公式”步骤打开“公式”窗口。在该窗口的“字段”部分添加 3 行内容。其中第一行内容中,“新字段”“公式”“值类型”列的值分别为“年份”、YEAR([订单创建时间])和 Integer;第二行内容中,“新字段”“公式”“值类型”列的值分别为“月份”、MONTH([订单创建时间])和 Integer;第三行内容中,“新字段”“公式”“值类型”列的值分别为“日期”、DAY([订单创建时间])和 Integer。

“公式”窗口配置完成的效果如图 6-39 所示。

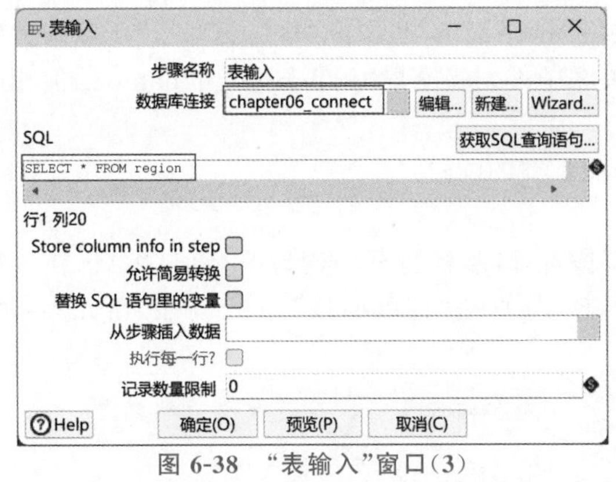

图 6-38 “表输入”窗口(3)

图 6-39 “公式”窗口(2)

图 6-39 中配置的内容表示,使用 YEAR()、MONTH()和 DAY()表达式,基于字段订单创建时间的值,分别获取年份、月份和日期数据,并将它们分别存储在数据类型为 Integer 的字段“年份”“月份”“日期”中。

在图 6-39 中,单击“确定”按钮保存对当前步骤的配置。

(4) 配置“排序记录”步骤。

在转换 granularity 的工作区中,双击“排序记录”步骤打开“排序记录”窗口。在该窗口中“字段”部分的“字段名称”“升序”列分别填写“销售区域”和“是”,如图 6-40 所示。

图 6-40 中配置的内容表示,根据字段“销售区域”的值对数据进行升序排序。在图 6-40 中,单击“确定”按钮保存对当前步骤的配置。

(5) 配置“排序记录 2”步骤。

在转换 granularity 的工作区中,双击“排序记录 2”步骤打开“排序记录”窗口。在该窗口中“字段”部分的“字段名称”“升序”列分别填写 name 和“是”,如图 6-41 所示。

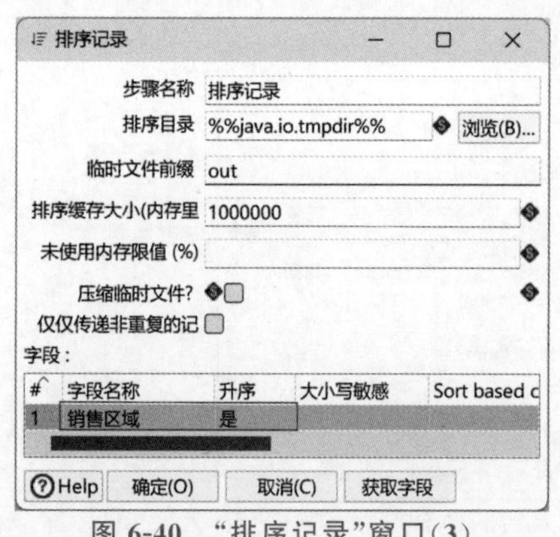

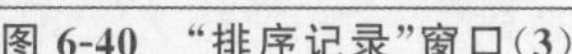

图 6-40 “排序记录”窗口(3)

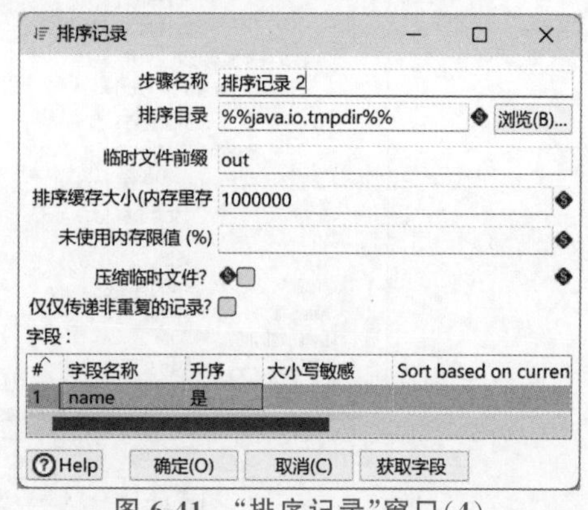

图 6-41 “排序记录”窗口(4)

图 6-41 中配置的内容表示根据字段 name 的值对数据进行升序排序。在图 6-41 中,单击“确定”按钮保存对当前步骤的配置。

(6) 配置“记录集连接”步骤。

在转换 granularity 的工作区中,双击“记录集连接”步骤打开“合并排序”窗口。在该窗口的“第一个步骤”下拉框和“第二个步骤”下拉框分别选择“排序记录”选项和“排序记录 2”选项,并在“第一个步骤的连接字段”部分和“第二个步骤的连接字段”部分的“连接字段”列分别填写“销售区域”和 name,如图 6-42 所示。

图 6-42 中配置的内容表示,使用内连接将“排序记录”步骤和“排序记录 2”步骤的数据进行关联,指定字段“销售区域”和 name 为关联条件。当字段“销售区域”和 name 的值相匹配时,它们所在的行将合并为一行。

在图 6-42 中,单击“确定”按钮保存对当前步骤的配置。

(7) 配置“字段选择”步骤。

在转换 granularity 的工作区中,双击“字段选择”步骤打开“选择/改名值”窗口,在该窗口中“字段”部分的“字段名称”列添加 3 行内容,分别是“订单编号”、parent_id 和 name,如图 6-43 所示。

图 6-42 “合并排序”窗口(3)

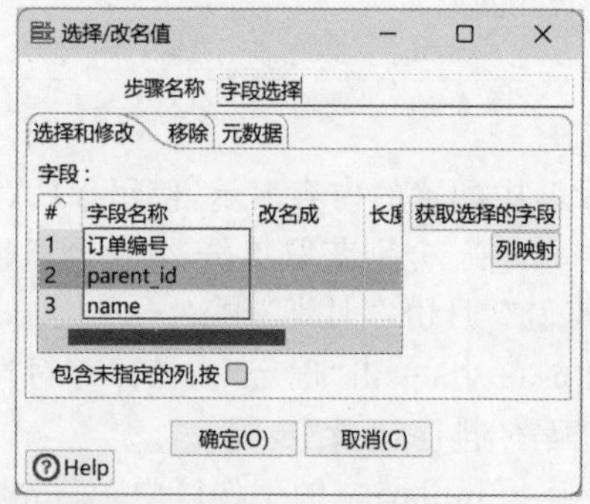

图 6-43 “选择/改名值”窗口(2)

图 6-43 中配置的内容表示，获取字段订单编号、parent_id 和 name。在图 6-43 中，单击“确定”按钮保存对当前步骤的配置。

(8) 配置“排序记录 3”步骤。

在转换 granularity 的工作区中，双击“排序记录 3”步骤打开“排序记录”窗口，在该窗口中“字段”部分的“字段名称”和“升序”列分别填写 id 和“是”，如图 6-44 所示。

图 6-44 中配置的内容表示根据字段 id 的值对数据进行升序排序。在图 6-44 中，单击“确定”按钮保存对当前步骤的配置。

(9) 配置“排序记录 4”步骤。

在转换 granularity 的工作区中，双击“排序记录 4”步骤打开“排序记录”窗口。在该窗口中“字段”部分的“字段名称”“升序”列分别填写 parent_id 和“是”，如图 6-45 所示。

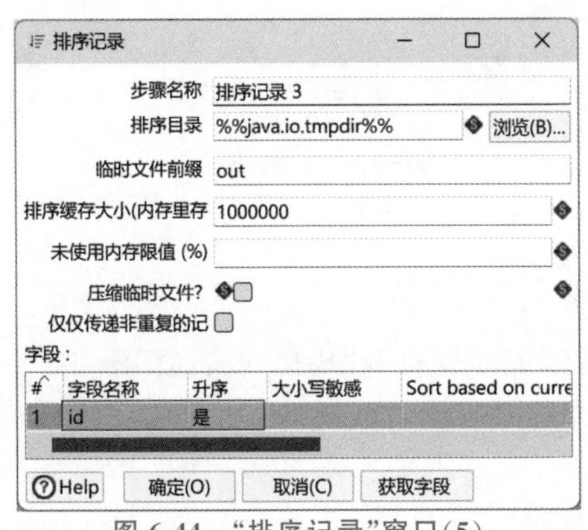

图 6-44 “排序记录”窗口(5)

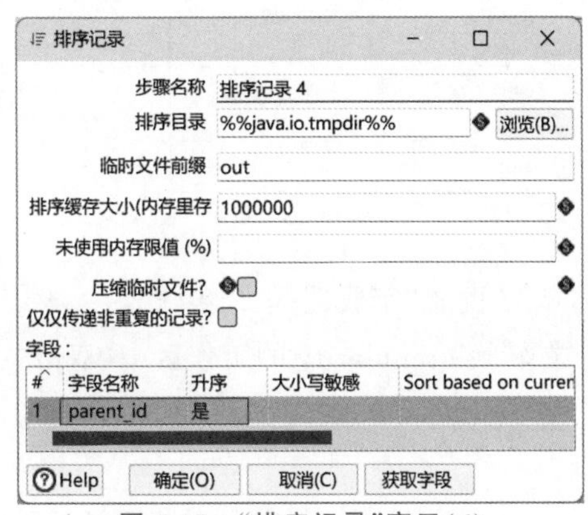

图 6-45 “排序记录”窗口(6)

图 6-45 中配置的内容表示根据字段 parent_id 的值对数据进行升序排序。在图 6-45 中，单击“确定”按钮保存对当前步骤的配置。

(10) 配置“记录集连接 2”步骤。

在转换 granularity 的工作区中，双击“记录集连接 2”步骤打开“合并排序”窗口。在该窗口中，首先，在“第一个步骤”下拉框和“第二个步骤”下拉框中分别选择“排序记录 4”选项和“排序记录 3”选项。然后，在“第一个步骤的连接字段”部分和“第二个步骤的连接字段”部分的“连接字段”列分别填写 parent_id 和 id。最后，在“连接类型”下拉框中选择 LEFT OUTER 选项。

“合并排序”窗口配置完成的效果如图 6-46 所示。

图 6-46 中配置的内容表示，使用左外连接将“排序记录 4”和“排序记录 3”步骤的数据进行关联，指定字段 parent_id 和 id 为关联条件。当字段 parent_id 和 id 的值相匹配时，它们所在的行将合并为一行。

在图 6-46 中，单击“确定”按钮保存对当前步骤的配置。

(11) 配置“过滤记录”步骤。

在转换 granularity 的工作区中，双击“过滤记录”步骤打开“过滤记录”窗口。在该窗口的“条件”部分添加判断条件。首先，单击左侧的<field>选项打开“字段”窗口，在该窗口中双击 id 选项。然后，单击＝选项打开“函数”窗口，在该窗口中双击 IS NULL 选项。

“过滤记录”窗口配置完成的效果如图 6-47 所示。

图 6-47 中配置的内容表示判断字段 id 的值是否为 NULL。如果比较结果为 true,则将数据输出到“字段选择 2”步骤。反之,如果判断结果为 false,则将数据输出到“字段选择 3”步骤。

在图 6-47 中,单击“确定”按钮保存对当前步骤的配置。

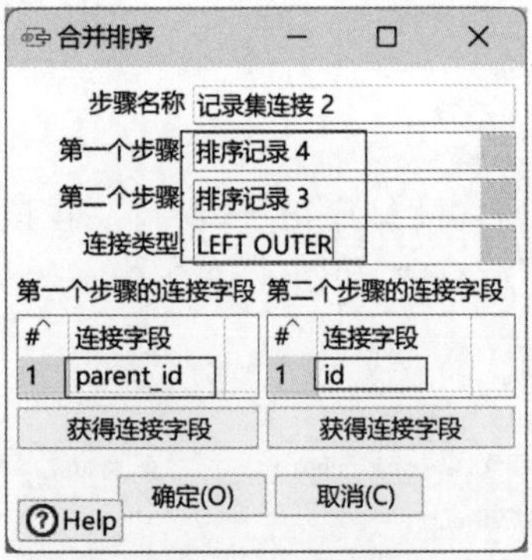

图 6-46 “合并排序”窗口(4)

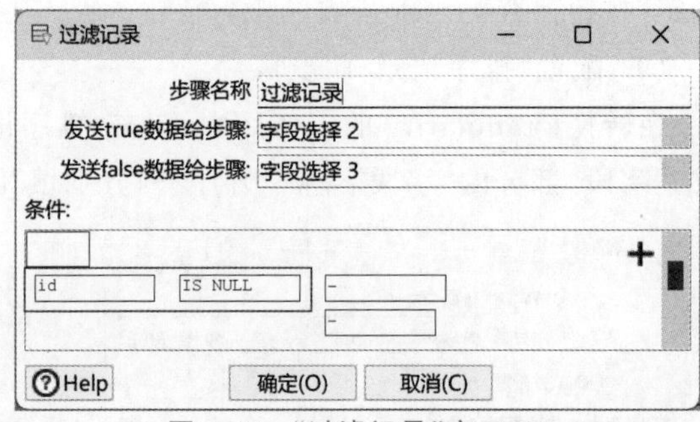

图 6-47 “过滤记录”窗口(2)

(12) 配置“字段选择 2”步骤。

在转换 granularity 的工作区中,双击“字段选择 2”步骤打开“选择/改名值”窗口。在该窗口中“字段”部分的“字段名称”列添加 2 行内容,分别是“订单编号”和 name,如图 6-48 所示。

图 6-48 中配置的内容表示获取了字段“订单编号”和 name。在图 6-48 中,单击“确定”按钮保存对当前步骤的配置。

(13) 配置“字段选择 3”步骤。

在转换 granularity 的工作区中,双击“字段选择 3”步骤打开“选择/改名值”窗口。在该窗口中“字段”部分的“字段名称”列添加 2 行内容,分别是“订单编号”和 name_1。然后,在 name_1 行的“改名成”列中填写 name,如图 6-49 所示。

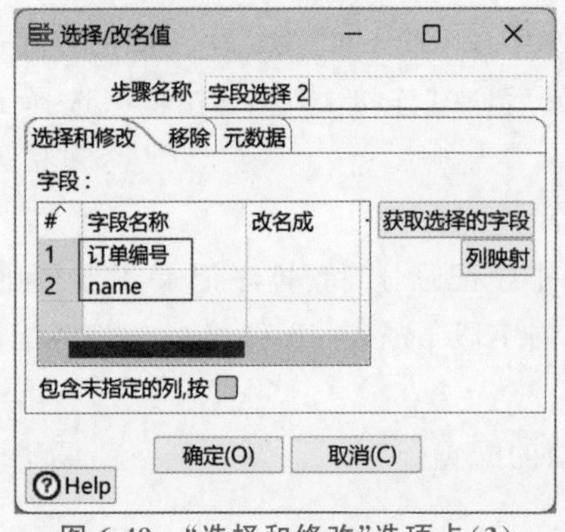

图 6-48 “选择和修改”选项卡(3)

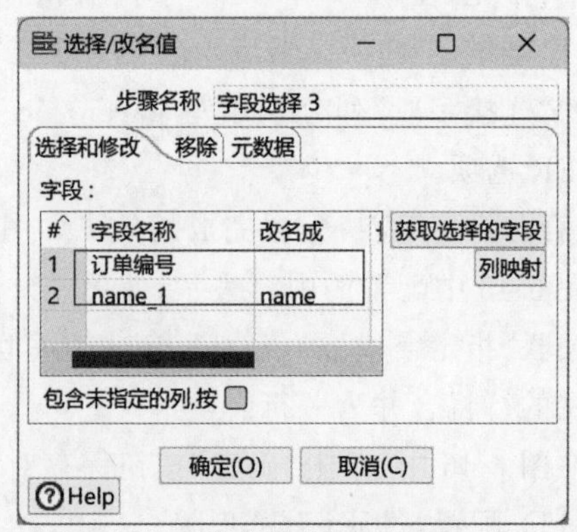

图 6-49 “选择和修改”选项卡(4)

图 6-49 中配置的内容表示,获取字段“订单编号”和 name_1,并将字段 name_1 的名称修改为 name。在图 6-49 中,单击“确定”按钮保存对当前步骤的配置。

需要说明的是，出现字段 name_1 的原因是，“排序记录 3”步骤和“排序记录 4”步骤中都存在字段 name，在使用“记录集连接 2”步骤合并这两个步骤的数据时，为了区分两个同名字段，Kettle 会将其中一个步骤中的字段 name 重命名为 name_1。

（14）配置“排序合并”步骤。

在转换 granularity 的工作区中，双击“排序合并”步骤打开“排序合并”窗口。在该窗口中“字段”部分添加一行内容，其“字段名称”列和“升序”列的值分别为“订单编号”和“是”，如图 6-50 所示。

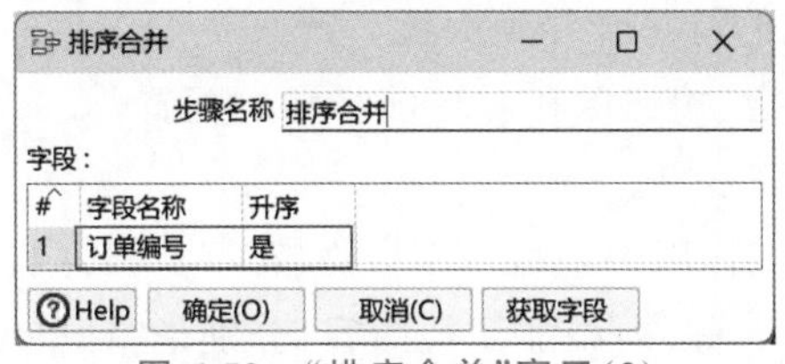

图 6-50　“排序合并”窗口(2)

图 6-50 中配置的内容表示，根据字段“订单编号”的值对“字段选择 2”步骤和“字段选择 3”步骤的数据进行升序排序，然后将排序后的数据进行合并。在图 6-50 中，单击“确定”按钮保存对当前步骤的配置。

（15）配置“排序记录 5”步骤。

在转换 granularity 的工作区中，双击“排序记录 5”步骤打开“排序记录”窗口。在该窗口中“字段”部分的“字段名称”列和“升序”列分别填写“订单编号”和“是”，如图 6-51 所示。

图 6-51 中配置的内容表示根据字段“订单编号”的值对数据进行升序排序。在图 6-51 中，单击“确定”按钮保存对当前步骤的配置。

（16）配置“排序记录 6”步骤。

在转换 granularity 的工作区中，双击“排序记录 6”步骤打开“排序记录”窗口。在该窗口中“字段”部分的“字段名称”列和“升序”列分别填写“订单编号”和“是”，如图 6-52 所示。

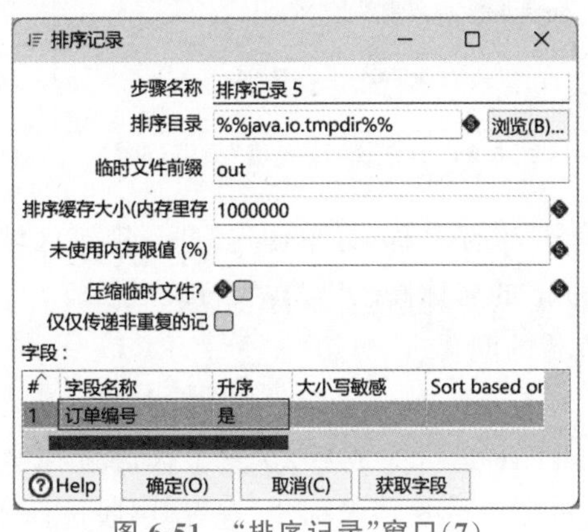

图 6-51　“排序记录”窗口(7)

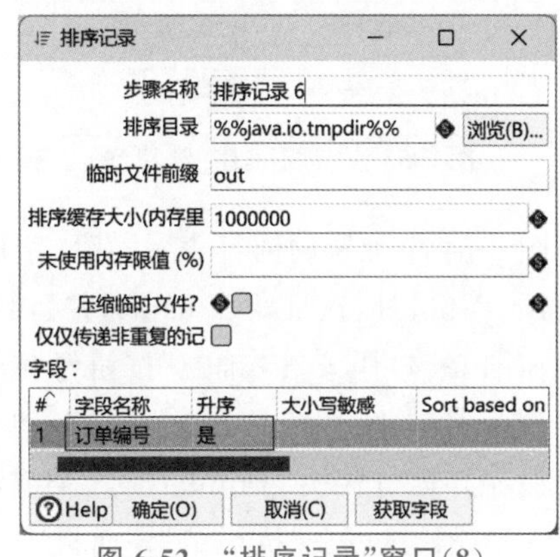

图 6-52　“排序记录”窗口(8)

图 6-52 中配置的内容表示根据字段“订单编号”的值对数据进行升序排序。在图 6-52 中，单击“确定”按钮保存对当前步骤的配置。

(17) 配置“记录集连接 3”步骤。

在转换 granularity 的工作区中,双击“记录集连接 3”步骤打开“合并排序”窗口。在该窗口的“第一个步骤”下拉框和“第二个步骤”下拉框中分别选择“排序记录 5”选项和“排序记录 6”选项,并在“第一个步骤的连接字段”部分和“第二个步骤的连接字段”部分的“连接字段”列都填写“订单编号”,如图 6-53 所示。

图 6-53 中配置的内容表示,使用内连接将“排序记录 5”步骤和“排序记录 6”步骤的数据进行关联,指定两个步骤中的字段“订单编号”为关联条件。当两个步骤中“订单编号”字段的值相匹配时,它们所在的行将合并为一行。

在图 6-53 中,单击“确定”按钮保存对当前步骤的配置。

(18) 配置“字段选择 4”步骤。

在转换 granularity 的工作区中,双击“字段选择 4”步骤打开“选择/改名值”窗口。在该窗口中“字段”部分的“字段名称”列添加 9 行内容,分别是“订单编号”、“产品名称”、“订单创建时间”、“销售区域”、“订单金额”、“年份”、“月份”、“日期”和 name,并在 name 行的“改名成”列中填写“省级行政区”,如图 6-54 所示。

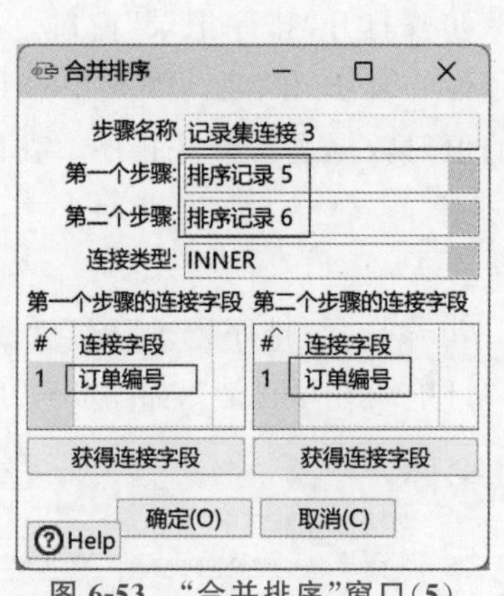

图 6-53 “合并排序”窗口(5)

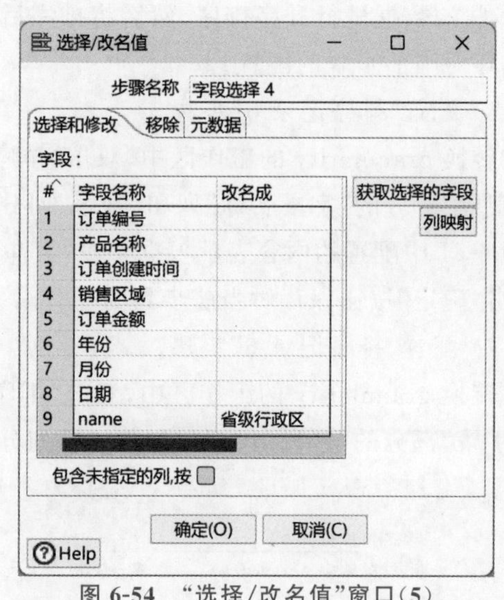

图 6-54 “选择/改名值”窗口(5)

图 6-54 中配置的内容表示,获取字段订单编号、产品名称、订单创建时间、销售区域、订单金额、年份、月份、日期和 name,并且将字段 name 的名称修改为“省级行政区”。

在图 6-54 中,单击“确定”按钮保存对当前步骤的配置。

4. 运行转换

保存并运行转换 granularity。当转换 granularity 运行完成后,在其工作区选择“字段选择 4”步骤,然后在“执行结果”面板中单击 Preview data 选项卡标签,查看“字段选择 4”步骤中的数据,如图 6-55 所示。

从图 6-55 中可以看出,从 CSV 文件 order_info.csv 抽取的数据中,每条销售信息都新增了字段“年份”“月份”“日期”“省级行政区”。这说明成功对 CSV 文件 order_info.csv 中的数据进行了数据粒度转换。

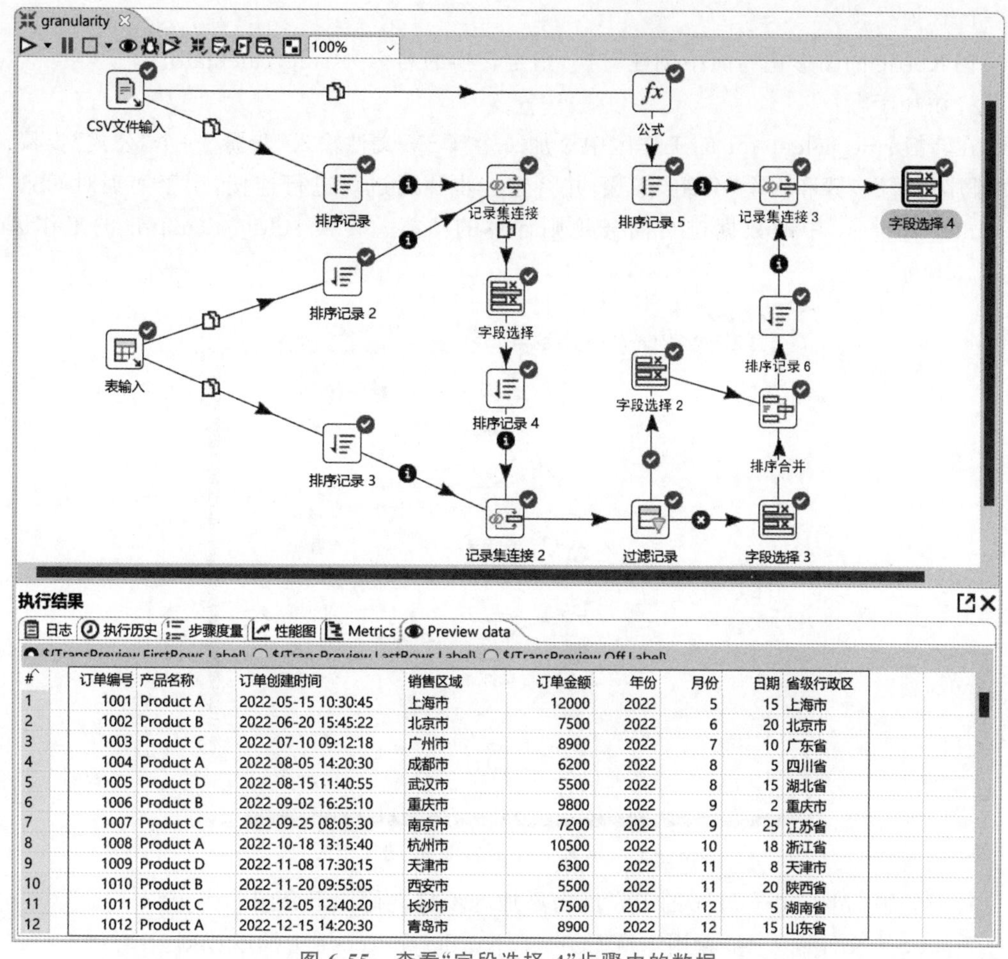

#	订单编号	产品名称	订单创建时间	销售区域	订单金额	年份	月份	日期	省级行政区
1	1001	Product A	2022-05-15 10:30:45	上海市	12000	2022	5	15	上海市
2	1002	Product B	2022-06-20 15:45:22	北京市	7500	2022	6	20	北京市
3	1003	Product C	2022-07-10 09:12:18	广州市	8900	2022	7	10	广东省
4	1004	Product A	2022-08-05 14:20:30	成都市	6200	2022	8	5	四川省
5	1005	Product D	2022-08-15 11:40:55	武汉市	5500	2022	8	15	湖北省
6	1006	Product B	2022-09-02 16:25:10	重庆市	9800	2022	9	2	重庆市
7	1007	Product C	2022-09-25 08:05:30	南京市	7200	2022	9	25	江苏省
8	1008	Product A	2022-10-18 13:15:40	杭州市	10500	2022	10	18	浙江省
9	1009	Product D	2022-11-08 17:30:15	天津市	6300	2022	11	8	天津市
10	1010	Product B	2022-11-20 09:55:05	西安市	5500	2022	11	20	陕西省
11	1011	Product C	2022-12-05 12:40:20	长沙市	7500	2022	12	5	湖南省
12	1012	Product A	2022-12-15 14:20:30	青岛市	8900	2022	12	15	山东省

图 6-55　查看“字段选择 4”步骤中的数据

6.4　数据的商务规则计算

数据的商务规则计算涉及对原始数据进行具体计算以满足特定的商务需求。例如，在处理销售数据时，数据的商务规则可能涉及对不同地区的销售额的计算，为决策制定者提供关键的商务信息。

例如，现在有一个 CSV 文件 order_info.csv，该文件记录了某公司在 2022 年和 2023 年中不同产品的销售信息，其内容如图 6-35 所示。现根据公司的商务需求，需要对文件 order_info.csv 中的数据进行如下计算。

- 计算 2022 年和 2023 年的总销售额；
- 分别计算 2022 年和 2023 年的销售额；
- 分别计算每个区域的销售额；
- 分别计算 2022 年和 2023 年中每个产品的销售额。

接下来，演示如何使用 Kettle 对 CSV 文件 order_info.csv 中的数据进行商务规则计算，具体操作步骤如下。

1. 创建转换

在Kettle的图形化界面中创建转换,指定转换的名称为rule_calculator。

2. 添加步骤

在转换rule_calculator的工作区中添加一个"CSV文件输入"步骤、一个"公式"步骤、三个"排序记录"步骤和四个"分组"步骤,并将这些步骤通过跳进行连接,用于实现对CSV文件order_info.csv中的数据进行商务规则计算的功能。转换rule_calculator的工作区如图6-56所示。

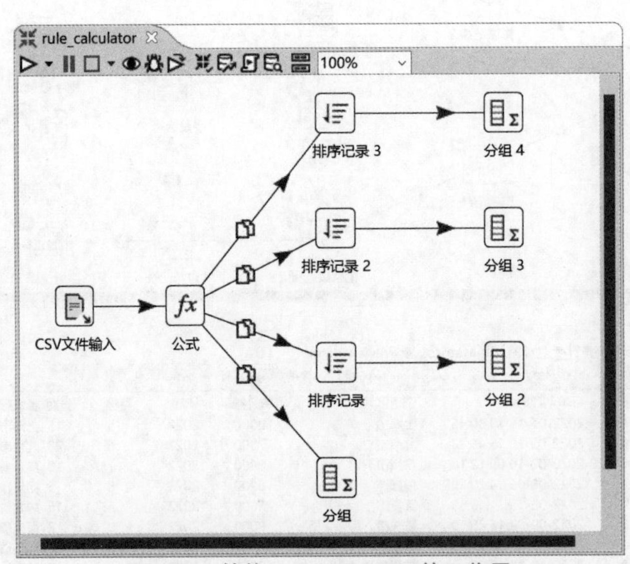

图 6-56 转换 rule_calculator 的工作区

针对转换rule_calculator的工作区中添加的步骤进行如下介绍。

- "CSV文件输入"步骤用于从CSV文件order_info.csv中抽取数据。
- "公式"步骤用于根据订单创建时间获取年份。
- "分组"步骤用于计算2022年和2023年的总销售额。
- "排序记录"步骤用于根据年份进行排序,其目的是后续根据年份进行分组。
- "分组2"步骤用于分别计算2022年和2023年的销售额。
- "排序记录2"步骤用于按销售区域进行排序,其目的是后续根据销售区域进行分组。
- "分组3"步骤用于分别计算每个区域的销售额。
- "排序记录3"步骤用于根据年份和产品名称进行排序,其目的是后续根据年份和产品名称进行分组。
- "分组4"步骤用于分别计算2022年和2023年中每个产品的销售额。

3. 配置步骤

对转换rule_calculator的工作区中添加的9个步骤进行配置,具体内容如下。

(1) 配置"CSV文件输入"步骤。

在转换rule_calculator的工作区中,双击"CSV文件输入"步骤打开"CSV文件输入"窗口。在该窗口中添加要抽取的CSV文件order_info.csv。然后在"文件编码"输入框中填写UTF-8,取消"简易转换?"复选框的勾选,并单击"获取字段"按钮通过"CSV文件输入"步骤检测 CSV 文件 order_info.csv，以推断出字段的信息，如图 6-57 所示。

图 6-57　“CSV 文件输入”窗口(6)

从图 6-57 中可以看出，“CSV 文件输入”步骤推断出 CSV 文件 order_info.csv 包含 5 个字段，这些字段的名称分别是“订单编号”“产品名称”“订单创建时间”“销售区域”“订单金额”。在图 6-57 中，单击“确定”按钮保存对当前步骤的配置。

(2) 配置“公式”步骤。

在转换 rule_calculator 的工作区中，双击“公式”步骤打开“公式”窗口。在该窗口的“字段”部分添加 1 行内容，其“新字段”“公式”“值类型”列的值分别为“年份”、YEAR([订单创建时间])和 Integer，如图 6-58 所示。

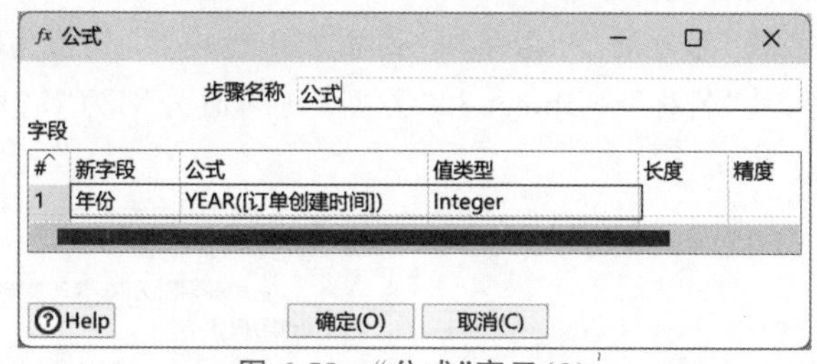

图 6-58　“公式”窗口(3)

图 6-58 中配置的内容表示，使用 YEAR()表达式基于字段“订单创建时间”的值来获取年份，并将其存储在数据类型为 Integer 的字段“年份”中。在图 6-58 中，单击“确定”按钮保存对当前步骤的配置。

(3) 配置“分组”步骤。

在转换 rule_calculator 的工作区中，双击“分组”步骤打开“分组”窗口。在该窗口的“步骤名称”输入框中指定步骤的名称为“计算 2022 年和 2023 年的总销售额”。然后在“聚合”部分添加一行内容，其“名称”、Subject 和“类型”列的值分别为“总销售额”“订单金额”“求和”，如图 6-59 所示。

图 6-59 中配置的内容表示，对字段“订单金额”的值进行求和的聚合运算，并通过字段

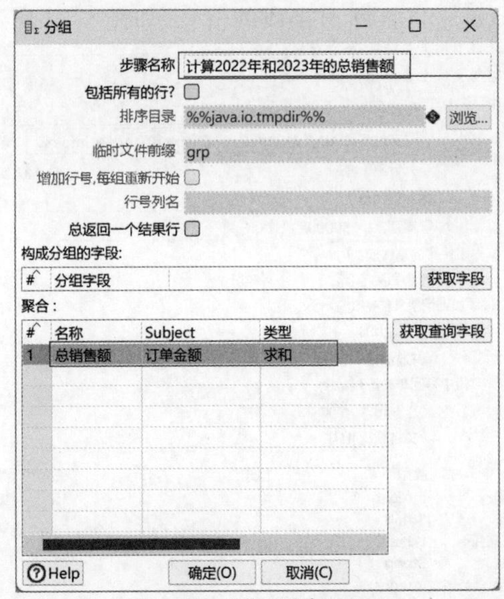

图 6-59 “分组”窗口(1)

“总销售额”记录计算结果。在图 6-59 中,单击“确定”按钮保存对当前步骤的配置。

(4) 配置“排序记录”步骤。

在转换 rule_calculator 的工作区中,双击“排序记录”步骤打开“排序记录”窗口。在该窗口中“字段”部分的“字段名称”和“升序”列中分别填写“年份”和“是”,如图 6-60 所示。

图 6-60 中配置的内容表示根据字段“年份”的值对数据进行升序排序。在图 6-60 中,单击“确定”按钮保存对当前步骤的配置。

(5) 配置“分组 2”步骤。

在转换 rule_calculator 的工作区中,双击“分组 2”步骤打开“分组”窗口。在该窗口中,首先,在“步骤名称”输入框中指定步骤的名称为“分别计算 2022 年和 2023 年的销售额”。然后,在“构成分组的字段”部分的“分组字段”列添加 1 行内容,其值为“年份”。最后,在“聚合”部分添加 1 行内容,其“名称”、Subject 和“类型”列的值分别为“销售额”“订单金额”“求和”,如图 6-61 所示。

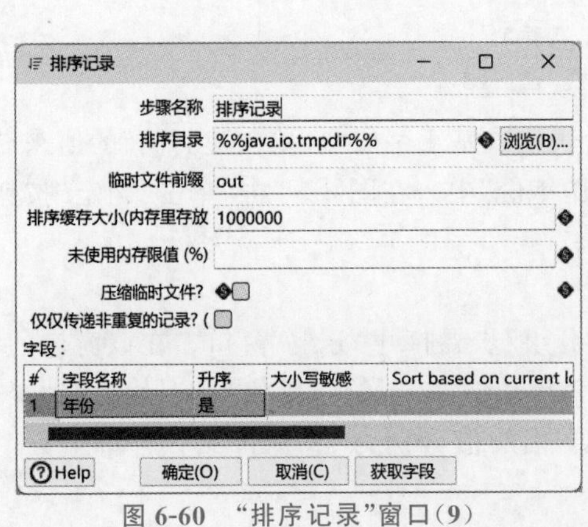

图 6-60 “排序记录”窗口(9)

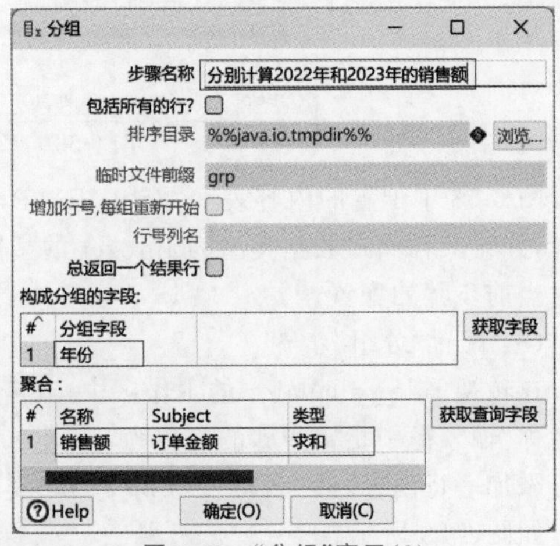

图 6-61 “分组”窗口(2)

图 6-61 中配置的内容表示，根据字段“年份”的值对数据进行分组，对每组数据中字段“订单金额”的值进行求和的聚合运算，并通过字段“销售额”记录计算结果。

在图 6-61 中，单击“确定”按钮保存对当前步骤的配置。

(6) 配置“排序记录 2”步骤。

在转换 rule_calculator 的工作区中，双击“排序记录 2”步骤打开“排序记录”窗口。在该窗口中“字段”部分的“字段名称”和“升序”列分别填写“销售区域”和“是”，如图 6-62 所示。

图 6-62 中配置的内容表示根据字段“销售区域”的值对数据进行升序排序。在图 6-62 中，单击“确定”按钮保存对当前步骤的配置。

(7) 配置“分组 3”步骤。

在转换 rule_calculator 的工作区中，双击“分组 3”步骤打开“分组”窗口。在该窗口中，首先，在“步骤名称”输入框中指定步骤的名称为“分别计算每个区域的销售额”。然后，在“构成分组的字段”部分的“分组字段”列添加 1 行内容，其值为“销售区域”。最后，在“聚合”部分添加 1 行内容，其“名称”、Subject 和“类型”列的值分别为“销售额”“订单金额”“求和”，如图 6-63 所示。

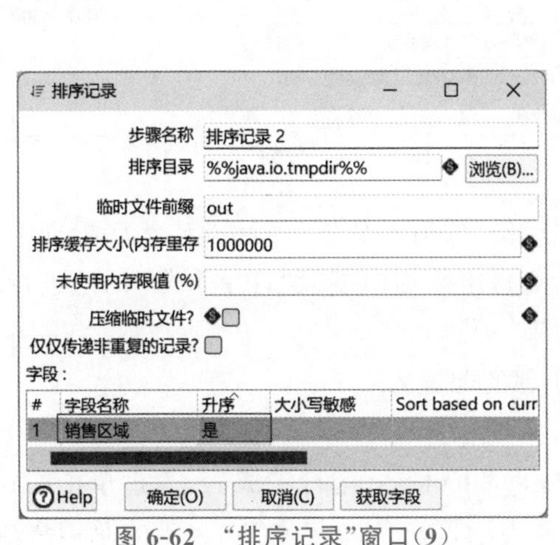

图 6-62　“排序记录”窗口(9)

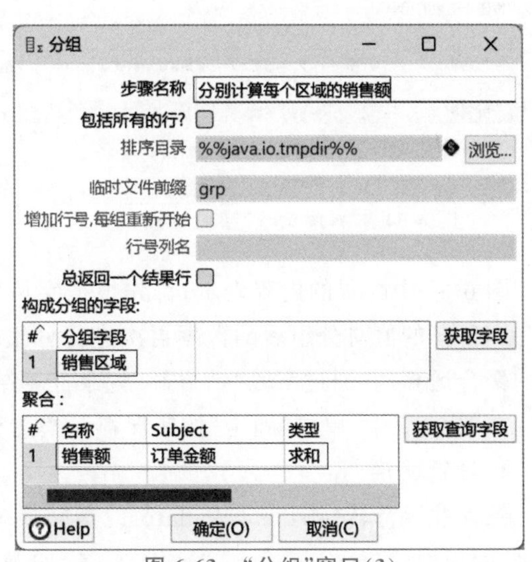

图 6-63　“分组”窗口(3)

图 6-63 中配置的内容表示，根据字段“销售区域”的值对数据进行分组，对每组数据中字段“订单金额”的值进行求和的聚合运算，并通过字段“销售额”记录计算结果。

在图 6-63 中，单击“确定”按钮保存对当前步骤的配置。

(8) 配置“排序记录 3”步骤。

在转换 rule_calculator 的工作区中，双击“排序记录 3”步骤打开“排序记录”窗口。在该窗口的“字段”部分添加两行内容。其中第一行内容中，“字段名称”和“升序”列的值分别为“年份”和“是”；第二行内容中，“字段名称”和“升序”列的值分别为“产品名称”和“是”，如图 6-64 所示。

图 6-64 中配置的内容表示，首先根据字段“年份”的值对数据进行升序排序，然后根据

字段“产品名称”的值对排序后的数据再次进行升序排序。在图6-64中,单击“确定”按钮保存对当前步骤的配置。

(9)配置“分组4”步骤。

在转换rule_calculator的工作区中,双击“分组4”步骤打开“分组”窗口。在该窗口中,首先,在“步骤名称”输入框中指定步骤的名称为“分别计算2022年和2023年中每个产品的销售额”。然后,在“构成分组的字段”部分的“分组字段”列中添加2行内容,分别是“年份”和“产品名称”。最后,在“聚合”部分添加1行内容,其“名称”、Subject和“类型”列的值分别为“销售额”“订单金额”“求和”,如图6-65所示。

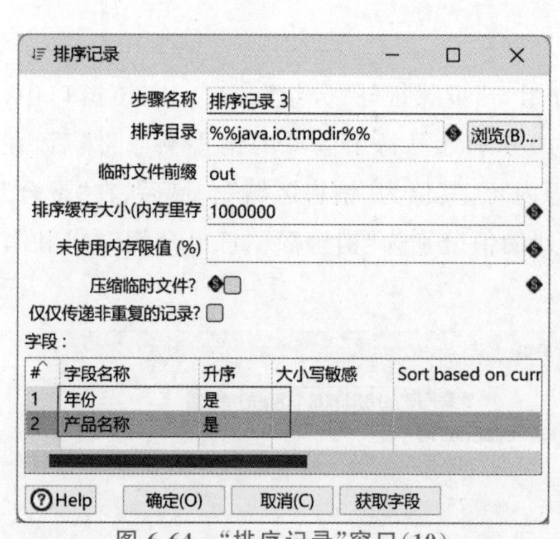

图6-64 “排序记录”窗口(10)

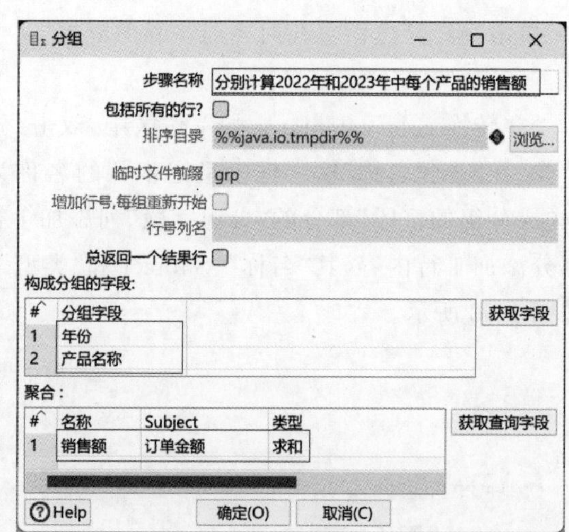

图6-65 “分组”窗口(4)

图6-65中配置的内容表示,首先根据字段“年份”的值对数据进行分组,然后根据字段“产品名称”的值对分组后的数据再次进行分组,对每组数据中字段“订单金额”的值进行求和的聚合运算,并通过字段“销售额”记录计算结果。

在图6-65中,单击“确定”按钮保存对当前步骤的配置。

4. 运行转换

保存并运行转换rule_calculator。当转换rule_calculator运行完成后,通过单击“执行结果”面板中的Preview data选项卡标签,分别查看“计算2022年和2023年的总销售额”“分别计算2022年和2023年的销售额”“分别计算每个区域的销售额”“分别计算2022年和2023年中每个产品的销售额”步骤中的数据,分别如图6-66、图6-67、图6-68和图6-69所示。

从图6-66中可以看出,2022年和2023年的总销售额为760800。

从图6-67中可以看出,2022年的销售额为287400,2023年的销售额为473400。

在图6-68中显示了部分区域的销售额,例如,上海市的销售额为12000。

在图6-69中分别显示了2022年和2023年中不同的产品的销售额。例如,在2022年中,产品Product A的销售额为84000。在2023年中,产品Product A的销售额为117700。

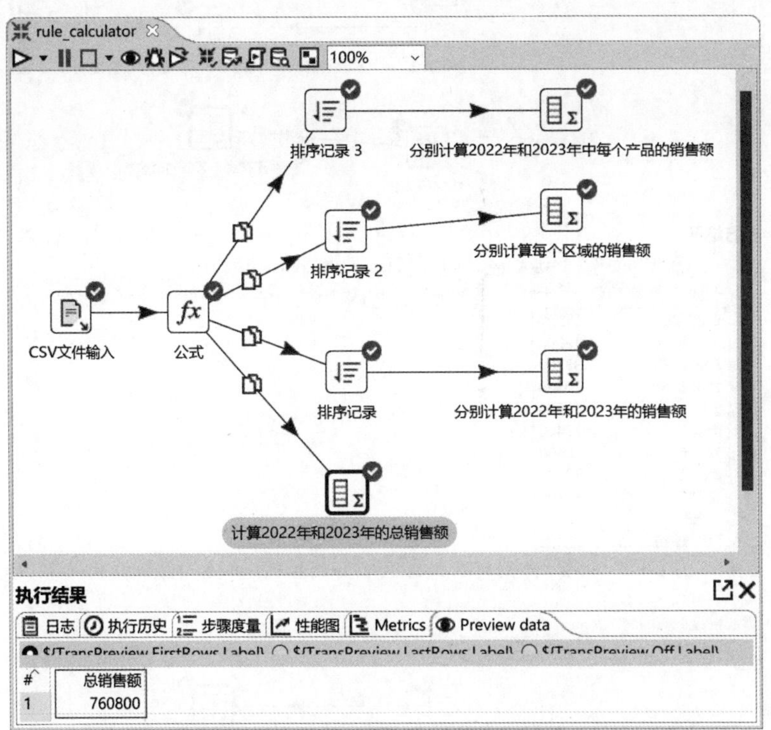

图 6-66 查看“计算 2022 年和 2023 年的总销售额”步骤中的数据

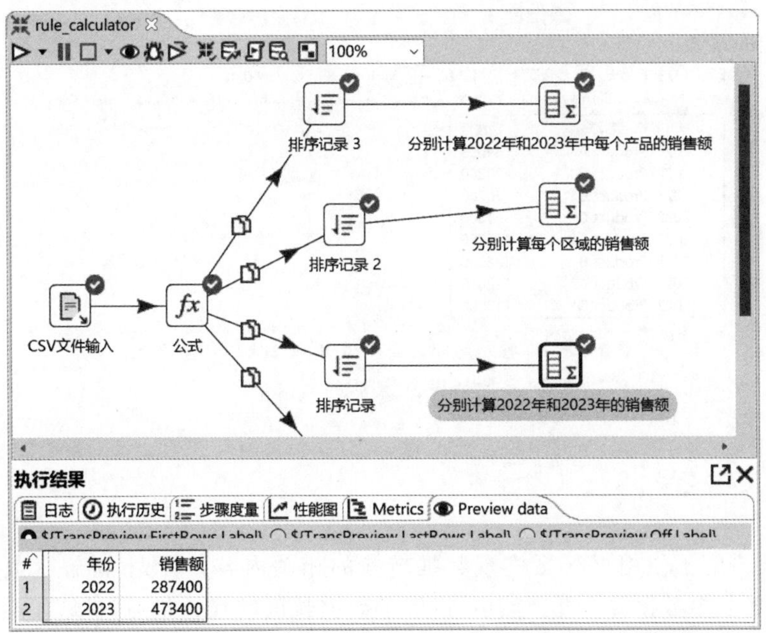

图 6-67 查看“分别计算 2022 年和 2023 年的销售额”步骤的数据

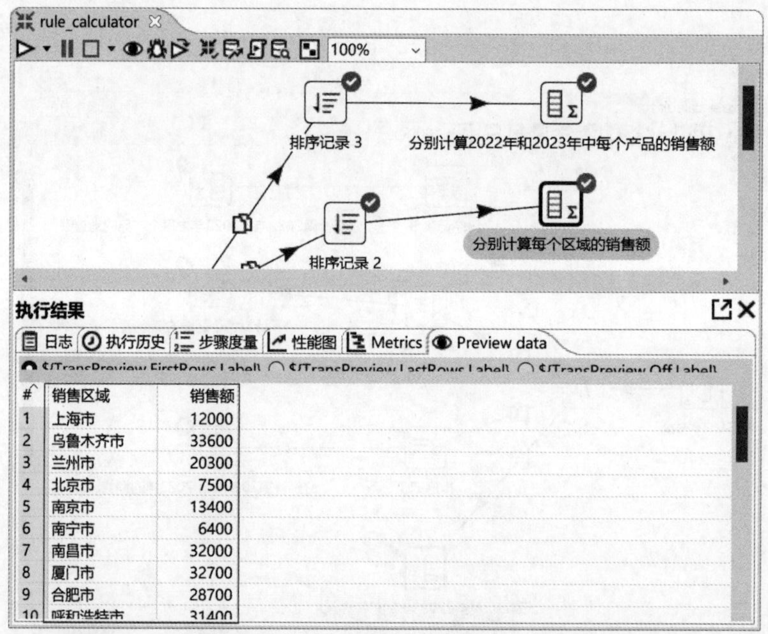

#	销售区域	销售额
1	上海市	12000
2	乌鲁木齐市	33600
3	兰州市	20300
4	北京市	7500
5	南京市	13400
6	南宁市	6400
7	南昌市	32000
8	厦门市	32700
9	合肥市	28700

图 6-68　查看"分别计算每个区域的销售额"步骤的部分数据

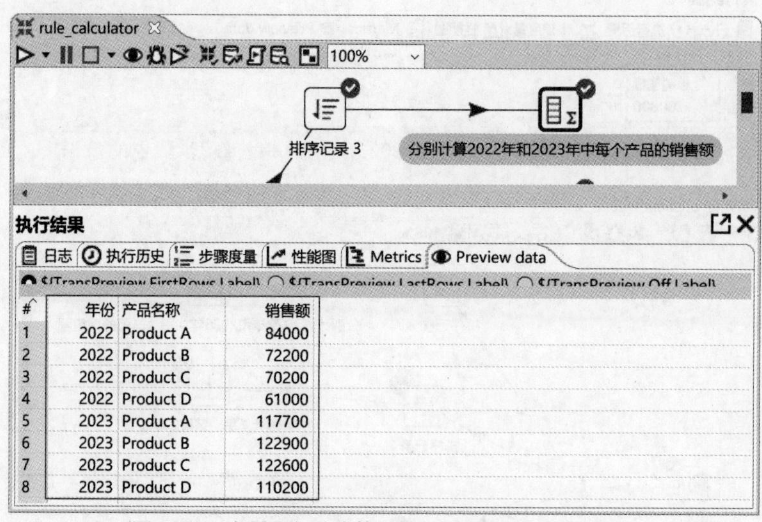

#	年份	产品名称	销售额
1	2022	Product A	84000
2	2022	Product B	72200
3	2022	Product C	70200
4	2022	Product D	61000
5	2023	Product A	117700
6	2023	Product B	122900
7	2023	Product C	122600
8	2023	Product D	110200

图 6-69　查看"分别计算 2022 年和 2023 年中每个产品的销售额"步骤的数据

6.5　本章小结

本章主要讲解了使用 Kettle 实现数据转换的相关内容。首先，讲解了数据规范化处理。接着，讲解了多数据源合并。然后，讲解了数据粒度转换。最后，讲解了数据的商务规则计算。通过本章的学习，读者可以掌握使用 Kettle 实现常见的数据转换操作，帮助读者有效地转换数据，为后续的数据分析和建模工作打下坚实的基础。

6.6　课后习题

一、填空题

1. 在 Kettle 的“公式”步骤中用于获取日期中年份的表达式是________。

2. 在 Kettle 中，________步骤可以将字段中的指定值替换为其他特定的值。

3. 在 Kettle 的“过滤记录”步骤中匹配正则表达式时，需要在“函数”窗口选择________选项。

4. 数据粒度转换时，向上转换是指将________粒度数据转换为________粒度数据。

5. Kettle 的“表输入”步骤会将表中字段的数据类型 VARCHAR 解析为________。

二、判断题

1. 在 Kettle 中，更改日期的格式前需要将字段的数据类型修改为 String。　(　　)

2. 在 Kettle 中，当字段的数据类型由 Boolean 调整为 Integer 时，false 会变更为 1。　(　　)

3. 在 Kettle 中，“过滤记录”步骤可以对两个字段的值进行比较。　(　　)

4. 在 Kettle 中，使用联合的合并方式合并两个数据集时，它们的结构必须相同。　(　　)

5. 在 Kettle 中，“分组”步骤可以根据多个字段进行分组。　(　　)

三、选择题

1. 下列选项中，说法正确的是(　　)。(多选)

A. 将销售区域内的城市转换为所属的省级行政区属于向下转换
B. 将销售区域内的城市转换为所属的省级行政区属于向上转换
C. 将订单创建时间转换为年份属于向上转换
D. 将订单创建时间转换为年份属于向下转换

2. 下列选项中，使用 Kettle 的“字段选择”步骤无法修改的是(　　)。

A. 字段的名称　B. 字段的数据类型　C. 字段的格式　D. 字段的值

3. 在 Kettle 的“记录集连接”步骤中，支持的连接类型包括(　　)。(多选)

A. 笛卡儿积连接　B. 全外连接　C. 左外连接　D. 内连接

4. 在 Kettle 的“公式”步骤中，用于获取字段 phone 中手机号前 3 位的计算公式是(　　)。

A. REPLACE([phone];3;11;"")　B. REPLACE([phone];4;11;"")
C. SUBSTRING([phone];3;11;"")　D. SUBSTRING([phone];4;11;"")

5. 在 Kettle 的“排序记录”步骤中，用于指定排序规则的配置是(　　)。

A. “升序”列　B. “升序”复选框　C. “降序”列　D. “降序”复选框

四、简答题

1. 简述数据类型转换、数据结构调整、数据标准化和字段规范化的作用。

2. 简述连接的合并方式中不同连接类型的区别。

第 7 章 数据加载

学习目标

- 掌握将数据加载到文本文件，能够灵活运用 Kettle 将指定步骤的数据加载到文本文件；
- 掌握将数据加载到关系数据库，能够灵活运用 Kettle 将指定步骤的数据加载到 MySQL；
- 熟悉将数据加载到非关系数据库，能够使用 Kettle 将指定步骤的数据加载到 HBase；
- 掌握将数据加载到 Hive，能够灵活运用 Kettle 将指定步骤的数据加载到 Hive。

数据加载是 ETL 必不可少的环节，它可以将数据加载到指定的目标系统，为业务部门和决策层提供全面、准确的数据支持。这些目标系统可能是文本文件、数据库、数据仓库等。本章将讲解如何使用 Kettle 将数据加载到常见的目标系统。

7.1 将数据加载到文本文件

文本文件是一种用于存储纯文本信息的计算机文件。Kettle 提供了“文本文件输出”步骤，用于将指定步骤的数据加载到文本文件中，每行数据单独占据文本文件的一行空间。用户可以自定义分隔符来分隔数据中的不同字段。

“文本文件输出”步骤提供了追加和覆盖两种数据加载模式。在追加模式下，如果目标文本文件已存在，那么加载的数据将被添加到目标文本文件的尾部。在覆盖模式下，如果目标文件已存在，那么目标文本文件的现有内容将被加载的数据完全替代。

接下来，演示如何使用 Kettle 将指定步骤的数据，以不同的数据加载模式加载到文本文件中，具体内容如下。

1. 追加模式

例如，在 MySQL 数据库 chapter07 的表 order_info 中，记录了某商店的商品销售信息。表 order_info 的内容如图 7-1 所示。

从图 7-1 中可以看出，表 order_info 记录的每条商品销售信息包括订单 ID(order_id)、商品名称(product)、销售额(order_price)和订单创建时间(order_time)。读者可以使用本书提供的配套资源中的 SQL 脚本文件 sale_info.sql，在 MySQL 中创建数据库 chapter07、表 order_info，并插入相关数据。

表 order_info 的数据每间隔一段时间会加载到 CSV 文件 order_info.csv 进行备份。为减少数据冗余,应采用增量加载的方式,仅将表 order_info 中新增的销售信息以追加模式加载到 CSV 文件 order_info.csv 中。CSV 文件 order_info.csv 的内容如图 7-2 所示。

order_id	product	order_price	order_time
2001	书籍	25	2023-08-01 08:00:00
2002	耳机	50	2023-08-01 09:15:00
2003	电子产品	100	2023-08-01 10:30:00
2004	文具	15	2023-08-01 11:45:00
2005	咖啡	30	2023-08-01 12:10:00
2006	家具	200	2023-08-01 13:00:00
2007	零食	10	2023-08-01 14:15:00
2008	厨具	40	2023-08-01 15:20:00
2009	运动装备	80	2023-08-01 16:00:00
2010	电脑配件	60	2023-08-01 16:45:00
2011	书籍	35	2023-08-01 17:30:00
2012	耳机	65	2023-08-01 18:15:00
2013	电子产品	120	2023-08-01 19:00:00
2014	文具	20	2023-08-01 19:30:00
2015	咖啡	28	2023-08-01 20:00:00

图 7-1　表 order_info 的内容(1)

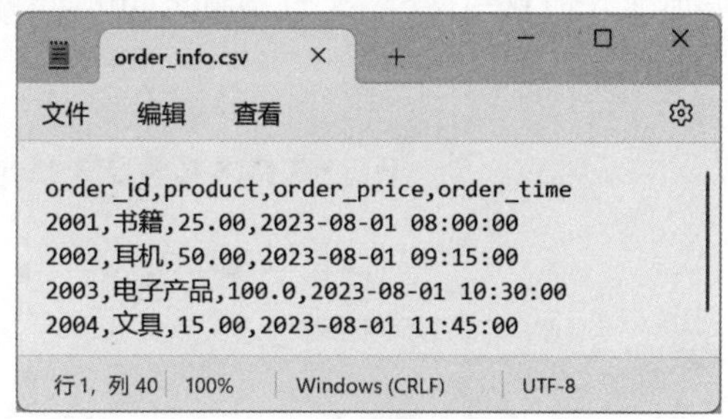


```
order_id,product,order_price,order_time
2001,书籍,25.00,2023-08-01 08:00:00
2002,耳机,50.00,2023-08-01 09:15:00
2003,电子产品,100.0,2023-08-01 10:30:00
2004,文具,15.00,2023-08-01 11:45:00
```

图 7-2　CSV 文件 order_info.csv 的内容

从图 7-2 中可以看出,CSV 文件 order_info.csv 的第一行记录了字段的名称,并且每个字段通过逗号进行分隔。

接下来,演示如何使用 Kettle 将表 order_info 中新增的销售信息以追加模式加载到 CSV 文件 order_info.csv 中,具体操作步骤如下。

(1) 创建转换。

在 Kettle 的图形化界面中创建转换,指定转换的名称为 output_file01。

(2) 创建数据库连接。

在转换 output_file01 中创建数据库连接 chapter07_connect,其连接类型为 MySQL,连接方式为 Native(JDBC),主机名称为 localhost,数据库名称为 chapter07,端口号为 3306,用户名为 itcast,密码为 Itcast@2023,如图 7-3 所示。

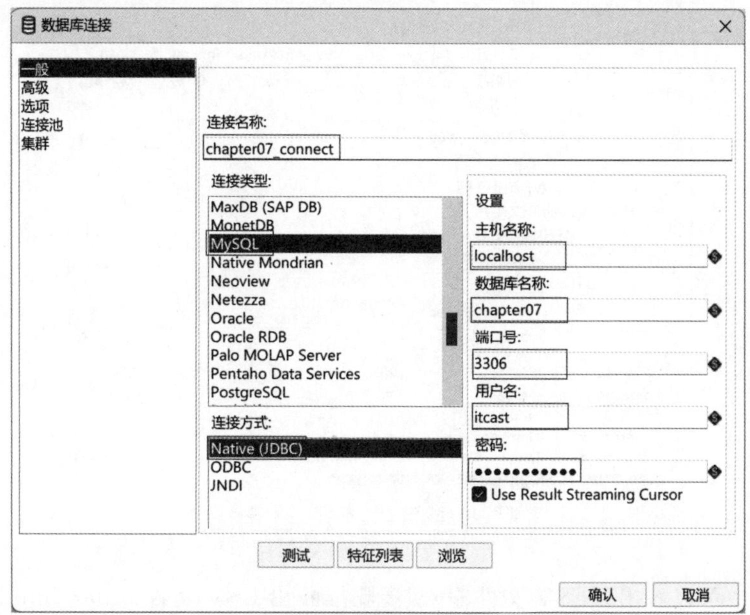

图 7-3　创建数据库连接 chapter07_connect

在图7-3中,如果单击“测试”按钮后弹出了Connection tested successfully对话框,说明当前创建的数据库连接可以与MySQL的数据库chapter07建立连接。

(3) 添加步骤。

在转换output_file01的工作区中添加“CSV文件输入”“分组”“数据库连接”“文本文件输出”步骤,并将这4个步骤通过跳进行连接,用于实现将表order_info中新增的销售信息以追加模式加载到CSV文件order_info.csv中的功能。转换output_file01的工作区如图7-4所示。

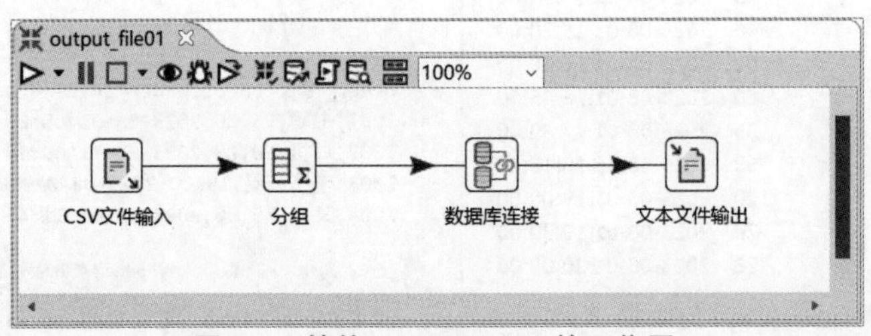

图7-4 转换output_file01的工作区

在图7-4中,“CSV文件输入”步骤用于从CSV文件order_info.csv抽取数据。“分组”步骤用于根据订单创建时间来获取文件order_info.csv中最新插入的销售信息。“数据库连接”步骤用于获取表order_info中新增的销售信息。“文本文件输出”步骤用于将“数据库连接”步骤中的数据以追加模式加载到CSV文件order_info.csv中。

(4) 配置“CSV文件输入”步骤。

在转换output_file01的工作区中,双击“CSV文件输入”步骤打开“CSV文件输入”窗口。在该窗口中添加要抽取的CSV文件order_info.csv。然后在“文件编码”输入框内填写UTF-8,取消“简易转换?”复选框的勾选,并单击“获取字段”按钮通过“CSV文件输入”步骤检测CSV文件order_info.csv,以推断出字段的信息,如图7-5所示。

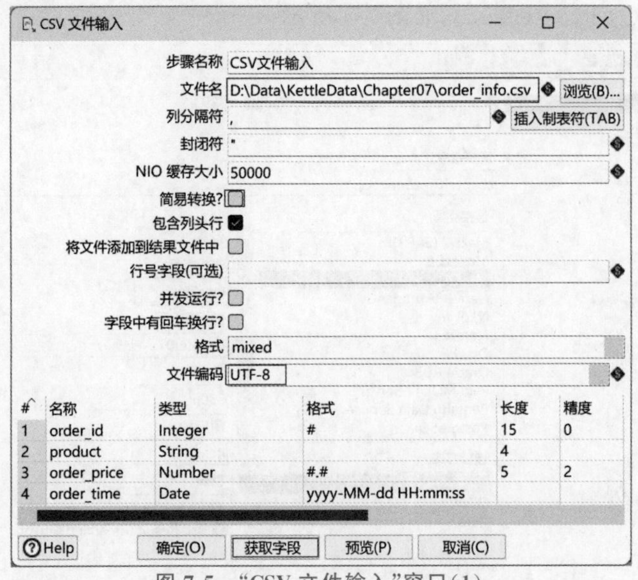

#	名称	类型	格式	长度	精度
1	order_id	Integer	#	15	0
2	product	String		4	
3	order_price	Number	#.#	5	2
4	order_time	Date	yyyy-MM-dd HH:mm:ss		

图7-5 “CSV文件输入”窗口(1)

从图7-5中可以看出,“CSV文件输入”步骤推断出CSV文件order_info.csv包含4个字段，这些字段的名称分别是 order_id、product、order_price、order_time。在图 7-5 中，单击“确定”按钮保存对当前步骤的配置。

(5) 配置“分组”步骤。

在转换 output_file01 的工作区中，双击“分组”步骤打开“分组”窗口。在该窗口的“聚合”部分添加一行内容，其“名称”、Subject 和“类型”列的值分别为 max_time、order_time 和“最大”，如图 7-6 所示。

图 7-6 中配置的内容表示，对字段 order_time 的值进行求最大值的聚合运算，并用字段 max_time 记录计算结果。在图 7-6 中，单击“确定”按钮保存对当前步骤的配置。

(6) 配置“数据库连接”步骤。

在转换 output_file01 的工作区中，双击“数据库连接”步骤打开 Database join 窗口。在该窗口中，首先，在“数据库连接”下拉框中选择数据库连接 chapter07_connect。然后，在 SQL 文本框内输入 SQL 语句“SELECT * FROM order_info WHERE order_time > ?”。最后，在 The parameter fieldname 部分添加 1 行内容，其 Parameter fieldname 和 Parameter Type 列的值分别为 max_time 和 Date，如图 7-7 所示。

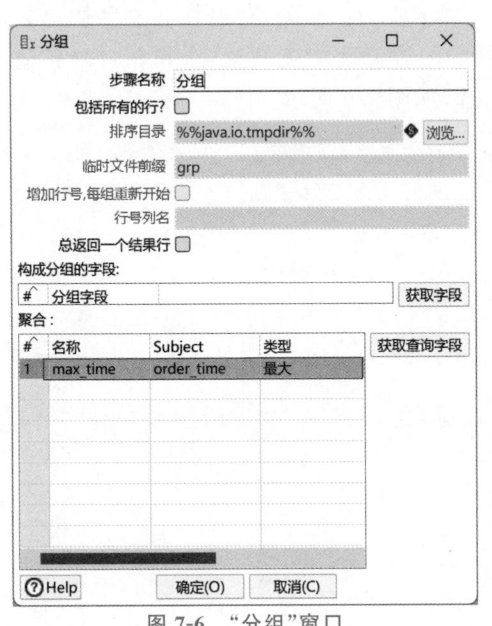

图 7-6　“分组”窗口

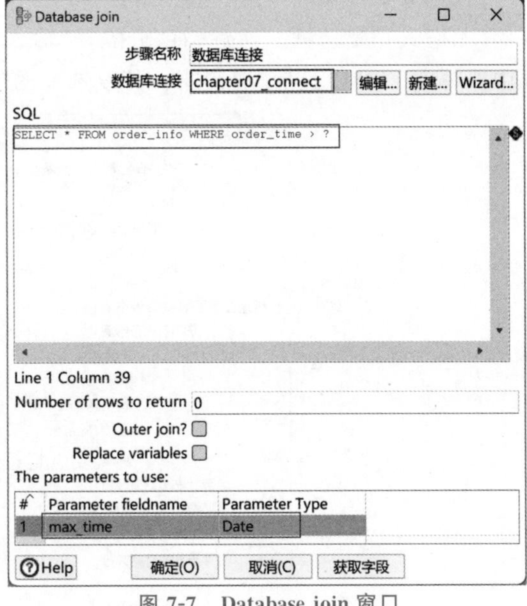

图 7-7　Database join 窗口

图 7-7 中配置的内容表示，使用数据库连接 chapter07_connect 来查询表 order_info 中所有字段的数据。查询的条件是要求字段 order_time 的值大于特定参数的值，这个参数的值来源于数据类型为 Date 的字段 max_time。

在图 7-7 中，单击“确定”按钮保存对当前步骤的配置。

需要说明的是，在 SQL 语句的查询条件中，使用问号(?)表示参数化查询中的占位符。The parameter to use 部分的内容表示提供参数值的字段，在执行查询时，这些值将被动态传递到 SQL 语句中特定位置的问号。

(7) 配置“文本文件输出”步骤。

在转换 output_file01 的工作区中，双击“文本文件输出”步骤打开“文本文件输出”窗口,在该窗口的"文件名称"输入框中填写 CSV 文件 order_info.csv 所在的路径,并清除"扩展名"输入框的默认内容,如图 7-8 所示。

图 7-8 "文本文件输出"窗口(1)

图 7-8 中,"扩展名"输入框用于指定文件的扩展名(也称后缀名)。考虑到在指定 CSV 文件 order_info.csv 的路径时,已经包含了扩展名,因此可以清除"扩展名"输入框中的内容。

在图 7-8 中,单击"内容"选项卡标签。在该选项卡中,首先,勾选"追加方式""快速数据存储(无格式)"复选框。然后,将"分隔符"输入框的内容修改为英文逗号,并在"编码"输入框中填写 UTF-8。最后,取消"头部"复选框的勾选,如图 7-9 所示。

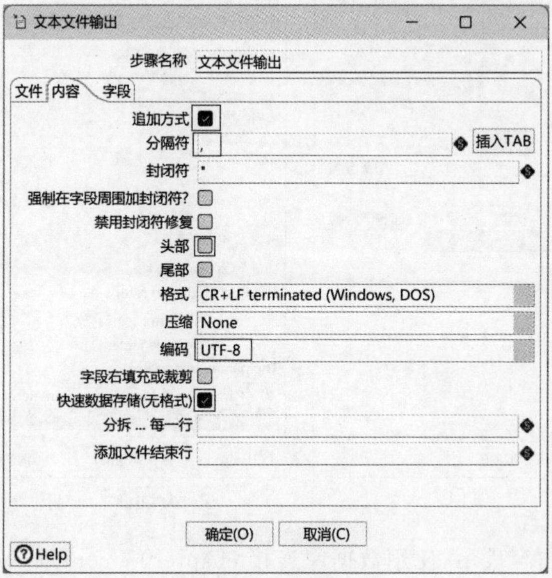

图 7-9 "内容"选项卡(1)

图 7-9 配置的内容表示,使用追加模式将 UTF-8 编码的数据加载到 CSV 文件 order_info.csv 中,同时指定字段之间的分隔符为英文逗号。取消"头部"复选框的勾选是因为,CSV 文件 order_info.csv 的第一行已经保存字段名称,所以无须在其第一行添加字段名称。此外,勾选"快速数据存储(无格式)"复选框的作用是,在将数据加载到 CSV 文件 order_info.csv 时不包含任何格式信息。例如,为字符串类型的数据添加双引号。

在图 7-9 中,单击"字段"选项卡标签。在该选项卡中单击"获取字段"按钮获取"文本文件输出"步骤包含的所有字段,如图 7-10 所示。

在图 7-10 中，选择与 CSV 文件 order_info.csv 中记录的内容无关的字段 max_time，然后按键盘的 Delete 键将其删除。

在图 7-10 中单击“确定”按钮保存对当前步骤的配置。

(8) 运行转换。

保存并运行转换 output_file01。当转换 output_file01 运行完成后，在 D:\Data\KettleData\Chapter07 目录中查看 CSV 文件 order_info.csv 的内容，如图 7-11 所示。

图 7-10 “字段”选项卡(1)

order_id,product,order_price,order_time
2001,书籍,25.00,2023-08-01 08:00:00
2002,耳机,50.00,2023-08-01 09:15:00
2003,电子产品,100.0,2023-08-01 10:30:00
2004,文具,15.0,2023-08-01 11:45:00
2005,咖啡,30.0,2023-08-01 12:10:00
2006,家具,200.0,2023-08-01 13:00:00
2007,零食,10.0,2023-08-01 14:15:00
2008,厨具,40.0,2023-08-01 15:20:00
2009,运动装备,80.0,2023-08-01 16:00:00
2010,电脑配件,60.0,2023-08-01 16:45:00
2011,书籍,35.0,2023-08-01 17:30:00
2012,耳机,65.0,2023-08-01 18:15:00
2013,电子产品,120.0,2023-08-01 19:00:00
2014,文具,20.0,2023-08-01 19:30:00
2015,咖啡,28.0,2023-08-01 20:00:00

图 7-11 查看 CSV 文件 order_info.csv 的内容

从图 7-11 中可以看出，CSV 文件 order_info.csv 包含了表 order_time 记录的所有销售信息。这说明使用 Kettle 成功将表 order_info 中新增的销售信息以追加模式加载到了 CSV 文件 order_info.csv 中。

(9) 创建作业。

经过上述操作，已成功实现将表 order_info 中新增的销售信息以追加模式加载到 CSV 文件 order_info.csv 中。为了使这一过程可以定期自动执行，可以在 Kettle 中创建一个作业，该作业可以每间隔一段时间运行转换 output_file01。

在 Kettle 的图形化界面创建作业，指定作业的名称为 auto_output_file。

(10) 添加作业项。

在作业 auto_output_file 的工作区中添加 Start、“转换”“成功”作业项，并将这 3 个作业项通过作业跳进行连接，用于实现每间隔一段时间自动运行转换 output_file01 的功能。作业 auto_output_file 的工作区如图 7-12 所示。

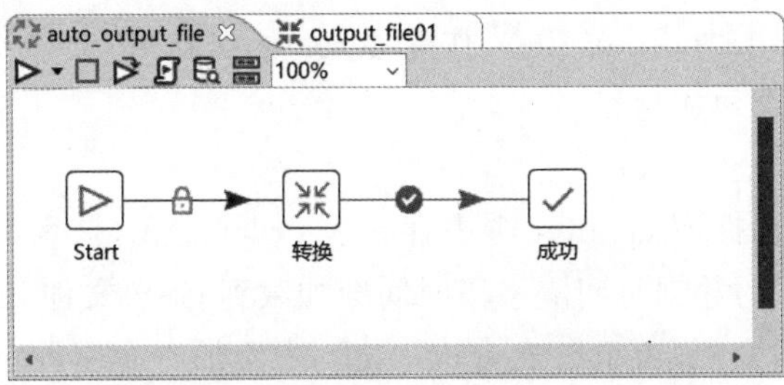

图 7-12 作业 auto_output_file 的工作区

在图 7-12 中,Start 作业项用于运行作业,并配置作业的执行周期。“转换”作业项用于定义需要运行的转换 output_file01。

(11) 配置作业。

在作业 auto_output_file 的工作区中,双击 Start 作业项打开“作业定时调度”窗口。在该窗口中,勾选“重复”复选框,然后在“类型”下拉框中选择“时间间隔”选项 ,并分别在“以秒计算的间隔”输入框和“以分钟计算的间隔”输入框中填写 0 和 60,如图 7-13 所示。

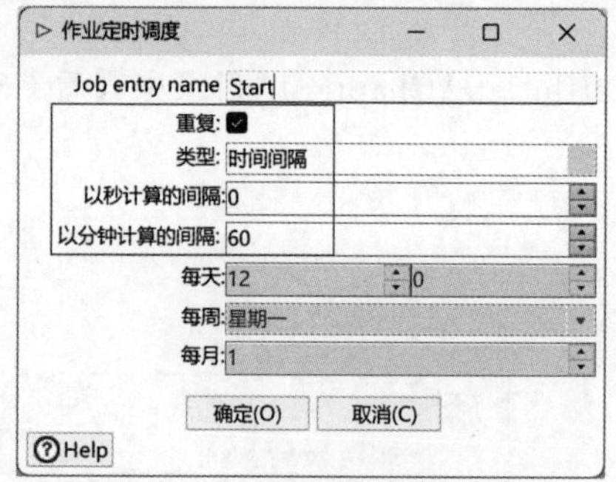

图 7-13 “作业定时调度”窗口

图 7-13 中配置的内容表示作业将每 60 分钟运行一次。在图 7-13 中,单击“确定”按钮保存对当前作业项的配置。

在作业 auto_output_file 的工作区中,双击“转换”作业项打开“转换”窗口。在该窗口的 Transformation 输入框中指定转换文件 output_file01.ktr 的路径,如图 7-14 所示。

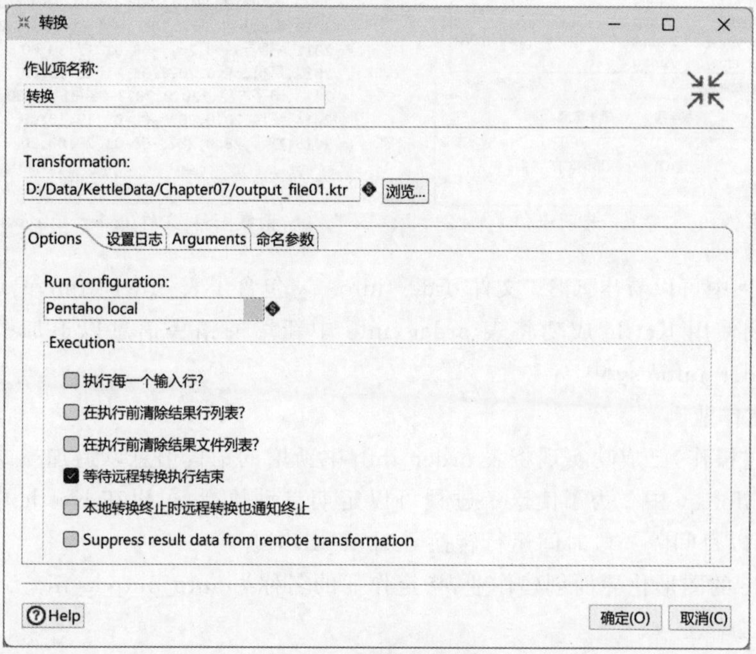

图 7-14 “转换”窗口

在图 7-14 中,单击“确定”按钮保存对当前作业项的配置。

(12) 运行作业。

保存并运行作业 auto_output_file。作业 auto_output_file 会等待 60 分钟后开始运行,并且每经过 60 分钟就会再次运行。

2. 覆盖模式

例如,在 MySQL 数据库 chapter07 中存在表 order_info,该表记录了某商店的商品销售信息。表 order_info 的数据每间隔一段时间会加载到 CSV 文件 order_info.csv 中以进行备份。由于业务需求的变更,要求在表 order_info 中添加一个字段 payment_method,用于记录支付方式。表 order_info 的内容如图 7-15 所示。

order_id	product	order_price	order_time	payment_method
2001	书籍	25	2023-08-01 08:00:...	微信
2002	耳机	50	2023-08-01 09:15:...	微信
2003	电子产品	100	2023-08-01 10:30:...	支付宝
2004	文具	15	2023-08-01 11:45:...	微信
2005	咖啡	30	2023-08-01 12:10:...	支付宝
2006	家具	200	2023-08-01 13:00:...	现金
2007	零食	10	2023-08-01 14:15:...	现金
2008	厨具	40	2023-08-01 15:20:...	信用卡
2009	运动装备	80	2023-08-01 16:00:...	现金
2010	电脑配件	60	2023-08-01 16:45:...	支付宝
2011	书籍	35	2023-08-01 17:30:...	信用卡
2012	耳机	65	2023-08-01 18:15:...	微信
2013	电子产品	120	2023-08-01 19:00:...	现金
2014	文具	20	2023-08-01 19:30:...	支付宝
2015	咖啡	28	2023-08-01 20:00:...	信用卡

图 7-15　表 order_info 的内容(2)

为了确保表 order_info 的结构发生变更后,CSV 文件 order_info.csv 中备份的内容仍然与表 order_info 的内容保持一致,需要将表 order_info 中的所有数据以覆盖模式加载到 CSV 文件 order_info.csv 中。

接下来,演示如何使用 Kettle 将表 order_info 中的所有销售信息以覆盖模式加载到 CSV 文件 order_info.csv 中,具体操作步骤如下。

(1) 创建转换。

在 Kettle 的图形化界面中创建转换,指定转换的名称为 output_file02。

(2) 共享数据库连接。

为了优化操作步骤,避免重复创建数据库连接,可以共享在转换 output_file01 中创建的数据库连接 chapter07_connect,使其可以在转换 output_file02 中直接使用。在 Kettle 中打开转换 output_file01,在“主对象树”选项卡选中数据库连接 chapter07_connect 并右击,在弹出的菜单中选择“共享”选项,如图 7-16 所示。

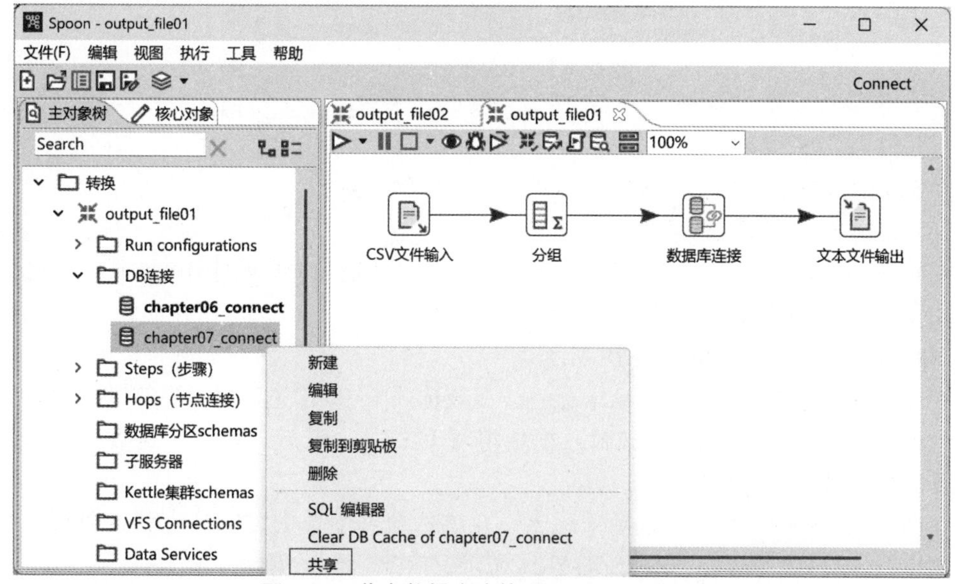

图 7-16　共享数据库连接 chapter07_connect

上述操作完成后,数据库连接 chapter07_connect 会显示为加粗样式。

(3) 添加步骤。

在转换 output_file02 的工作区中添加"表输入""文本文件输出"步骤,并将这两个步骤通过跳进行连接,用于实现将表 order_info 中的所有销售信息以覆盖模式加载到 CSV 文件 order_info.csv 中的功能。转换 output_file02 的工作区如图 7-17 所示。

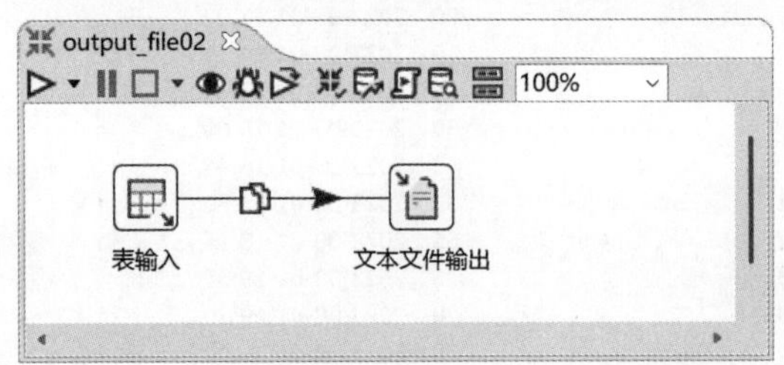

图 7-17 转换 output_file02 的工作区

在图 7-17 中,"表输入"步骤用于从表 order_info 中抽取数据。"文本文件输出"步骤用于将"表输入"步骤中的数据以覆盖模式加载到 CSV 文件 order_info.csv 中。

(4) 配置"表输入"步骤。

在转换 output_file02 的工作区中,双击"表输入"步骤打开"表输入"窗口。在该窗口的"数据库连接"下拉框中选择数据库连接 chapter07_connect,然后在 SQL 文本框中输入"SELECT * FROM order_info"查询表 order_info 中的所有字段,如图 7-18 所示。

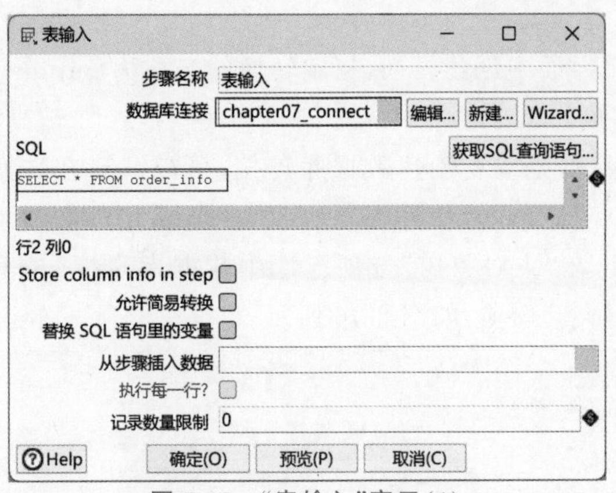

图 7-18 "表输入"窗口(1)

在图 7-18 中,单击"确定"按钮保存对当前步骤的配置。

(5) 配置"文本文件输出"步骤。

在转换 output_file02 的工作区中,双击"文本文件输出"步骤打开"文本文件输出"窗口。在该窗口的"文件名称"输入框中填写 CSV 文件 order_info.csv 所在的路径,并清除"扩展名"输入框的默认内容,如图 7-19 所示。

在图 7-19 中,单击"内容"选项卡标签。在该选项卡中,首先,将"分隔符"输入框的内容修改为英文逗号。然后,在"编码"输入框中填写 UTF-8。最后,勾选"快速数据存储(无格式)"复选框,如图 7-20 所示。

在图 7-20 中,单击"字段"选项卡标签。在该选项卡中单击"获取字段"按钮获取"文本文件输出"步骤包含的所有字段,如图 7-21 所示。

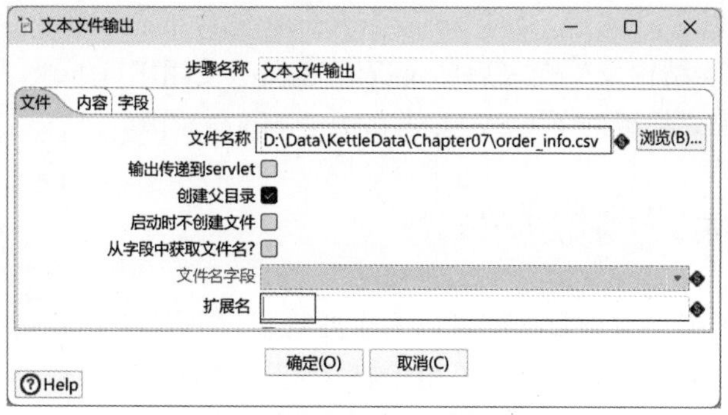

图 7-19　"文本文件输出"窗口(2)

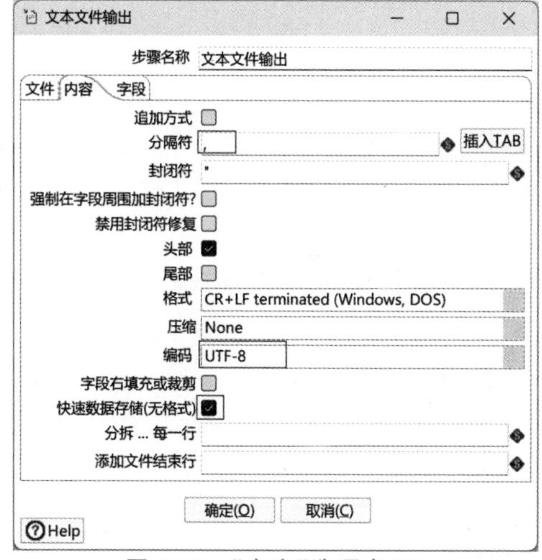

图 7-20　"内容"选项卡(2)

图 7-21　"字段"选项卡(2)

在图 7-21 中，单击"确定"按钮保存对当前步骤的配置。

(6) 运行转换。

保存并运行转换 output_file02。当转换 output_file02 运行完成后，在 D:\Data\KettleData\Chapter07 目录中查看文件 order_info.csv 的内容，如图 7-22 所示。

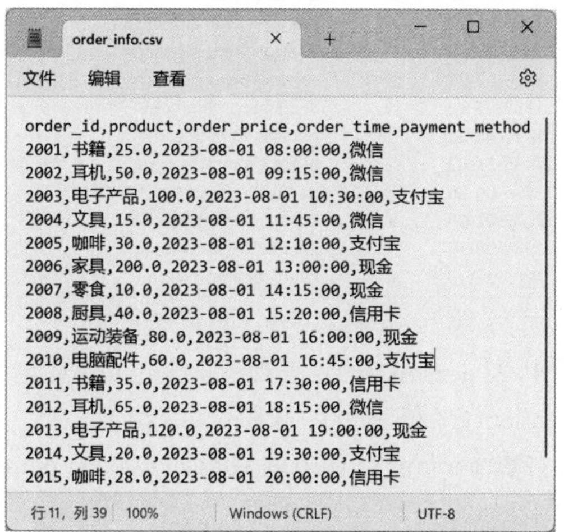


```
order_id,product,order_price,order_time,payment_method
2001,书籍,25.0,2023-08-01 08:00:00,微信
2002,耳机,50.0,2023-08-01 09:15:00,微信
2003,电子产品,100.0,2023-08-01 10:30:00,支付宝
2004,文具,15.0,2023-08-01 11:45:00,微信
2005,咖啡,30.0,2023-08-01 12:10:00,支付宝
2006,家具,200.0,2023-08-01 13:00:00,现金
2007,零食,10.0,2023-08-01 14:15:00,现金
2008,厨具,40.0,2023-08-01 15:20:00,信用卡
2009,运动装备,80.0,2023-08-01 16:00:00,现金
2010,电脑配件,60.0,2023-08-01 16:45:00,支付宝
2011,书籍,35.0,2023-08-01 17:30:00,信用卡
2012,耳机,65.0,2023-08-01 18:15:00,微信
2013,电子产品,120.0,2023-08-01 19:00:00,现金
2014,文具,20.0,2023-08-01 19:30:00,支付宝
2015,咖啡,28.0,2023-08-01 20:00:00,信用卡
```


图 7-22　查看文件 order_info.csv 的内容

从图7-22中可以看出,CSV文件order_info.csv包含了表order_info中的所有销售信息,这些信息反映了表结构发生变更后的情况。这说明使用Kettle将表order_info中的所有销售信息以覆盖模式加载到了CSV文件order_info.csv中。

7.2 将数据加载到数据库

在ETL中,将数据加载到数据库可以为企业提供一种结构化且高效的方式来存储、访问和管理转换后的数据。Kettle提供了用于将指定步骤的数据加载到数据库的步骤,这些步骤可以将数据加载到不同类型的数据库,包括关系数据库和非关系数据库。本节将讲解如何使用Kettle将数据加载到数据库中。

7.2.1 将数据加载到关系数据库

Kettle提供了"表输出""插入/更新"步骤,用于向不同类型的关系数据库加载数据。二者的区别在于,"表输出"步骤不支持更新数据,通常用于全量加载。而"插入/更新"步骤支持更新数据,通常用于增量加载。

接下来,以本书第3章安装的MySQL为例,演示如何使用Kettle来实现数据的增量加载和全量加载,具体内容如下。

1. 增量加载

例如,在MySQL数据库chapter07中存在表person_info,该表记录了某公司的员工信息。表person_info的内容如图7-23所示。

id	name	date_of_birth	gender	email	posts
1	张三	1998-03-15	男	zhangsan@example.com	软件工程师
2	李四	1993-11-22	女	lisi@example.com	产品经理
3	王五	1995-05-30	男	wangwu@example.com	软件工程师
4	赵六	1982-08-12	女	zhaoliu@example.com	运营主管
5	孙七	2001-04-17	男	sunqi@example.com	运营专员
6	周八	1983-12-09	女	zhouba@example.com	技术总监
7	吴九	1992-09-21	男	wujiu@example.com	前端开发者
8	郑十	1994-06-06	女	zhengshi@example.com	市场专员
9	朱一	1973-02-18	男	zhuyi@example.com	销售经理
10	钱二	1990-01-31	女	qianer@example.com	UI设计师
11	孟三	2005-07-11	男	mengsan@example.com	人力资源专员
12	黄四	1978-10-25	女	huangsi@example.com	财务专员
13	石五	2003-03-29	男	shiwu@example.com	前端开发者
14	叶六	1963-09-14	女	yeliu@example.com	财务主管
15	何七	1996-05-22	男	heqi@example.com	数据分析师
16	罗八	1985-11-03	女	luoba@example.com	销售专员
17	高九	1994-04-26	男	gaojiu@example.com	软件测试工程师
18	林十	2002-02-07	女	lanshi@example.com	实习生
19	江一	1988-08-30	男	jiangyi@example.com	人力资源专员
20	赖二	1981-12-19	女	laier@example.com	销售专员

图7-23 表person_info的内容(1)

从图7-23中可以看出,表person_info记录的每条员工信息包含姓名(name)、出生日期(date_of_birth)、性别(gender)、邮箱(email)和职位(posts)信息。

根据业务需求,需要将表person_info中的数据同步到表person_info_analysis中。表person_info_analysis的内容如图7-24所示。

接下来,演示如何以增量加载的方式,将表person_info中发生变化的数据加载到表

id	name	date_of_birth	gender	email	posts
1	张三	1998-03-15	男	zhangsan@example.com	软件工程师
2	李四	1993-11-22	女	lisi@example.com	产品经理
3	王五	1995-05-30	男	wangwu@example.com	软件测试工程师
4	赵六	1982-08-12	女	zhaoliu@example.com	运营主管
5	孙七	2001-04-17	男	sunqi@example.com	实习生
6	周八	1983-12-09	女	zhouba@example.com	技术总监
7	吴九	1992-09-21	男	wujiu@example.com	前端开发者
8	郑十	1994-06-06	女	zhengshi@example.com	市场专员
9	朱一	1973-02-18	男	zhuyi@example.com	销售经理
10	钱二	1990-01-31	女	qianer@example.com	UI设计师
11	孟三	2005-07-11	男	mengsan@example.com	实习生
12	黄四	1978-10-25	女	huangsi@example.com	财务专员
13	石五	2003-03-29	男	shiwu@example.com	前端开发者
14	叶六	1963-09-14	女	yeliu@example.com	财务主管
15	何七	1996-05-22	男	heqi@example.com	数据分析师
16	罗八	1985-11-03	女	luoba@example.com	销售专员
17	高九	1994-04-26	男	gaojiu@example.com	软件工程师

图 7-24　表 person_info_analysis 的内容

person_info_analysis 中，具体操作步骤如下。

（1）创建转换。

在 Kettle 的图形化界面中创建转换，指定转换的名称为 output_relational01。

（2）添加步骤。

在转换 output_relational01 的工作区中添加“表输入”“插入/更新”步骤，并将这两个步骤通过跳进行连接，用于实现将表 person_info 中发生变化的数据加载到表 person_info_analysis 中的功能。转换 output_relational01 的工作区如图 7-25 所示。

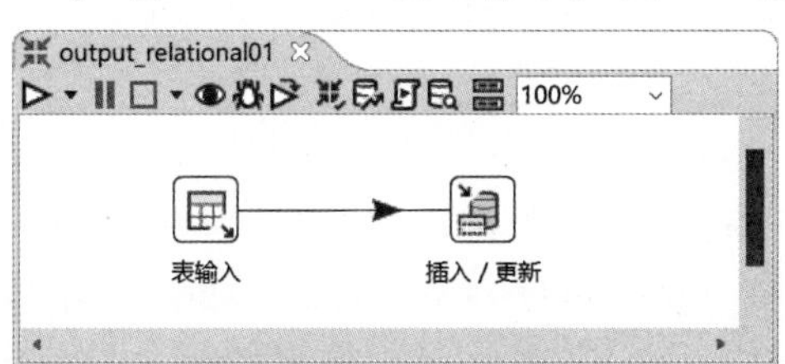

图 7-25　转换 output_relational01 的工作区

在图 7-25 中，“表输入”步骤用于从表 person_info 中抽取数据。“插入/更新”步骤用于将表 person_info 中发生变化的数据加载到表 person_info_analysis 中。

（3）配置“表输入”步骤。

在转换 output_relational01 的工作区中，双击“表输入”步骤打开“表输入”窗口。在该窗口的“数据库连接”下拉框中选择数据库连接 chapter07_connect，然后在 SQL 文本框中输入“SELECT * FROM person_info”，查询表 person_info 的所有字段，如图 7-26 所示。

在图 7-26 中，单击“确定”按钮保存对当前步骤的配置。

（4）配置“插入/更新”步骤。

在转换 output_relational01 的工作区中，双击“插入/更新”步骤打开“插入/更新”窗口。在该窗口中，首先，在“数据库连接”下拉框中选择数据库连接 chapter07_connect。然后，单击“目标表”输入框右方的“浏览”按钮，在弹出的“数据库浏览器”窗口选择表 person_info_analysis。最后，在“用来查询的关键字”部分添加一行内容，其“表字段”“比较符”“流里的字段 1”列的值分别为 id、=和 id，如图 7-27 所示。

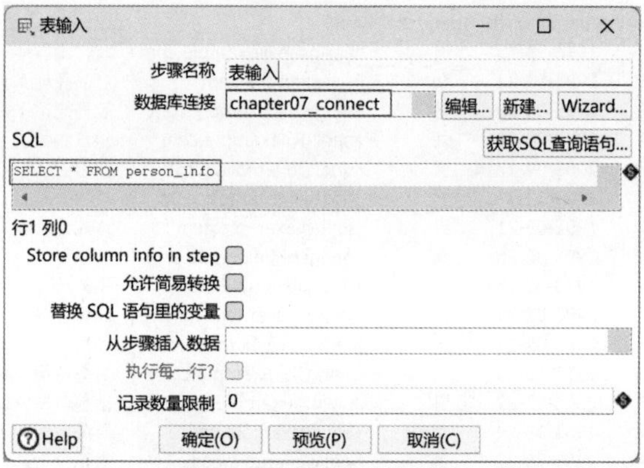

图 7-26 “表输入”窗口(2)

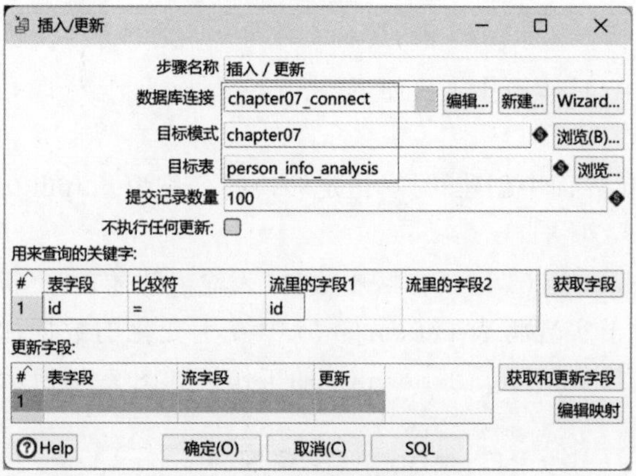

图 7-27 “插入/更新”窗口(1)

图 7-27 中配置的内容表示,使用数据库连接 chapter07_connect 连接了表 person_info_analysis,通过比较表 person_info_analysis 和“表输入”步骤中字段 id 的值来确定加载数据的方式。若字段 id 的值相等,则根据字段 id 的值来更新表 person_info_analysis 中现有的数据;否则,插入新的数据。

在图 7-27 的“更新字段”部分,建立表 person_info_analysis 和“插入/更新”步骤中各字段的映射关系,即将“插入/更新”步骤中特定字段的值加载到表 person_info_analysis 的相应字段中。该过程有两种实现方式,如下所示。

- 第一种方式是通过单击“获取和更新字段”按钮,自动创建每个字段的映射关系。其原理是,通过“插入/更新”步骤检测表 person_info_analysis 和“插入/更新”步骤中的各字段,并根据字段名称来自动推断映射关系。
- 第二种方式是通过单击“编辑映射”按钮以打开“映射匹配”窗口,手动创建每个字段的映射关系。

上述两种方式中,第一种方式适用于表和步骤中字段名称相同的情况,而第二种方式适用于表和步骤中字段名称存在差异的情况。当然,这两种方式也可以结合使用,先使用第一种方式自动创建各字段的映射关系,然后再通过第二种方式对存在误差的映射关系进行调整。

考虑到第一种方式建立各字段映射关系的过程相对简单,这里将重点介绍第二种方式建立各字段映射关系的过程。在图 7-27 中,单击“编辑映射”按钮打开“映射匹配”窗口,如

图 7-28 所示。

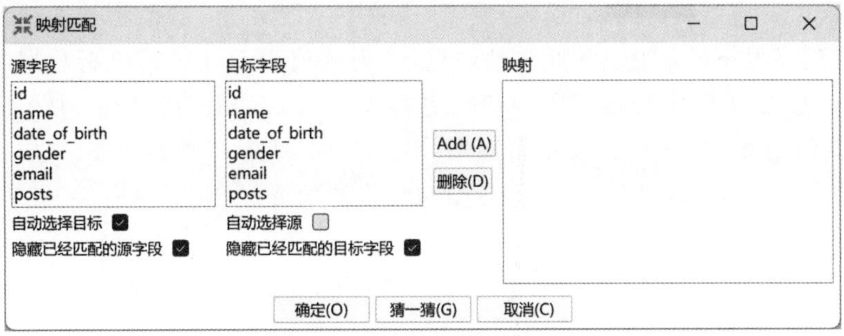

图 7-28 “映射匹配”窗口(1)

在图 7-28 中,“源字段”部分列出了“插入/更新”步骤中的所有字段。“目标字段”部分列出了表 person_info_analysis 中的所有字段。要建立字段之间的映射关系,只需分别在“源字段”“目标字段”部分选择所需的字段,然后单击 Add 按钮将它们添加到“映射”部分即可。将“插入/更新”步骤和表 person_info_analysis 中各个字段建立映射关系的效果如图 7-29 所示。

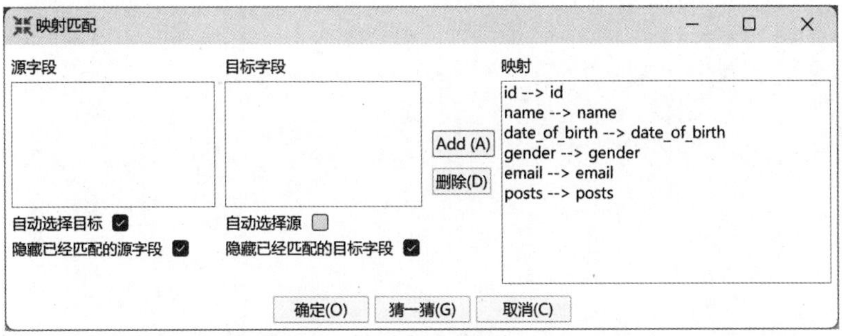

图 7-29 “映射匹配”窗口(2)

值得一提的是,如果需要对建立的映射关系进行调整,那么可以在“映射”部分选择需要调整的映射关系,然后单击“删除”按钮即可。

在图 7-29 中,单击“确定”按钮返回“插入/更新”窗口,如图 7-30 所示。

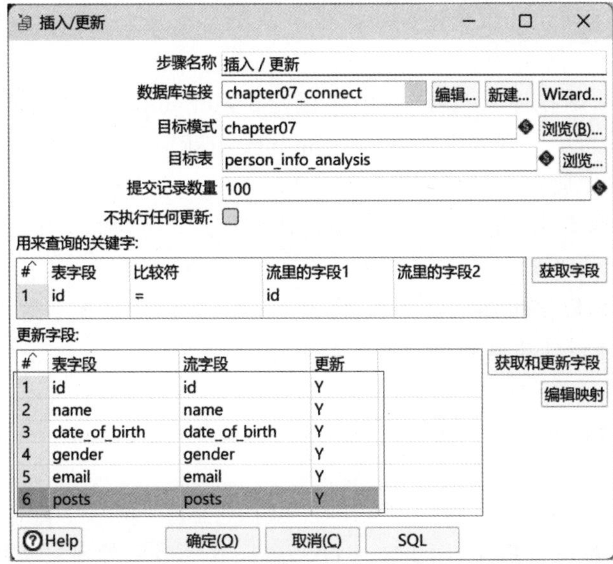

图 7-30 “插入/更新”窗口(2)

从图7-30中可以看出,"更新字段"部分展示了表person_info_analysis和"插入/更新"步骤中各字段的映射关系。例如"插入/更新"步骤中字段name的值将被加载到表person_info_analysis的字段name中。除此之外,"更新"列的值表示在进行更新数据的操作时,是否使用"插入/更新"步骤中特定字段的值来更新表person_info_analysis中相应字段的值。当"更新"列的值为Y时,表示执行更新操作;当为N时,表示不执行更新。

在图7-30中,单击"确定"按钮保存对当前步骤的配置。

(5) 运行转换。

保存并运行转换output_relational01。当转换output_relational01运行完成后,在MySQL的命令行界面中执行"SELECT * FROM chapter07.person_info_analysis;"命令查询表person_info_analysis的数据,如图7-31所示。

```
管理员: 命令提示符 - mysql -u itcast -p
mysql> SELECT * FROM chapter07.person_info_analysis;
+----+------+---------------+--------+-----------------------+--------------+
| id | name | date_of_birth | gender | email                 | posts        |
+----+------+---------------+--------+-----------------------+--------------+
|  1 | 张三 | 1998-03-15    | 男     | zhangsan@example.com  | 软件工程师   |
|  2 | 李四 | 1993-11-22    | 女     | lisi@example.com      | 产品经理     |
|  3 | 王五 | 1995-05-30    | 男     | wangwu@example.com    | 软件工程师   |
|  4 | 赵六 | 1982-08-12    | 女     | zhaoliu@example.com   | 运营主管     |
|  5 | 孙七 | 2001-04-17    | 男     | sunqi@example.com     | 运营专员     |
|  6 | 周八 | 1983-12-09    | 女     | zhouba@example.com    | 技术总监     |
|  7 | 吴九 | 1992-09-21    | 男     | wujiu@example.com     | 前端开发者   |
|  8 | 郑十 | 1994-06-06    | 女     | zhengshi@example.com  | 市场专员     |
|  9 | 朱一 | 1973-02-18    | 男     | zhuyi@example.com     | 销售经理     |
| 10 | 钱二 | 1990-01-31    | 女     | qianer@example.com    | UI设计师     |
| 11 | 孟三 | 2005-07-11    | 男     | mengsan@example.com   | 人力资源专员 |
| 12 | 黄四 | 1978-10-25    | 女     | huangsi@example.com   | 财务专员     |
| 13 | 石五 | 2003-03-29    | 男     | shiwu@example.com     | 前端开发者   |
| 14 | 叶六 | 1963-09-14    | 女     | yeliu@example.com     | 财务主管     |
| 15 | 何七 | 1996-05-22    | 男     | heqi@example.com      | 数据分析师   |
| 16 | 罗八 | 1985-11-03    | 女     | luoba@example.com     | 销售专员     |
| 17 | 高九 | 1994-04-26    | 男     | gaojiu@example.com    | 软件测试工程师 |
| 18 | 林十 | 2002-02-07    | 女     | lanshi@example.com    | 实习生       |
| 19 | 江一 | 1988-08-30    | 男     | jiangyi@example.com   | 人力资源专员 |
| 20 | 赖二 | 1981-12-19    | 女     | laier@example.com     | 销售专员     |
+----+------+---------------+--------+-----------------------+--------------+
```

图7-31 查询表person_info_analysis的数据(1)

从图7-31中可以看出,表person_info_analysis和person_info的数据是一致的,这说明表person_info中发生变化的数据被成功加载到表person_info_analysis中。

2. 全量加载

例如,在MySQL数据库chapter07中存在表person_info,该表记录了某公司的员工信息,其内容如图7-23所示。现要求在表person_info中新增一个字段city,用于记录每个员工的出生地,如图7-32所示。

从图7-32中可以看出,在表person_info中新增了city字段,用于记录每个员工的出生地。

接下来,演示如何以全量加载的方式,将表person_info中的所有数据加载到表person_info_analysis中,具体操作步骤如下。

(1) 创建转换。

在Kettle的图形化界面中创建转换,指定转换的名称为output_relational02。

(2) 添加步骤。

在转换output_relational02的工作区中添加"执行SQL脚本""表输入""表输出"步骤,并将这3个步骤通过跳进行连接,用于实现将表person_info中的所有数据加载到表person_

id	name	date_of_birth	gender	email	posts	city
1	张三	1998-03-15	男	zhangsan@example.com	软件工程师	北京
2	李四	1993-11-22	女	lisi@example.com	产品经理	郑州
3	王五	1995-05-30	男	wangwu@example.com	软件工程师	大连
4	赵六	1982-08-12	女	zhaoliu@example.com	运营主管	大连
5	孙七	2001-04-17	男	sunqi@example.com	运营专员	成都
6	周八	1983-12-09	女	zhouba@example.com	技术总监	武汉
7	吴九	1992-09-21	男	wujiu@example.com	前端开发者	西安
8	郑十	1994-06-06	女	zhengshi@example.com	市场专员	成都
9	朱一	1973-02-18	男	zhuyi@example.com	销售经理	重庆
10	钱二	1990-01-31	女	qianer@example.com	UI设计师	苏州
11	孟三	2005-07-11	男	mengsan@example.com	人力资源专员	天津
12	黄四	1978-10-25	女	huangsi@example.com	财务专员	南京
13	石五	2003-03-29	男	shiwu@example.com	前端开发者	成都
14	叶六	1963-09-14	女	yeliu@example.com	财务主管	青岛
15	何七	1996-05-22	男	heqi@example.com	数据分析师	沈阳
16	罗八	1985-11-03	女	luoba@example.com	销售专员	哈尔滨
17	高九	1994-04-26	男	gaojiu@example.com	软件测试工程师	郑州
18	林十	2002-02-07	女	lanshi@example.com	实习生	大连
19	江一	1988-08-30	男	jiangyi@example.com	人力资源专员	哈尔滨
20	赖二	1981-12-19	女	laier@example.com	销售专员	济南

图 7-32　表 person_info 的内容(2)

info_analysis 中的功能。转换 output_relational02 的工作区如图 7-33 所示。

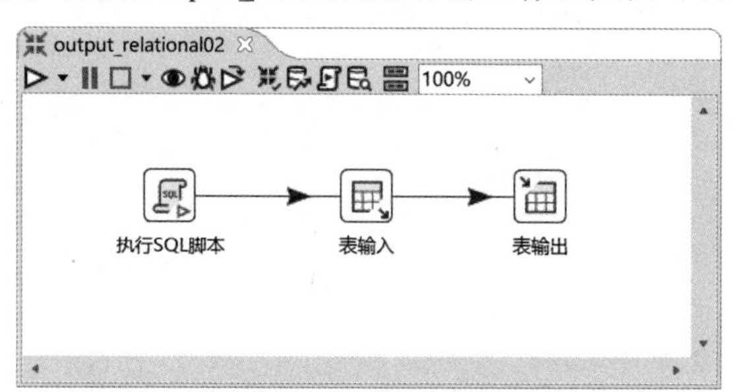

图 7-33　转换 output_relational02 的工作区

在图 7-33 中,“执行 SQL 脚本”步骤用于删除表 person_info_analysis,并根据表 person_info 的结构重新创建表 person_info_analysis。“表输入”步骤用于从表 person_info 中抽取数据。“表输出”步骤用于将表 person_info 中的所有数据加载到表 person_info_analysis 中。

(3) 配置“执行 SQL 脚本”步骤。

在转换 output_relational02 的工作区中,双击“执行 SQL 脚本”步骤打开“执行 SQL 语句”窗口。在该窗口的“数据库连接”下拉框中选择数据库连接 chapter07_connect。然后在“SQL script to execute...”文本框内,输入删除表 person_info_analysis 的 SQL 语句“DROP TABLE person_info_analysis;”,以及根据表 person_info 的结构重新创建表 person_info_analysis 的 SQL 语句“CREATE TABLE person_info_analysis LIKE person_info”。这两条 SQL 语句通过分号“;”进行分隔,如图 7-34 所示。

在图 7-34 中,“SQL script to execute...”文本框内指定的每条 SQL 语句会按照顺序依次执行。单击“确定”按钮保存对当前步骤的配置。

(4) 配置“表输入”步骤。

在转换 output_relational02 的工作区中,双击“表输入”步骤打开“表输入”窗口。在该窗口的“数据库连接”下拉框中选择数据库连接 chapter07_connect,然后在 SQL 文本框中输

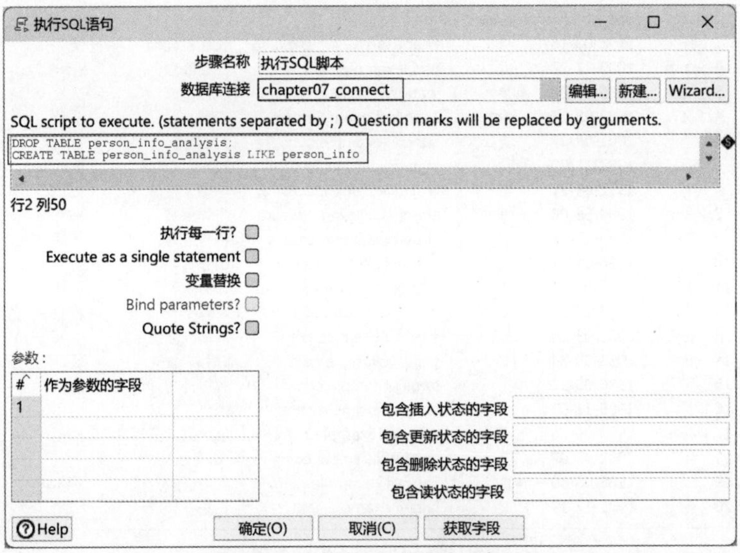

图 7-34 "执行 SQL 语句"窗口

入查询表 person_info 中所有字段的 SQL 语句"SELECT * FROM person_info",如图 7-35 所示。

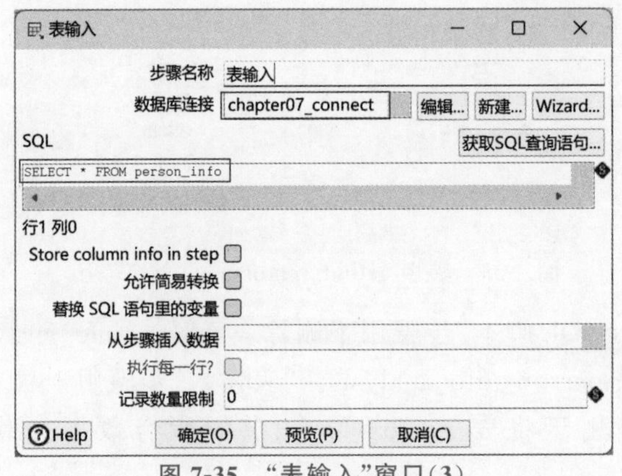

图 7-35 "表输入"窗口(3)

在图 7-35 中,单击"确定"按钮保存对当前步骤的配置。

(5) 配置"表输出"步骤。

在转换 output_relational02 的工作区中,双击"表输出"步骤打开"表输出"窗口。在该窗口中,首先,在"数据库连接"下拉框中选择数据库连接 chapter07_connect。然后,单击"目标表"右方的"浏览"按钮打开"数据库浏览器"窗口。在该窗口选择表 person_info_analysis。最后,勾选"指定数据库字段"复选框,如图 7-36 所示。

图 7-36 中配置的内容表示使用数据库连接 chapter07_connect 向表 person_info_analysis 加载数据。勾选"指定数据库字段"复选框用于建立表 person_info_analysis 和"表输出"步骤中各字段的映射关系。

在图 7-36 中,单击"数据库字段"选项卡标签。在该选项卡中,可以通过单击"获取字段"按钮,自动创建每个字段的映射关系。也可以通过单击"输入字段映射"按钮以打开"映射匹配"窗口,手动创建每对字段的映射关系。这两种方式的实现原理与"插入/更新"步骤

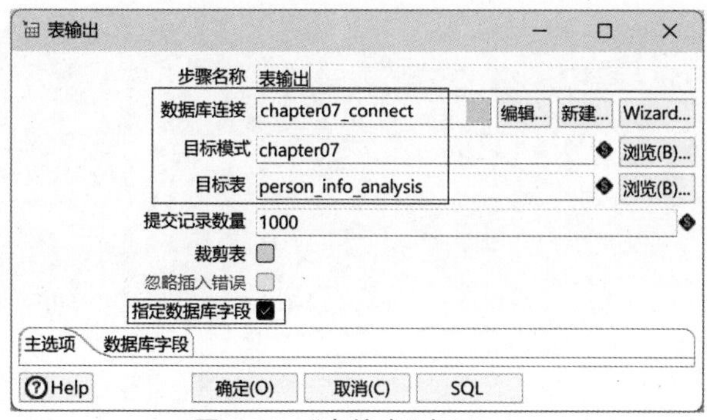

图 7-36 “表输出”窗口(1)

中“获取和更新字段”和“编辑映射”按钮相同。

由于表 person_info_analysis 和“表输出”步骤中各个字段的名称相同，所以这里通过单击“获取字段”按钮，自动建立表 person_info_analysis 和“表输出”步骤中各字段的映射关系，如图 7-37 所示。

图 7-37 “表输出”窗口(2)

从图 7-37 中可以看出，“插入的字段”部分展示了表 person_info_analysis 和“表输出”步骤中各字段的映射关系。例如，“表输出”步骤中字段 city 的值将被加载到表 person_info_analysis 的字段 city 中。

在图 7-37 中，单击“确定”按钮保存对当前步骤的配置。

(6) 运行转换。

保存并运行转换 output_relational02。当转换 output_relational02 运行完成后，在 MySQL 的命令行界面执行“SELECT * FROM chapter07.person_info_analysis;”命令查询表 person_info_analysis 的数据，如图 7-38 所示。

从图 7-38 中可以看出，表 person_info_analysis 的数据与表 person_info 中新增了 city 字段的内容一致。这说明表 person_info 中的所有数据已成功加载到了表 person_info_analysis 中。

```
mysql> SELECT * FROM chapter07.person_info_analysis;
+----+------+---------------+--------+----------------------+--------------+--------+
| id | name | date_of_birth | gender | email                | posts        | city   |
+----+------+---------------+--------+----------------------+--------------+--------+
|  1 | 张三 | 1998-03-15    | 男     | zhangsan@example.com | 软件工程师   | 北京   |
|  2 | 李四 | 1993-11-22    | 女     | lisi@example.com     | 产品经理     | 郑州   |
|  3 | 王五 | 1995-05-30    | 男     | wangwu@example.com   | 软件工程师   | 大连   |
|  4 | 赵六 | 1982-08-12    | 女     | zhaoliu@example.com  | 运营主管     | 大连   |
|  5 | 孙七 | 2001-04-17    | 男     | sunqi@example.com    | 运营专员     | 成都   |
|  6 | 周八 | 1983-12-09    | 女     | zhouba@example.com   | 技术总监     | 武汉   |
|  7 | 吴九 | 1992-09-21    | 男     | wujiu@example.com    | 前端开发者   | 西安   |
|  8 | 郑十 | 1994-06-06    | 女     | zhengshi@example.com | 市场专员     | 成都   |
|  9 | 朱一 | 1973-02-18    | 男     | zhuyi@example.com    | 销售经理     | 重庆   |
| 10 | 钱二 | 1990-01-31    | 女     | qianer@example.com   | UI设计师     | 苏州   |
| 11 | 孟三 | 2005-07-11    | 男     | mengsan@example.com  | 人力资源专员 | 天津   |
| 12 | 黄四 | 1978-10-25    | 女     | huangsi@example.com  | 财务专员     | 南京   |
| 13 | 石五 | 2003-03-29    | 男     | shiwu@example.com    | 前端开发者   | 成都   |
| 14 | 叶六 | 1963-09-14    | 女     | yeliu@example.com    | 财务主管     | 青岛   |
| 15 | 何七 | 1996-05-22    | 男     | heqi@example.com     | 数据分析师   | 沈阳   |
| 16 | 罗八 | 1985-11-03    | 女     | luoba@example.com    | 销售专员     | 哈尔滨 |
| 17 | 高九 | 1994-04-26    | 男     | gaojiu@example.com   | 软件测试工程师 | 郑州 |
| 18 | 林十 | 2002-02-07    | 女     | lanshi@example.com   | 实习生       | 大连   |
| 19 | 江一 | 1988-08-30    | 男     | jiangyi@example.com  | 人力资源专员 | 哈尔滨 |
| 20 | 赖二 | 1981-12-19    | 女     | laier@example.com    | 销售专员     | 济南   |
+----+------+---------------+--------+----------------------+--------------+--------+
20 rows in set (0.00 sec)

mysql>
```

图 7-38　查询表 person_info_analysis 的数据(2)

7.2.2　将数据加载到非关系数据库

Kettle 提供了多种步骤用于将数据加载到不同类型的非关系数据库中。这里以常用的非关系数据库 HBase 为例,演示使用 Kettle 将数据加载到非关系数据库中。关于部署 HBase 的详细信息,请参考本书配套资源中的相关文档。

例如,现有一个 CSV 文件 students_info.csv,该文件记录了学生的个人信息和成绩信息。CSV 文件 students_info.csv 的内容如图 7-39 所示。

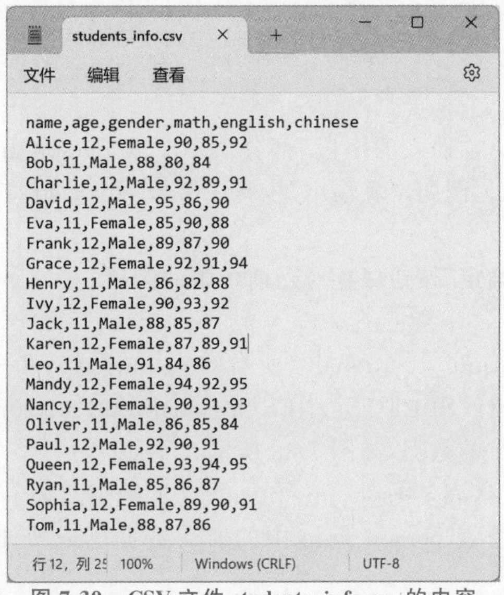

```
name,age,gender,math,english,chinese
Alice,12,Female,90,85,92
Bob,11,Male,88,80,84
Charlie,12,Male,92,89,91
David,12,Male,95,86,90
Eva,11,Female,85,90,88
Frank,12,Male,89,87,90
Grace,12,Female,92,91,94
Henry,11,Male,86,82,88
Ivy,12,Female,90,93,92
Jack,11,Male,88,85,87
Karen,12,Female,87,89,91
Leo,11,Male,91,84,86
Mandy,12,Female,94,92,95
Nancy,12,Female,90,91,93
Oliver,11,Male,86,85,84
Paul,12,Male,92,90,91
Queen,12,Female,93,94,95
Ryan,11,Male,85,86,87
Sophia,12,Female,89,90,91
Tom,11,Male,88,87,86
```

图 7-39　CSV 文件 students_info.csv 的内容

从图 7-39 中可以看出，文件 students_info.csv 中的每条记录包含学生的姓名(name)、年龄(age)、性别(gender)、数学成绩(math)、英语成绩(english)和语文成绩(chinese)。

现需要将 CSV 文件 students_info.csv 中的数据加载到 HBase 的命令空间 itcast 的表 students 中，并且通过列族 personal_info 和 grades 来分别存储学生的个人信息和成绩信息。具体操作步骤如下。

1. 创建转换

在 Kettle 的图形化界面中创建转换，指定转换的名称为 output_hbase。

2. 添加步骤

在转换 output_hbase 的工作区中添加“CSV 文件输入”“增加序列”“HBase output”步骤，并将这三个步骤通过跳进行连接，用于实现将 CSV 文件 students_info.csv 中的数据加载到表 students 中的功能。转换 output_hbase 的工作区如图 7-40 所示。

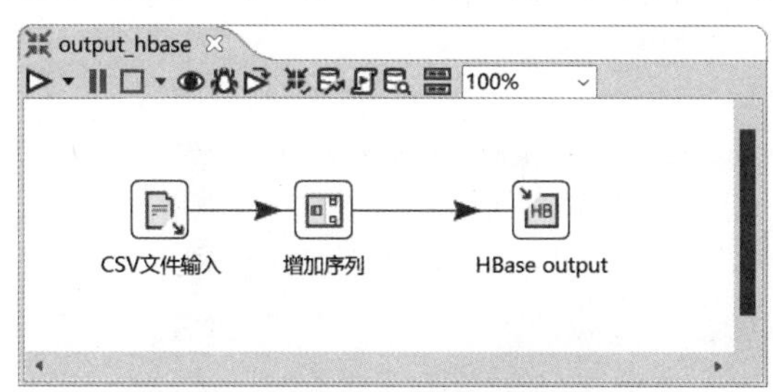

图 7-40　转换 output_hbase 的工作区

在图 7-40 中，“CSV 文件输入”步骤用于从 CSV 文件 students_info.csv 中抽取数据。“增加序列”步骤用于向“CSV 文件输入”步骤中的每条数据添加自增字段，该字段的值将作为行键加载到表 students 中。“HBase output”步骤用于将“增加序列”步骤中的数据加载到表 students 中。

3. 配置“CSV 文件输入”步骤

在转换 output_hbase 的工作区中，双击“CSV 文件输入”步骤打开“CSV 文件输入”窗口。在该窗口中添加要抽取的 CSV 文件 students_info.csv。然后取消“简易转换?”复选框的勾选，并单击“获取字段”按钮通过“CSV 文件输入”步骤检测 CSV 文件 students_info.csv，以推断出字段的信息，如图 7-41 所示。

从图 7-41 中可以看出，“CSV 文件输入”步骤推断出 CSV 文件 students_info.csv 包含 6 个字段，这些字段的名称分别为 name、age、gender、math、english 和 chinese。在图 7-41 中，单击“确定”按钮保存对当前步骤的配置。

4. 配置“增加序列”步骤

在转换 output_hbase 的工作区中，双击“增加序列”步骤打开“增加序列”窗口。将“值的名称”输入框中指定自增字段的名称为 id，如图 7-42 所示。

图 7-42 中配置的内容表示自增字段 id 的值从 1 开始每次递增 1。在图 7-42 中，单击“确认”按钮保存当前步骤的配置。

5. 配置 HBase output 步骤

在转换 output_hbase 的工作区中，双击 HBase output 步骤打开 HBase output 窗口。在该窗口中单击 Hadoop Cluster 下拉框，在弹出的菜单中选择 dataCleaner 选项，如图 7-43 所示。

CSV 文件输入

步骤名称 CSV文件输入
文件名 D:\Data\KettleData\Chapter07\students_info.csv 浏览(B)...
列分隔符 , 插入制表符(TAB)
封闭符 "
NIO 缓存大小 50000
简易转换?
包含列头行
将文件添加到结果文件中
行号字段(可选)
并发运行?
字段中有回车换行?
格式 mixed
文件编码

#	名称	类型	格式	长度	精度	货币符号	小数点符号
1	name	String		7		¥	.
2	age	Integer	#	15	0	¥	.
3	gender	String		6		¥	.
4	math	Integer	#	15	0	¥	.
5	english	Integer	#	15	0	¥	.
6	chinese	Integer	#	15	0	¥	.

Help 确定(O) 获取字段 预览(P) 取消(C)

图 7-41 “CSV 文件输入”窗口(2)

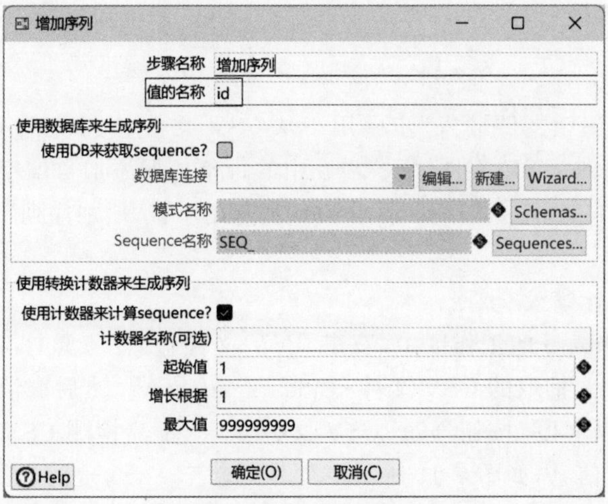

增加序列

步骤名称 增加序列
值的名称 id
使用数据库来生成序列
使用DB来获取sequence?
数据库连接 编辑... 新建... Wizard...
模式名称 Schemas...
Sequence名称 SEQ_ Sequences...
使用转换计数器来生成序列
使用计数器来计算sequence?
计数器名称(可选)
起始值 1
增长根据 1
最大值 999999999
Help 确定(O) 取消(C)

图 7-42 “增加序列”窗口(1)

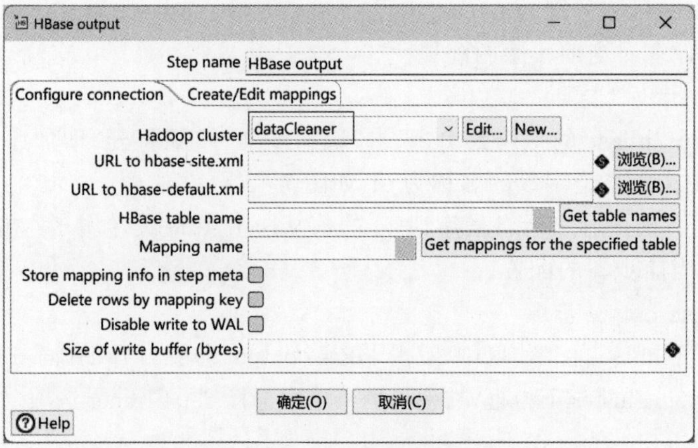

HBase output

Step name HBase output
Configure connection Create/Edit mappings
Hadoop cluster dataCleaner Edit... New...
URL to hbase-site.xml 浏览(B)...
URL to hbase-default.xml 浏览(B)...
HBase table name Get table names
Mapping name Get mappings for the specified table
Store mapping info in step meta
Delete rows by mapping key
Disable write to WAL
Size of write buffer (bytes)
确定(O) 取消(C)
Help

图 7-43 HBase output 窗口

图 7-43 中配置的内容表示，使用本书第 4 章创建的 Hadoop 集群 dataCleaner 来连接 HBase。

在图 7-43 中，单击 Create/Edit mappings 选项卡。在该选项卡中单击 Get table names 按钮后 HBase table name 下拉框会以“命名空间:表名”的格式展示 HBase 包含的所有表，如图 7-44 所示。

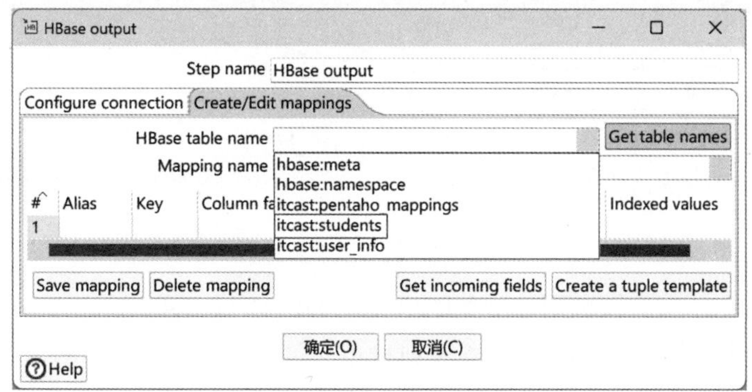

图 7-44　Create/Edit mappings 选项卡(1)

在图 7-44 中，单击 itcast:students 选项，并在 Mapping name 输入框中输入 students_mapping，如图 7-45 所示。

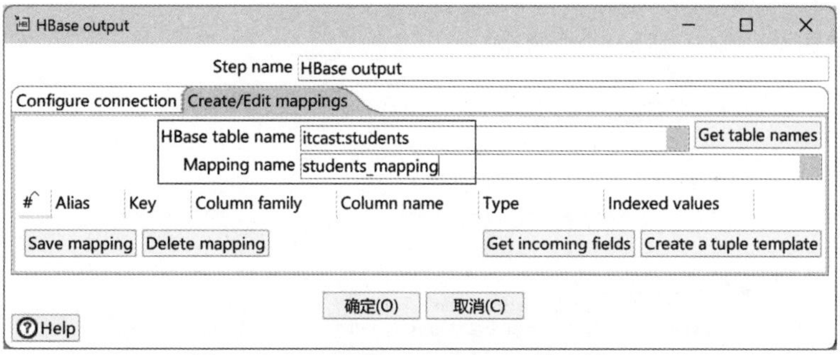

图 7-45　Create/Edit mappings 选项卡(2)

图 7-45 中配置的内容表示选择了命名空间 itcast 中的表 students，同时定义了映射关系，其名称为 students_mapping。

在图 7-45 中，单击 Get incoming fields 按钮通过 HBase output 步骤自动推断映射关系，如图 7-46 所示。

在图 7-46 中，Alias 列展示的是“增加序列”步骤的字段。Key 列用于标注字段的值是否作为行键。Column family 列展示的是表 students 中的列族。Column name 列展示的是列标识。Type 列展示的是“表输出”步骤中字段的值以何种数据类型加载到表 students 中相应的列。

通过 HBase output 步骤自动推断的映射关系通常会存在一些误差，因此，需要对图 7-46 中的映射关系进行如下调整。

- 将第 7 行内容中，Key 列的值修改为 Y，表示将字段 id 的值作为表 students 中的行键。
- 将第 7 行内容中，Column family 和 Column name 列的内容清空，其原因是字段 id

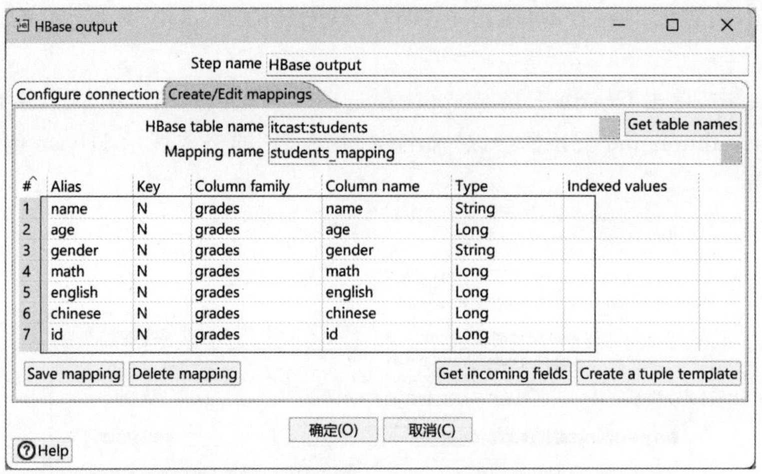

图 7-46 Create/Edit mappings 选项卡(3)

的值作为行键时,无须指定列族和列标识。

- 将第 1～3 行内容中,Column family 列的值都修改为 personal_info,表示将字段 name、age 和 gender 的值加载到列族 personal_info 中。
- 将 Type 列的值都统一为 String,表示字段的值以 String 的数据类型加载到表 students 中相应的列。

映射关系调整完的效果如图 7-47 所示。

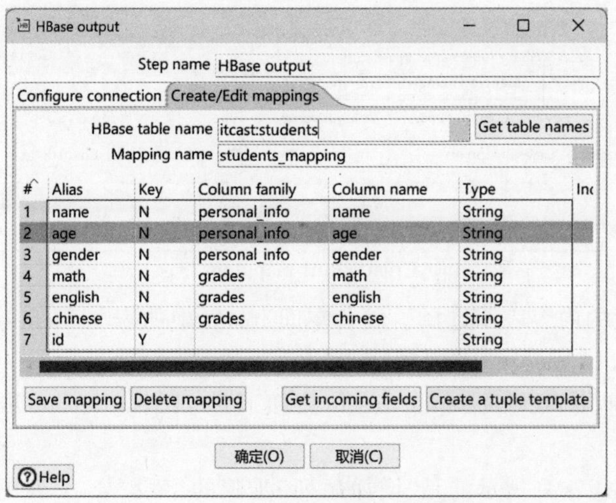

图 7-47 Create/Edit mappings 选项卡(4)

需要说明的是,在 HBase 的表中列是可以动态添加的,因此,在建立映射关系时,Column name 列的内容可以根据实际需求进行调整。默认情况下,HBase output 步骤推断出 Column name 列的内容与相应字段的名称一致。

在图 7-47 中,单击 Save mapping 按钮保存定义的映射关系。然后,单击 Configure connection 选项卡标签。在该选项卡的 HBase table name 输入框中输入 itcast:students,并在 Mapping name 输入框中输入 students_mapping,如图 7-48 所示。

图 7-48 中配置的内容表示,基于映射关系 students_mapping 向命名空间 itcast 中的表 students 加载数据。在图 7-48 中,单击“确定”按钮保存对当前步骤的配置。

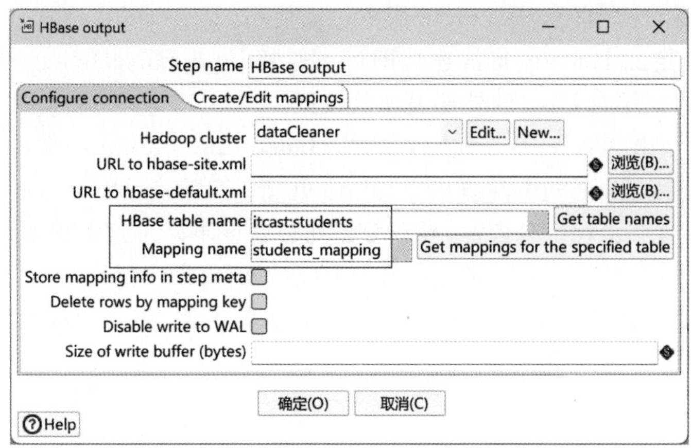

图 7-48 Configure connection 选项卡

6. 运行转换

确保虚拟机中的 HDFS、ZooKeeper 和 HBase 处于启动状态下，保存并运行转换 output_hbase。当转换 output_hbase 运行完成后，在虚拟机中运行 HBase Shell，并在 HBase Shell 执行 scan 'itcast:students'命令，查询命名空间 itcast 中表 students 的数据，如图 7-49 所示。

```
root@data-cleaner:~
hbase:004:0> scan 'itcast:students'
ROW                          COLUMN+CELL
 1                           column=grades:chinese, timestamp=2023-09-07T11:55:17.603, value=92
 1                           column=grades:english, timestamp=2023-09-07T11:55:17.603, value=85
 1                           column=grades:math, timestamp=2023-09-07T11:55:17.603, value=90
 1                           column=personal_info:age, timestamp=2023-09-07T11:55:17.603, value=12
 1                           column=personal_info:gender, timestamp=2023-09-07T11:55:17.603, value=Female
 1                           column=personal_info:name, timestamp=2023-09-07T11:55:17.603, value=Alice
 10                          column=grades:chinese, timestamp=2023-09-07T11:55:17.632, value=87
 10                          column=grades:english, timestamp=2023-09-07T11:55:17.632, value=85
 10                          column=grades:math, timestamp=2023-09-07T11:55:17.632, value=88
 10                          column=personal_info:age, timestamp=2023-09-07T11:55:17.632, value=11
 10                          column=personal_info:gender, timestamp=2023-09-07T11:55:17.632, value=Male
 10                          column=personal_info:name, timestamp=2023-09-07T11:55:17.632, value=Jack
 11                          column=grades:chinese, timestamp=2023-09-07T11:55:17.635, value=91
 11                          column=grades:english, timestamp=2023-09-07T11:55:17.635, value=89
 11                          column=grades:math, timestamp=2023-09-07T11:55:17.635, value=87
 11                          column=personal_info:age, timestamp=2023-09-07T11:55:17.635, value=12
 11                          column=personal_info:gender, timestamp=2023-09-07T11:55:17.635, value=Female
 11                          column=personal_info:name, timestamp=2023-09-07T11:55:17.635, value=Karen
 12                          column=grades:chinese, timestamp=2023-09-07T11:55:17.637, value=86
 12                          column=grades:english, timestamp=2023-09-07T11:55:17.637, value=84
 12                          column=grades:math, timestamp=2023-09-07T11:55:17.637, value=91
```

图 7-49 查询命名空间 itcast 中表 students 的数据

图 7-49 展示了命名空间 itcast 中表 students 的部分数据。例如，行键为 1 的行中，列 grades: chinese、grades: english、grades: math、personal_info: age、personal_info: gender 和 personal_info: name 的值分别为 92、85、90、12、Female 和 Alice，其内容与文件 students_info.csv 中名称为 Alice 的学生的个人信息和成绩信息一致。

需要说明的是，向 HBase 加载数据时，若指定的行键和列已经存在，那么新插入的数据将覆盖相应列的值。

7.3 将数据加载到 Hive

在 Kettle 中，可以通过“表输出”“Hadoop file output”“插入/更新”步骤，将数据加载到 Hive 的指定表中。其中，“表输出”“插入/更新”步骤的数据加载方式类似于加载数据到关系数据库中，但不同之处在于加载数据到 Hive 中时，需要创建数据库连接，并定义 Hadoop

集群连接以连接到 Hive 的 HiveServer2 服务。而使用 Hadoop file output 步骤加载数据到 Hive 中时,只需要定义 Hadoop 集群连接即可。通常,该步骤与 Hive 的外部表配合使用,用于以全量加载的方式向 Hive 的外部表加载数据。

相比较于"表输出""插入/更新"步骤来说,Hadoop file output 步骤可以提高加载数据的效率,这主要是因为,通过"表输出""插入/更新"步骤向 Hive 加载数据时,会启动 MapReduce 任务,这会消耗额外资源,导致数据加载速度下降。这也说明,在进行任何操作之前,对可能出现的不利情况进行评估并制定相应措施,有助于提高可靠性。

接下来,主要以"表输出""Hadoop file output"步骤为例,讲解如何使用 Kettle 向 Hive 的表中加载数据,具体内容如下。

1. 使用"表输出"步骤向 Hive 的表中加载数据

例如,现有一个 CSV 文件 user_info.csv,该文件记录了部分员工的基本信息,其内容如图 7-50 所示。

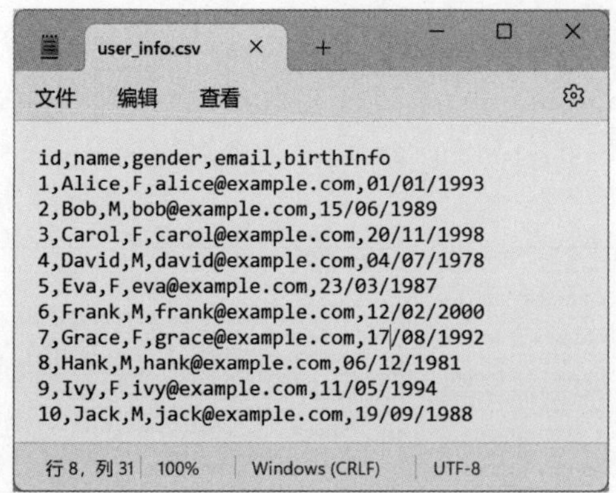


```
id,name,gender,email,birthInfo
1,Alice,F,alice@example.com,01/01/1993
2,Bob,M,bob@example.com,15/06/1989
3,Carol,F,carol@example.com,20/11/1998
4,David,M,david@example.com,04/07/1978
5,Eva,F,eva@example.com,23/03/1987
6,Frank,M,frank@example.com,12/02/2000
7,Grace,F,grace@example.com,17/08/1992
8,Hank,M,hank@example.com,06/12/1981
9,Ivy,F,ivy@example.com,11/05/1994
10,Jack,M,jack@example.com,19/09/1988
```

图 7-50 CSV 文件 user_info.csv 的内容

从图 7-50 中可以看出,CSV 文件 user_info.csv 中的每条记录包含员工的姓名(name)、性别(gender)、邮箱地址(email)和出生日期(birthInfo)信息。

除此之外,在 MySQL 的数据库 chapter07 中存在表 user_info,该表也记录了部分员工的基本信息,其内容如图 7-51 所示。

staff_id	staff_name	staff_dob	staff_email	staff_gender
1	Anna	1994-12-01	anna@example.com	Female
2	Brian	1990-05-15	brian@example.com	Male
3	Catherine	1999-10-20	catherine@example.com	Female
4	Derek	1979-06-04	derek@example.com	Male
5	Ella	1988-02-23	ella@example.com	Female
6	Felix	2001-01-12	felix@example.com	Male
7	Gina	1993-07-17	gina@example.com	Female
8	Henry	1982-11-06	henry@example.com	Male
9	Isabel	1995-04-11	isabel@example.com	Female
10	John	1989-08-19	john@example.com	Male

图 7-51 表 user_info 的内容

从图 7-51 中可以看出,表 user_info 中的每条记录包含员工的姓名(staff_name)、出生日期(staff_dob)、邮箱地址(staff_email)和性别(staff_gender)等信息。

为了满足业务需求,需要将文件 user_info.csv 和表 user_info 中记录的员工信息合并后加载到表 user_info_ods。该表位于 Hive 的数据库 itcast 中,其表结构如图 7-52 所示。

```
root@data-cleaner:~ ×
hive> desc itcast.user_info_ods;
OK
staff_id                  int
staff_name                string
staff_dob                 string
staff_email               string
staff_gender              string
Time taken: 0.039 seconds, Fetched: 5 row(s)
hive>
```

图 7-52　表 user_info_ods 的表结构

从图 7-52 中可以看出，表 user_info_ods 包含 staff_id、staff_name、staff_dob、staff_email 和 staff_gender 共 5 个字段，其中字段 staff_id 的数据类型为 int，其他字段的数据类型都为 string。

接下来，将演示如何使用 Kettle 将文件 user_info.csv 和表 user_info 的数据加载到表 user_info_ods 中。具体操作步骤如下。

(1) 创建转换。

在 Kettle 的图形化界面中创建转换，指定转换的名称为 output_hive。

(2) 添加步骤。

在转换 output_hive 的工作区中添加“CSV 文件输入”、“表输入”、“值映射”、“排序合并”、“增加序列”、“表输出”和两个“字段选择”步骤，并将这 8 个步骤通过跳进行连接，用于实现将 CSV 文件 user_info.csv 和表 user_info 的数据加载到表 user_info_ods 的功能。转换 output_hive 的工作区如图 7-53 所示。

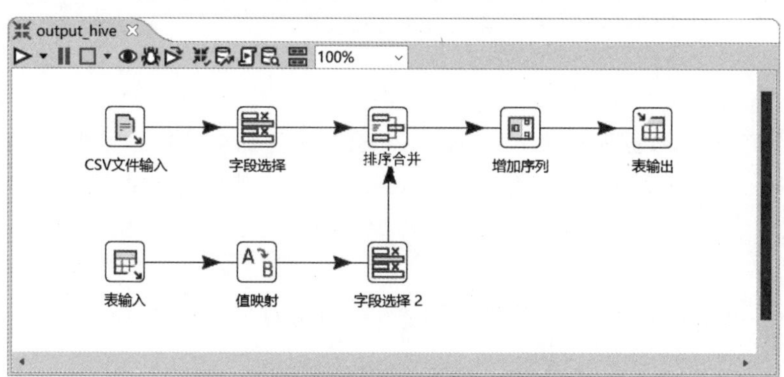

图 7-53　转换 output_hive 的工作区(1)

针对转换 output_hive 的工作区中添加的步骤进行如下介绍。

- “CSV 文件输入”步骤用于从文件 user_info.csv 抽取数据。
- “表输入”步骤用于从表 user_info 中抽取数据。
- “值映射”步骤用于将表 user_info 中字段 staff_gender 的值 Female 和 Male 分别修改为 F 和 M，使其内容与文件 user_info.csv 中字段 gender 的值保持一致。
- “字段选择”“字段选择 2”步骤用于同步文件 user_info.csv 与表 user_info 中的字段属性，确保它们的数据类型、顺序与名称对齐，从而方便以后的数据合并。由于文件 user_info.csv 中的字段 id 与表 user_info 中的字段 staff_id 没有实际意义，所以在“字段选择”步骤和“字段选择 2”步骤中忽略选择这两个字段。
- “排序合并”步骤用于合并“字段选择”“字段选择 2”步骤中的数据。
- “增加序列”步骤用于为“排序合并”步骤中的每一行数据添加唯一标识。

• “表输出”步骤用于将“增加序列”步骤中的数据输出到表 user_info_ods 中。

(3) 共享数据库连接。

为了优化操作步骤,避免重复创建数据库连接,可以共享本书第 4 章在转换 hive_extract 中定义的数据库连接 hive_connect,使其可以在转换 output_hive 中直接使用。在 Kettle 中打开转换 hive_extract,在“主对象树”选项卡中选中数据库连接 hive_connect 并右击,在弹出的菜单中选择“共享”选项,如图 7-54 所示。

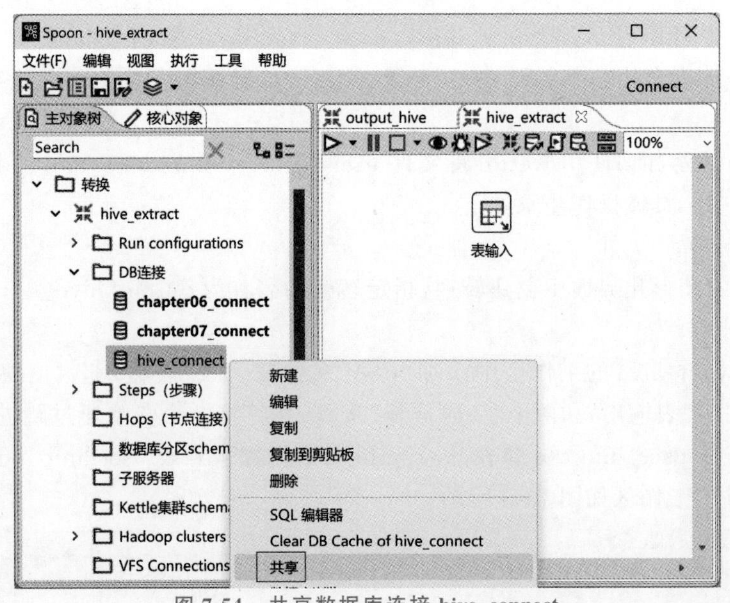

图 7-54 共享数据库连接 hive_connect

上述操作完成后,数据库连接 hive_connect 会显示为加粗样式。需要注意的是,数据库连接 hive_connect 会用到 Hadoop 集群连接 dataCleaner,其创建方式可参考本书第 4 章中 4.3 节的相关内容。

(4) 配置转换。

对转换 output_hive 的工作区中添加的 8 个步骤进行配置,具体内容如下。

① 配置“CSV 文件输入”步骤。

在转换 output_hive 的工作区中,双击“CSV 文件输入”步骤打开“CSV 文件输入”窗口。在该窗口中,首先,添加要抽取的文件 user_info.csv;然后,取消“简易转换?”复选框的勾选状态;最后,单击“获取字段”按钮通过 Kettle 检测文件 user_info.csv,以推断出字段的信息。如图 7-55 所示。

从图 7-55 中可以看出,文件 user_info.csv 的每一行被解析为 5 个字段,分别是 id、name、gender、email 和 birthInfo。在图 7-55 中,单击“确定”按钮保存对当前步骤的配置。

② 配置“表输入”步骤。

在转换 output_hive 的工作区中,双击“表输入”步骤打开“表输入”窗口。在该窗口的“数据库连接”下拉框中选择数据库连接 chapter07_connect,并且在 SQL 文本框中输入“SELECT * FROM user_info”,查询表 user_info 中的所有字段,如图 7-56 所示。

在图 7-56 中,单击“确定”按钮保存对当前步骤的配置。

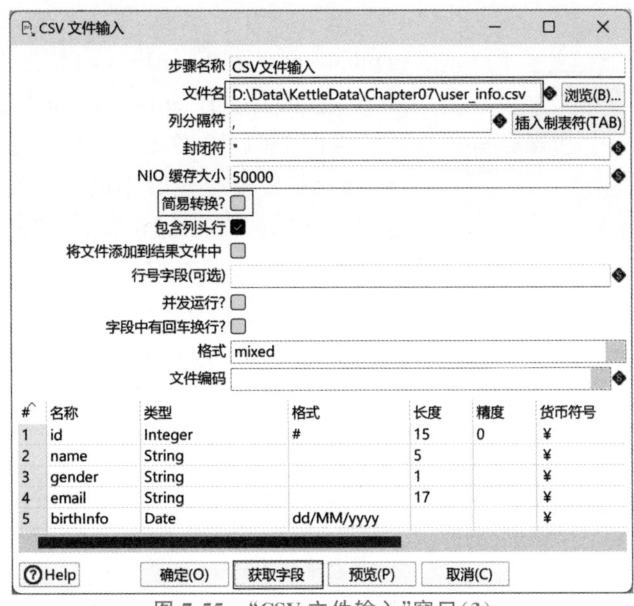

图 7-55 “CSV 文件输入”窗口(3)

③ 配置“值映射”步骤。

在转换 output_hive 的工作区中,双击“值映射”步骤打开“值映射”窗口。在该窗口的“使用的字段名”下拉框中选择字段 staff_gender。在“字段值”部分添加两行内容。其中第一行内容中“源值”“目标值”列的值分别为 Female 和 F,表示将值 Female 替换为 F;第二行内容中“源值”“目标值”列的值分别为 Male 和 M,表示将值 Male 替换为 M。如图 7-57 所示。

图 7-56 “表输入”窗口(4)

图 7-57 “值映射”窗口

在图 7-57 中,单击“确定”按钮保存对当前步骤的配置。

④ 配置“字段选择”步骤。

在转换 output_hive 的工作区中,双击“字段选择”步骤打开“选择/改名值”窗口。在该窗口的“字段”部分添加 4 行内容。其中第一行内容中,“字段名称”“改名成”列的值分别为 name 和 staff_name;第二行中“字段名称”“改名成”列的值分别为 gender 和 staff_gender;第三行中“字段名称”“改名成”列的值分别为 email 和 staff_email;第四行中“字段名称”“改名成”列的值分别为 birthInfo 和 staff_dob。如图 7-58 所示。

图 7-58 "选择/改名值"窗口(1)

图 7-58 中配置的内容表示,分别将字段 name、gender、email 和 birthInfo 的名称修改为 staff_name、staff_gender、staff_email 和 staff_dob。

在图 7-58 中,单击"元数据"选项卡标签。在该选项卡的"需要改变元数据的字段"部分中添加一行内容,其"字段名称""类型""格式"列的值分别为 staff_dob、Date 和 yyyy-MM-dd,如图 7-59 所示。

图 7-59 中配置的内容表示将字段 staff_dob 的日期格式调整为 yyyy-MM-dd。在图 7-59 中,单击"确定"按钮保存对当前步骤的配置。

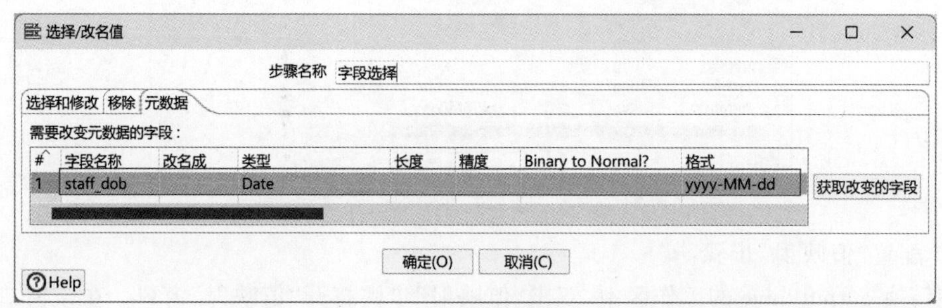

图 7-59 "元数据"选项卡(1)

⑤ 配置"字段选择 2"步骤。

在转换 output_hive 的工作区中,双击"字段选择 2"步骤打开"选择/改名值"窗口。在该窗口中"字段"部分的"字段名称"列中添加 4 行内容,分别是 staff_name、staff_gender、staff_email 和 staff_dob,如图 7-60 所示。

在图 7-60 中,单击"元数据"选项卡标签。在该选项卡的"需要改变元数据的字段"部分添加一行内容,其"字段名称""类型""格式"列的内容分别为 staff_dob、Date 和 yyyy-MM-dd,如图 7-61 所示。

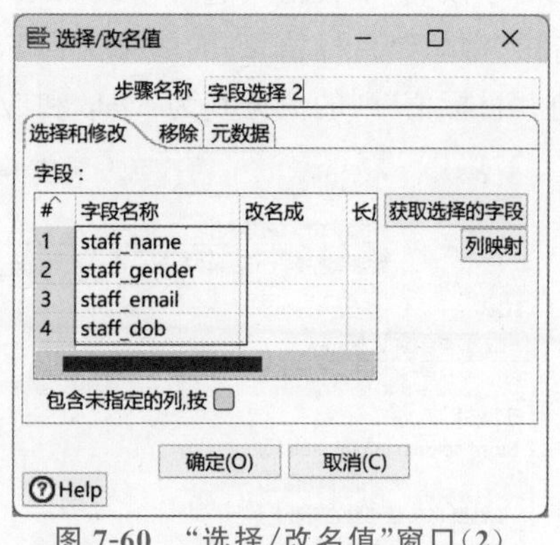

图 7-60 "选择/改名值"窗口(2)

图 7-61 "元数据"选项卡(2)

图 7-61 中配置的内容表示,将字段 staff_dob 的数据类型调整为 Date,并且指定日期格式为 yyyy-MM-dd。在图 7-61 中,单击"确定"按钮保存对当前步骤的配置。

⑥ 配置“排序合并”步骤。

在转换 output_hive 的工作区中，双击“排序合并”步骤打开“排序合并”窗口。在该窗口的“字段”部分添加一行内容，其“字段名称”“升序”列的内容分别为 staff_name 和“是”，如图 7-62 所示。

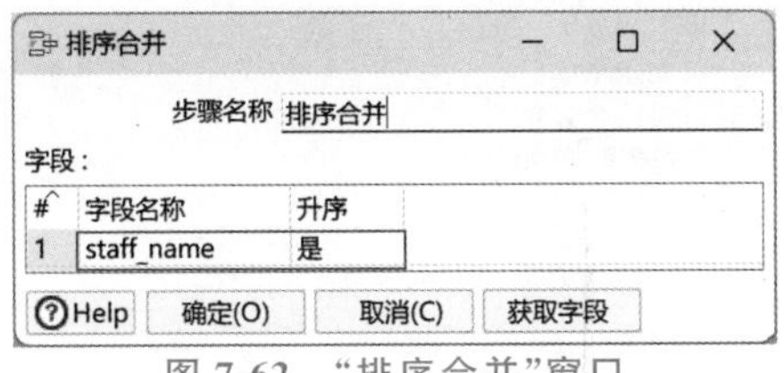

图 7-62　“排序合并”窗口

图 7-62 中配置的内容表示，根据字段 staff_name 的值对“字段选择”“字段选择 2”步骤的数据排序后再进行合并。在图 7-62 中，单击“确定”按钮保存对当前步骤的配置。

⑦ 配置“增加序列”步骤。

在转换 output_hive 的工作区中，双击“增加序列”步骤打开“增加序列”窗口。在该窗口的“值的名称”输入框内指定自增字段的字段名为 staff_id，如图 7-63 所示。

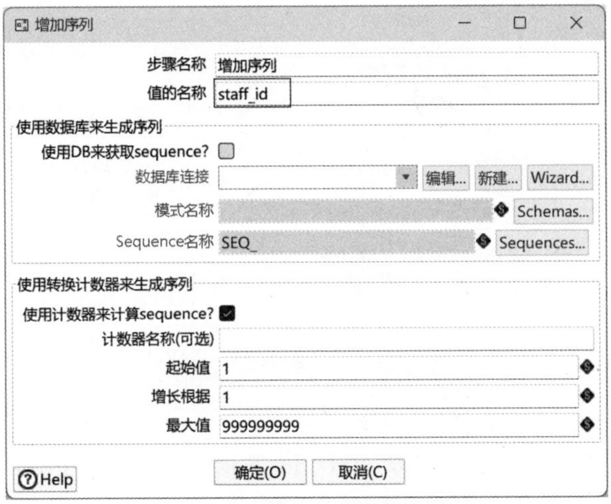

图 7-63　“增加序列”窗口(2)

图 7-63 中配置的内容表示自增字段 staff_id 的值从 1 开始每次递增 1。在图 7-63 中，单击“确认”按钮保存当前步骤的配置。

⑧ 配置“表输出”步骤。

在转换 output_hive 的工作区中，双击“表输出”步骤打开“表输出”窗口。在该窗口中，首先，在“数据库连接”下拉框中选择数据库连接 hive_connect。然后，单击“目标表”右方的“浏览”按钮打开“数据库浏览器”窗口，在该窗口选择表 user_info_ods。最后，选中“指定数据库字段”复选框。如图 7-64 所示。

图 7-64 中配置的内容表示使用数据库连接 hive_connect 向表 user_info_ods 加载数据，勾选“指定数据库字段”复选框用于建立表 user_info_ods 和“表输出”步骤中各字段的映射关系。

在图 7-64 中，单击“数据库字段”选项卡标签。在该选项卡中，手动创建表 user_info_ods

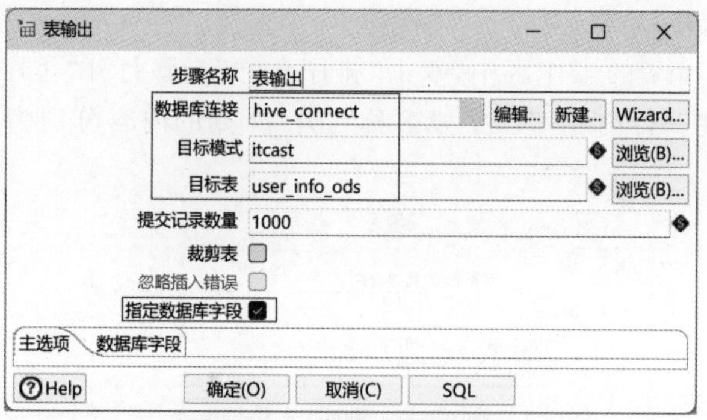

图 7-64 "表输出"窗口(3)

和"表输出"步骤中每个字段的映射关系,如图 7-65 所示。

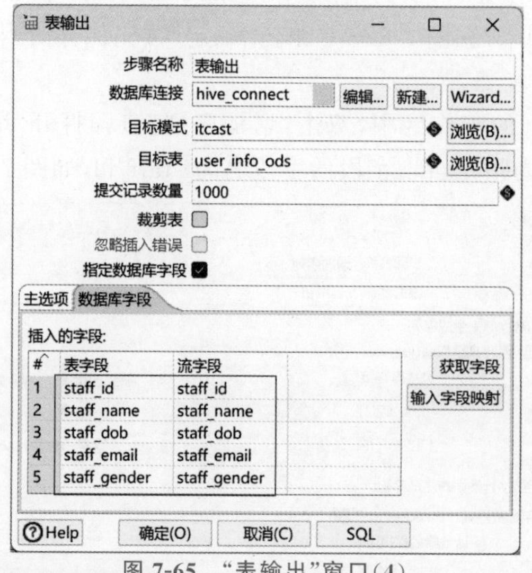

图 7-65 "表输出"窗口(4)

在图 7-65 中,"插入的字段"部分展示了表 user_info_ods 和"表输出"步骤中各字段的映射关系。例如,"表输出"步骤中字段 staff_id 的值将被加载到表 user_info_ods 的字段 staff_id 中。单击"确定"按钮保存对当前步骤的配置。

需要说明的是,在"数据库字段"选项卡中,选择使用手动建立每个字段的映射关系,而不是采用自动建立的方式。其原因在于,向 Hive 的表加载数据时,需要确保"表字段"列指定的字段顺序与实际表中的字段顺序一致。而自动建立每个字段的映射关系可能导致"表字段"列指定的字段顺序与实际表中字段的顺序不一致的问题。

(5) 运行转换。

确保虚拟机中的 HDFS、YARN 和 HiveServer2 处于启动状态下,保存并运行转换 output_hive。转换 output_hive 在运行过程中,会启动多个 MapReduce 任务,将数据插入到 user_info_ods 表中。待转换 output_hive 运行完成后,在 Hive 自带的命令行工具 CLI 执行"select * from itcast. user_info_ods;"命令,查询表 user_info_ods 的数据,如图 7-66 所示。

从图 7-66 中可以看出,表 user_info_ods 的数据包含了文件 user_info.csv 和表 user_info 记录的所有员工信息,其中文件 user_info.csv 中记录的出生日期格式已经由 dd/MM/yyyy 调整为 yyyy-MM-dd;表 user_info 中记录的性别数据已经由 Female 和 Male 调整为 F 和 M。

```
root@data-cleaner:~
hive> select * from itcast.user_info_ods;
OK
1       Alice   1993-01-01      alice@example.com       F
2       Anna    1994-12-01      anna@example.com        F
11      Felix   2001-01-12      felix@example.com       M
12      Frank   2000-02-12      frank@example.com       M
13      Gina    1993-07-17      gina@example.com        F
14      Grace   1992-08-17      grace@example.com       F
15      Hank    1981-12-06      hank@example.com        M
16      Henry   1982-11-06      henry@example.com       M
17      Isabel  1995-04-11      isabel@example.com      F
18      Ivy     1994-05-11      ivy@example.com F
19      Jack    1988-09-19      jack@example.com        M
20      John    1989-08-19      john@example.com        M
3       Bob     1989-06-15      bob@example.com M
4       Brian   1990-05-15      brian@example.com       M
5       Carol   1998-11-20      carol@example.com       F
6       Catherine       1999-10-20      catherine@example.com   F
7       David   1978-07-04      david@example.com       M
8       Derek   1979-06-04      derek@example.com       M
9       Ella    1988-02-23      ella@example.com        F
10      Eva     1987-03-23      eva@example.com F
Time taken: 0.241 seconds, Fetched: 20 row(s)
hive>
```

图 7-66 查询表 user_info_ods 的数据

2. 使用 Hadoop file output 步骤向 Hive 加载数据

使用 Hadoop file output 步骤向 Hive 加载数据时，通常会在 Hive 中创建一个外部表。该外部表指定存储数据的目录与 Hadoop file output 步骤输出文件的目录需要保持一致，并且确保 Hadoop file output 步骤输出的文件中，字段的分隔符与 Hive 外部表中字段的分隔符保持一致，这样可以让 Hive 的外部表直接通过读取文件来加载数据。

例如，在 Hive 的数据库 itcast 中存在一个外部表 ext_user_info_ods，其表结构与 user_info_ods 一致。外部表 ext_user_info_ods 的字段分隔符为“,”，并且数据存储路径为 HDFS 的/chapter07/user_info_ods/目录。

现在要求使用 Kettle 将文件 user_info.csv 和表 user_info 记录的所有员工信息加载到 Hive 的外部表 ext_user_info_ods 中，此时，可以将转换 output_hive 的“表输出”步骤修改为 Hadoop file output 步骤。转换 output_hive 的工作区如图 7-67 所示。

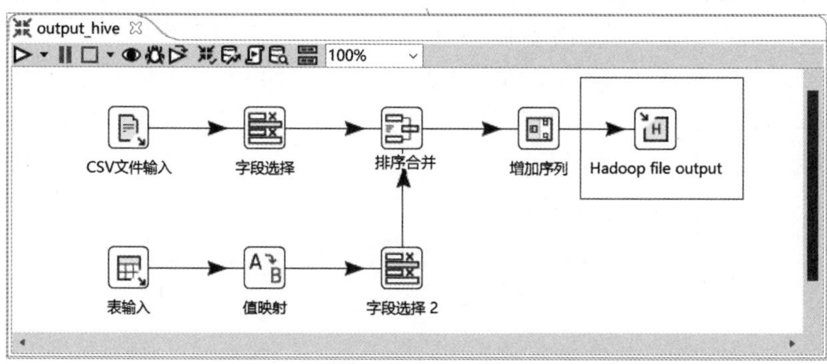

图 7-67 转换 output_hive 的工作区(2)

在图 7-67 中，双击 Hadoop file output 步骤打开 Hadoop file output 窗口。在该窗口的 Hadoop Cluster 下拉框中选择 Hadoop 集群连接 dataCleaner。然后，在 Folder/File 输入框中填写/chapter07/user_info_ods/user_info，并去除“扩展名”输入框的内容，如图 7-68 所示。

图 7-68 中配置的内容表示将 Hadoop file output 步骤的数据加载到/chapter07/user_info_ods/目录的文件 user_info 中。

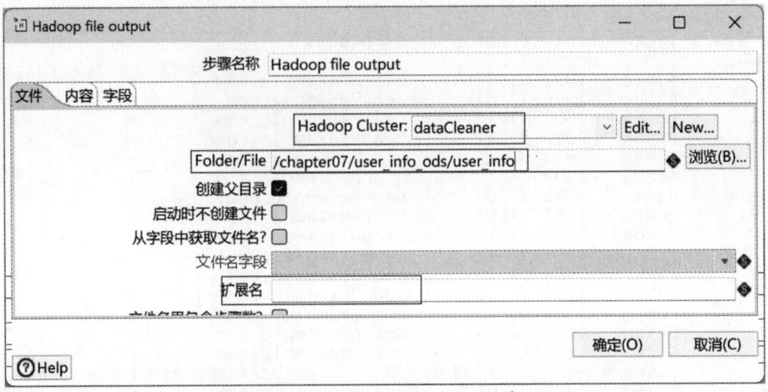

图 7-68 Hadoop file output 窗口

在图 7-68 中,单击“内容”选项卡标签,将“分隔符”输入框的内容修改为英文逗号,并且取消“头部”复选框的勾选状态,如图 7-69 所示。

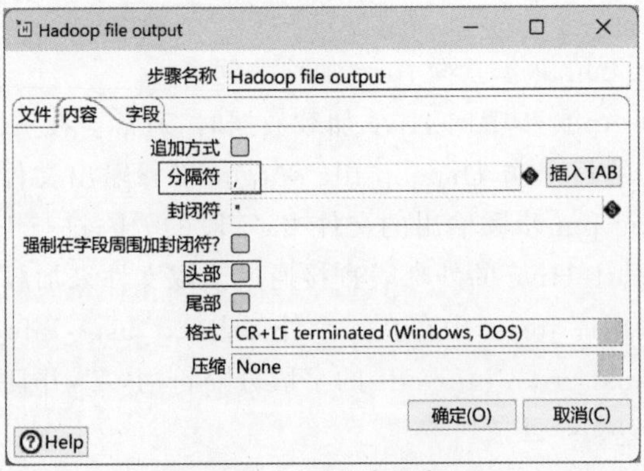

图 7-69 “内容”选项卡(3)

图 7-69 配置的内容表示将 Hadoop file output 步骤中的数据加载到文件 user_info 时,每个字段通过英文逗号进行分隔,并且文件 user_info 的第一行不包含字段的名称。

在图 7-69 中,单击“字段”选项卡标签,在该选项卡中添加 5 行内容。其中第一行内容中“名称”“类型”列的值分别为 staff_id 和 Integer;第二行内容中“名称”“类型”列的值分别为 staff_name 和 String;第三行中“名称”“类型”列的值分别为 staff_dob 和 String;第四行中“名称”“类型”列的值分别为 staff_email 和 String;第五行中“名称”“类型”列的值分别为 staff_gender 和 String。如图 7-70 所示。

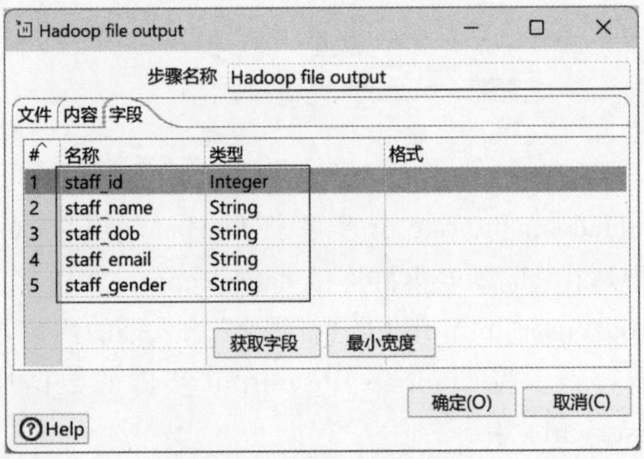

图 7-70 “字段”选项卡(3)

在图 7-70 中,单击"确定"按钮保存对当前步骤的配置。

需要注意的是,在图 7-70 中"名称"列指定字段的顺序要与外部表 ext_user_info_ods 中字段的顺序保持一致。这也提醒着我们在进行任何事情时都应关注每一个细节,以提高准确性并避免错误的发生。

保存并运行转换 output_hive。待转换 output_hive 运行完成后,在虚拟机执行 hdfs dfs -ls /chapter07/user_info_ods/命令,查看 HDFS 的/chapter07/user_info_ods/目录中包含的文件,如图 7-71 所示。

```
[root@data-cleaner ~]#
[root@data-cleaner ~]# hdfs dfs -ls /chapter07/user_info_ods/
Found 1 items
-rw-r--r--   1 OgerS supergroup        797 2023-09-11 13:52 /chapter07/user_info_ods/user_info
[root@data-cleaner ~]#
```

图 7-71 查看 HDFS 的/chapter07/user_info_ods/目录中包含的文件

从图 7-71 中可以看出,HDFS 的/chapter07/user_info_ods/目录中包含文件 user_info。此时,在 Hive 自带的命令行工具 CLI 执行"select * from itcast.ext_user_info_ods;"命令,查询表 ext_user_info_ods 的数据,如图 7-72 所示。

```
hive> select * from itcast.ext_user_info_ods;
OK
1       Alice   1993-01-01      alice@example.com       F
2       Anna    1994-12-01      anna@example.com        F
3       Bob     1989-06-15      bob@example.com M
4       Brian   1990-05-15      brian@example.com       M
5       Carol   1998-11-20      carol@example.com       F
6       Catherine       1999-10-20      catherine@example.com   F
7       David   1978-07-04      david@example.com       M
8       Derek   1979-06-04      derek@example.com       M
9       Ella    1988-02-23      ella@example.com        F
10      Eva     1987-03-23      eva@example.com F
11      Felix   2001-01-12      felix@example.com       M
12      Frank   2000-02-12      frank@example.com       M
13      Gina    1993-07-17      gina@example.com        F
14      Grace   1992-08-17      grace@example.com       F
15      Hank    1981-12-06      hank@example.com        M
16      Henry   1982-11-06      henry@example.com       M
17      Isabel  1995-04-11      isabel@example.com      F
18      Ivy     1994-05-11      ivy@example.com F
19      Jack    1988-09-19      jack@example.com        M
20      John    1989-08-19      john@example.com        M
Time taken: 0.213 seconds, Fetched: 20 row(s)
hive>
```

图 7-72 查询表 ext_user_info_ods 的数据

从图 7-72 中可以看出,表 ext_user_info_ods 的数据包含了文件 user_info.csv 和表 user_info 记录的所有员工信息,其中文件 user_info.csv 中记录的出生日期格式已经由 dd/MM/yyyy 调整为 yyyy-MM-dd;表 user_info 中记录的性别数据已经由 Female 和 Male 调整为 F 和 M。

注意:如果需要在 Kettle 中使用"更新/插入"步骤,对 Hive 的指定表进行更新操作,那么需要在 Hive 中开启事务的支持。

7.4 本章小结

本章主要讲解了使用 Kettle 实现数据加载的相关内容。首先,讲解了将数据加载到文本文件。然后,讲解了将数据加载到数据库,包括将数据加载到关系数据库和非关系数据库。最后,讲解了将数据加载到 Hive。通过本章的学习,读者可以掌握使用 Kettle 将指定步骤的数据加载到不同系统的技巧。

7.5 课后习题

一、填空题

1. Kettle的“文本文件输出”步骤提供了追加和________两种数据加载模式。

2. 在Kettle的“CSV文件输入”步骤中,________输入框可以指定编码格式。

3. 在Kettle中,使用“分组”步骤进行求最大值的聚合运算时,“类型”列的值为________。

4. 在Kettle中,用于向HBase加载数据的步骤是________。

5. 在Kettle的“插入/更新”步骤中,“更新字段”部分用于建立各字段的________。

二、判断题

1. 在Kettle中,使用“文本文件输出”步骤向文本文件加载数据时,每行数据单独占据一行空间。( )

2. 在Kettle中,“表输出”步骤支持更新数据。( )

3. 在Kettle中,使用Hadoop file output步骤可以向Hive加载数据。( )

4. 在Kettle的“插入/更新”步骤中可以通过单击“获取字段”按钮,自动创建每个字段的映射关系。( )

5. 在Kettle中的HBase output步骤中建立映射关系时,作为行键的字段无须指定列族。( )

三、选择题

1. 下列选项中,用于向Hive加载数据的步骤包括是( )。(多选)

A. “表输出”步骤　　B. Hadoop file output步骤

C. “插入/更新”步骤　　D. Hive output步骤

2. 下列选项中,表示参数化查询中的占位符是( )。

A. ?　　B. !　　C. @　　D. $

3. 在Kettle的“执行SQL脚本”步骤中,用于分隔SQL语句的符号是( )。

A. :　　B. ;　　C. ,　　D. 、

4. 在Kettle的“表输出”步骤中,用于建立映射关系的选项卡是( )。

A. “字段”选项卡　　B. “数据库字段”选项卡

C. “内容”选项卡　　D. “查询”选项卡

5. 在Kettle的“文本文件输出”步骤中,用于在文本文件的第一行添加字段名称的复选框是( )。

A. “头部”复选框　　B. “首行”复选框

C. “字段名称”复选框　　D. “字段”复选框

四、简答题

简述在“插入/更新”步骤的“更新字段”部分建立映射关系的两种方式及它们的区别。

第8章 综合案例——构建电影租赁商店数据仓库

学习目标

- 了解案例概述，能够描述案例背景，以及使用数据库和数据仓库的结构；
- 熟悉环境准备，能够使用数据库管理工具操作数据库和数据仓库；
- 掌握案例实现，能够熟练运用 Kettle 向数据仓库中的不同表中加载数据。

通过前面的学习，相信读者已经对 ETL 的基本概念和 Kettle 的 ETL 操作有了清晰的认识。为强化读者对于使用 Kettle 实现 ETL 的应用能力，本章将综合应用前面章节所介绍的知识，通过一个实际案例——构建电影租赁商店数据仓库，来展示如何使用 Kettle 实现一个实际的 ETL 解决方案。

8.1 案例概述

8.1.1 案例背景介绍

电影租赁商店是一个专门从事将电影以物理媒介（如 VHS、DVD 或 Blu-ray 等）的形式出租给顾客的业务。顾客可以支付一定费用来租借电影，然后在规定的时间内观看后归还。随着商业竞争的加剧，电影租赁商店的决策者急需准确的战略信息来指导决策。尽管每家电影租赁商店都通过电影租赁系统，将大量数据存储在数据库中，但这些数据并不直接满足战略决策的需求。对于电影租赁商店的决策者来说，他们需要能够从多个商业维度，如时间、演员和顾客等，来查看和分析数据。而存储电影租赁商城数据的数据库并不支持这种多维度的分析。

相对而言，数据仓库可以支持复杂的分析需求，更加注重决策支持，并能提供清晰的查询结果。因此，我们计划基于存储电影租赁商城数据的数据库创建一个专门的电影租赁商店数据仓库，并将数据库中的数据加载到数据仓库中，以便决策者进行深入的数据分析和商业决策。

8.1.2 数据库简介

本案例使用的数据存储在数据库 sakila 中。该数据库是 MySQL 官方提供的一个示例数据库，它包含了一个小型的电影租赁商店的数据。数据库 sakila 通过 16 张表来记录电影租赁商店的数据，它们分别是表 actor、表 address、表 category、表 city、表 country、表 customer、表 film、表 film_actor、表 film_category、表 film_text、表 inventory、表 language、表 payment、表 rental、表 staff 和表 store。下面,通过一张图来展示数据库 sakila 的 ER 图(实体关系图,Entity-Relationship Diagram),如图 8-1 所示。

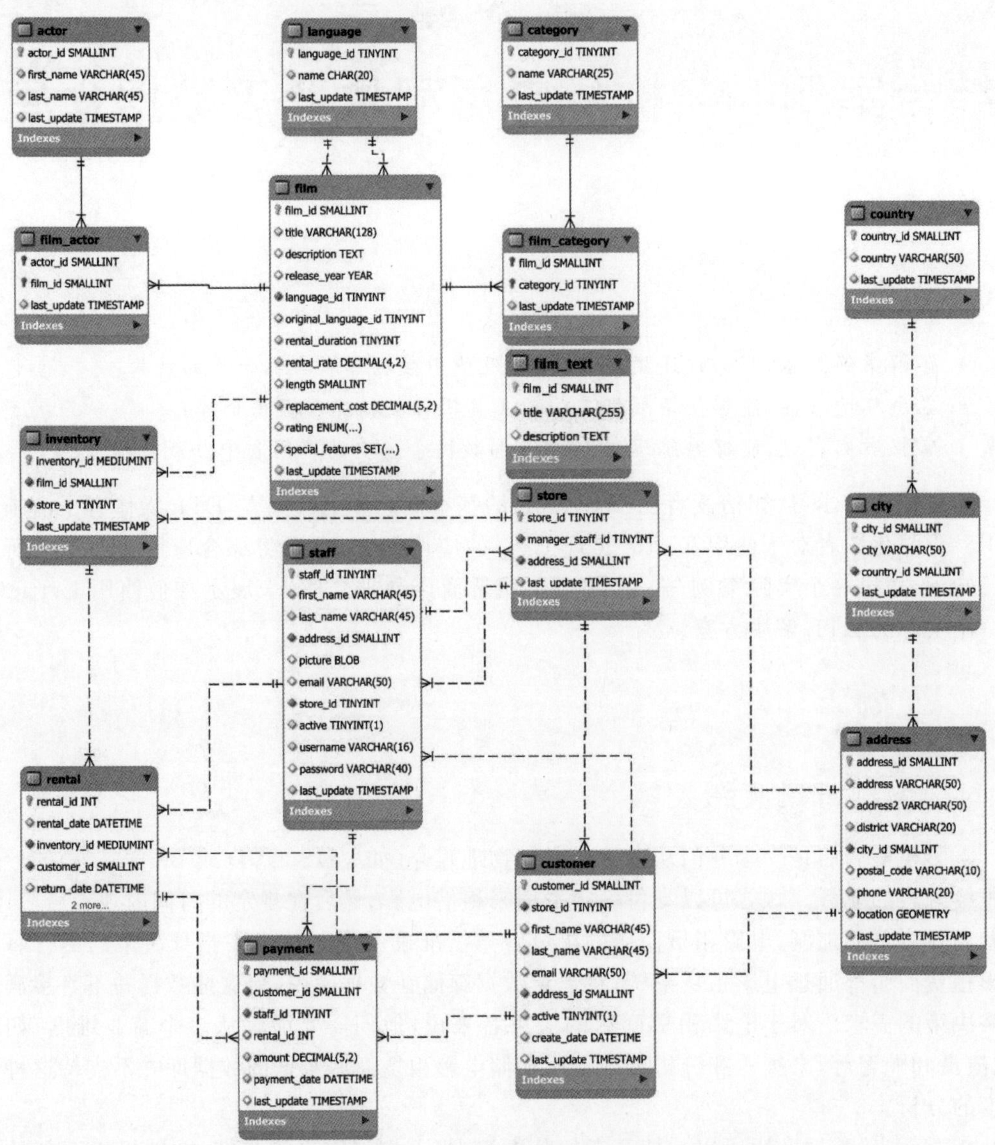

图 8-1　数据库 sakila 的 ER 图

从图 8-1 中可以看出,数据库 sakila 中部分表的外键和主键之间存在引用关系,并且外键和主键的名称相同。例如,在表 film 中存在一个外键 language_id,该外键引用表 language 中的主键 language_id。除此之外,数据库 sakila 中的 16 张表在设计上有一些相同之处,即每张表中均有一个字段 last_update,该字段用于记录数据被插入或最近更新的时间。

接下来,分别对数据库 sakila 中的 16 张表进行介绍。

1. 表 actor

表 actor 用于记录演员的姓名,该表的字段说明如表 8-1 所示。

表 8-1　表 actor 的字段说明

字段名称	数据类型	说　明
actor_id	SMALLINT	主键，用于唯一标识表中的每个演员
first_name	VARCHAR(45)	演员的名字
last_name	VARCHAR(45)	演员的姓氏
last_update	TIMESTAMP	插入或最近更新的时间

2. 表 address

表 address 用于记录顾客、员工和商店的地址信息，该表的字段说明如表 8-2 所示。

表 8-2　表 address 的字段说明

字段名称	数据类型	说　明
address_id	SMALLINT	主键，用于唯一标识表中的每个地址
address	VARCHAR(50)	主要的地址信息
address2	VARCHAR(50)	可选的附加或补充的地址信息
district	VARCHAR(20)	地址所属的区域
city_id	SMALLINT	外键，用于引用表 city 中的主键，获取地址所属的城市
postal_code	VARCHAR(10)	邮政编码
phone	VARCHAR(20)	电话号码
location	GEOMETRY	地址的地理位置
last_update	TIMESTAMP	插入或最近更新的时间

3. 表 category

表 category 用于记录电影的类别信息，该表的字段说明如表 8-3 所示。

表 8-3　表 category 的字段说明

字段名称	数据类型	说　明
category_id	TINYINT	主键，用于唯一标识表中的每个类别
name	VARCHAR(25)	类别名称
last_update	TIMESTAMP	插入或最近更新的时间

4. 表 city

表 city 用于记录城市信息，该表的字段说明如表 8-4 所示。

表 8-4　表 city 的字段说明

字段名称	数据类型	说　明
city_id	SMALLINT	主键，用于唯一标识表中的每个城市
city	VARCHAR(50)	城市名称
country_id	SMALLINT	外键，用于引用表 country 中的主键，获取城市所属的国家
last_update	TIMESTAMP	插入或最近更新的时间

5. 表 country

表 country 用于记录国家信息，该表的字段说明如表 8-5 所示。

表 8-5 表 country 的字段说明

字段名称	数据类型	说明
country_id	SMALLINT	主键,用于唯一标识表中的每个国家
country	VARCHAR(50)	国家名称
last_update	TIMESTAMP	插入或最近更新的时间

6. 表 customer

表 customer 用于记录顾客的基本信息,该表的字段说明如表 8-6 所示。

表 8-6 表 customer 的字段说明

字段名称	数据类型	说明
customer_id	SMALLINT	主键,用于唯一标识表中的每个顾客
store_id	TINYINT	外键,用于引用表 store 中的主键,获取顾客从哪家商店租赁的电影
first_name	VARCHAR(45)	顾客的名字
last_name	VARCHAR(45)	顾客的姓氏
email	VARCHAR(50)	顾客的邮箱
address_id	SMALLINT	外键,用于引用表 address 中的主键,获取顾客的地址信息
active	TINYINT	标识顾客是否处于活跃状态。值为 1 表示活跃。值为 0 表示不活跃
create_date	DATETIME	顾客添加到系统的日期
last_update	TIMESTAMP	插入或最近更新的时间

7. 表 film

表 film 用于记录电影的基本信息,该表的字段说明如表 8-7 所示。

表 8-7 表 film 的字段说明

字段名称	数据类型	说明
film_id	SMALLINT	主键,用于唯一标识表中的每个电影
title	VARCHAR(128)	电影的名称
description	TEXT	电影的简短描述
release_year	YEAR	电影上映的年份
language_id	TINYINT	外键,用于引用表 language 中的主键,获取电影的语言
original_language_id	TINYINT	外键,用于引用表 language 中的主键,获取电影的原始语言。当电影被配音成新语言时使用
rental_duration	TINYINT	电影的租赁期限
rental_rate	DECIMAL(4,2)	指定期限内租赁电影的费用
length	SMALLINT	电影的时长
replacement_cost	DECIMAL(5,2)	如果租赁的电影未退回或退回时已损坏,则向顾客收取的费用
rating	ENUM	电影的级别
special_features	SET	电影相关的特点,相当于提供了额外的描述性信息
last_update	TIMESTAMP	插入或最近更新的时间

8. 表 film_actor

表 film_actor 可以看作是连接表 film 和表 actor 的桥梁，用于表示电影和演员之间的关系，该表的字段说明如表 8-8 所示。

表 8-8　表 film_actor 的字段说明

字段名称	数据类型	说　明
actor_id	SMALLINT	外键，用于引用表 actor 中的主键，获取演员的姓名
film_id	SMALLINT	外键，用于引用表 film 中的主键，获取电影的基本信息
last_update	TIMESTAMP	插入或最近更新的时间

9. 表 film_category

表 film_category 可以看作是连接表 film 和表 category 的桥梁，用于表示电影和类别之间的关系，该表的字段说明如表 8-9 所示。

表 8-9　表 film_category 的字段说明

字段名称	数据类型	说　明
film_id	SMALLINT	外键，用于引用表 film 中的主键，获取电影的基本信息
category_id	TINYINT	外键，用于引用表 category 中的主键，获取电影的类别
last_update	TIMESTAMP	插入或最近更新的时间

10. 表 film_text

表 film_text 用于快速搜索电影的名称和简短描述，该表通过触发器与表 film 中相应字段的数据保持同步，可以看作是表 film 的子集。表 film_text 的字段说明如表 8-10 所示。

表 8-10　表 film_text 的字段说明

字段名称	数据类型	说　明
film_id	SMALLINT	主键，用于唯一标识表中的每个电影
title	VARCHAR(255)	电影的名称
description	TEXT	电影的简短描述

11. 表 inventory

表 inventory 用于记录不同商店中每部电影的实际库存，该表的字段说明如表 8-11 所示。

表 8-11　表 inventory 的字段说明

字段名称	数据类型	说　明
inventory_id	MEDIUMINT	主键，用于唯一标识表中的每个库存
film_id	SMALLINT	外键，用于引用表 film 中的主键，获取电影的基本信息
store_id	TINYINT	外键，用于引用表 store 中的主键，获取商店的基本信息
last_update	TIMESTAMP	插入或最近更新的时间

12. 表 language

表 language 用于记录电影的语言或原始语言的名称，该表的字段说明如表 8-12 所示。

表 8-12　表 language 的字段说明

字段名称	数据类型	说　明
language_id	TINYINT	主键，用于唯一标识表中的每个语言
name	CHAR(20)	语言的名称
last_update	TIMESTAMP	插入或最近更新的时间

13. 表 payment

表 payment 用于记录付款信息，该表的字段说明如表 8-13 所示。

表 8-13　表 payment 的字段说明

字段名称	数据类型	说　明
payment_id	SMALLINT	主键，用于唯一标识表中的每个付款信息
customer_id	SMALLINT	外键，用于引用表 customer 中的主键，获取付款的顾客信息
staff_id	TINYINT	外键，用于引用表 staff 中的主键，获取处理付款的员工信息
rental_id	INT	外键，用于引用表 rental 中的主键，获取租赁信息
amount	DECIMAL(5,2)	付款的金额
payment_date	DATETIME	处理付款的日期
last_update	TIMESTAMP	插入或最近更新的时间

14. 表 rental

表 rental 用于记录租赁信息，该表的字段说明如表 8-14 所示。

表 8-14　表 rental 的字段说明

字段名称	数据类型	说　明
rental_id	INT	主键，用于唯一标识表中的每个租赁信息
rental_date	DATETIME	租赁的日期
inventory_id	MEDIUMINT	外键，用于引用表 inventory 中的主键，获取被租赁电影的库存
customer_id	SMALLINT	外键，用于引用表 customer 中的主键，获取租赁电影的顾客信息
return_date	DATETIME	归还的日期
staff_id	TINYINT	外键，用于引用表 staff 中的主键，获取处理租赁的员工信息
last_update	TIMESTAMP	插入或最近更新的时间

15. 表 staff

表 staff 用于记录员工信息，该表的字段说明如表 8-15 所示。

表 8-15　表 staff 的字段说明

字段名称	数据类型	说　明
staff_id	TINYINT	主键，用于唯一标识表中的每个员工
first_name	VARCHAR(45)	员工的名字
last_name	VARCHAR(45)	员工的姓氏
address_id	SMALLINT	外键，用于引用表 address 中的主键，获取员工的地址信息
picture	BLOB	员工的照片
email	VARCHAR(50)	邮箱
store_id	TINYINT	外键，用于引用表 store 中的主键，获取员工所属商店的信息
active	TINYINT	标识员工是否处于在职状态。值为 1 表示在职，值为 0 表示不在职
username	VARCHAR(16)	员工访问租赁系统时使用的用户名
password	VARCHAR(40)	员工访问租赁系统时使用的密码
last_update	TIMESTAMP	插入或最近更新的时间

16. 表 store

表 store 用于记录商店信息，该表的字段说明如表 8-16 所示。

表 8-16　表 store 的字段说明

字段名称	数据类型	说　明
store_id	TINYINT	主键，用于唯一标识表中的每个商店
manager_staff_id	TINYINT	外键，用于引用表 staff 中的主键，获取商店经理的信息
address_id	SMALLINT	外键，用于引用表 address 中的主键，获取商店的地址信息
last_update	TIMESTAMP	插入或最近更新的时间

8.1.3　数据仓库简介

本案例基于 MySQL 构建一个小型的数据仓库 sakila_dwh。该数据仓库采用的架构模型为星形模型，分别从电影、顾客、日期、商店等维度构建数据仓库。数据仓库 sakila_dwh 的架构模型如图 8-2 所示。

从图 8-2 中可以看出，数据仓库 sakila_dwh 包含一个事实表 fact_rental、一个桥接表 dim_film_actor_bridge 和 7 个维度表。这 7 个维度表分别是 dim_film、dim_customer、dim_actor、dim_store、dim_staff、dim_date 和 dim_time。

接下来，分别对数据仓库 sakila_dwh 中的 9 张表进行如下介绍。

1. 事实表 fact_rental

事实表 fact_rental 包含了与各维度表相关联的代理键，以及与电影租赁相关的量化数据，如租赁次数、租赁期限等。基于事实表 fact_rental 用户可以获取详细的电影租赁数据，使用户可以从不同维度来分析电影租赁数据。事实表 fact_rental 的字段说明如表 8-17 所示。

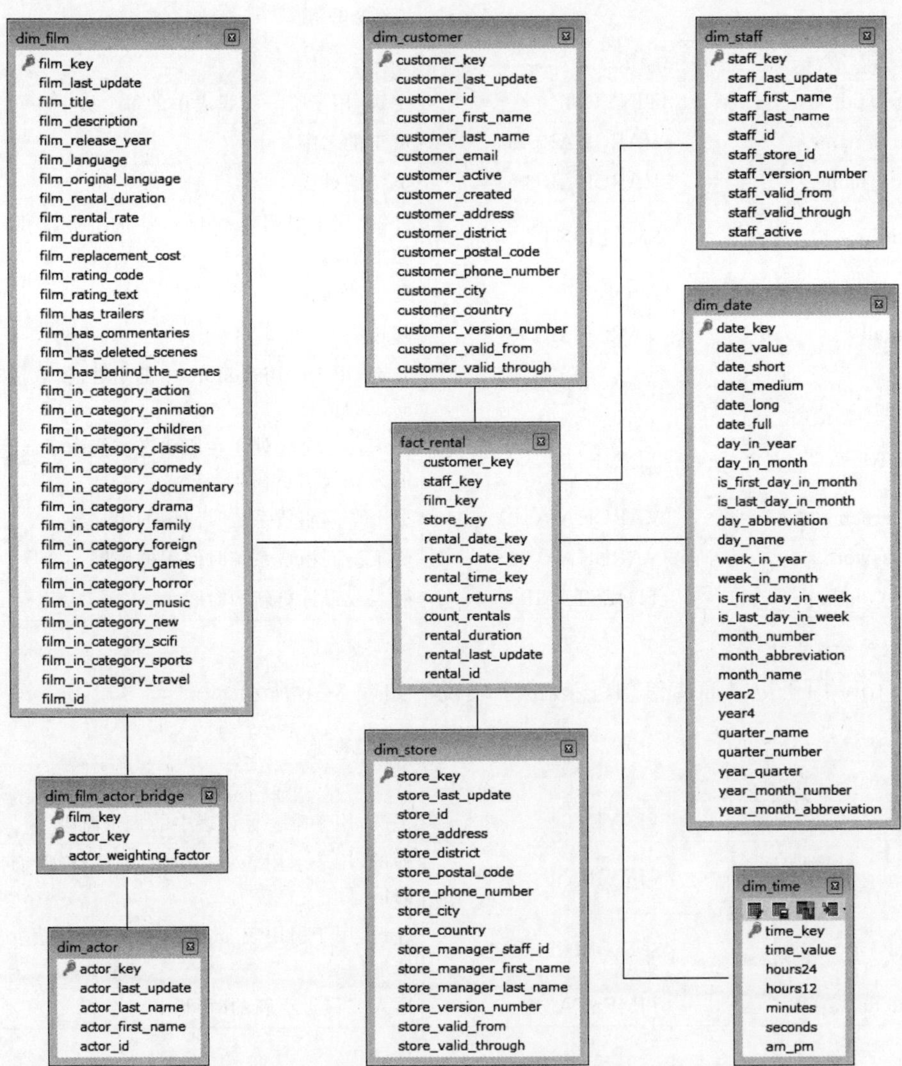

图 8-2　数据仓库 sakila_dwh 的架构模型

表 8-17　事实表 fact_rental 的字段说明

字段名称	数据类型	说　明
customer_key	INT	代理键,用于与维度表 dim_customer 相关联,获取顾客相关信息
staff_key	INT	代理键,用于与维度表 dim_staff 相关联,获取员工相关信息
film_key	INT	代理键,用于与维度表 dim_film 相关联,获取电影相关信息
store_key	INT	代理键,用于与维度表 dim_store 相关联,获取商店相关信息
rental_date_key	INT	代理键,用于与维度表 dim_date 相关联,获取租赁日期
return_date_key	INT	代理键,用于与维度表 dim_date 相关联,获取归还日期
rental_time_key	INT	代理键,用于与维度表 dim_time 相关联,获取租赁时间
count_returns	INT	归还次数
count_rentals	INT	租赁次数
rental_duration	INT	租赁期限

续表

字段名称	数据类型	说明
rental_last_update	DATETIME	插入或最近更新的时间
rental_id	INT	用于唯一标识表中的每个租赁信息，其值来源于数据库 sakila 中表 rental 的相应字段

2. 桥接表 dim_film_actor_bridge

桥接表 dim_film_actor_bridge 可以看作是维度表 dim_film 和维度表 dim_actor 的桥梁，用于表示电影和演员之间的关系。该表的字段说明如表 8-18 所示。

表 8-18 桥接表 dim_film_actor_bridge 的字段说明

字段名称	数据类型	说明
film_key	INT	代理键，用于与维度表 dim_film 相关联，获取电影相关信息
actor_key	INT	代理键，用于与维度表 dim_actor 相关联，获取演员相关信息
actor_weighting_factor	DECIMAL	演员权重因子，用来评估一个演员对影片的贡献值

3. 维度表 dim_film

维度表 dim_film 包含了电影的相关信息，用于从电影维度来分析电影租赁数据。该表的字段说明如表 8-19 所示。

表 8-19 维度表 dim_film 的字段说明

字段名称	数据类型	说明
film_key	INT	代理键，用于与事实表 fact_rental 和桥接表 dim_film_actor_bridge 相关联
film_last_update	DATETIME	插入或最近更新的时间
film_title	VARCHAR(64)	电影的名称
film_description	TEXT	电影的简短描述
film_release_year	SMALLINT	电影的发行年份
film_language	VARCHAR(20)	电影的语言
film_original_language	VARCHAR(20)	电影的原始语言
film_rental_duration	TINYINT	电影的租赁期限
film_rental_rate	DECIMAL(4,2)	电影的租赁率
film_duration	INT	电影的时长
film_replacement_cost	DECIMAL(5,2)	如果租赁的电影未退回或退回时已损坏，则向顾客收取的费用
film_rating_code	CHAR	电影的评级
film_rating_text	VARCHAR(30)	电影评级的描述
film_has_trailers	CHAR	电影是否有预告片，其判断依据来源于 sakila 数据库中表 film 的字段 special_features
film_has_commentaries	CHAR	电影是否有评价，其判断依据来源于 sakila 数据库中表 film 的字段 special_features
film_has_deleted_scenes	CHAR	电影是否有删减片段，其判断依据来源于 sakila 数据库中表 film 的字段 special_features

续表

字段名称	数据类型	说明
film_has_behind_the_scenes	CHAR	电影是否有幕后花絮,其判断依据来源于 sakila 数据库中表 film 的字段 special_features
film_has_category_action	CHAR	电影是否为动作片
film_has_category_animation	CHAR	电影是否为动画片
film_has_category_children	CHAR	电影是否为儿童片
film_has_category_classics	CHAR	电影是否为经典片
film_has_category_comedy	CHAR	电影是否为喜剧片
film_has_category_documentary	CHAR	电影是否为纪录片
film_has_category_drama	CHAR	电影是否为剧情片
film_has_category_family	CHAR	电影是否为家庭片
film_has_category_foreign	CHAR	电影是否为外国电影
film_has_category_games	CHAR	电影是否为游戏电影
film_has_category_horror	CHAR	电影是否为恐怖片
film_has_category_music	CHAR	电影是否为音乐片
film_has_category_new	CHAR	电影是否为新发行的电影
film_has_category_scifi	CHAR	电影是否为科幻片
film_has_category_sports	CHAR	电影是否为运动片
film_has_category_travel	CHAR	电影是否为旅行片
film_id	INT	用于唯一标识表中的每个电影,其值来源于数据库 sakila 中表 film 的相应字段

4. 维度表 dim_customer

维度表 dim_customer 包含了顾客的相关信息,用于从顾客维度来分析电影租赁数据。该表的字段说明如表 8-20 所示。

表 8-20　维度表 dim_customer 的字段说明

字段名称	数据类型	说明
customer_key	INT	代理键,用于与事实表 fact_rental 相关联
customer_last_update	DATETIME	插入或最近更新的时间
customer_id	INT	用于唯一标识表中的每个顾客,其值来源于数据库 sakila 中表 customer 的相应字段
customer_first_name	VARCHAR(45)	顾客的名字
customer_last_name	VARCHAR(45)	顾客的姓氏
customer_email	VARCHAR(50)	顾客的邮箱
customer_active	CHAR	顾客是否处于活跃状态。值为 YES 表示活跃,值为 NO 表示不活跃
customer_created	DATE	顾客添加到系统的日期
customer_address	VARCHAR(64)	顾客主要的地址信息
customer_district	VARCHAR(20)	地址所属的区域
customer_postal_code	VARCHAR(10)	邮政编码

续表

字段名称	数据类型	说　　明
customer_phone_number	VARCHAR(20)	电话号码
customer_city	VARCHAR(50)	地址所属的城市
customer_country	VARCHAR(50)	地址所属的国家
customer_version_number	SMALLINT	用于记录顾客信息的版本。当某个顾客的信息发生改变时，不会简单地更新相应的信息，而是新插入一条数据，并将该字段的值递增
customer_valid_from	DATE	用于记录顾客不同版本信息的有效开始时间
customer_valid_through	DATE	用于记录顾客不同版本信息的有效结束时间

5. 维度表 dim_actor

维度表 dim_actor 包含了演员的相关信息，用于从演员维度来分析电影租赁数据。该表的字段说明如表 8-21 所示。

表 8-21　维度表 dim_actor 的字段说明

字段名称	数据类型	说　　明
actor_key	INT	代理键，用于与桥接表 dim_film_actor_bridge 相关联
actor_last_update	DATETIME	插入或最近更新的时间
actor_last_name	VARCHAR(45)	演员的姓氏
actor_first_name	VARCHAR(45)	演员的名字
actor_id	INT	用于唯一标识表中的每个演员，其值来源于数据库 sakila 中表 actor 的相应字段

6. 维度表 dim_store

维度表 dim_store 包含了商店的相关信息，用于从商店维度来分析电影租赁数据。该表的字段说明如表 8-22 所示。

表 8-22　维度表 dim_store 的字段说明

字段名称	数据类型	说　　明
store_key	INT	代理键，用于与事实表 fact_rental 相关联
store_last_update	DATETIME	插入或最近更新的时间
store_id	INT	用于唯一标识表中的每个商店，其值来源于数据库 sakila 中表 store 的相应字段
store_address	VARCHAR(64)	商店的地址信息
store_district	VARCHAR(20)	地址所属的区域
store_postal_code	VARCHAR(10)	邮政编码
store_phone_number	VARCHAR(20)	电话号码
store_city	VARCHAR(50)	地址所属的城市
store_country	VARCHAR(50)	地址所属的国家
store_manager_staff_id	INT	商店经理的唯一标识，其值来源于数据库 sakila 中表 staff 的字段 staff_id
store_manager_first_name	VARCHAR(45)	商店经理的名字

续表

字段名称	数据类型	说明
store_manager_last_name	VARCHAR(45)	商店经理的姓氏
store_version_number	SMALLINT	用于记录商店信息的版本。当某个商店的信息发生改变时,不会简单地更新相应的信息,而是新插入一条数据,并将该字段的值递增
store_valid_from	DATE	用于记录商店不同版本信息的有效开始时间
store_valid_through	DATE	用于记录商店不同版本信息的有效结束时间

7. 维度表 dim_staff

维度表 dim_staff 包含了员工的相关信息,用于从员工维度来分析电影租赁数据。该表的字段说明如表 8-23 所示。

表 8-23 维度表 dim_staff 的字段说明

字段名称	数据类型	说明
staff_key	INT	代理键,用于与事实表 fact_rental 相关联
staff_last_update	DATETIME	插入或最近更新的时间
staff_first_name	VARCHAR(45)	员工的名字
staff_last_name	VARCHAR(45)	员工的姓氏
staff_id	INT	用于唯一标识表中的每个员工,其值来源于数据库 sakila 中表 staff 的相应字段
staff_store_id	INT	员工所属商店的唯一标识,其值来源于数据库 sakila 中表的字段 store_id
staff_version_number	SMALLINT	用于记录员工信息的版本。当某个员工的信息发生改变时,不会简单地更新相应的信息,而是新插入一条数据,并将该字段的值递增
staff_valid_from	DATE	用于记录员工不同版本信息的有效开始时间
staff_valid_through	DATE	用于记录员工不同版本信息的有效结束时间
staff_active	CHAR	标识员工是否处于在职状态。值为 YES 表示在职,值为 NO 表示不在职

8. 维度表 dim_date

维度表 dim_date 是一个静态维度表,意味着其数据在创建后几乎不会更改。该表主要用于为日期提供各种详细属性,便于从日期维度来分析电影租赁数据,例如年份、季度和月份等。在本案例中,维度表 dim_date 会记录从 2000 年 1 月 1 日起 10 年的日期,并且为这段时间内的每个日期提供详细的属性。维度表 dim_date 的字段说明如表 8-24 所示。

表 8-24 维度表 dim_date 的字段说明

字段名称	数据类型	说明
date_key	INT	代理键,用于与事实表 fact_rental 相关联
date_value	DATE	以"年-月-日"的格式记录日期,如 2000-01-01
date_short	CHAR	以"月/日/年(短)"的格式记录日期,如 1/1/00
date_medium	CHAR	以"月(英文缩写) 日,年"的格式记录日期,如 Jan 1,2000
date_long	CHAR	以"月(英文) 日,年"的格式记录日期,如 January 1,2000

续表

字段名称	数据类型	说　　明
date_full	CHAR	以“星期(英文),月(英文) 日,年”的格式记录日期,如 Saturday,January 1,2000
day_in_year	SMALLINT	记录日期所在年份的第几天
day_in_month	TINYINT	记录日期所在月份的第几天
is_first_day_in_month	CHAR	记录日期是否为所在月份的第一天。值为 YES 表示是,值为 NO 表示不是
is_last_day_in_month	CHAR	记录日期是否为所在月份的最后一天。值为 YES 表示是,值为 NO 表示不是
day_abbreviation	CHAR	记录日期所属星期(英文缩写)
day_name	CHAR	记录日期所属星期(英文)
week_in_year	TINYINT	记录日期所在年份的第几周
week_in_month	TINYINT	记录日期所在月份的第几周
is_first_day_in_week	CHAR	记录日期是否为所在周的第一天。值为 YES 表示是,值为 NO 表示不是
is_last_day_in_week	CHAR	记录日期是否为所在周的最后一天。值为 YES 表示是,值为 NO 表示不是
month_number	TINYINT	记录日期的月份
month_abbreviation	CHAR	记录日期的月份(英文缩写)
month_name	CHAR	记录日期的月份(英文)
year2	CHAR	记录日期年份的后两位
year4	SMALLINT	记录日期的年份
quarter_name	CHAR	记录日期所属的季度(英文缩写)。例如,Q1 表示第一季度
quarter_number	TINYINT	记录日期所属的季度
year_quarter	CHAR	以“年-季度(英文缩写)”的格式记录日期的年份及所属的季度,如 2000-Q1
year_month_number	CHAR	以“年-月”的格式记录日期的年份和月份,如 2000-01
year_month_abbreviation	CHAR	以“年-月(英文缩写)”的格式记录日期的年份和月份,如 2000-Jan

9. 维度表 dim_time

维度表 dim_time 是一个静态维度表。该表主要用于为时间提供各种详细属性,便于从时间维度来分析电影租赁数据,例如上下午、时、分等。在本案例中,维度表 dim_time 会记录从 00:00:00 至 23:59:59 的时间,并且为这段时间内的每个时间提供详细的属性。维度表 dim_time 的字段说明如表 8-25 所示。

表 8-25　维度表 dim_time 的字段说明

字段名称	数据类型	说　　明
time_key	INT	代理键,用于与事实表 fact_rental 相关联
time_value	TIME	以“时:分:秒”的格式记录时间,如 00:00:01
hours24	TINYINT	以 24 小时格式记录时

续表

字段名称	数据类型	说明
hours12	TINYINT	以12小时格式记录时
minutes	TINYINT	记录分
seconds	TINYINT	记录秒
am_pm	CHAR	记录时间属于上午还是下午,其中上午用值 AM 表示,下午用值 PM 表示

8.2 环境准备

基于本案例的环境准备主要包括构建数据库 sakila、向数据库 sakila 导入电影租赁商店的数据,以及构建数据仓库 sakila_dwh,具体内容如下。

1. 构建数据库 sakila

在本章的配套资源中,提供了 SQL 脚本文件 sakila-schema.sql,用于创建数据库 sakila 的结构。为了方便地执行 SQL 脚本和管理 MySQL,应在本地安装了一个开源的数据库管理工具 HeidiSQL。该工具具有用户友好的界面,可以实现数据库的连接、管理和操作。由于 HeidiSQL 的安装过程简单明了,本书不再赘述。接下来,将演示如何使用 HeidiSQL 执行 SQL 脚本文件 sakila-schema.sql,构建数据库 sakila,具体操作步骤如下。

(1) 打开安装完成的 HeidiSQL,进入"会话管理器"对话框,如图 8-3 所示。

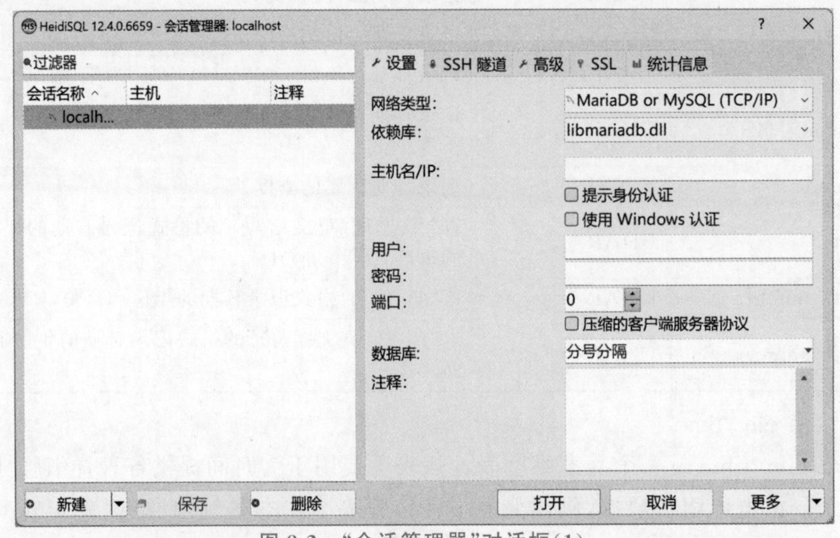

图 8-3 "会话管理器"对话框(1)

(2) 在图 8-3 中配置连接数据库会话信息,这里分别在"网络类型"下拉框和"依赖库"下拉框中选择 MariaDB or MySQL(TCP/IP)和 libmariadb.dll,并且在"主机名/IP""用户""密码"输入框中填写 localhost、itcast 和 Itcast@2023,表示通过用户 itcast 连接本地安装的 MySQL。"会话管理器"对话框配置完成的效果如图 8-4 所示。

(3) 在图 8-4 中,单击"保存"按钮保存当前配置的会话信息。确保本地安装的 MySQL 服务处于启动状态下,单击"打开"按钮连接 MySQL,成功连接 MySQL 的效果如图 8-5 所示。

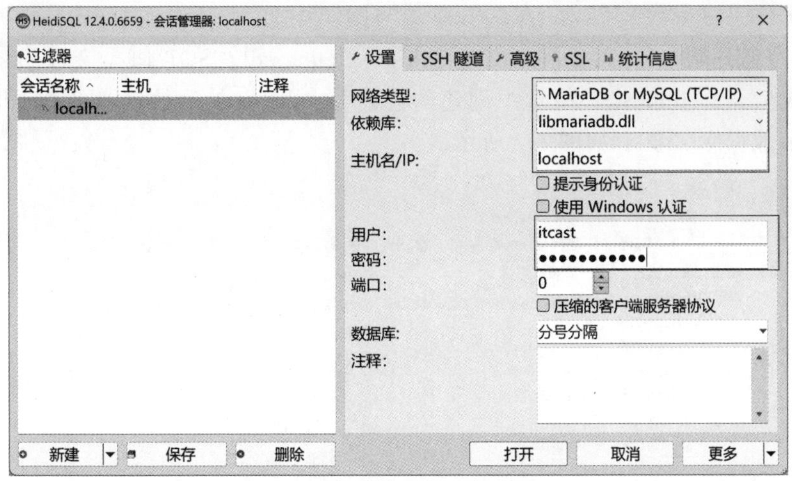

图 8-4 “会话管理器”对话框(2)

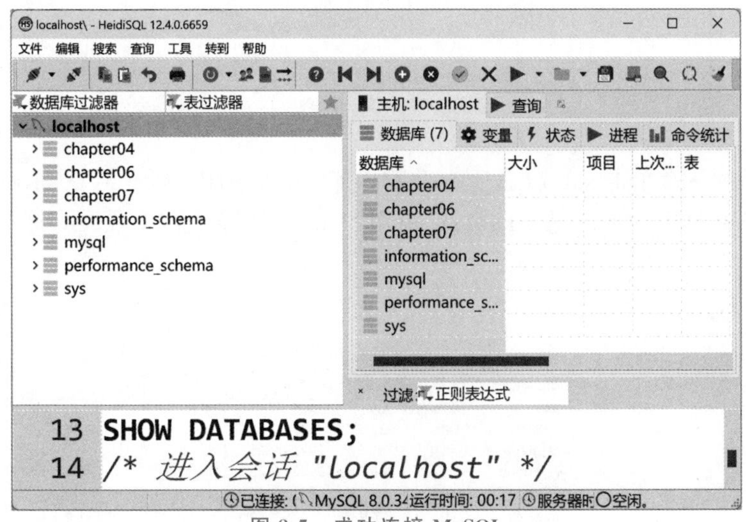

图 8-5 成功连接 MySQL

在图 8-5 中显示了 MySQL 包含的所有数据库。

(4) 在图 8-5 中,依次单击“文件”和“运行 SQL 文件...”选项,在弹出的“打开”对话框中选择 SQL 脚本文件 sakila-schema.sql,如图 8-6 所示。

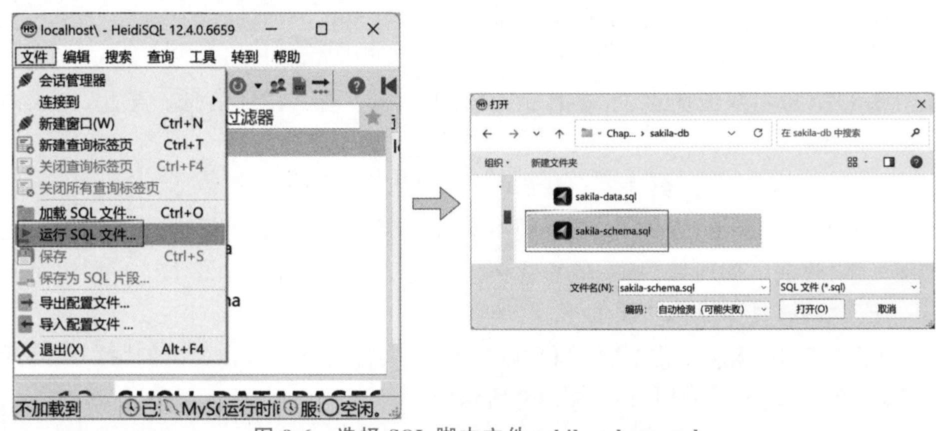

图 8-6 选择 SQL 脚本文件 sakila-schema.sql

(5) 在图 8-6 所示“打开”对话框中,单击“打开”按钮,在弹出的“localhost: 确认”对话框单击“是”按钮开始执行 SQL 脚本文件 sakila-schema.sql。SQL 脚本文件 sakila-schema.sql 执行完成后,在 HeidiSQL 中选中创建的会话 localhost,然后按键盘的 F5 键进行刷新,此时,会显示数据库 sakila,如图 8-7 所示。

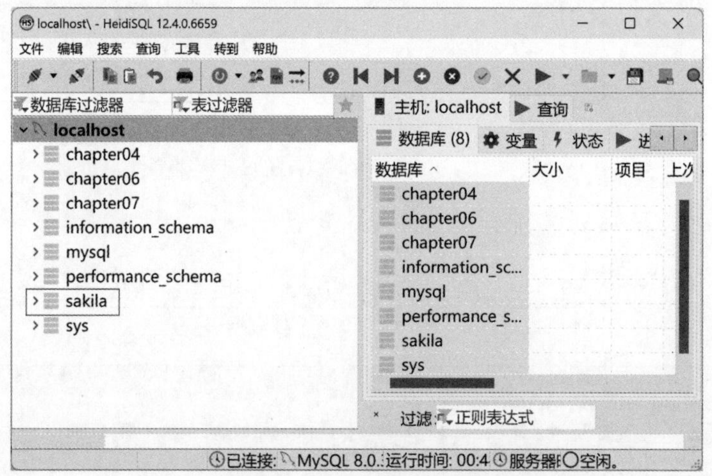

图 8-7 显示数据库 sakila

(6) 在图 8-7 中,单击 sakila 选项查看数据库 sakila 的内容,此时在 HeidiSQL 的右侧会显示该数据库包含的所有表(Table)、视图(View)、触发器(Trigger)等信息,如图 8-8 所示。

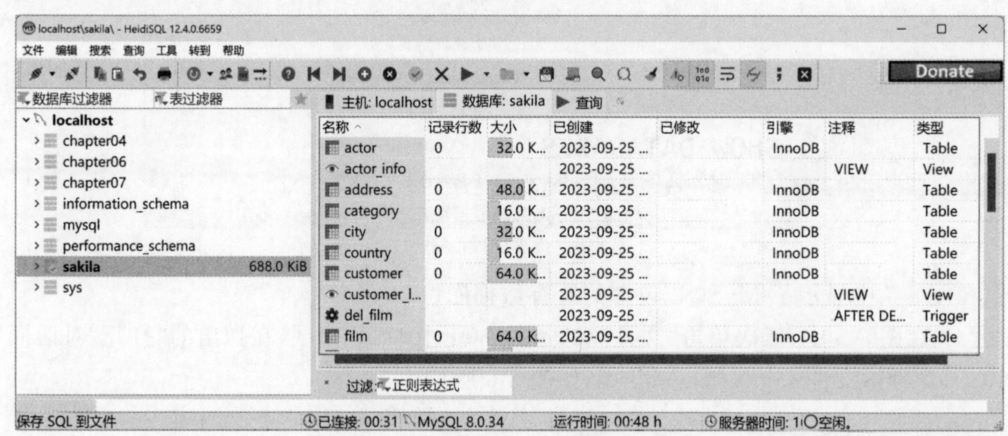

图 8-8 查看数据库 sakila 的内容

在图 8-8 中,可以双击任意表、视图、触发器等内容查看其详细信息。至此,完成构建数据库 sakila 的操作。

2. 向数据库 sakila 导入数据

在本章的配套资源中,提供了 SQL 脚本文件 sakila-data.sql 用于向数据库 sakila 导入数据。接下来,将演示如何使用 HeidiSQL 执行 SQL 脚本文件 sakila-data.sql,从而向数据库 sakila 导入数据,具体操作步骤如下。

(1) 在图 8-5 中,依次单击“文件”和“运行 SQL 文件...”选项,在弹出的“打开”对话框选择 SQL 脚本文件 sakila-data.sql,如图 8-9 所示。

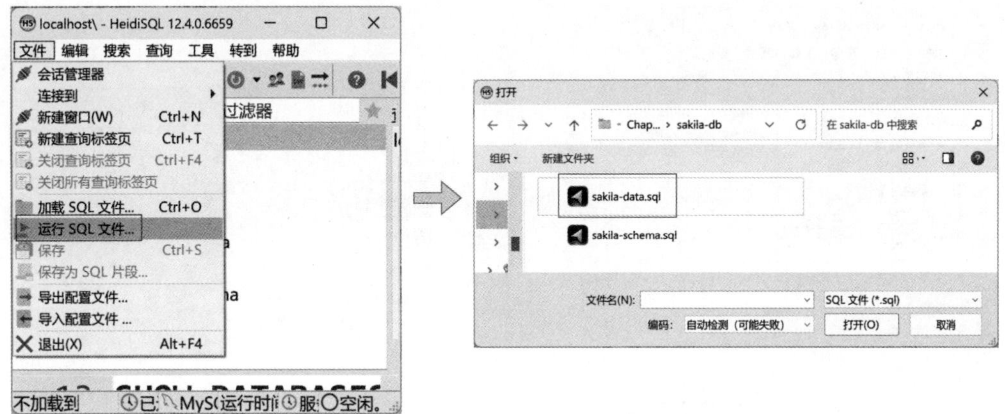

图 8-9　选择 SQL 脚本文件 sakila-data.sql

(2) 在图 8-9 所示的"打开"对话框中，单击"打开"按钮。在弹出的"localhost：确认"对话框中单击"是"按钮开始执行 SQL 脚本文件 sakila-data.sql。SQL 脚本文件 sakila-data.sql 执行完成后，在 HeidiSQL 中选中数据库 sakila，然后按键盘的 F5 键进行刷新。双击数据库 sakila 中的任意表查看其详细信息，此时会出现"数据"选项卡，进入该选项卡可以查看表的数据。这里以查看表 actor 的数据为例，如图 8-10 所示。

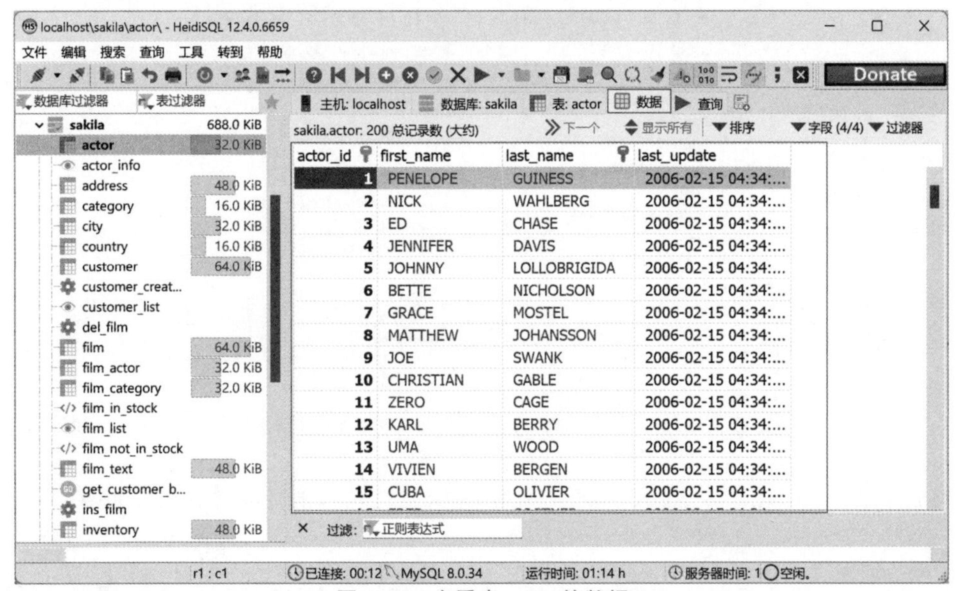

图 8-10　查看表 actor 的数据

至此，我们便完成向数据库 sakila 导入数据的操作。

3. 构建数据仓库 sakila_dwh

在本章的配套资源中，提供了 SQL 脚本文件 sakila_dwh_schema.sql 用于构建数据仓库 sakila_dwh。接下来，将演示如何使用 HeidiSQL 执行 SQL 脚本文件 sakila_dwh_schema.sql，构建数据仓库 sakila_dwh，具体操作步骤如下。

(1) 在图 8-5 中，依次单击"文件"和"运行 SQL 文件..."选项，在弹出的"打开"对话框选择 SQL 脚本文件 sakila_dwh_schema.sql，如图 8-11 所示。

(2) 在图 8-11 所示的"打开"对话框中，单击"打开"按钮。在弹出的"localhost：确认"

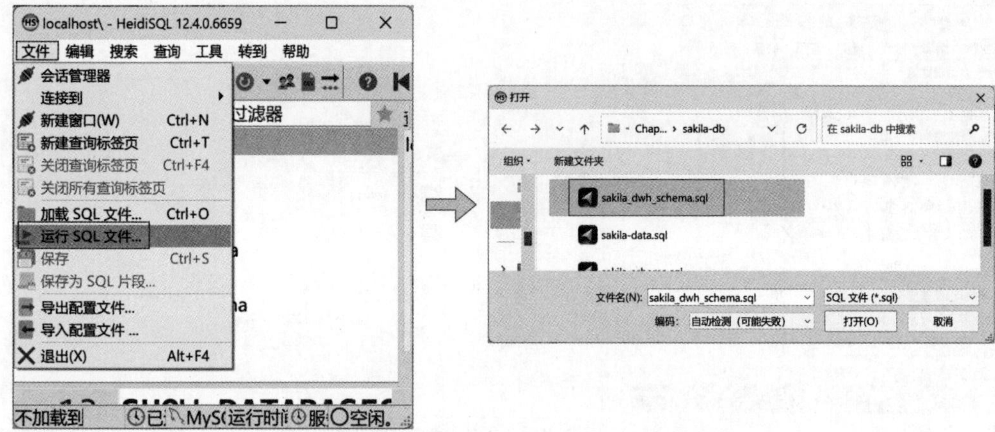

图 8-11　选择 SQL 脚本文件 sakila_dwh_schema.sql

对话框单击“是”按钮,开始执行 SQL 脚本文件 sakila_dwh_schema.sql。SQL 脚本文件 sakila_dwh_schema.sql 执行完成后,在 HeidiSQL 中选中创建的会话 localhost,然后按键盘的 F5 键进行刷新,此时,会显示数据仓库 sakila_dwh,如图 8-12 所示。

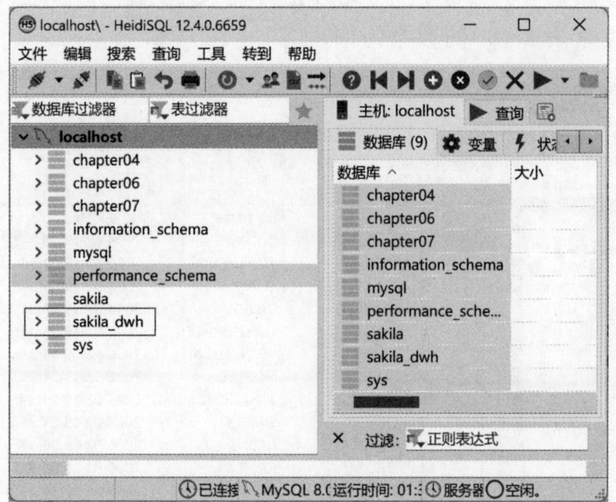

图 8-12　显示数据仓库 sakila_dwh

(3) 在图 8-12 中,单击 sakila_dwh 选项查看数据仓库 sakila_dwh 的内容,如图 8-13 所示。

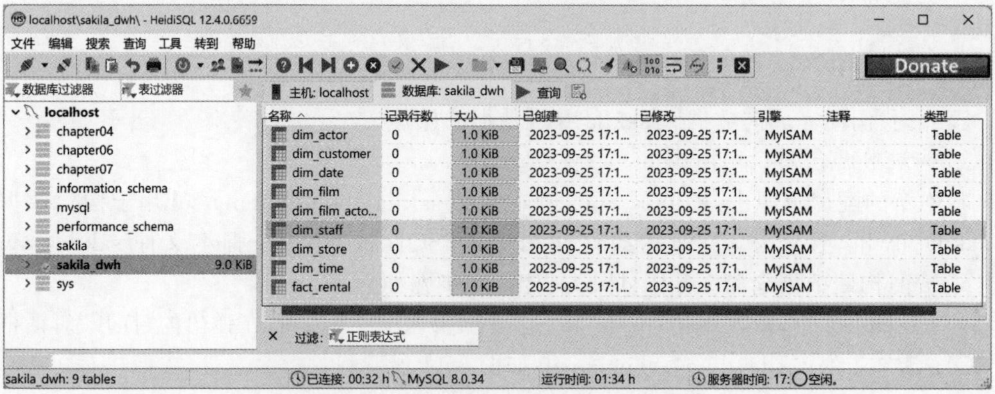

图 8-13　查看数据仓库 sakila_dwh 的内容

在图 8-13 中，可以双击任意表查看其详细信息。至此，完成了构建数据仓库 sakila_dwh 的操作。

8.3　案例实现

本节将演示如何使用 Kettle 从数据库 sakila 抽取数据，并将这些数据进行转换，然后加载到数据仓库 sakila_dwh 的维度表和事实表中。

8.3.1　向维度表 dim_date 加载数据

维度表 dim_date 记录的日期不依赖于数据库 sakila，而是通过 Kettle 提供的步骤生成的。向维度表 dim_date 加载数据的实现步骤如下。

1. 创建转换

在 Kettle 的图形化界面中创建转换，指定转换的名称为 load_dim_date。

2. 定义数据库连接

在转换 load_dim_date 中定义数据库连接 sakila_dwh_conn，其连接类型为 MySQL，连接方式为 Native(JDBC)，主机名称为 localhost，数据库名称为 sakila_dwh，端口号为 3306，用户名为 itcast，密码为 Itcast@2023，如图 8-14 所示。

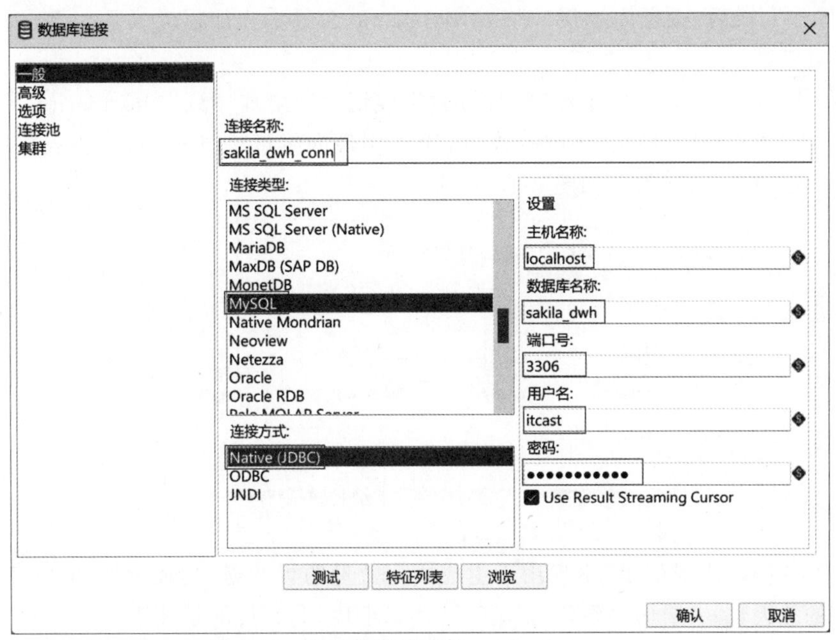

图 8-14　定义数据库连接 sakila_dwh_conn

确保本地的 MySQL 服务处于启动状态下。在图 8-14 中单击“测试”按钮，若弹出了 Connection tested successfully 对话框，则说明当前定义的数据库连接可以与 MySQL 的数据库 sakila_dwh 建立连接。此时单击“确认”按钮即可。

3. 共享数据库连接

为了优化操作步骤，避免重复定义连接数据仓库 sakila_dwh 的数据库连接，可以共享在转换 load_dim_date 中定义的数据库连接 sakila_dwh_conn，使其可以在其他转换中使用。在转换 load_dim_date 的“主对象树”选项卡选中数据库连接 sakila_dwh_conn 并右击，在弹出的菜单中选择“共享”选项，如图 8-15 所示。

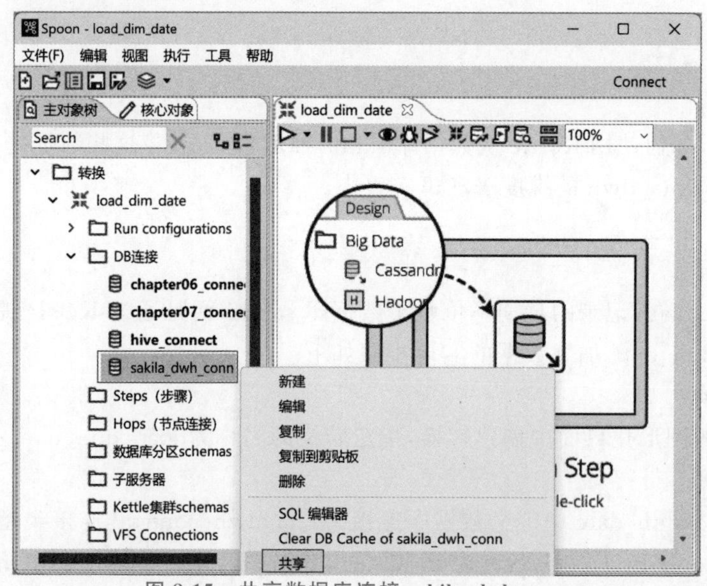

图 8-15　共享数据库连接 sakila_dwh_conn

上述操作完成后，数据库连接 sakila_dwh_conn 会显示为加粗样式。

4. 添加步骤

在转换 load_dim_date 的工作区中添加“生成记录”“增加序列”“JavaScript 代码”“表输出”步骤，并将这 4 个步骤通过跳进行连接，用于实现向维度表 dim_date 加载数据的功能。转换 load_dim_date 的工作区如图 8-16 所示。

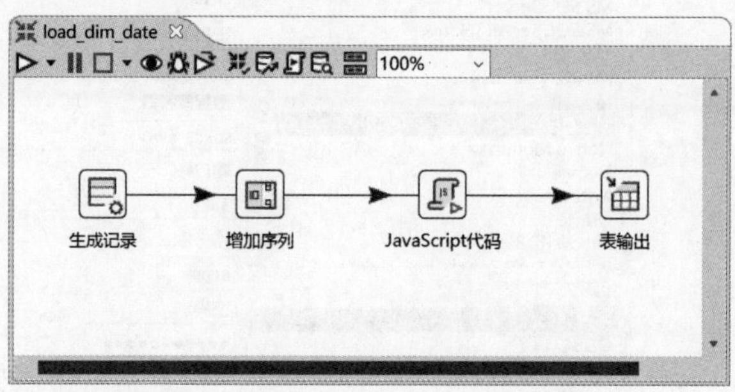

图 8-16　转换 load_dim_date 的工作区

在图 8-16 中，“生成记录”步骤用于生成固定数量的行数据，其数量从 2000 年 1 月 1 日起 10 年内的总天数。“增加序列”步骤用于增加日期序列，其目的是便于后续计算从 2000 年 1 月 1 日起 10 年内的每个日期。“JavaScript 代码”用于基于公历计算从 2000 年 1 月 1 日起 10 年内的每个日期，并将每个日期解析为不同的属性，例如日期所在年份的第几天、日期所在年份的第几个星期等。“表输出”步骤用于向维度表 dim_date 加载数据。

5. 配置“生成记录”步骤

在转换 load_dim_date 的工作区中，双击“生成记录”步骤打开“生成记录”窗口，在该窗口中进行如下配置。

- 将“限制”输入框的值设为 3653，表示生成 3653 行数据。这个数值表示从 2000 年 1 月

1 日起 10 年的总天数。考虑到 2000 年、2004 年和 2008 年是闰年(366 天),所以总天数是 3653 天。

- 在“字段”部分新增一行内容,其中“名称”“类型”“值”列的值分别为 language_code、String 和 en,表示生成的数据中包含一个值为 en 的字段 language_code,该字段可用于在 JavaScript 代码中指定公历的语言。
- 在“字段”部分新增一行内容,其中“名称”“类型”“值”列的值分别为 country_code、String 和 us,表示生成的数据中包含一个值为 us 的字段 country_code,该字段可用于在 JavaScript 代码中指定公历的地区。
- 在“字段”部分新增一行内容,其中“名称”“类型”“格式”“值”列的值分别为 initial_date、Date、yyyy-MM-dd 和 2000-01-01,表示生成的数据中包含一个值为 2000-01-01 的字段 initial_date。该字段可用于在 JavaScript 代码中指定公历的起始日期。

“生成记录”窗口配置完成的效果如图 8-17 所示。

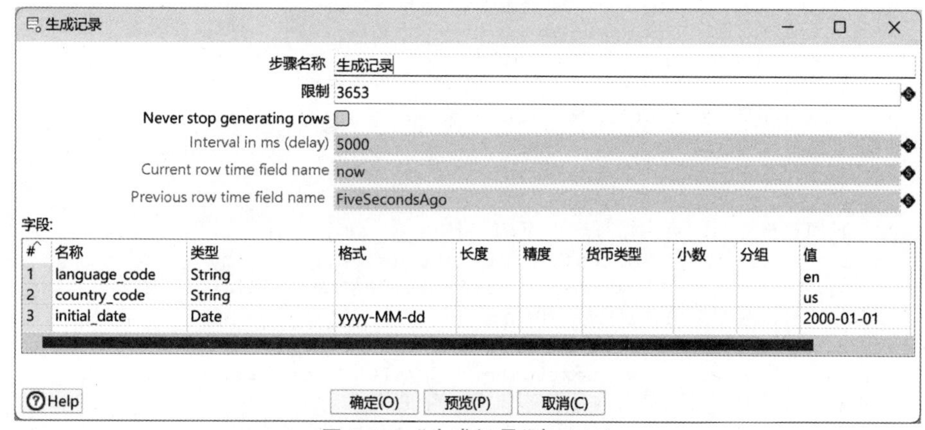

图 8-17 “生成记录”窗口(1)

在图 8-17 中,单击“确定”按钮保存对当前步骤的配置。

6. 配置“增加序列”步骤

在转换 load_dim_date 的工作区中,双击“增加序列”步骤打开“增加序列”窗口,在该窗口的“值的名称”输入框中指定自增字段的字段名为 DaySequence,如图 8-18 所示。

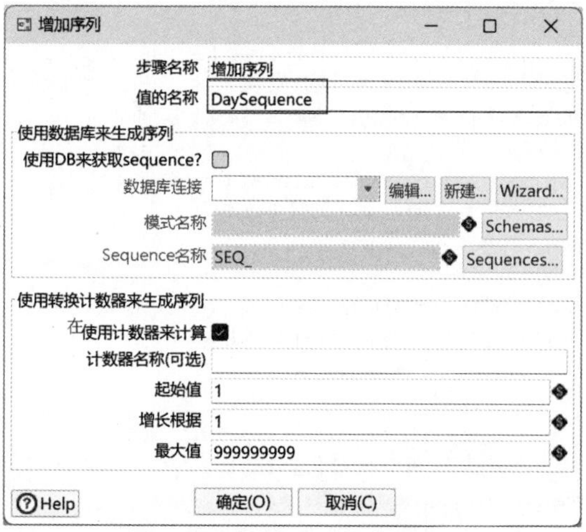

图 8-18 “增加序列”窗口(1)

从图 8-18 中可以看出,自增字段 DaySequence 的值从 1 开始每次递增 1。在图 8-18 中,单击“确定”按钮保存当前步骤的配置。

7. 配置“JavaScript 代码”步骤

在转换 load_dim_date 的工作区中,双击“JavaScript 代码”步骤打开“JavaScript 代码”窗口。在该窗口中勾选“兼容模式?”复选框,使用 2.5 版本的 JavaScript 引擎执行 JavaScript 代码,并且在 Script 1 选项卡中添加如下 JavaScript 代码。

```
//根据当前行数据中字段 language_code 和 country_code 的值创建 Locale 对象
var locale = new java.util.Locale(
    language_code.getString(),
    country_code.getString()
    );
//基于 Locale 对象创建 GregorianCalendar 对象
var calendar = new java.util.GregorianCalendar(locale);
//根据当前行数据中字段 initial_date 的值设置公历的日期
calendar.setTime(initial_date.getDate());
//根据当前行数据中字段 DaySequence 值减 1 的结果,计算日期增加的天数
calendar.add(calendar.DAY_OF_MONTH,DaySequence.getInteger()-1);
//获取日期
var date = new java.util.Date(calendar.getTimeInMillis());
//将日期解析为"月/日/年(短)"的格式
var date_short = java.text.DateFormat.getDateInstance(
                    java.text.DateFormat.SHORT,locale).format(date);
//将日期解析为"月(英文缩写) 日,年"的格式
var date_medium = java.text.DateFormat.getDateInstance(
                    java.text.DateFormat.MEDIUM,locale).format(date);
//将日期解析为"月(英文) 日,年"的格式
var date_long = java.text.DateFormat.getDateInstance(
                    java.text.DateFormat.LONG,locale).format(date);
//将日期解析为"星期(英文),月(英文) 日,年"的格式
var date_full = java.text.DateFormat.getDateInstance(
                    java.text.DateFormat.FULL,locale).format(date);
//设置格式化日期的方式为日期所在年份的第几天
var simpleDateFormat = java.text.SimpleDateFormat("D",locale);
//获取日期所在年份的第几天
var day_in_year = simpleDateFormat.format(date);
//改变格式化日期的方式为日期所在月份的第几天
simpleDateFormat.applyPattern("d");
//获取日期所在月份的第几天
var day_in_month = simpleDateFormat.format(date);
//改变格式化日期的方式为日期所属星期(英文)
simpleDateFormat.applyPattern("EEEE");
//获取日期所属星期(英文)
var day_name = simpleDateFormat.format(date);
//改变格式化日期的方式为日期所属星期(英文缩写)
simpleDateFormat.applyPattern("E");
//获取日期所属星期(英文缩写)
var day_abbreviation = simpleDateFormat.format(date);
//改变格式化日期的方式为日期所在年份的第几周
simpleDateFormat.applyPattern("ww");
//获取日期所在年份的第几周
var week_in_year = simpleDateFormat.format(date);
//改变格式化日期的方式为日期所在月份的第几周
simpleDateFormat.applyPattern("W");
```

```
//获取日期所在月份的第几周
var week_in_month = simpleDateFormat.format(date);
//改变格式化日期的方式为日期的月份
simpleDateFormat.applyPattern("MM");
//获取日期的月份
var month_number = simpleDateFormat.format(date);
//改变格式化日期的方式为日期的月份(英文)
simpleDateFormat.applyPattern("MMMM");
//获取日期的月份(英文)
var month_name = simpleDateFormat.format(date);
//改变格式化日期的方式为日期的月份(英文缩写)
simpleDateFormat.applyPattern("MMM");
//获取日期的月份(英文缩写)
var month_abbreviation = simpleDateFormat.format(date);
//改变格式化日期的方式为日期年份的后两位
simpleDateFormat.applyPattern("yy");
//获取日期年份的后两位
var year2 = simpleDateFormat.format(date);
//改变格式化日期的方式为日期的年份
simpleDateFormat.applyPattern("yyyy");
//获取日期的年份
var year4 = simpleDateFormat.format(date);
var quarter_name = "Q";
var quarter_number;
//获取日期所属的季度
switch(parseInt(month_number)){
    case 1:case 2:case 3:quarter_number = "1";break;
    case 4:case 5:case 6:quarter_number = "2";break;
    case 7:case 8:case 9:quarter_number = "3";break;
    case 10:case 11:case 12:quarter_number = "4";break;
}
//获取日期所属的季度(英文缩写)
quarter_name += quarter_number;
var yes = "yes";
var no = "no";
//获取当前日期所在周的第一天
var first_day_of_week = calendar.getFirstDayOfWeek();
//获取当前日期所在周的第几天
var day_of_week = java.util.Calendar.DAY_OF_WEEK;
var is_first_day_in_week;
//判断当前日期是否为所在周的第一天
if(first_day_of_week == calendar.get(day_of_week)){
    is_first_day_in_week = yes;
}else{
    is_first_day_in_week = no;
}
//日期增加一天
calendar.add(calendar.DAY_OF_MONTH,1);
//获取日期
var next_day = new java.util.Date(calendar.getTimeInMillis());
var is_last_day_in_week;
//判断当前日期是否为所在周的最后一天
if(first_day_of_week == calendar.get(day_of_week)){
    is_last_day_in_week = yes;
}else{
    is_last_day_in_week = no;
```

```
104 }
105 var is_first_day_in_month;
106 //判断当前日期是否为所在月的第一天
107 if(day_in_month == 1){
108     is_first_day_in_month = yes;
109 }else{
110     is_first_day_in_month = no;
111 }
112 var is_last_day_in_month;
113 //判断当前日期是否为所在月的最后一天
114 if(java.text.SimpleDateFormat("d",locale).format(next_day)==1){
115     is_last_day_in_month = yes;
116 }else{
117     is_last_day_in_month = no;
118 }
119 //以"年-季度(英文缩写)"的格式记录日期的年份,以及所属的季度
120 var year_quarter = year4 + "-" + quarter_name;
121 //以"年-月"的格式记录日期的年份和月份
122 var year_month_number = year4 + "-" + month_number;
123 //以"年-月(英文缩写)"的格式记录日期的年份和月份
124 var year_month_abbreviation = year4 + "-" + month_abbreviation;
125 //生成代理键
126 var date_key =
127         year4 + month_number + (day_in_month<10?"0":"") + day_in_month;
```

上述代码中,第 2～5 行基于 Java 的标准库类 Locale 创建了一个 Locale 对象,它可以根据特定的语言和地区构建地理环境。第 7 行代码基于 Java 的标准库类 GregorianCalendar 创建了一个 GregorianCalendar 对象,它可以根据指定的地理环境创建了一个公历对象。第 95 行代码将日期增加了一天,以便判断加 1 天后的日期是否为下一周的第一天。如果是,这意味着原始日期是该周的最后一天。

在“JavaScript 代码”窗口中勾选“兼容模式?”复选框,并添加 JavaScript 代码后的效果如图 8-19 所示。

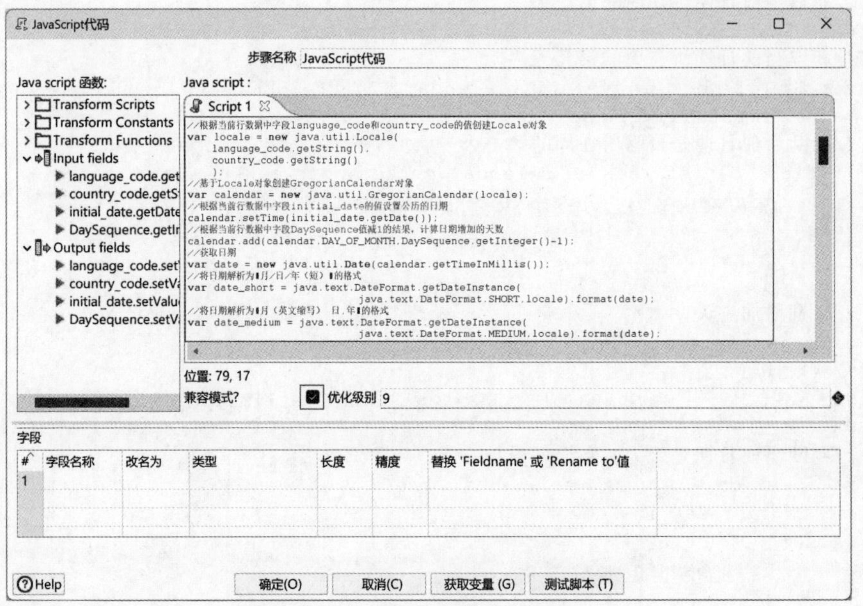

图 8-19　“JavaScript 代码”窗口(1)

在图 8-19 中单击"获取变量"按钮，通过"JavaScript 代码"步骤解析 JavaScript 代码中的所有变量及其类型。随后，这些变量会被添加到"字段"部分，并作为"JavaScript 代码"步骤输出数据中的各个字段，如图 8-20 所示。

字段

#	字段名称	改名为	类型	长度	精度	替换 'Fieldname' 或 'Rename to'值
1	locale		String			否
2	calendar		String			否
3	date		String			否
4	date_short		String			否
5	date_medium		String			否
6	date_long		String			否
7	date_full		String			否
8	simpleDateFormat		String			否
9	day_in_year		String			否
10	day_in_month		String			否
11	day_name		String			否
12	day_abbreviation		String			否
13	week_in_year		String			否
14	week_in_month		String			否
15	month_number		String			否
16	month_name		String			否
17	month_abbreviation		String			否
18	year2		String			否
19	year4		String			否
20	quarter_name		String			否
21	quarter_number		String			否
22	yes		String			否
23	no		String			否
24	first_day_of_week		Integer	9	0	否
25	day_of_week		Integer	9	0	否
26	is_first_day_in_week		String			否
27	next_day		String			否
28	is_last_day_in_week		String			否
29	is_first_day_in_month		String			否
30	is_last_day_in_month		String			否
31	year_quarter		String			否
32	year_month_number		String			否
33	year_month_abbreviation		String			否
34	date_key		String			否

图 8-20 "字段"部分(1)

在图 8-20 的"字段"部分删除无意义的字段 locale、calendar、simpleDateFormat、yes、no、first_day_of_week、day_of_week 和 next_day，如图 8-21 所示。

字段

#	字段名称	改名为	类型	长度	精度	替换 'Fieldname' 或 'Rename to'值
1	date		Date			否
2	date_short		String			否
3	date_medium		String			否
4	date_long		String			否
5	date_full		String			否
6	day_in_year		String			否
7	day_in_month		String			否
8	day_name		String			否
9	day_abbreviation		String			否
10	week_in_year		String			否
11	week_in_month		String			否
12	month_number		String			否
13	month_name		String			否
14	month_abbreviation		String			否
15	year2		String			否
16	year4		String			否
17	quarter_name		String			否
18	quarter_number		String			否
19	is_first_day_in_week		String			否
20	is_last_day_in_week		String			否
21	is_first_day_in_month		String			否
22	is_last_day_in_month		String			否
23	year_quarter		String			否
24	year_month_number		String			否
25	year_month_abbreviation		String			否
26	date_key		String			否

图 8-21 "字段"部分(2)

在图 8-21 中,单击“确定”按钮保存对当前步骤的配置。

8. 配置“表输出”步骤

在转换 load_dim_date 的工作区中,双击“表输出”步骤打开“表输出”窗口。在该窗口中,首先,在“数据库连接”下拉框中选择数据库连接 sakila_dwh_conn。然后,单击“目标表”右方的“浏览”按钮,打开“数据库浏览器”窗口。在该窗口选择维度表 dim_date。最后,勾选“指定数据库字段”复选框,如图 8-22 所示。

图 8-22 “表输出”窗口(1)

在图 8-22 中,单击“数据库字段”选项卡标签。在该选项卡中单击“获取字段”按钮,通过“表输出”步骤检测维度表 dim_date 和“表输出”步骤中的各字段,并根据字段名称来自动推断映射关系,如图 8-23 所示。

主选项 数据库字段

插入的字段:

#	表字段	流字段
1	language_code	language_code
2	country_code	country_code
3	initial_date	initial_date
4	DaySequence	DaySequence
5	date	date
6	date_short	date_short
7	date_medium	date_medium
8	date_long	date_long
9	date_full	date_full
10	day_in_year	day_in_year
11	day_in_month	day_in_month
12	day_name	day_name
13	day_abbreviation	day_abbreviation
14	week_in_year	week_in_year
15	week_in_month	week_in_month
16	month_number	month_number
17	month_name	month_name
18	month_abbreviation	month_abbreviation
19	year2	year2
20	year4	year4
21	quarter_name	quarter_name
22	quarter_number	quarter_number
23	is_first_day_in_week	is_first_day_in_week
24	is_last_day_in_week	is_last_day_in_week
25	is_first_day_in_month	is_first_day_in_month
26	is_last_day_in_month	is_last_day_in_month
27	year_quarter	year_quarter
28	year_month_number	year_month_number
29	year_month_abbreviation	year_month_abbreviation
30	date_key	date_key

获取字段 输入字段映射

图 8-23 “数据库字段”选项卡(1)

在图 8-23 中删除无须输出到维度表 dim_date 的字段 language_code、country_code、 initial_date 和 DaySequence，并且将“表字段”列中 date 修改为维度表 dim_date 存在的字段 date_value，如图 8-24 所示。

#	表字段	流字段
1	date_value	date
2	date_short	date_short
3	date_medium	date_medium
4	date_long	date_long
5	date_full	date_full
6	day_in_year	day_in_year
7	day_in_month	day_in_month
8	day_name	day_name
9	day_abbreviation	day_abbreviation
10	week_in_year	week_in_year
11	week_in_month	week_in_month
12	month_number	month_number
13	month_name	month_name
14	month_abbreviation	month_abbreviation
15	year2	year2
16	year4	year4
17	quarter_name	quarter_name
18	quarter_number	quarter_number
19	is_first_day_in_week	is_first_day_in_week
20	is_last_day_in_week	is_last_day_in_week
21	is_first_day_in_month	is_first_day_in_month
22	is_last_day_in_month	is_last_day_in_month
23	year_quarter	year_quarter
24	year_month_number	year_month_number
25	year_month_abbreviation	year_month_abbreviation
26	date_key	date_key

图 8-24　“数据库字段”选项卡(2)

在“表输出”窗口中，单击“确定”按钮保存对当前步骤的配置。

9. 运行转换

保存并运行转换 load_dim_date，该转换运行完成后，单击“执行结果”面板中的“日志”选项卡标签，查看日志信息，如图 8-25 所示。

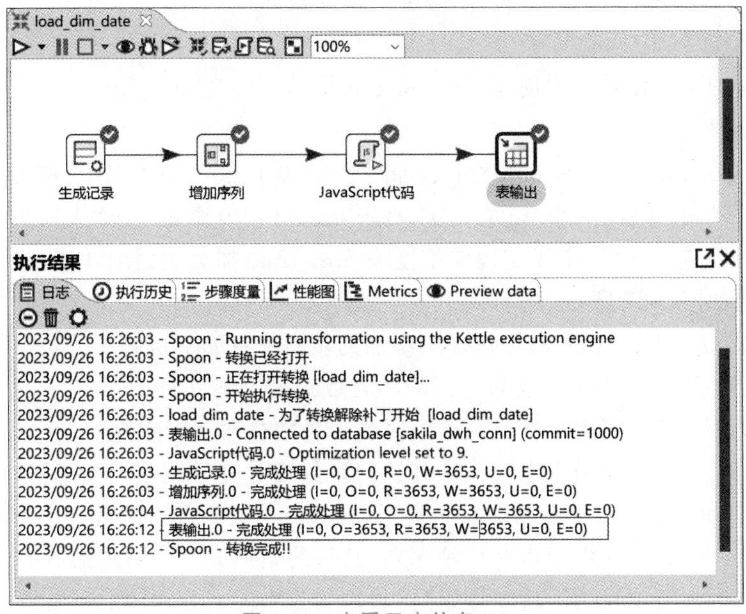

图 8-25　查看日志信息(1)

从图8-25中可以看出,"表输出"步骤输出了3653行数据,即向维度表dim_date加载了3653行数据。

10. 查看维度表 dim_date 中的数据

通过HeidiSQL查看维度表dim_date的数据,如图8-26所示。

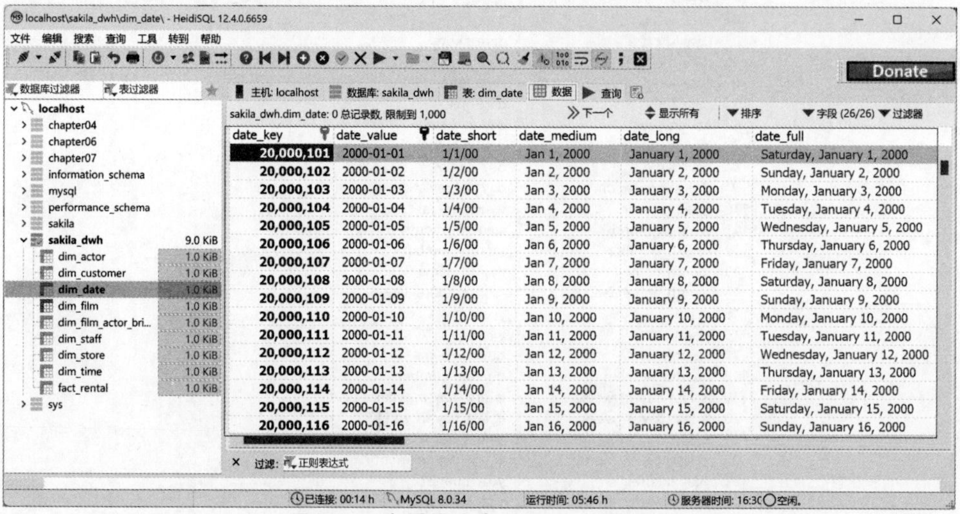

图8-26　查看维度表dim_date的数据

从图8-26中可以看出,维度表dim_date已经插入了数据,说明成功实现向维度表dim_date加载数据的操作。

8.3.2　向维度表 dim_time 加载数据

维度表dim_time记录的时间同样不依赖于数据库sakila,而是通过Kettle提供的步骤生成的。向维度表dim_time加载数据的实现步骤如下。

1. 创建转换

在Kettle的图形化界面中创建转换,指定转换的名称为load_dim_time。

2. 添加步骤

在转换load_dim_time的工作区中添加三个"生成记录"步骤、三个"增加序列"步骤、两个"JavaScript代码"步骤、一个"记录关联(笛卡儿输出)"步骤和一个"表输出"步骤,并将这10个步骤通过跳进行连接,用于实现向维度表dim_time加载数据的功能。转换load_dim_time的工作区如图8-27所示。

针对转换load_dim_time的工作区中添加的步骤进行如下讲解。

- "生成记录"步骤用于生成与一天的小时数相对应行数据。
- "生成记录2"步骤用于生成与一小时的分钟数相对应行数据。
- "生成记录3"步骤用于生成与一分钟的秒数相对应行数据。
- "增加序列"步骤用于增加小时序列,其目的是生成一天内的所有小时。
- "增加序列2"步骤用于增加分钟序列,其目的是生成一小时内的所有分钟。
- "增加序列3"步骤用于增加秒序列,其目的是生成一分钟内的所有秒。
- "JavaScript代码"步骤用于生成12小时的格式,并且将24小时格式的每个小时解

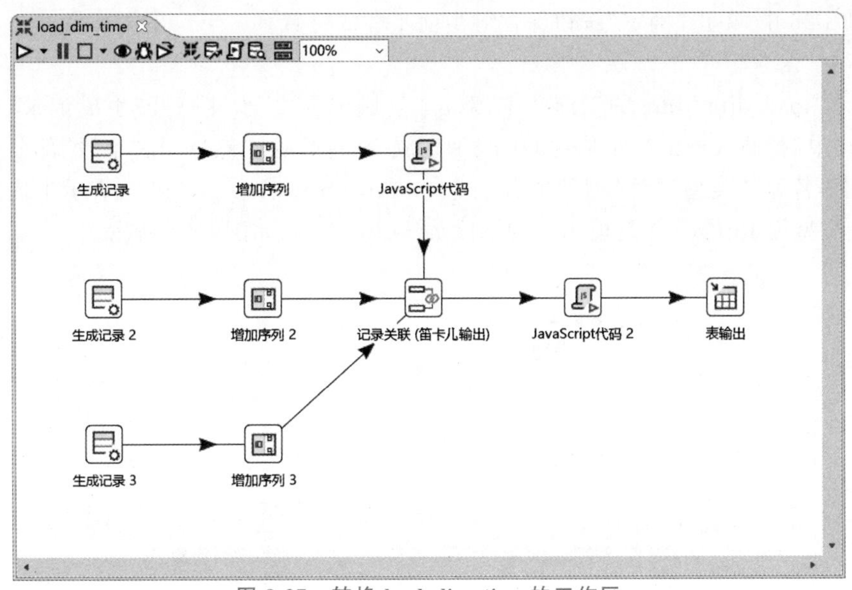

图 8-27　转换 load_dim_time 的工作区

析为上午或下午。

- “记录关联(笛卡儿输出)”步骤用于通过笛卡儿积的方法将“JavaScript 代码”“增加序列 2”“增加序列 3”步骤的所有行数据进行组合,其结果会产生 86400(24 * 60 * 60)种组合,即一天内的每个具体时间点。
- “JavaScript 代码 2”步骤用于抽取一天中的每个时间点,并且为维度表 dim_time 生成代理键。
- “表输出”步骤用于向维度表 dim_time 加载数据。

需要说明的是,在转换 load_dim_time 中,“记录关联(笛卡儿输出)”步骤无须进行配置,该步骤默认会将“JavaScript 代码”“增加序列 2”“增加序列 3”步骤的所有行数据通过笛卡儿积的方法进行组合。

3. 配置“生成记录”步骤

在转换 load_dim_time 的工作区中,双击“生成记录”步骤打开“生成记录”窗口。在该窗口的“限制”输入框中指定值为 24,表示生成 24 行数据。然后,在“字段”部分新增一行内容,其中“名称”“类型”“值”列的值分别为 hours24_row、Integer 和 0,表示生成的数据中包含一个类型为 Integer 并且值为 0 的字段 hours24_row,如图 8-28 所示。

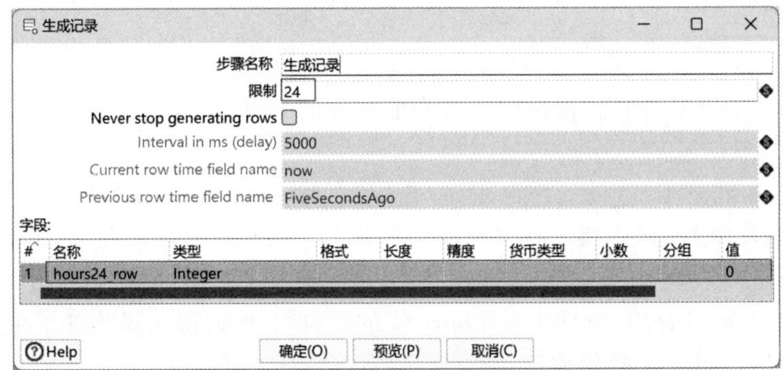

图 8-28　“生成记录”窗口(2)

在图 8-28 中,单击"确定"按钮保存对当前步骤的配置。

4. 配置"生成记录 2"步骤

在转换 load_dim_time 的工作区中,双击"生成记录 2"步骤打开"生成记录"窗口。在该窗口的"限制"输入框中指定值为 60,表示生成 60 行数据。然后,在"字段"部分新增一行内容,其中"名称""类型""值"列的值分别为 minutes_row、Integer 和 0,表示生成的数据中包含一个类型为 Integer 并且值为 0 的字段 minutes_row,如图 8-29 所示。

图 8-29 "生成记录"窗口(3)

在图 8-29 中,单击"确定"按钮保存对当前步骤的配置。

5. 配置"生成记录 3"步骤

在转换 load_dim_time 的工作区中,双击"生成记录 3"步骤打开"生成记录"窗口。在该窗口的"限制"输入框中指定值为 60,表示生成 60 行数据。然后,在"字段"部分新增一行内容,其中"名称""类型""值"列的值分别为 seconds_row、Integer 和 0,表示生成的数据中包含一个类型为 Integer 并且值为 0 的字段 seconds_row,如图 8-30 所示。

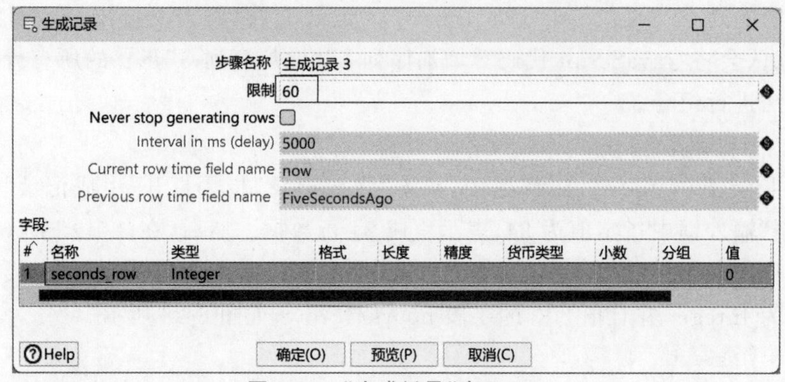

图 8-30 "生成记录"窗口(4)

在图 8-30 中,单击"确定"按钮保存对当前步骤的配置。

6. 配置"增加序列"步骤

在转换 load_dim_time 的工作区中,双击"增加序列"步骤打开"增加序列"窗口。在该窗口的"值的名称"输入框中指定自增字段的名称为 hours24,然后,在"起始值"输入框中指定值 0,如图 8-31 所示。

从图 8-31 中可以看出,自增字段 hours24 的值从 0 开始每次递增 1。在图 8-31 中,单击"确定"按钮保存当前步骤的配置。

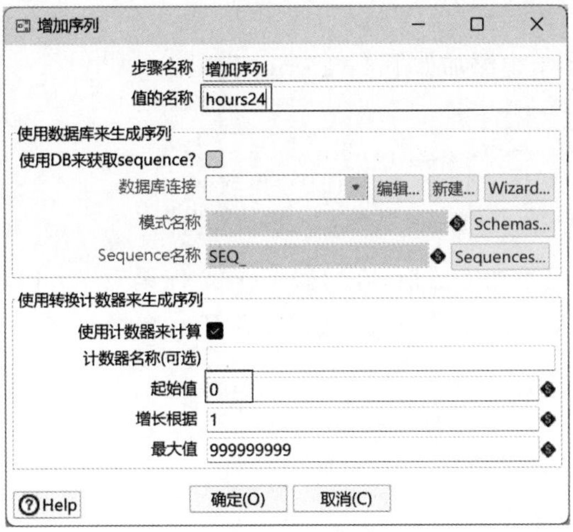

图 8-31　“增加序列”窗口(2)

7. 配置“增加序列 2”步骤

在转换 load_dim_time 的工作区中，双击“增加序列 2”步骤打开“增加序列”窗口。在该窗口的“值的名称”输入框中指定自增字段的名称为 minutes，然后，在“起始值”输入框中指定值 0，如图 8-32 所示。

从图 8-32 中可以看出，自增字段 minutes 的值从 0 开始每次递增 1。在图 8-32 中，单击“确定”按钮保存当前步骤的配置。

8. 配置“增加序列 3”步骤

在转换 load_dim_time 的工作区中，双击“增加序列 3”步骤打开“增加序列”窗口。在该窗口的“值的名称”输入框中指定自增字段的字段名为 seconds，然后，在“起始值”输入框中指定值 0，如图 8-33 所示。

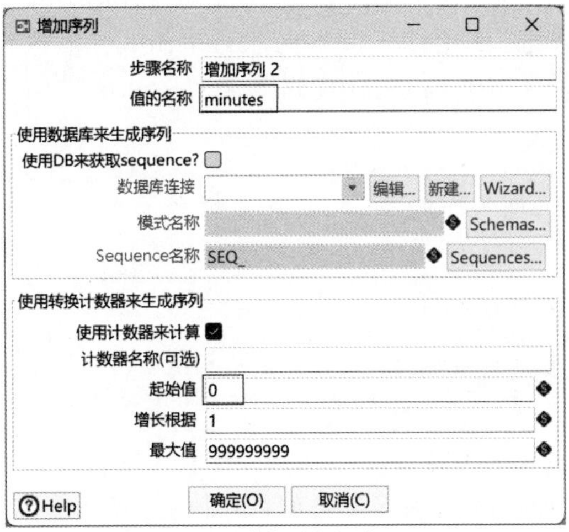

图 8-32　“增加序列”窗口(3)

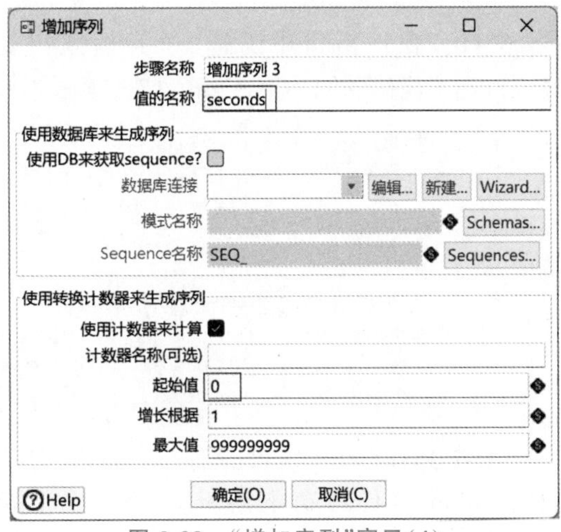

图 8-33　“增加序列”窗口(4)

从图 8-33 中可以看出，自增字段 second 的值从 0 开始每次递增 1。在图 8-33 中，单击“确定”按钮保存当前步骤的配置。

9. 配置“JavaScript 代码”步骤

在转换 load_dim_time 的工作区中，双击“JavaScript 代码”步骤打开“JavaScript 代码”

窗口。在该窗口中勾选“兼容模式?”复选框,使用 2.5 版本的 JavaScript 引擎执行 JavaScript 代码,并且在“Script 1”选项卡中添加如下 JavaScript 代码。

```
//生成 12 小时格式
var hours12 = hours24.getInteger()%12;
//将 24 小时格式的每个小时解析为上午(AM)或下午(PM)。
var am_pm = hours24.getInteger()>12?"PM":"AM";
```

上述 JavaScript 代码添加完成后,在“JavaScript 代码”窗口中单击“获取变量”按钮,通过“JavaScript 代码”步骤解析 JavaScript 代码中的所有变量及其类型,如图 8-34 所示。

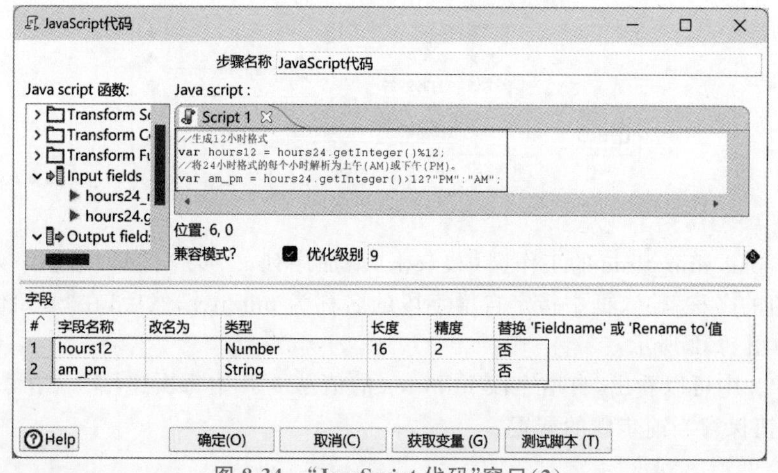

图 8-34 “JavaScript 代码”窗口(2)

在图 8-34 中,单击“确定”按钮保存对当前步骤的配置。

10. 配置“JavaScript 代码 2”步骤

在转换 load_dim_time 的工作区中,双击“JavaScript 代码 2”步骤打开“JavaScript 代码”窗口。在该窗口中勾选“兼容模式?”复选框,使用 2.5 版本的 JavaScript 引擎执行 JavaScript 代码,并且在“Script 1”选项卡中添加如下 JavaScript 代码。

```
//抽取一天中的每一个时间点
var time = hours24.getInteger()
           + ":" + minutes.getInteger()
           + ":" + seconds.getInteger();

//为维度表 dim_time 生成代理键
var time_key = (hours24.getInteger()<10?"0":"")+hours24.getInteger()+
               (minutes.getInteger()<10?"0":"")+minutes.getInteger()+
               (seconds.getInteger()<10?"0":"")+seconds.getInteger();
```

上述 JavaScript 代码添加完成后,在“JavaScript 代码”窗口中单击“获取变量”按钮,通过“JavaScript 代码”步骤解析 JavaScript 代码中的所有变量及其类型,如图 8-35 所示。

在图 8-35 中,单击“确定”按钮保存对当前步骤的配置。

11. 配置“表输出”步骤

在转换 load_dim_time 的工作区中,双击“表输出”步骤打开“表输出”窗口。在该窗口中,首先,在“数据库连接”下拉框中选择数据库连接 sakila_dwh_conn。然后,单击“目标表”右方的“浏览”按钮打开“数据库浏览器”窗口,在该窗口选择维度表 dim_time。最后,勾选

图 8-35　"JavaScript 代码"窗口(3)

"指定数据库字段"复选框,如图 8-36 所示。

在图 8-36 中,单击"数据库字段"选项卡标签。在该选项卡中单击"获取字段"按钮,通过"表输出"步骤检测维度表 dim_time 和"表输出"步骤中的各字段,并根据字段名称来自动推断映射关系,如图 8-37 所示。

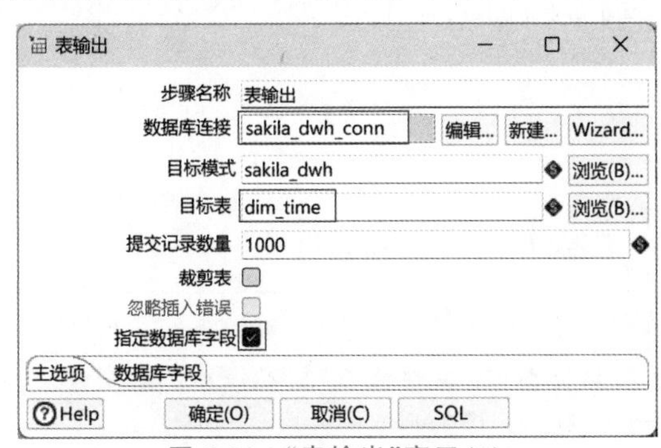

图 8-36　"表输出"窗口(2)

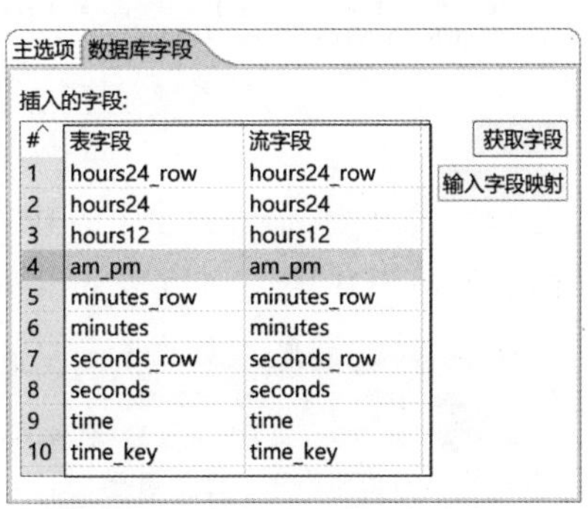

图 8-37　"数据库字段"选项卡(3)

在图 8-37 中删除无须输出到维度表 dim_time 的字段 hours24_row、minutes_row 和 seconds_row,并且将"表字段"列中 time 修改为维度表 dim_date 存在的字段 time_value,如图 8-38 所示。

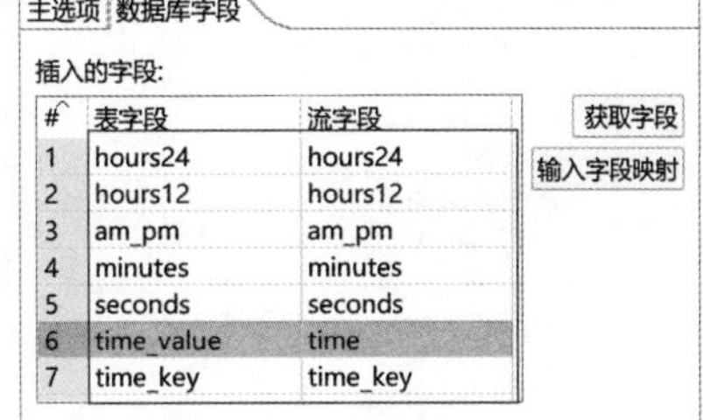

图 8-38　"数据库字段"选项卡(4)

在"表输出"窗口中,单击"确定"按钮保存对当前步骤的配置。

12. 运行转换

保存并运行转换 load_dim_time。该转换运行完成后,单击"执行结果"面板中的"日志"选项卡标签查看日志信息,如图 8-39 所示。

从图 8-39 中可以看出,"表输出"步骤输出了 86400 行数据,即向维度表 dim_date 加载了 86400 行数据。

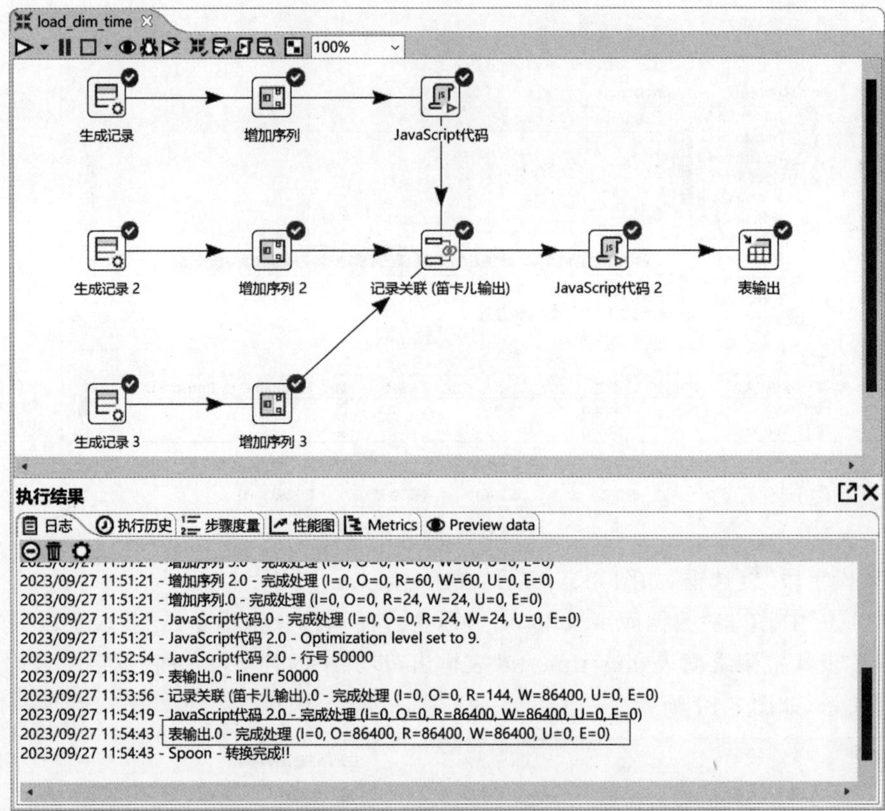

图 8-39 查看日志信息(2)

13. 查看维度表 dim_time 中的数据

通过 HeidiSQL 查看维度表 dim_time 的数据,如图 8-40 所示。

localhost\sakila_dwh\dim_time\ - HeidiSQL 12.4.0.6659

sakila_dwh.dim_time: 86,40

time_key	time_value	hours24	hours12	minutes	seconds	am_pm
0	00:00:00	0	0	0	0	AM
1	00:00:01	0	0	0	1	AM
2	00:00:02	0	0	0	2	AM
3	00:00:03	0	0	0	3	AM
4	00:00:04	0	0	0	4	AM
5	00:00:05	0	0	0	5	AM
6	00:00:06	0	0	0	6	AM
7	00:00:07	0	0	0	7	AM
8	00:00:08	0	0	0	8	AM
9	00:00:09	0	0	0	9	AM
10	00:00:10	0	0	0	10	AM
11	00:00:11	0	0	0	11	AM
12	00:00:12	0	0	0	12	AM
13	00:00:13	0	0	0	13	AM

图 8-40 查看维度表 dim_time 的数据

从图 8-40 中可以看出，维度表 dim_time 已经插入了数据，说明成功实现了向维度表 dim_time 加载数据的操作。

8.3.3 向维度表 dim_staff 加载数据

维度表 dim_staff 记录员工的相关信息来源于数据库 sakila 的表 staff。向维度表 dim_staff 加载数据的实现步骤如下。

1. 创建转换

在 Kettle 的图形化界面中创建转换，指定转换的名称为 load_dim_staff。

2. 定义数据库连接

在转换 load_dim_staff 中定义数据库连接 sakila_conn，其连接类型为 MySQL，连接方式为 Native(JDBC)，主机名称为 localhost，数据库名称为 sakila，端口号为 3306，用户名为 itcast，密码为 Itcast@2023，如图 8-41 所示。

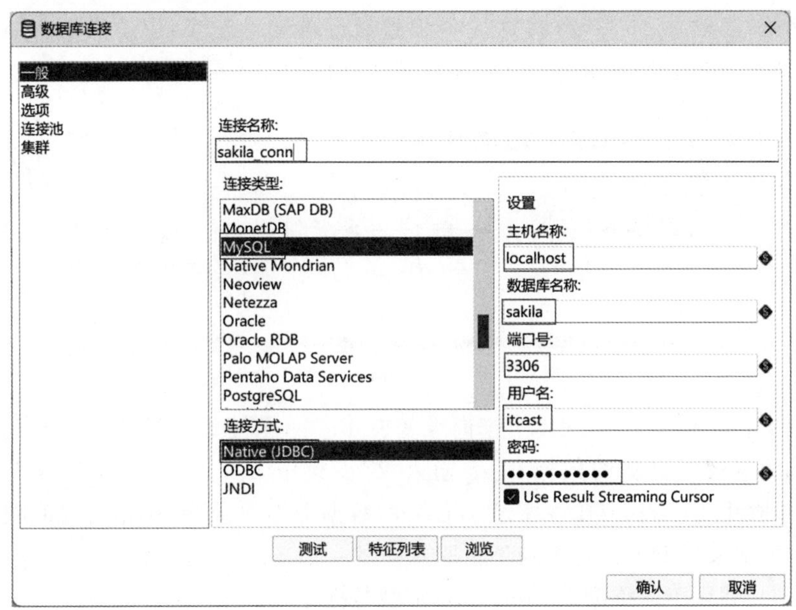

图 8-41 定义数据库连接 sakila_conn

确保本地的 MySQL 服务处于启动状态下。在图 8-41 中单击“测试”按钮，若弹出 Connection tested successfully 对话框，则说明当前定义的数据库连接可以与 MySQL 的数据库 sakila 建立连接，此时单击“确认”按钮即可。

3. 共享数据库连接

为了优化操作步骤，避免重复定义连接数据库 sakila 的数据库连接，可以共享在转换 load_dim_staff 中定义的数据库连接 sakila_conn，使其可以在其他转换中使用。在转换 load_dim_staff 的“主对象树”选项卡中选中数据库连接 sakila_conn 并右击，在弹出的菜单中选择“共享”选项，如图 8-42 所示。

上述操作完成后，数据库连接 sakila_conn 会显示为加粗样式。

4. 添加步骤

在转换 load_dim_staff 的工作区中添加“字段选择”步骤、“值映射”步骤、“维度查询/更

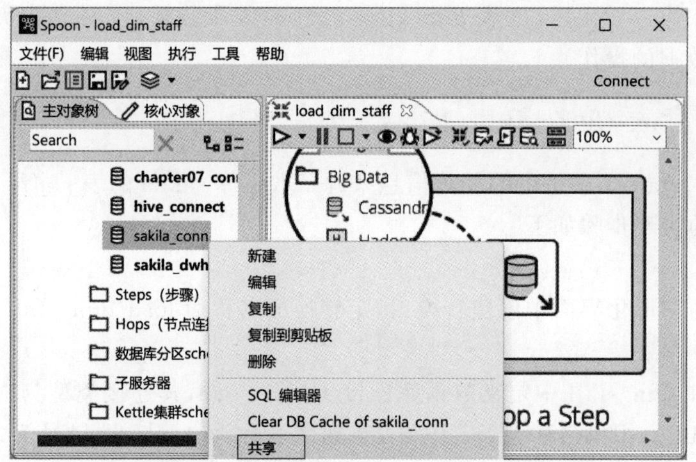

图 8-42 共享数据库连接 sakila_conn

新”步骤和两个“表输入”步骤，并将这 5 个步骤通过跳进行连接，用于实现向维度表 dim_staff 加载数据的功能。转换 load_dim_staff 的工作区如图 8-43 所示。

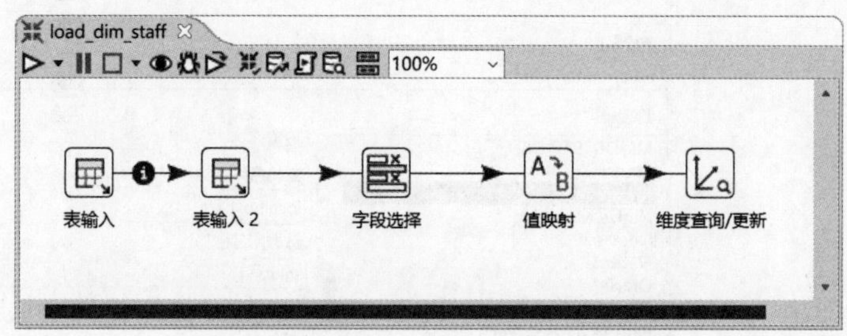

图 8-43 转换 load_dim_staff 的工作区

在图 8-43 中，“表输入”步骤用于查询维度表 dim_staff 获取上次更新的时间，其目的是后续从表 staff 中获取更新的数据。“表输入 2”步骤用于查询表 staff 获取更新的数据。“字段选择”步骤用于将表 staff 中字段 active 的数据类型修改为 String。“值映射”步骤用于将表 staff 中用来标识员工是否处于在职状态的字段 active 的值修改为 Yes 或 No。“维度查询/更新”步骤用于向维度表 dim_staff 加载数据。

5. 配置“表输入”步骤

在转换 load_dim_staff 的工作区中，双击“表输入”步骤打开“表输入”窗口。在该窗口的“数据库连接”下拉框中选择数据库连接 sakila_dwh_conn。然后，在 SQL 文本框中输入 SQL 语句，查询维度表 dim_staff 中字段 staff_last_update 的最大值，从而获取上次更新的时间，具体如下。

```
SELECT
COALESCE(MAX(staff_last_update),"1970-01-01 00:00:00")
max_dim_staff_last_update FROM dim_staff
```

上述 SQL 语句在执行时，会将字段 staff_last_update 的最大值赋值给字段 max_dim_staff_last_update，如果查询的结果为 NULL，那么会将字段 max_dim_staff_last_update 赋值为 1970-01-01 00:00:00。

“表输入”窗口配置完成的效果如图 8-44 所示。

图 8-44　“表输入”窗口(1)

在图 8-44 中，单击“确定”按钮保存对当前步骤的配置。

6. 配置“表输入 2”步骤

在转换 load_dim_staff 的工作区中，双击“表输入 2”步骤打开“表输入”窗口。在该窗口的“数据库连接”下拉框中选择数据库连接 sakila_conn。然后，在“从步骤插入数据”下拉框中选择使用“表输入”步骤输出的数据作为 SQL 语句中查询参数的值。最后，在 SQL 文本框中输入 SQL 语句，查询表 staff 中字段 last_update 的值大于字段 max_dim_staff_last_update 的值的数据，从而获取更新的数据，具体如下。

```
SELECT
  staff_id
, first_name
, last_name
, address_id
, picture
, email
, store_id
, active
, username
, password
, last_update
FROM staff WHERE last_update > ?
```

上述 SQL 语句中，? 是一个占位符，用于表示查询参数，该参数的值来源于“表输入”步骤输出的字段 max_dim_staff_last_update。

“表输入”窗口配置完成的效果如图 8-45 所示。

在图 8-45 中，单击“确定”按钮保存对当前步骤的配置。

7. 配置“字段选择”步骤

在转换 load_dim_staff 的工作区中，双击“字段选择”步骤打开“选择/改名值”窗口。在该窗口的“元数据”选项卡中新增一行内容，其中“字段名称”和“类型”列的值分别为 active 和 String，表示将字段 active 的数据类型修改为 String，如图 8-46 所示。

在图 8-46 中，修改字段 active 数据类型的目的是因为，表 staff 在 TINYINT 类型的字段 active 中，通过 0 或 1 来标识员工是否处于在职状态，而维度表 dim_staff 在 CAHR 类型的字段 staff_active 中，通过 Yes 和 No 来标识员工是否处于在职状态。

在图 8-46 中,单击“确定”按钮保存对当前步骤的配置。

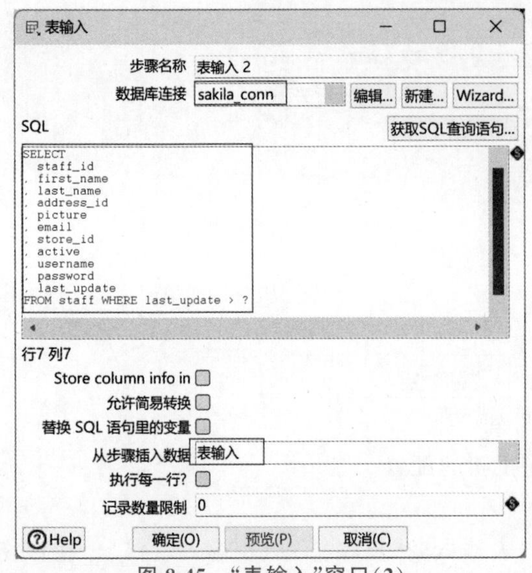

图 8-45 “表输入”窗口(2)

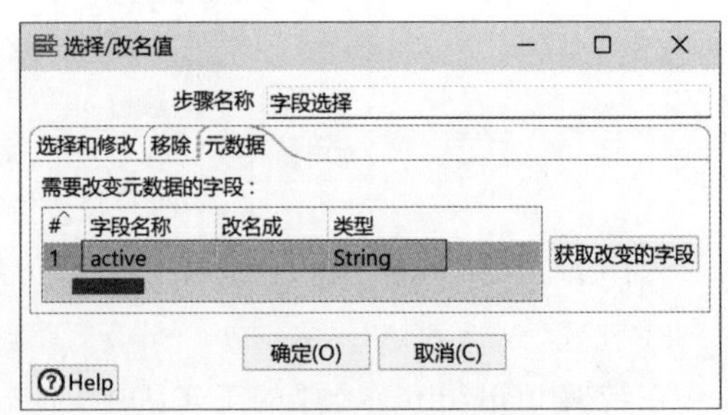

图 8-46 “选择/改名值”窗口(1)

8. 配置“值映射”步骤

在转换 load_dim_staff 的工作区中,双击“值映射”步骤打开“值映射”窗口。在该窗口的“使用字段名”下拉框中选择字段 active。然后,在“不匹配时的默认值”输入框中填写 No。最后,在“字段值”部分添加两行内容,其中第一行内容中“源值”“目标值”列的值分别为 Y 和 Yes;第二行内容中“源值”“目标值”列的值分别为 N 和 No,如图 8-47 所示。

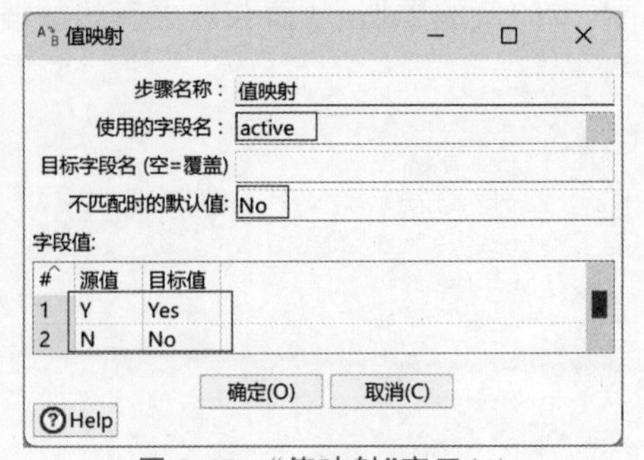

图 8-47 “值映射”窗口(1)

在图 8-47 中配置的内容表示,将字段 active 中的值 Y 和 N 替换为 Yes 和 No,如果没有在字段 active 中匹配到 Y 和 N,那么用 No 进行替换。这里在“源值”列指定 Y 和 N,而不是 1 和 0 的原因是,使用“表输入 2”步骤查询表 staff 的数据时,会将字段 active 中的 1 和 0 用 Y 和 N 表示。

在图 8-47 中,单击“确定”按钮保存对当前步骤的配置。

9. 配置“维度查询/更新”步骤

在转换 load_dim_staff 的工作区中,双击“维度查询/更新”步骤打开“维度查询/更新”窗口,在该窗口中进行如下配置。

- 在“数据库连接”下拉框中选择数据库连接 sakila_dwh_conn。
- 单击“目标表”输入框右边的“浏览”按钮打开“数据库浏览器”窗口,在该窗口选择维度表 dim_staff。
- 在“关键字”选项卡添加一行内容,其中“维字段”列的值为 staff_id;“流里的字段”列的值为 staff_id。这表示通过比较维度表 dim_staff 中字段 staff_id 的值和“维度查询/更新”步骤中字段 staff_id 的值进行更新。

- 在“代理关键字段”下拉框中选择维度表 dim_staff 的代理键 staff_key。
- 选中“使用自增字段”单选框，表示根据数据库的自动增量字段策略为代理键生成值。
- 在“Version 字段”下拉框中选择维度表 dim_staff 中用于记录员工信息不同版本的字段 staff_version_number。
- 在“Stream 日期字段”下拉框中选择表 staff 中用于记录最近更新时间的字段 last_update，其作用是用于根据维度表 dim_staff 中记录员工不同版本信息的有效开始时间和结束时间选择适当的版本。
- 在“开始日期字段”下拉框中选择维度表 dim_staff 中记录员工不同版本信息有效开始时间的字段 staff_valid_from。“最小的年份”输入框中的值 1900 会转换为“1900-01-01 00:00:00.00”的格式插入字段 staff_valid_from。不过，由于字段 staff_valid_from 的数据类型为 DATE，所以实际插入的值为 1900-01-01。
- 在“截止日期字段”下拉框中选择维度表 dim_staff 中用于记录员工不同版本信息有效结束时间的字段 staff_valid_through。“最大年份”输入框中的值 2199 会转换为“2200-01-01 00:00:00.00”的格式插入字段 staff_valid_from。不过，由于字段 staff_valid_through 的数据类型为 DATE，所以实际插入字段的值为 2200-01-01。

“维度查询/更新”窗口配置完成的效果如图 8-48 所示。

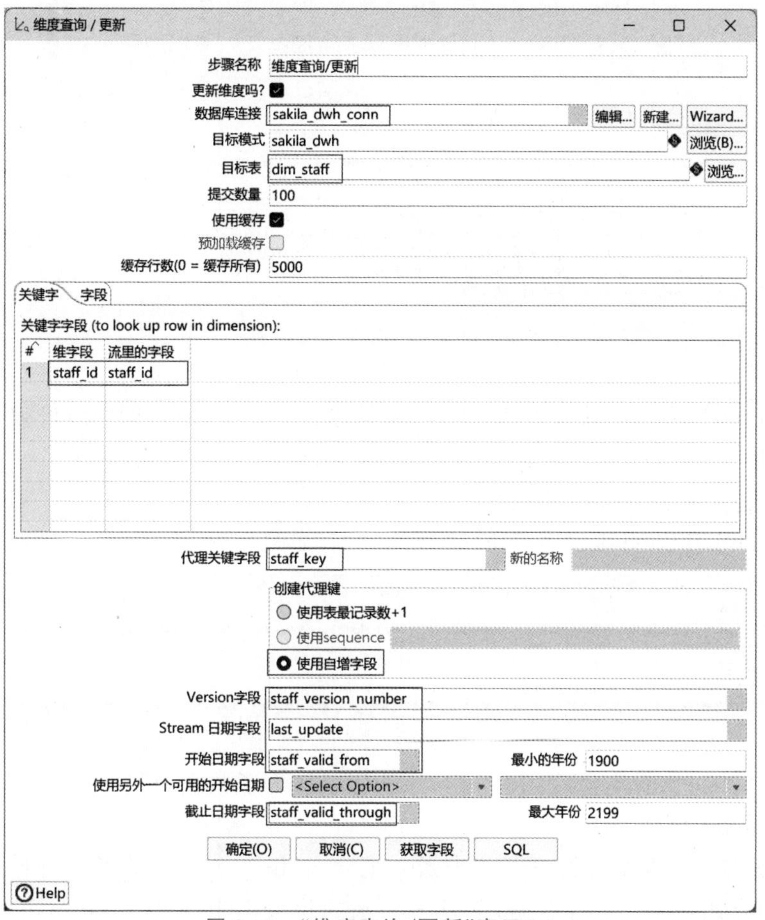

图 8-48　“维度查询/更新”窗口(1)

在图8-48中,单击“字段”选项卡标签配置向维度表 dim_staff 更新或插入的值,如图8-49所示。

在图8-49中,“维字段”列用于指定维度表 dim_staff 中的字段。“比较的流字段”列用于指定“维度查询/更新”步骤中的字段。“更新的维度和类型”列用于指定加载数据的方式,这里将“维度查询/更新”步骤中指定字段的值以插入的方式加载到维度表 dim_staff 的相应字段中。

关键字 | 字段

查询/更新字段

#	维字段	比较的流字段	更新的维度的类型
1	staff_first_name	first_name	插入
2	staff_last_name	last_name	插入
3	staff_store_id	store_id	插入
4	staff_active	active	插入
5	staff_last_update	last_update	插入

图 8-49 “字段”选项卡(1)

在“维度查询/更新”窗口中,单击“确定”按钮保存对当前步骤的配置。

10. 运行转换

保存并运行转换 load_dim_staff。该转换运行完成后,单击“执行结果”面板中的“日志”选项卡标签查看日志信息,如图8-50所示。

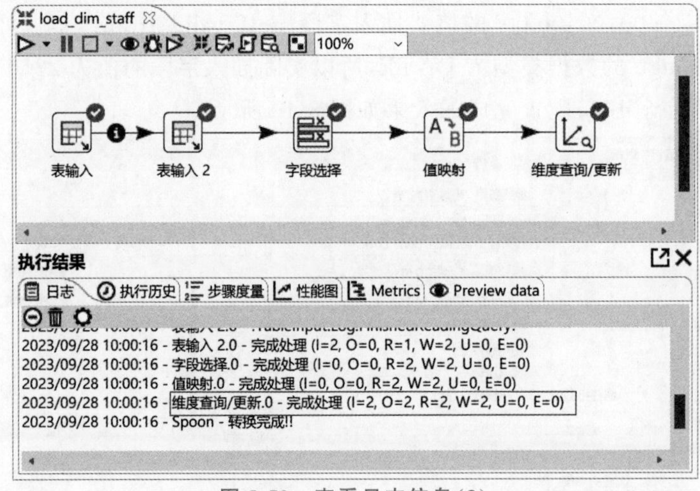

图 8-50 查看日志信息(3)

从图8-50可以看出,“维度查询/更新”步骤输出了2行数据,即向维度表 dim_staff 加载了2行数据。

11. 查看维度表 dim_staff 中的数据

通过 HeidiSQL 查看维度表 dim_staff 的数据,如图8-51所示。

主机: localhost 数据库: sakila_dwh 表: dim_staff 数据 查询*

sakila_dwh.dim_staff: 3 总记录数

staff_key	staff_last_update	staff_first_name	staff_last_name	staff_id	staff_store_id	staff_version_number	staff_valid_from	staff_valid_through	staff_active
1	1970-01-01 00:00:...	(NULL)	(NULL)	(NULL)	(NULL)	1	(NULL)	(NULL)	(NULL)
2	2006-02-15 03:57:...	Mike	Hillyer	1	1	1	1900-01-01	2200-01-01	Yes
3	2006-02-15 03:57:...	Jon	Stephens	2	2	1	1900-01-01	2200-01-01	Yes

图 8-51 查看维度表 dim_staff 的数据

从图8-51中可以看出,维度表 dim_staff 已经插入了数据,说明成功实现了向维度表 dim_staff 加载数据的操作。

需要说明的是,“维度查询/更新”步骤向维度表 dim_staff 加载了2行数据,而维度表 dim_staff 实际却存储了3行数据,并且多出来的行数据中 staff_first_name、staff_first_ name、staff_id 等字段的值为 NULL，这主要是因为在“维度查询/更新”步骤中使用了为代理键生成值的功能，这会使 Kettle 首先向维度表 dim_staff 的代理键 staff_key 插入一个值，这会导致其他没有设置默认值的字段为 NULL。

8.3.4 向维度表 dim_customer 加载数据

维度表 dim_customer 记录顾客的相关信息来源于数据库 sakila 的表 customer、address、city 和 country。关于向维度表 dim_customer 加载数据的实现步骤如下。

1. 创建转换

在 Kettle 的图形化界面中创建转换，指定转换的名称为 load_dim_customer。

2. 添加步骤

在转换 load_dim_customer 的工作区中添加“映射（子转换）”步骤、“字段选择”步骤、“值映射”步骤、“维度查询/更新”步骤和两个“表输入”步骤，并将这 6 个步骤通过跳进行连接，用于实现向维度表 dim_customer 加载数据的功能。转换 load_dim_customer 的工作区如图 8-52 所示。

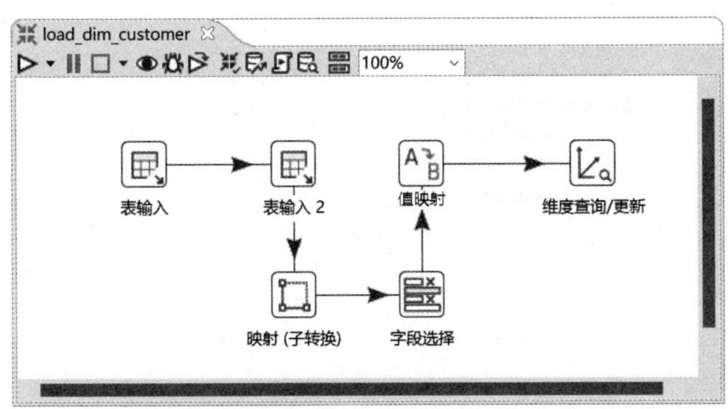

图 8-52 转换 load_dim_customer 的工作区

针对转换 load_dim_customer 的工作区中添加的步骤进行如下讲解。

- “表输入”步骤用于查询维度表 dim_customer 获取上次更新的时间，其目的是后续从表 customer 中获取更新的数据。
- “表输入 2”步骤用于查询表 customer 获取更新的数据。
- “映射(子转换)”步骤用于在转换 load_dim_customer 中添加一个转换 fetch_address，该转换可被视为转换 load_dim_customer 的子转换，其作用是从表 address、city 和 country 中获取顾客的地址信息、城市信息和国家信息。
- “字段选择”步骤用于将表 customer 中字段 active 的数据类型修改为 String，并移除与维度表 dim_customer 无关的字段。
- “值映射”步骤用于将表 customer 中用来标识顾客是否处于活跃状态的字段 active 的值修改为 Yes 或 No。
- “维度查询/更新”步骤用于向维度表 dim_customer 加载数据。

3. 配置“表输入”步骤

在转换 load_dim_customer 的工作区中，双击“表输入”步骤打开“表输入”窗口。在该窗口的“数据库连接”下拉框中选择数据库连接 sakila_dwh_conn。然后，在 SQL 文本框中输入 SQL 语句,查询维度表 dim_customer 中字段 customer_last_update 的最大值,从而获取上次更新的时间,具体如下。

```
SELECT
COALESCE(MAX(customer_last_update),"1970-01-01 00:00:00")
max_dim_customer_last_update FROM dim_customer
```

上述 SQL 语句在执行时,会将字段 customer_last_update 的最大值赋值给字段 max_dim_customer_last_update,如果查询的结果为 NULL,那么会将字段 max_dim_customer_last_update 赋值为 1970-01-01 00:00:00。

"表输入"窗口配置完成的效果如图 8-53 所示。

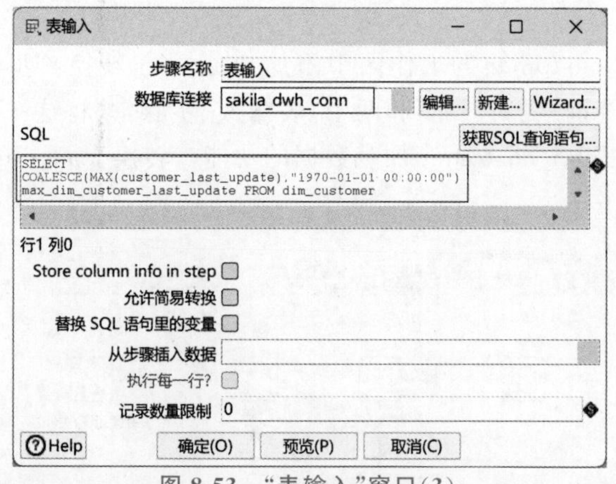

图 8-53 "表输入"窗口(3)

在图 8-53 中,单击"确定"按钮保存对当前步骤的配置。

4. 配置"表输入 2"步骤

在转换 load_dim_customer 的工作区中,双击"表输入 2"步骤打开"表输入"窗口。在该窗口的"数据库连接"下拉框中选择数据库连接 sakila_conn。然后,在"从步骤插入数据"下拉框中选择使用"表输入"步骤输出的数据作为 SQL 语句中查询参数的值。最后,在 SQL 文本框中输入 SQL 语句,查询表 customer 中字段 last_update 的值大于字段 max_dim_customer_last_update 的值的数据,从而获取更新的数据,具体如下。

```
SELECT
  customer_id
, store_id
, first_name
, last_name
, email
, address_id
, active
, create_date
, last_update
FROM customer WHERE last_update > ?
```

上述 SQL 语句中,? 是一个占位符,用于表示查询参数,该参数的值来源于"表输入"步骤输出的字段 max_dim_customer_last_update。

"表输入"窗口配置完成的效果如图 8-54 所示。

表输入

步骤名称 表输入 2

数据库连接 sakila_conn 编辑... 新建... Wizard...

SQL 获取SQL查询语句...

```
SELECT
  customer_id
, store_id
, first_name
, last_name
, email
, address_id
, active
, create_date
, last_update
FROM customer WHERE last_update > ?
```

行10 列13

Store column info in step

允许简易转换

替换 SQL 语句里的变量

从步骤插入数据 表输入

执行每一行?

记录数量限制 0

Help 确定(O) 预览(P) 取消(C)

图 8-54 “表输入”窗口(4)

在图 8-54 中,单击“确定”按钮保存对当前步骤的配置。

5. 配置“映射(子转换)”步骤

在配置“映射(子转换)”步骤之前,需要在 Kettle 中创建转换 fetch_address,并对其进行配置,具体步骤如下。

(1) 创建转换。

在 Kettle 的图形化界面中创建转换,指定转换的名称为 fetch_address。

(2) 添加步骤。

在转换 fetch_address 的工作区中添加“映射输入规范”步骤、“过滤记录”步骤、Concat fields 步骤、“设置字段值”步骤、“字段选择”步骤、“映射输出规范”步骤和三个“数据库查询”步骤,并将这 9 个步骤通过跳进行连接,用于获取顾客地址信息、城市信息和国家信息的功能。转换 fetch_address 的工作区如图 8-55 所示。

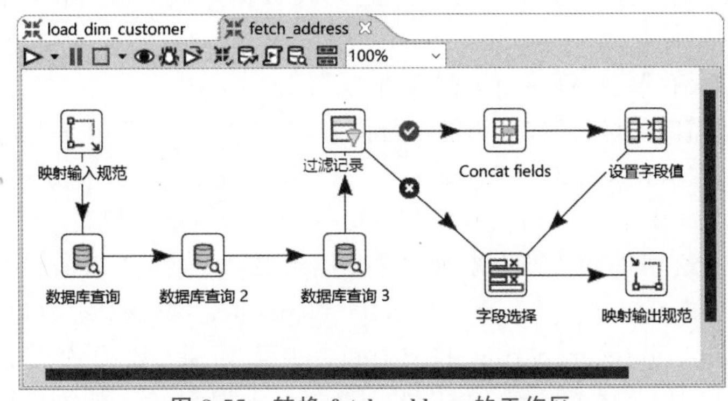

图 8-55 转换 fetch_address 的工作区

针对转换 fetch_address 的工作区中添加的步骤进行如下讲解。

- “映射输入规范”步骤用于指定输入转换 fetch_address 的数据。
- “数据库查询”步骤用于查询表 address 的数据。
- “数据库查询 2”步骤用于查询表 city 的数据。

- “数据库查询3”步骤用于查询country的数据。
- “过滤记录”步骤用于判断顾客的地址信息中是否包含补充的地址信息，若包含补充的地址信息，则将相关的行数据输出到Concat fields步骤，反之将相关的行数据输出到“字段选择”步骤。
- Concat fields步骤用于将顾客的地址信息和附加的地址信息进行合并。
- “设置字段值”步骤用于将地址信息替换为地址信息和附加的地址信息合并的结果。
- “字段选择”步骤用于移除与维度表dim_customer无关的字段。
- “映射输出规范”步骤用于输出转换fetch_address的处理结果，该步骤无须进行配置。

(3) 配置“映射输入规范”步骤。

在转换fetch_address的工作区中，双击“映射输入规范”步骤打开Mapping input specification窗口。在该窗口中添加一行内容，其中“名称”“类型”列的值分别为address_id和Integer，如图8-56所示。

图8-56 Mapping input specification窗口(1)

在图8-56中配置的内容表示，将“映射(子转换)”步骤中字段address_id的值输入转换fetch_address，字段address_id的值来源于表customer，用于从表address查询地址信息。

在图8-56中，单击“确定”按钮保存对当前步骤的配置。

(4) 配置“数据库查询”步骤。

在转换fetch_address的工作区中，双击“数据库查询”步骤打开“数据库查询”窗口，在该窗口中进行如下配置。

- 在“数据库连接”下拉框中选择数据库连接sakila_conn。
- 单击“表名”输入框右边的“浏览”按钮打开“数据库浏览器”窗口，在该窗口选择表address。
- 勾选“使用缓存”复选框使用缓存机制。
- 在“查询所需的关键字”部分添加一行内容，其中“表字段”“比较操作符”“字段1”列的值分别为address_id、=和address_id。这表示比较“数据库查询”步骤中字段address_id的值与表address中字段address_id的值是否相等。
- 在“查询表返回的值”部分添加6行内容，其中“字段”列的值分别为address、address2、district、city_id、postal_code和phone；“类型”列的值分别为String、String、String、Integer、String和String。表示如果“数据库查询”步骤中字段address_id的值与表address中字段address_id的值相等，则返回表address中字段address、address2、district、city_id、postal_code和phone的值。

“数据库查询”窗口配置完成的效果如图8-57所示。

在图8-57中，单击“确定”按钮保存对当前步骤的配置。

(5) 配置“数据库查询2”步骤。

在转换fetch_address的工作区中，双击“数据库查询2”步骤打开“数据库查询”窗口，

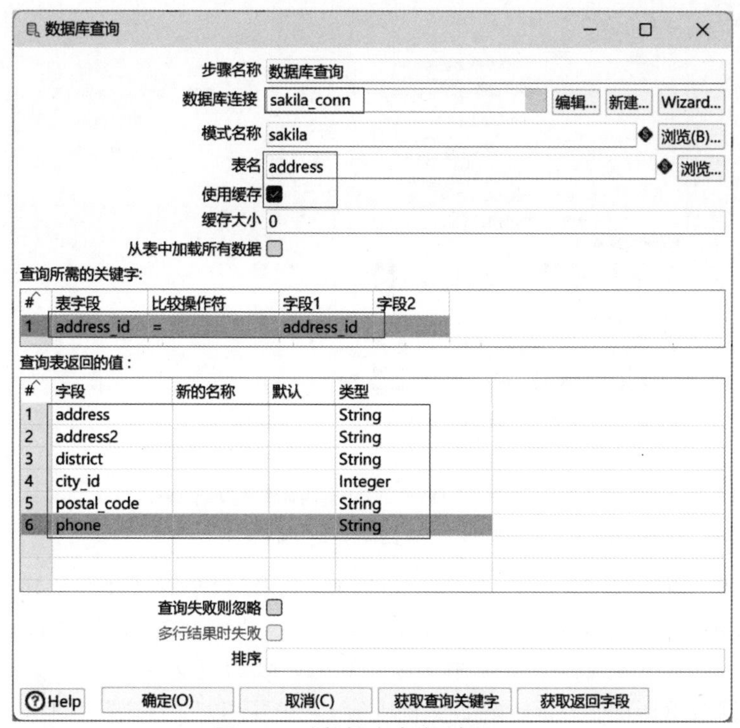

图 8-57　“数据库查询”窗口(1)

在该窗口中进行如下配置。

- 在“数据库连接”下拉框中选择数据库连接 sakila_conn。
- 单击“表名”输入框右边的“浏览”按钮打开“数据库浏览器”窗口，在该窗口选择表 city。
- 勾选“使用缓存”复选框使用缓存机制。
- 在“查询所需的关键字”部分添加一行内容，其中“表字段”“比较操作符”“字段 1”列的值分别为 city_id、= 和 city_id。表示比较“数据库查询 2”步骤中字段 city_id 的值与表 city 中字段 city_id 的值是否相等。
- 在“查询表返回的值”部分添加两行内容，其中“字段”列的值分别为 city 和 country_id；“类型”列的值分别为 String 和 Integer。表示如果“数据库查询 2”步骤中字段 city_id 的值与表 city 中字段 city_id 的值相等，则返回表 city 中字段 city 和 country_id 的值。

“数据库查询”窗口配置完成的效果如图 8-58 所示。

在图 8-58 中，单击“确定”按钮保存对当前步骤的配置。

(6) 配置“数据库查询 3”步骤。

在转换 fetch_address 的工作区中，双击“数据库查询 3”步骤打开“数据库查询”窗口，在该窗口中进行如下配置。

- 在“数据库连接”下拉框选择数据库连接 sakila_conn。
- 单击“表名”输入框右边的“浏览”按钮打开“数据库浏览器”窗口，在该窗口选择表 country。
- 勾选“使用缓存”复选框使用缓存机制。

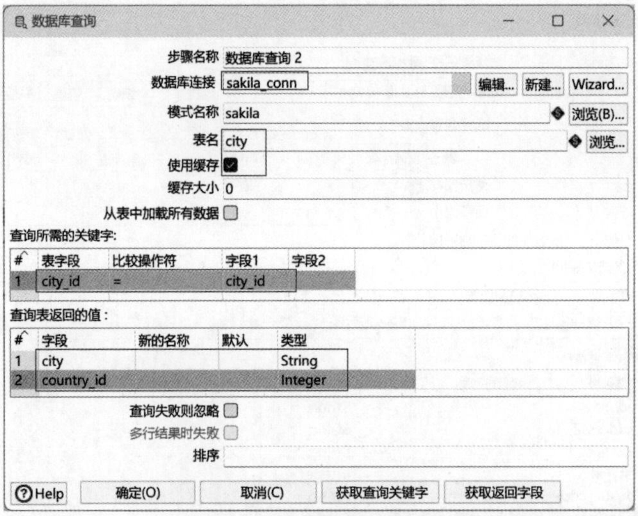

图 8-58 “数据库查询”窗口(2)

- 在“查询所需的关键字”部分添加一行内容,其中“表字段”“比较操作符”“字段 1”列的值分别为 country_id、=和 country_id。表示比较在“数据库查询 3”步骤中字段 country_id 的值与表 country 中字段 country_id 的值是否相等。
- 在“查询表返回的值”部分添加一行内容,其中“字段”“类型”列的值分别为 country 和 String。表示如果“数据库查询 3”步骤中字段 country_id 的值与表 country 中字段 country_id 的值相等,则返回表 country 中字段 country 的值。

“数据库查询”窗口配置完成的效果如图 8-59 所示。

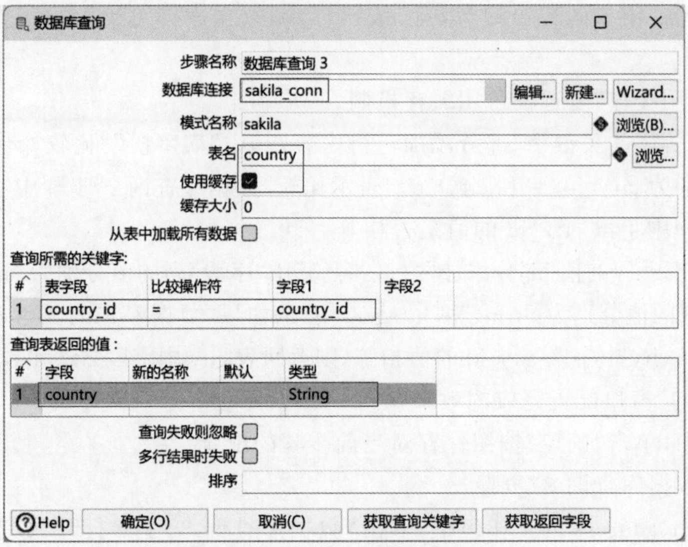

图 8-59 “数据库查询”窗口(3)

在图 8-59 中,单击“确定”按钮保存对当前步骤的配置。

(7) 配置“过滤记录”步骤。

在转换 fetch_address 的工作区中,双击“过滤记录”步骤打开“过滤记录”窗口。在该窗口指定条件为判断字段 address2 的值是否不为 NULL,如图 8-60 所示。

图 8-60　“过滤记录”窗口(1)

在图 8-60 中，单击“确定”按钮保存对当前步骤的配置。

(8) 配置 Concat fields 步骤。

在转换 fetch_address 的工作区中，双击 Concat fields 步骤打开 Concat fields 窗口，在该窗口中进行如下配置。

- 在 Target Field Name 输入框中填写 concat_address_address2，表示将顾客的地址信息和附加的地址信息进行合并后存储到字段 concat_address_address2 中。
- 将 Separator 输入框的值设为-，表示顾客的地址信息和附加的地址信息通过字符-进行分隔。
- 在 Fields 选项卡中添加两行内容，其中第一行内容中 Name 和 Type 列的值分别为 address 和 String，表示参与合并的第一个字段为 address，该字段存储了顾客的地址信息；第二行内容的 Name 和 Type 列的值分别为 address2 和 String，表示参与合并的第二个字段为 address2，该字段存储了顾客附加的地址信息。

Concat fields 窗口配置完成的效果如图 8-61 所示。

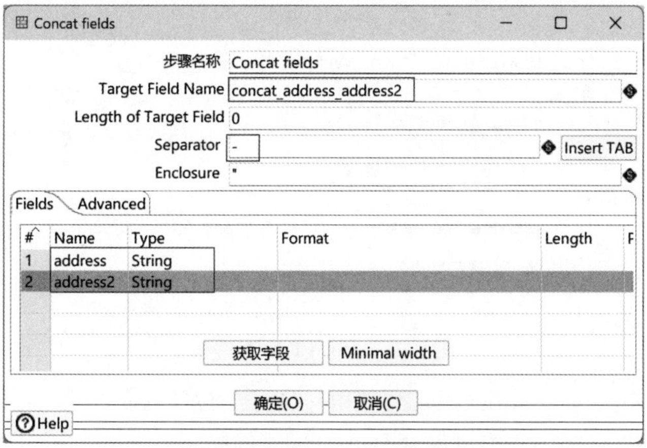

图 8-61　Concat fields 窗口

在图 8-61 中，单击“确定”按钮保存对当前步骤的配置。

(9) 配置“设置字段值”步骤。

在转换 fetch_address 的工作区中，双击“设置字段值”步骤打开 Set field value 窗口。在该窗口中添加一行内容，其中 Field name 列的值为 address；Replace by value from field 列的值为 concat_address_address2，如图 8-62 所示。

在图 8-62 中配置的内容表示将字段 address 的值替换为字段 concat_address_address2

的值。在图 8-62 中,单击"确定"按钮保存对当前步骤的配置。

(10) 配置"字段选择"步骤。

在转换 fetch_address 的工作区中,双击"字段选择"步骤打开"选择/改名值"窗口。在该窗口的"移除"选项卡中添加 4 行内容,分别是 address_id、address2、city_id 和 country_id,如图 8-63 所示。

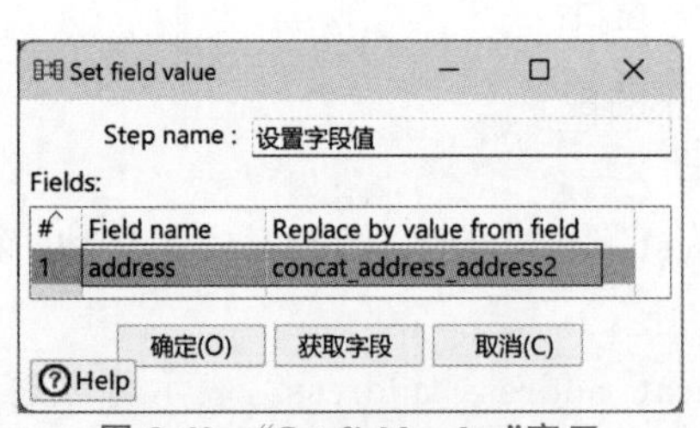

图 8-62 "Set field value"窗口

图 8-63 "选择/改名值"窗口(2)

在图 8-63 中,单击"确定"按钮保存对当前步骤的配置。

(11) 将转换 fetch_address 添加到"映射(子转换)"步骤中。

在转换 load_dim_customer 的工作区中,双击"映射(子转换)"步骤打开"映射(执行子转换任务)"窗口。在该窗口中单击"Browse..."按钮,在弹出的 Open File 对话框中选择转换 fetch_address 的转换文件 fetch_address.ktr,如图 8-64 所示。

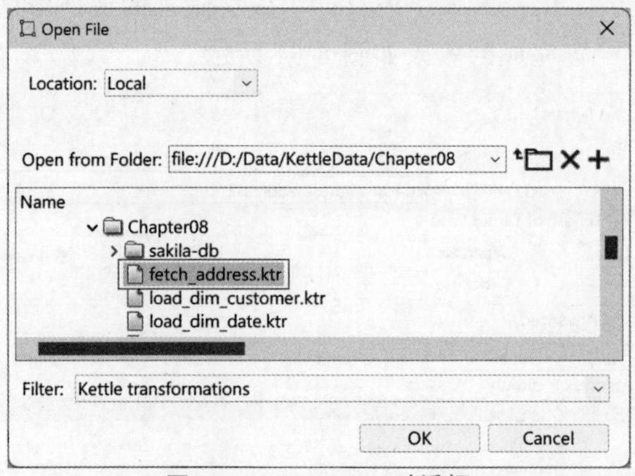

图 8-64 Open File 对话框

在图 8-64 中,单击 OK 按钮返回至"映射(执行子转换任务)"窗口,如图 8-65 所示。

在图 8-65 中,单击"确定"按钮保存对当前步骤的配置。

6. 配置"字段选择"步骤

在转换 load_dim_customer 的工作区中,双击"字段选择"步骤打开"选择/改名值"窗口。在该窗口的"元数据"选项卡中添加一行内容,其中"字段名称""类型"列的值分别为 active 和 String,表示将字段 active 的数据类型修改为 String,如图 8-66 所示。

在图 8-66 中,修改字段 active 数据类型的目的是因为,表 customer 通过 TINYINT 类型的字段 active,以 0 或 1 来标识顾客是否处于活跃状态,而维度表 dim_customer 通过 CAHR 类型的字段 staff_active,以 Yes 和 No 来标识顾客是否处于活跃状态。

图 8-65 “映射（执行子转换任务）”窗口(1)

在图 8-66 中，单击“确定”按钮保存对当前步骤的配置。

7. 配置“值映射”步骤

在转换 load_dim_customer 的工作区中，双击“值映射”步骤打开“值映射”窗口。在该窗口的“使用字段名”下拉框中选择字段 active。然后，在“不匹配时的默认值”输入框中填写 No。最后，在“字段值”部分添加两行内容，其中第一行内容中“源值”“目标值”列的值分别为 Y 和 Yes；第二行内容中“源值”“目标值”列的值分别为 N 和 No，如图 8-67 所示。

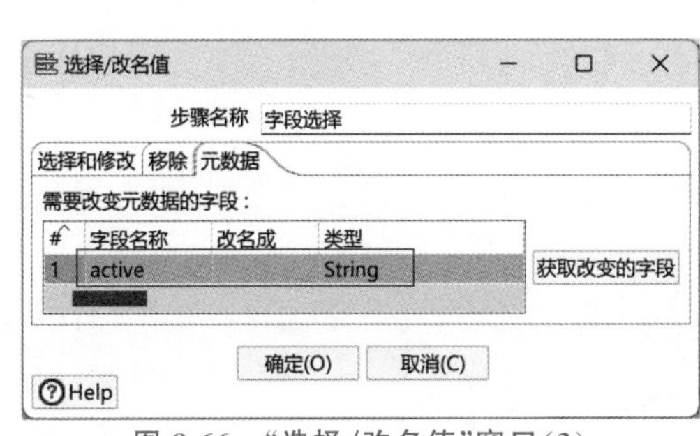

图 8-66 “选择/改名值”窗口(3)

图 8-67 “值映射”窗口(2)

在图 8-67 中，单击“确定”按钮保存对当前步骤的配置。

8. 配置“维度查询/更新”步骤

在转换 load_dim_customer 的工作区中，双击“维度查询/更新”步骤打开“维度查询/更新”窗口，在该窗口中进行如下配置。

- 在“数据库连接”下拉框中选择数据库连接 sakila_dwh_conn。
- 单击“目标表”输入框右边的“浏览”按钮打开“数据库浏览器”窗口，在该窗口中选择维度表 dim_customer。
- 在“关键字”选项卡中添加一行内容，其中“维字段”列的值为 customer_id，“流里的字段”列的值为 customer_id。
- 在“代理关键字段”下拉框中选择维度表 dim_customer 的代理键。
- 选中“使用自增字段”单选框。
- 在“Version 字段”下拉框中选择维度表 dim_customer 中用于记录顾客信息不同版

本的字段 customer_version_number。

- 在“Stream 日期字段”下拉框中选择表 customer 中用于记录最近更新时间的字段 last_update。
- 在“开始日期字段”下拉框中选择维度表 dim_customer 中用于记录顾客不同版本信息有效开始时间的字段 customer_valid_from。
- 在“截止日期字段”下拉框中选择维度表 dim_customer 中用于记录顾客不同版本信息的有效结束时间的字段 customer_valid_through。

“维度查询/更新”窗口配置完成的效果如图 8-68 所示。

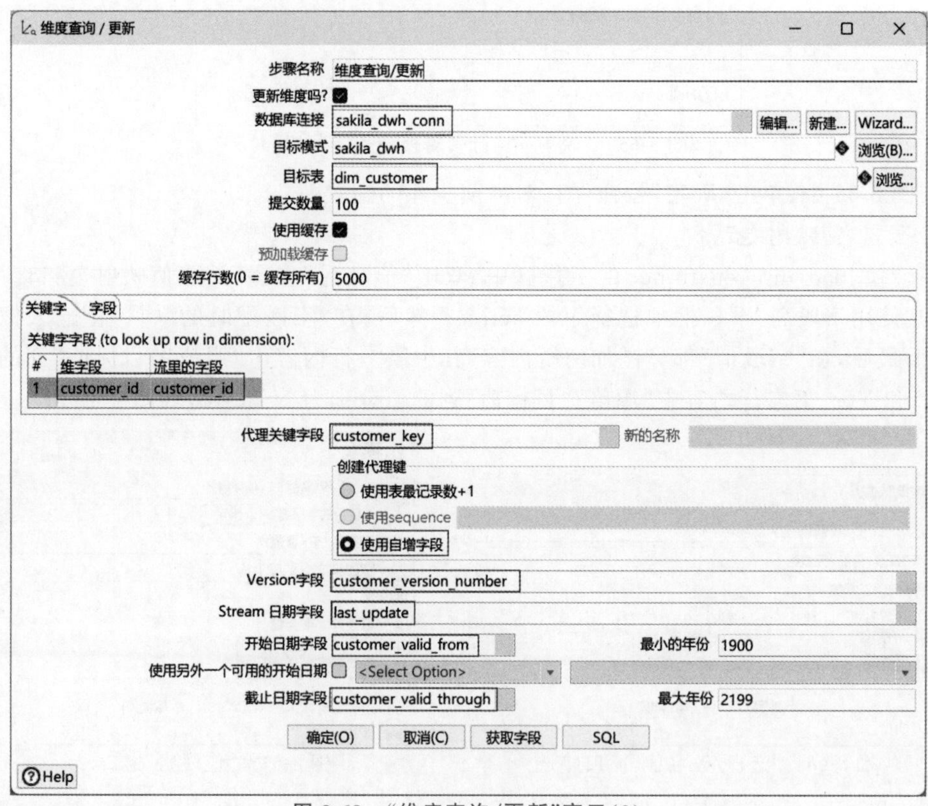

图 8-68　“维度查询/更新”窗口(2)

在图 8-68 中,单击“字段”选项卡标签配置向维度表 dim_customer 更新或插入的值,如图 8-69 所示。

关键字　字段

查询/更新字段

#	维字段	比较的流字段	更新的维度的类型
1	customer_first_name	first_name	插入
2	customer_last_name	last_name	插入
3	customer_email	email	插入
4	customer_active	active	插入
5	customer_created	create_date	插入
6	customer_address	address	插入
7	customer_district	district	插入
8	customer_postal_code	postal_code	插入
9	customer_phone_number	phone	插入
10	customer_city	city	插入
11	customer_country	country	插入
12	customer_last_update	last_update	插入

图 8-69　“字段”选项卡(2)

在“维度查询/更新”窗口中，单击“确定”按钮保存对当前步骤的配置。

9. 运行转换

保存并运行转换 load_dim_customer，该转换运行完成后，单击“执行结果”面板中的“日志”选项卡标签查看日志信息，如图 8-70 所示。

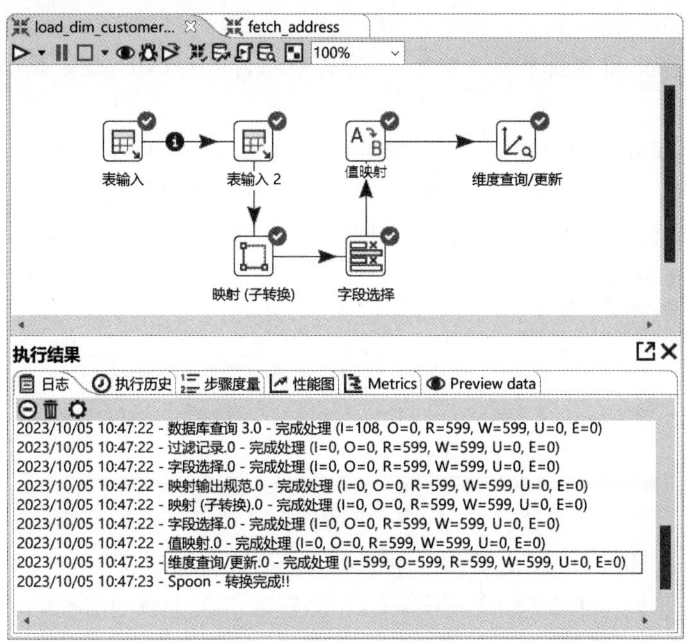

图 8-70　查看日志信息(4)

从图 8-70 中可以看出，“维度查询/更新”步骤输出了 599 行数据，即向维度表 dim_customer 加载了 599 行数据。

10. 查看维度表 dim_customer 中的数据

通过 HeidiSQL 查看维度表 dim_customer 的数据，如图 8-71 所示。

主机: localhost　数据库: sakila_dwh　表: dim_customer　数据　查询*

sakila_dwh.dim_customer: 600 总记录数　下一个　显示所有　排序　字段 (17/17)　过滤器

customer_key	customer_last_update	customer_id	customer_first_name	customer_last_name	customer_email	customer_active	c
1	1970-01-01 00:00:00	(NULL)	(NULL)	(NULL)	(NULL)	(NULL)	
601	2006-02-15 04:57:20	1	MARY	SMITH	MARY.SMITH@saki...	Yes	
602	2006-02-15 04:57:20	2	PATRICIA	JOHNSON	PATRICIA.JOHNSO...	Yes	
603	2006-02-15 04:57:20	3	LINDA	WILLIAMS	LINDA.WILLIAMS...	Yes	
604	2006-02-15 04:57:20	4	BARBARA	JONES	BARBARA.JONES@...	Yes	
605	2006-02-15 04:57:20	5	ELIZABETH	BROWN	ELIZABETH.BROW...	Yes	
606	2006-02-15 04:57:20	6	JENNIFER	DAVIS	JENNIFER.DAVIS@...	Yes	
607	2006-02-15 04:57:20	7	MARIA	MILLER	MARIA.MILLER@sa...	Yes	
608	2006-02-15 04:57:20	8	SUSAN	WILSON	SUSAN.WILSON@s...	Yes	
609	2006-02-15 04:57:20	9	MARGARET	MOORE	MARGARET.MOOR...	Yes	
610	2006-02-15 04:57:20	10	DOROTHY	TAYLOR	DOROTHY.TAYLO...	Yes	
611	2006-02-15 04:57:20	11	LISA	ANDERSON	LISA.ANDERSON@...	Yes	
612	2006-02-15 04:57:20	12	NANCY	THOMAS	NANCY.THOMAS@...	Yes	
613	2006-02-15 04:57:20	13	KAREN	JACKSON	KAREN.JACKSON@...	Yes	
614	2006-02-15 04:57:20	14	BETTY	WHITE	BETTY.WHITE@sa...	Yes	
615	2006-02-15 04:57:20	15	HELEN	HARRIS	HELEN.HARRIS@s...	Yes	

图 8-71　查看维度表 dim_customer 的数据

从图 8-71 中可以看出，维度表 dim_customer 已经插入了数据，说明成功实现了向维度表 dim_customer 加载数据的操作。

8.3.5　向维度表 dim_store 加载数据

维度表 dim_store 记录商店的相关信息来源于数据库 sakila 的表 store、staff、address、city 和 country。向维度表 dim_store 加载数据的实现步骤如下。

1. 创建转换

在 Kettle 的图形化界面中创建转换，指定转换的名称为 load_dim_store。

2. 添加步骤

在转换 load_dim_store 的工作区中添加"映射（子转换）"步骤、"数据库查询"步骤、"维度查询/更新"步骤和两个"表输入"步骤，并将这 5 个步骤通过跳进行连接，用于实现向维度表 dim_store 加载数据的功能。转换 load_dim_store 的工作区如图 8-72 所示。

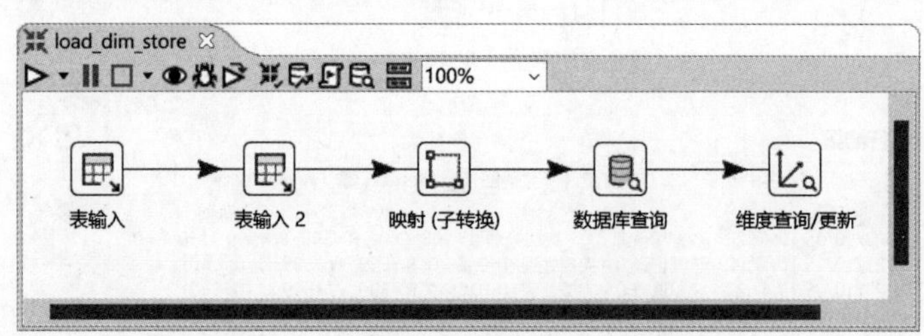

图 8-72　转换 load_dim_store 的工作区

针对转换 load_dim_store 的工作区中添加的步骤进行如下讲解。

- "表输入"步骤用于查询维度表 dim_store 获取上次更新的时间，其目的是后续从表 store 中获取更新的数据。
- "表输入 2"步骤用于查询表 store 获取更新的数据。
- "映射(子转换)"步骤用于在转换 load_dim_store 中添加 8.3.4 节创建的转换 fetch_address，该转换可被视为转换 load_dim_store 的子转换，其作用是从表 address、city 和 country 中获取商店的地址信息、城市信息和国家信息。
- "数据库查询"步骤用于通过查询表 staff 获取商店经理的信息。
- "维度查询/更新"步骤用于向维度表 dim_store 加载数据。

3. 配置"表输入"步骤

在转换 load_dim_store 的工作区中，双击"表输入"步骤打开"表输入"窗口。在该窗口的"数据库连接"下拉框中选择数据库连接 sakila_dwh_conn。然后，在 SQL 文本框中输入 SQL 语句，查询维度表 dim_store 中字段 store_last_update 的最大值，从而获取上次更新的时间，具体如下。

```
SELECT
COALESCE(MAX(store_last_update),"1970-01-01 00:00:00")
max_dim_store_last_update FROM dim_store
```

上述 SQL 语句在执行时，会将字段 store_last_update 的最大值赋值给字段 max_dim_store_last_update，如果查询的结果为 NULL，那么会将字段 max_dim_store_last_update 赋值为 1970-01-01 00:00:00。

"表输入"窗口配置完成的效果如图 8-73 所示。

在图 8-73 中，单击"确定"按钮保存对当前步骤的配置。

表输入
步骤名称 表输入
数据库连接 sakila_dwh_conn 编辑... 新建... Wizard...
SQL 获取SQL查询语句...
SELECT
COALESCE(MAX(store_last_update),"1970-01-01 00:00:00")
max_dim_store_last_update FROM dim_store
行3 列40
Store column info in step
允许简易转换
替换 SQL 语句里的变量
从步骤插入数据
执行每一行?
记录数量限制 0
Help 确定(O) 预览(P) 取消(C)

图 8-73　"表输入"窗口(5)

4. 配置"表输入 2"步骤

在转换 load_dim_store 的工作区中,双击"表输入 2"步骤打开"表输入"窗口。在该窗口的"数据库连接"下拉框中选择数据库连接 sakila_conn。然后,在"从步骤插入数据"下拉框中选择使用"表输入"步骤输出的数据作为 SQL 语句中查询参数的值。最后,在 SQL 文本框中输入 SQL 语句,查询表 store 中字段 last_update 的值大于字段 max_dim_store_last_update 的值的数据,从而获取更新的数据,具体如下。

```
SELECT
  store_id
, manager_staff_id
, address_id
, last_update
FROM store WHERE last_update > ?
```

上述 SQL 语句中,? 是一个占位符,用于表示查询参数,该参数的值来源于"表输入"步骤输出的字段 max_dim_store_last_update。

"表输入"窗口配置完成的效果如图 8-74 所示。

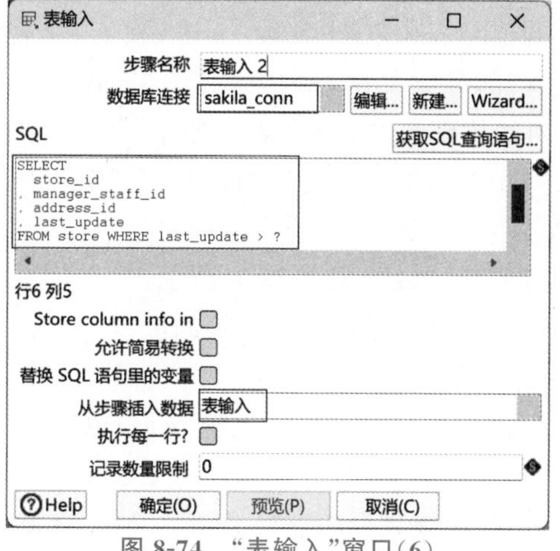

图 8-74　"表输入"窗口(6)

在图 8-74 中,单击"确定"按钮保存对当前步骤的配置。

5. 配置“映射(子转换)”步骤

在转换 load_dim_store 的工作区中，双击“映射（子转换）”步骤打开“映射（执行子转换任务）”窗口。在该窗口中通过单击“Browse...”按钮选择转换 fetch_address 在本地存储的转换文件 fetch_address.ktr，如图 8-75 所示。

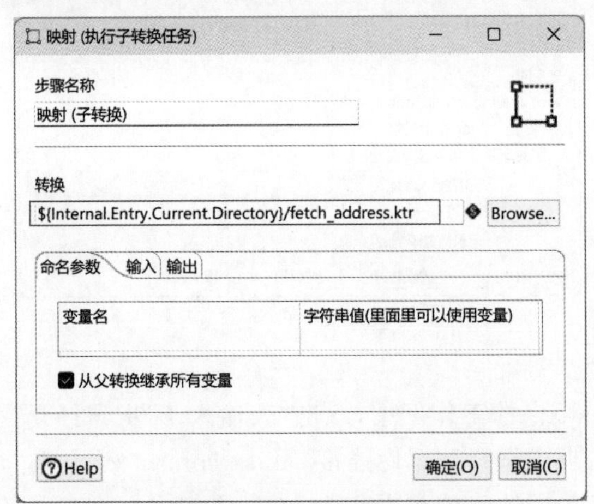

图 8-75　“映射（执行子转换任务）”窗口(2)

在图 8-75 中，单击“确定”按钮保存对当前步骤的配置。

6. 配置“数据库查询”步骤

在转换 load_dim_store 的工作区中，双击“数据库查询”步骤打开“数据库查询”窗口，在该窗口进行如下配置。

- 在“数据库连接”下拉框中选择数据库连接 sakila_conn。
- 单击“表名”输入框右边的“浏览”按钮打开“数据库浏览器”窗口，在该窗口中选择表 staff。
- 勾选“使用缓存”复选框使用缓存机制。
- 在“查询所需的关键字”部分添加一行内容，其中“表字段”“比较操作符”“字段1”列的值分别为 staff_id、= 和 manager_staff_id，表示比较“数据库查询”步骤中字段 manager_staff_id 的值与表 staff 中字段 staff_id 的值是否相等。
- 在“查询表返回的值”部分添加两行内容，其中“字段”列的值分别为 first_name 和 last_name，“类型”列的值都为 String。表示如果“数据库查询”步骤中字段 manager_staff_id 的值与表 staff 中字段 staff_id 的值相等，则返回表 staff 中字段 first_name 和 last_name 的值。

“数据库查询”窗口配置完成的效果如图 8-76 所示。

在图 8-76 中，单击“确定”按钮保存对当前步骤的配置。

7. 配置“维度查询/更新”步骤

在转换 load_dim_store 的工作区中，双击“维度查询/更新”步骤打开“维度查询/更新”窗口，在该窗口中进行如下配置。

- 在“数据库连接”下拉框选择数据库连接 sakila_dwh_conn。
- 单击“目标表”输入框右边的“浏览”按钮打开“数据库浏览器”窗口，在该窗口中选择维度表 dim_store。

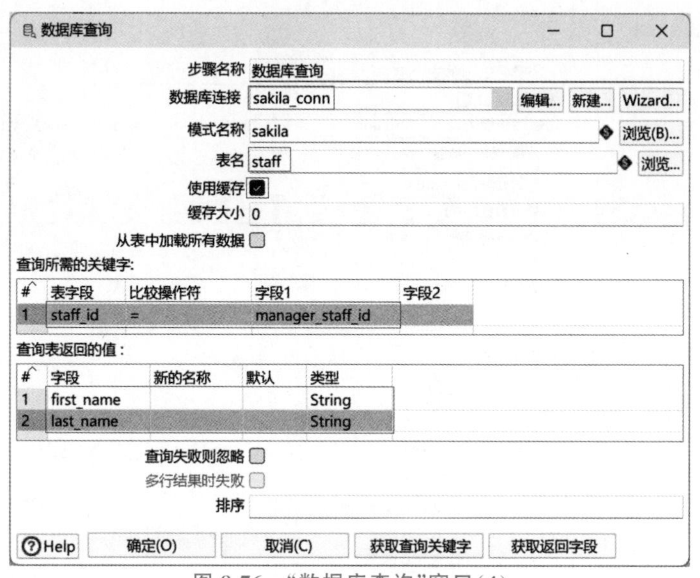

图 8-76 “数据库查询”窗口(4)

- 在“关键字”选项卡中添加一行内容,其中“维字段”列的值为 store_id,“流里的字段”列的值为 store_id。
- 在“代理关键字段”下拉框中选择维度表 dim_store 的代理键 store_key。
- 选中“使用自增字段”单选框。
- 在“Version 字段”下拉框中选择维度表 dim_store 中用于记录商店信息不同版本的字段 store_version_number。
- 在“Stream 日期字段”下拉框中选择表 store 中用于记录最近更新时间的字段 last_update。
- 在“开始日期字段”下拉框中选择维度表 dim_store 中用于记录商店不同版本信息的有效开始时间的字段 store_valid_from。
- 在“截止日期字段”下拉框中选择维度表 dim_store 中用于记录商店不同版本信息的有效结束时间的字段 store_valid_through。

“维度查询/更新”窗口配置完成的效果如图 8-77 所示。

在图 8-77 中,单击“字段”选项卡标签配置向维度表 dim_store 更新或插入的值,如图 8-78 所示。

在“维度查询/更新”窗口中,单击“确定”按钮保存对当前步骤的配置。

8. 运行转换

保存并运行转换 load_dim_store。该转换运行完成后,单击“执行结果”面板中的“日志”选项卡标签查看日志信息,如图 8-79 所示。

从图 8-79 中可以看出,“维度查询/更新”步骤输出了 2 行数据,即向维度表 dim_store 加载了 2 行数据。

9. 查看维度表 dim_store 中的数据

通过 HeidiSQL 查看维度表 dim_store 的数据,如图 8-80 所示。

从图 8-80 中可以看出,维度表 dim_store 已经插入了数据,说明成功实现了向维度表

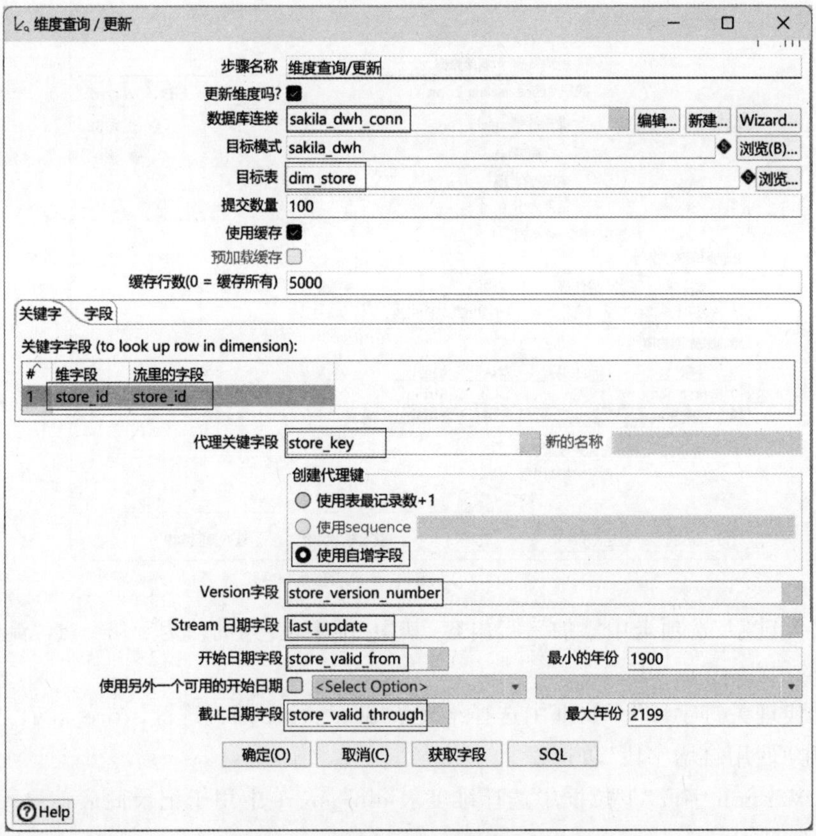

图 8-77 “维度查询/更新”窗口(3)

图 8-78 “字段”选项卡(3)

dim_store 加载数据的操作。

8.3.6 向维度表 dim_actor 加载数据

维度表 dim_actor 记录演员的相关信息来源于数据库 sakila 的表 actor。向维度表 dim_actor 加载数据的实现步骤如下。

1. 创建转换

在 Kettle 的图形化界面中创建转换,指定转换的名称为 load_dim_actor。

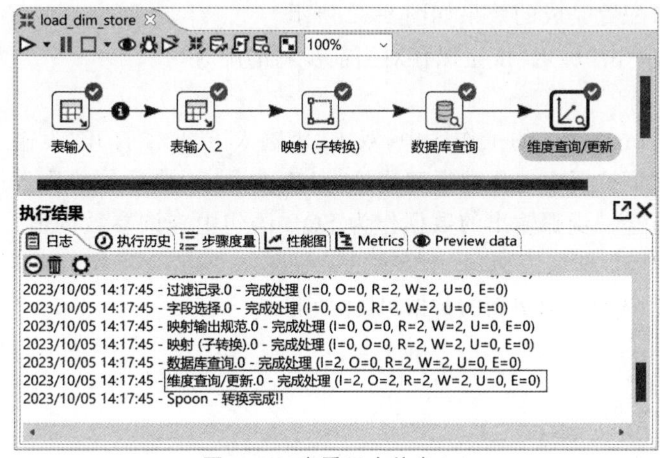

图 8-79　查看日志信息(5)

主机: localhost　数据库: sakila_dwh　表: dim_store　数据　查询*

sakila_dwh.dim_store: 3 总记录数　下一个　显示所有　排序　字段 (15/15)　过滤器

store_key	store_last_update	store_id	store_address	store_district	st
1	1970-01-01 00:00:00	(NULL)	(NULL)	(NULL)	(
2	2006-02-15 04:57:12	1	47 MySakila Drive	Alberta	(
3	2006-02-15 04:57:12	2	28 MySQL Boulevard	QLD	(

28 MySQL Boulevard

图 8-80　查看维度表 dim_store 的数据

2. 添加步骤

在转换 load_dim_actor 的工作区中添加“插入/更新”步骤和两个“表输入”步骤，并将这三个步骤通过跳进行连接，用于实现向维度表 dim_actor 加载数据的功能。转换 load_dim_actor 的工作区如图 8-81 所示。

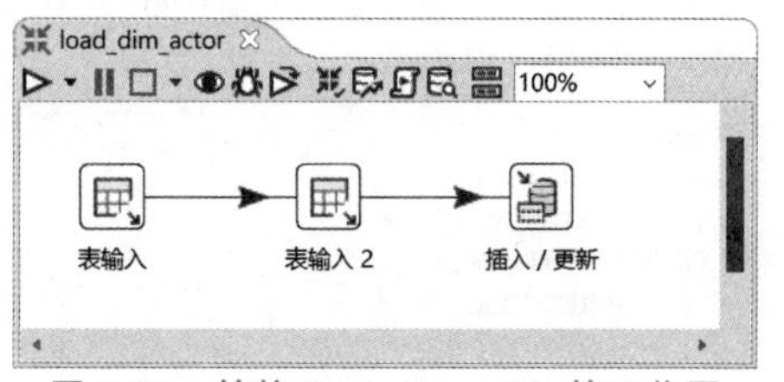

图 8-81　转换 load_dim_actor 的工作区

在图 8-81 中，“表输入”步骤用于查询维度表 dim_actor 获取上次更新的时间，其目的是后续从表 actor 中获取更新的数据。“表输入 2”步骤用于查询表 actor 获取更新的数据。“插入/更新”步骤用于向维度表 dim_actor 加载数据。

3. 配置“表输入”步骤

在转换 load_dim_actor 的工作区中，双击“表输入”步骤打开“表输入”窗口。在该窗口的“数据库连接”下拉框中选择数据库连接 sakila_dwh_conn。然后，在 SQL 文本框中输入 SQL 语句，查询维度表 dim_actor 中字段 actor_last_update 的最大值，从而获取上次更新的时间，具体如下。

```
SELECT
COALESCE(MAX(actor_last_update),"1970-01-01 00:00:00")
max_dim_actor_last_update FROM dim_actor
```

上述 SQL 语句在执行时，会将字段 actor_last_update 的最大值赋值给字段 max_dim_actor_last_update，如果查询的结果为 NULL，那么会将字段 max_dim_actor_last_update 赋值为 1970-01-01 00:00:00。

"表输入"窗口配置完成的效果如图 8-82 所示。

在图 8-82 中,单击"确定"按钮保存对当前步骤的配置。

4. 配置"表输入 2"步骤

在转换 load_dim_actor 的工作区中,双击"表输入 2"步骤打开"表输入"窗口。在该窗口的"数据库连接"下拉框中选择数据库连接 sakila_conn。然后,在"从步骤插入数据"下拉框中选择使用"表输入"步骤输出的数据作为 SQL 语句中查询参数的值。最后,在 SQL 文本框中输入 SQL 语句,查询表 actor 中字段 last_update 的值大于字段 max_dim_actor_last_update 的值的数据,从而获取更新的数据,具体如下。

```
SELECT
  actor_id
, first_name
, last_name
, last_update
FROM actor WHERE last_update > ?
```

上述 SQL 语句中,? 是一个占位符,用于表示查询参数,该参数的值来源于"表输入"步骤输出的字段 max_dim_actor_last_update。

"表输入"窗口配置完成的效果如图 8-83 所示。

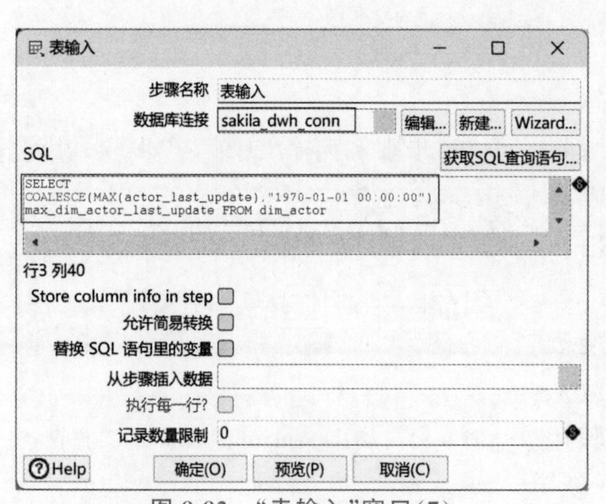

图 8-82　"表输入"窗口(7)

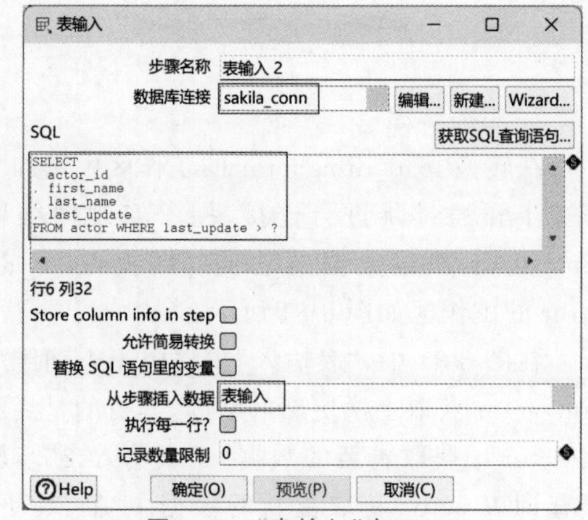

图 8-83　"表输入"窗口(8)

在图 8-83 中,单击"确定"按钮保存对当前步骤的配置。

5. 配置"插入/更新"步骤

在转换 load_dim_actor 的工作区中,双击"插入/更新"步骤打开"插入/更新"窗口,在该窗口中进行如下配置。

- 在"数据库连接"下拉框中选择已共享的数据库连接 sakila_dwh_conn。
- 单击"目标表"输入框右边的"浏览"按钮,在弹出的"数据库浏览器"窗口中选择表 dim_actor。
- 在"用来查询的关键字"部分的"表字段""比较符""流里的字段 1"列分别选择 actor_id、= 和 actor_id,表示比较维度表 dim_actor 和"插入/更新"步骤中字段 actor_id 的值是否相等。若相等,则更新维度表 dim_actor 中相应 actor_id 的行,否则向维度表 dim_actor 插入行数据。

- 在“更新字段”部分手动建立维度表 dim_actor 和“插入/更新”步骤中每个字段的映射关系。

“插入/更新”窗口配置完成的效果如图 8-84 所示。

图 8-84　“插入/更新”窗口(1)

在图 8-84 中，单击“确定”按钮保存对当前步骤的配置。

6. 运行转换

保存并运行转换 load_dim_actor。该转换运行完成后，单击“执行结果”面板中的“日志”选项卡标签查看日志信息，如图 8-85 所示。

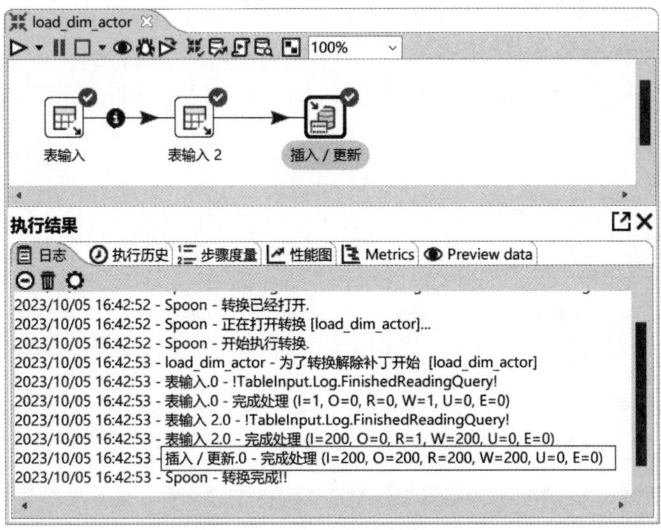

图 8-85　查看日志信息(6)

从图 8-85 中可以看出，“插入/更新”步骤输出了 200 行数据，即向维度表 dim_actor 加载了 200 行数据。

7. 查看维度表 dim_actor 中的数据

通过 HeidiSQL 查看维度表 dim_actor 的数据，如图 8-86 所示。

主机: localhost 数据库: sakila_dwh 表: dim_actor 数据 查询*

sakila_dwh.dim_actor: 200 总记录数 下一个 显示所有 排序 字段 (5/5) 过滤器

actor_key	actor_last_update	actor_last_name	actor_first_name	actor_id
201	2006-02-15 04:34...	GUINESS	PENELOPE	1
202	2006-02-15 04:34...	WAHLBERG	NICK	2
203	2006-02-15 04:34...	CHASE	ED	3
204	2006-02-15 04:34...	DAVIS	JENNIFER	4
205	2006-02-15 04:34...	LOLLOBRIGIDA	JOHNNY	5
206	2006-02-15 04:34...	NICHOLSON	BETTE	6
207	2006-02-15 04:34...	MOSTEL	GRACE	7
208	2006-02-15 04:34...	JOHANSSON	MATTHEW	8
209	2006-02-15 04:34...	SWANK	JOE	9
210	2006-02-15 04:34...	GABLE	CHRISTIAN	10
211	2006-02-15 04:34...	CAGE	ZERO	11

图 8-86 查看维度表 dim_actor 的数据

从图 8-86 中可以看出，维度表 dim_actor 已经插入了数据，说明成功实现了向维度表 dim_actor 加载数据的操作。

8.3.7 向维度表 dim_film 加载数据

维度表 dim_film 记录电影的相关信息来源于数据库 sakila 的表 film、language 和 category。向维度表 dim_film 加载数据的实现步骤如下。

1. 创建转换

在 Kettle 的图形化界面中创建转换，指定转换的名称为 load_dim_film。

2. 添加步骤

在转换 load_dim_film 的工作区中添加“值映射”步骤、“列拆分为多行”步骤、“数据库连接”步骤、“联合查询/更新”步骤、两个“表输入”步骤、三个“数据库查询”步骤、两个“替换 NULL 值”步骤、两个“增加常量”步骤和两个“列转行”步骤，并将这 15 个步骤通过跳进行连接，用于实现向维度表 dim_film 加载数据的功能。转换 load_dim_film 的工作区如图 8-87 所示。

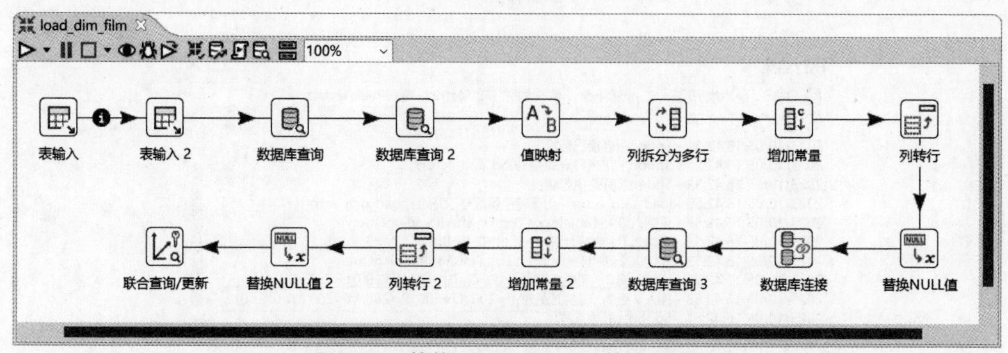

图 8-87 转换 load_dim_film 的工作区

针对转换 load_dim_film 的工作区中添加的步骤进行如下讲解。

- “表输入”步骤用于查询维度表 dim_film 获取上次更新的时间，其目的是后续从表 film 中获取更新的数据。

- “表输入 2”步骤用于查询表 film 获取更新的数据。
- “数据库查询”步骤用于查询表 language 获取电影的语言。
- “数据库查询 2”步骤用于查询表 language 获取电影的原始语言。
- “值映射”步骤用于将电影的级别由英文缩写替换为英文全称。
- “列拆分为多行”步骤用于获取电影相关的每个特点。
- “增加常量”步骤用于增加字段 Yes，便于后续通过该字段的值 Yes 标识电影包含预告片、影评、删减片段或幕后花絮。
- “列转行”步骤用于通过字段 Yes 的值标识电影包含预告片、影评、删减片段或幕后花絮。
- “替换 NULL 值”步骤用于通过字符串 No 标识电影不包含预告片、影评、删减片段或幕后花絮。
- “数据库连接”步骤用于查询表 film_category 获取电影类别的 id，便于后续获取电影的类别信息。
- “数据库查询 3”步骤用于查询表 category 获取电影的类别信息。
- “增加常量 2”步骤用于增加字段 Yes，便于后续通过该字段的值 Yes 标识电影属于哪种类别。
- “列转行 2”步骤用于通过字段 Yes 的值标识电影属于哪种类别。
- “替换 NULL 值 2”步骤用于通过字符串 No 标识电影不属于哪种类型。
- “联合查询/更新”步骤用于向维度表 dim_film 加载数据。

3. 配置“表输入”步骤

在转换 load_dim_film 的工作区中，双击“表输入”步骤打开“表输入”窗口。在该窗口的“数据库连接”下拉框中选择数据库连接 sakila_dwh_conn。然后，在 SQL 文本框中输入 SQL 语句，查询维度表 dim_film 中字段 film_last_update 的最大值，从而获取上次更新的时间，具体如下。

```
SELECT
COALESCE(MAX(film_last_update),"1970-01-01 00:00:00")
max_dim_film_last_update FROM dim_film
```

上述 SQL 语句在执行时，会将字段 film_last_update 的最大值赋值给字段 max_dim_film_last_update，如果查询的结果为 NULL，那么会将字段 max_dim_film_last_update 赋值为 1970-01-01 00:00:00。

“表输入”窗口配置完成的效果如图 8-88 所示。

图 8-88　“表输入”窗口(9)

在图 8-88 中，单击“确定”按钮保存对当前步骤的配置。

4. 配置“表输入 2”步骤

在转换 load_dim_film 的工作区中，双击“表输入 2”步骤打开“表输入”窗口。在该窗口的“数据库连接”下拉框中选择数据库连接 sakila_ conn。然后,在“从步骤插入数据”下拉框中选择使用“表输入”步骤输出的数据作为 SQL 语句中查询参数的值。最后,在 SQL 文本框中输入 SQL 语句,查询表 film 中字段 last_update 的值大于字段 max_dim_film_last_update 的值的数据,从而获取更新的数据,具体如下。

```
SELECT
  film_id
, title
, description
, CAST(release_year AS UNSIGNED) AS release_year
, language_id
, original_language_id
, rental_duration
, rental_rate
, length
, replacement_cost
, rating
, special_features
, last_update
FROM film where last_update > ?
```

上述 SQL 语句中,? 是一个占位符,用于表示查询参数,该参数的值来源于“表输入”步骤输出的字段 max_dim_film_last_update。

“表输入”窗口配置完成的效果如图 8-89 所示。

在图 8-89 中,单击“确定”按钮保存对当前步骤的配置。

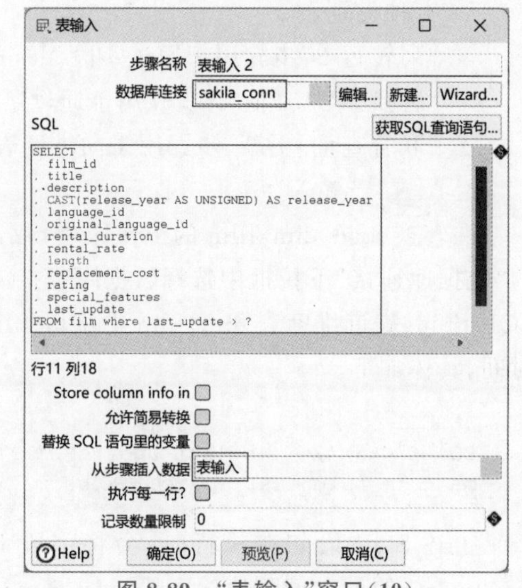

图 8-89　“表输入”窗口(10)

5. 配置“数据库查询”步骤

在转换 load_dim_film 的工作区中,双击“数据库查询”步骤打开“数据库查询”窗口。在该窗口进行如下配置。

- 在“数据库连接”下拉框中选择数据库连接 sakila_conn。
- 单击“表名”输入框右边的“浏览”按钮打开“数据库浏览器”窗口,在该窗口中选择表 language。
- 勾选“使用缓存”复选框使用缓存机制。
- 在“查询所需的关键字”部分添加一行内容,其中“表字段”“比较操作符”“字段 1”列的值分别为 language_id、= 和 language_id。表示比较“数据库查询”步骤中字段 language_id 的值与表 language 中字段 language_id 的值是否相等。
- 在“查询表返回的值”部分添加一行内容,其中“字段”列的值为 name,“新的名称”列的值为 language,“类型”列的值为 String。表示如果“数据库查询”步骤中字段 language_id 的值与表 language 中字段 language_id 的值相等,则返回表 language 中字段 name 的值,并将字段 name 的名称替换为 language。

“数据库查询”窗口配置完成的效果如图 8-90 所示。

在图 8-90 中,单击“确定”按钮保存对当前步骤的配置。

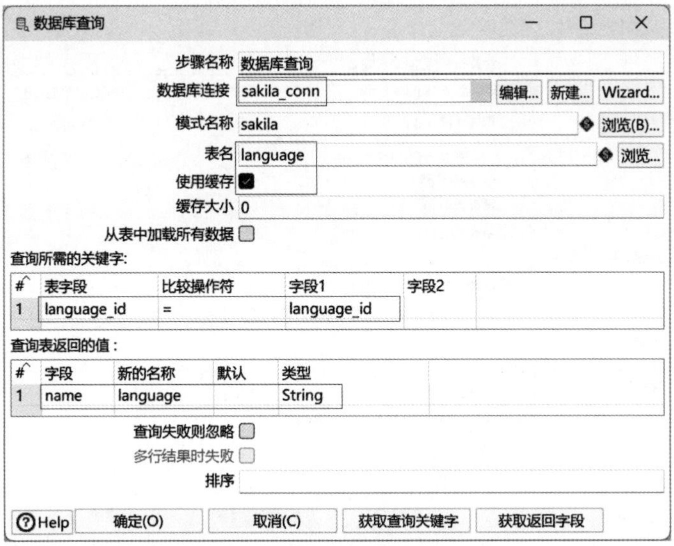

图 8-90　“数据库查询”窗口(5)

6. 配置“数据库查询 2”步骤

在转换 load_dim_film 的工作区中，双击“数据库查询 2”步骤打开“数据库查询”窗口，在该窗口进行如下配置。

- 在“数据库连接”下拉框中选择数据库连接 sakila_conn。
- 单击“表名”输入框右边的“浏览”按钮打开“数据库浏览器”窗口，在该窗口中选择表 language。
- 勾选“使用缓存”复选框使用缓存机制。
- 在“查询所需的关键字”部分添加一行内容，其中“表字段”“比较操作符”“字段 1”列的值分别为 language_id、= 和 original_language_id。表示比较“数据库查询 2”步骤中字段 original_language_id 的值与表 language 中字段 language_id 的值是否相等。
- 在“查询表返回的值”部分添加一行内容，其中“字段”列的值为 name，“新的名称”列的值为 original_language，“默认”列的值为 Not Applicable，“类型”列的值为 String。表示如果“数据库查询 2”步骤中字段 original_language_id 的值与表 language 中字段 language_id 的值相等，则返回表 language 中字段 name 的值，并将字段 name 的名称替换为 original_language。若返回值为 NULL，则使用字符串 Not Applicable 代替。

“数据库查询”窗口配置完成的效果如图 8-91 所示。

在图 8-91 中，单击“确定”按钮保存对“当前”步骤的配置。

7. 配置“值映射”步骤

在转换 load_dim_film 的工作区中，双击“值映射”步骤打开“值映射”窗口，在该窗口进行如下配置。

- 在“使用字段名”下拉框中选择字段 rating。
- 在“目标字段名(空=覆盖)”输入框中填写 rating_text，表示映射的值存储在字段 rating_text 中。
- 在“不匹配时的默认值”输入框中填写 Not Yet Rated。

数据库查询

步骤名称 数据库查询 2

数据库连接 sakila_conn　编辑...　新建...　Wizard...

模式名称 sakila　浏览(B)...

表名 language　浏览...

使用缓存

缓存大小 0

从表中加载所有数据

查询所需的关键字:

#	表字段	比较操作符	字段1	字段2
1	language_id	=	original_language_id	

查询表返回的值:

#	字段	新的名称	默认	类型
1	name	original_language	Not Applicable	String

查询失败则忽略

多行结果时失败

排序

Help　确定(O)　取消(C)　获取查询关键字　获取返回字段

图 8-91　“数据库查询”窗口(6)

- 在“字段值”部分添加 5 行内容,其中第 1 行内容中“源值”“目标值”列的值分别为 G 和 General Audiences,第 2 行内容中“源值”“目标值”列的值分别为 PG 和 Parental Guidance Suggested,第 3 行内容中“源值”“目标值”列的值分别为 PG-13 和 Parents Strongly Cautioned,第 4 行内容中“源值”“目标值”列的值分别为 R 和 Restricted,第 5 行内容中“源值”“目标值”列的值分别为 NC-17 和 No One 17 And Under Admitted。

“值映射”窗口配置完成的效果如图 8-92 所示。

在图 8-92 中,单击“确定”按钮保存对当前步骤的配置。

8. 配置“列拆分为多行”步骤

在转换 load_dim_film 的工作区中,双击“列拆分为多行”步骤打开“列拆分为多行”窗口。在该窗口的“要拆分的字段”输入框中填写 special_features,表示将字段 special_features 的值拆分为多行。然后,将“分隔符”输入框的内容设为英文逗号,表示基于分隔符“,”拆分字段 special_features 的值。最后,在“新字段名”输入框填写 special_feature,表示在字段 special_feature 中存储拆分后的值,如图 8-93 所示。

值映射

步骤名称: 值映射

使用的字段名: rating

目标字段名 (空=覆盖): rating_text

不匹配时的默认值: Not Yet Rated

字段值:

#	源值	目标值
1	G	General Audiences
2	PG	Parental Guidance Suggested
3	PG-13	Parents Strongly Cautioned
4	R	Restricted
5	NC-17	No One 17 And Under Admitted

确定(O)　取消(C)

Help

图 8-92　“值映射”窗口(3)

图 8-93　“列拆分为多行”窗口

在图 8-93 中，单击“确定”按钮保存对当前步骤的配置。

9. 配置“增加常量”步骤

在转换 load_dim_film 的工作区中，双击“增加常量”步骤打开“增加常量”窗口。在该窗口中添加一行内容，其中“名称”列的值为 Yes，“类型”列的值为 String，“值”列的值为 Yes，如图 8-94 所示。

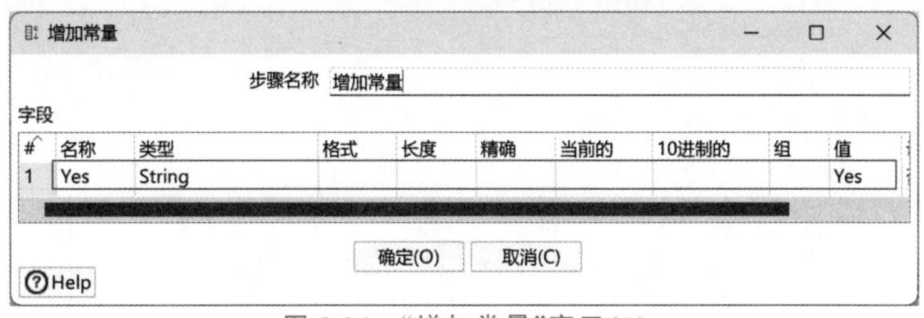

图 8-94　“增加常量”窗口(1)

在图 8-94 中，单击“确定”按钮保存对当前步骤的配置。

10. 配置“列转行”步骤

在转换 load_dim_film 的工作区中，双击“列转行”步骤打开“列转行”窗口。在该窗口中“构成分组的字段”部分的“分组字段”列指定合并到同一行的字段，如图 8-95 所示。

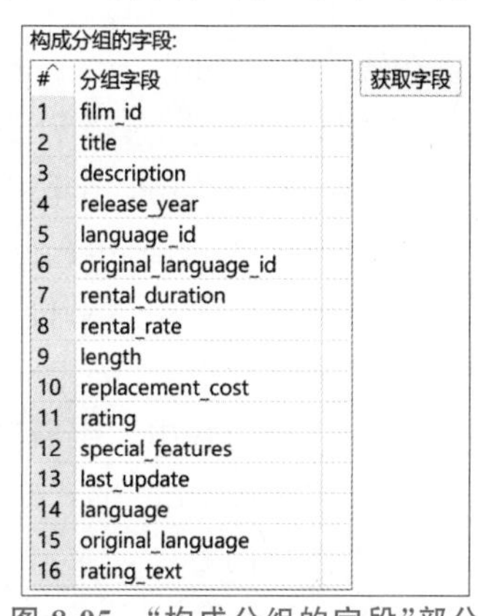

图 8-95　“构成分组的字段”部分

在“列转行”窗口的“关键字段”下拉框中选择根据字段 special_feature 的值为依据，确定新增字段的值。然后，在“目标字段”部分指定每一行新增的字段及字段的值。这里在“目标字段”部分添加 4 行内容，具体如下。

- 第 1 行内容中，“目标字段”“数据字段”“关键字值”“类型”列的值分别为 film_has_trailers、Yes、Trailers 和 String。表示新增字段 film_has_trailers，如果字段 special_feature 的值为 Trailers，则将字段 Yes 的值作为字段 film_has_trailers 的值，否则字段 film_has_trailers 的值为 NULL。
- 第 2 行内容中，“目标字段”“数据字段”“关键字值”“类型”列的值分别为 film_has_commentaries、Yes、Commentaries 和 String。表示新增字段 film_has_commentaries，如果字段 special_feature 的值为 Commentaries，则将字段 Yes 的值作为字段 film_has_commentaries 的值，否则字段 film_has_commentaries 的值为 NULL。
- 第 3 行内容中，“目标字段”“数据字段”“关键字值”“类型”列的值分别为 film_has_deleted_scenes、Yes、Deleted Scenes 和 String。表示新增字段 film_has_deleted_scenes，如果字段 special_feature 的值为 Deleted Scenes，则将字段 Yes 的值作为字段 film_has_deleted_scenes 的值，否则字段 film_has_deleted_scenes 的值为 NULL。
- 第 4 行内容中，“目标字段”“数据字段”“关键字值”“类型”列的值分别为 film_has_behind_the_Scenes、Yes、Behind the Scenes 和 String。表示新增字段 film_has_behind_the_Scenes，如果字段 special_feature 的值为 Behind the Scenes，则将字段

Yes 的值作为字段 film_has_behind_the_Scenes 的值,否则字段 film_has_behind_the_Scenes 的值为 NULL。

“列转行”窗口配置完成的效果如图 8-96 所示。

列转行
步骤名称 列转行
关键字段 special_feature
构成分组的字段:
#	分组字段
1	film_id
2	title
3	description

获取字段
目标字段:
#	目标字段	数据字段	关键字值	类型
1	film_has_trailers	Yes	Trailers	String
2	film_has_commentaries	Yes	Commentaries	String
3	film_has_deleted_scenes	Yes	Deleted Scenes	String
4	film_has_behind_the_Scenes	Yes	Behind the Scenes	String

获取查询字段
Help 确定(O) 取消(C)

图 8-96 “列转行”窗口(1)

在图 8-96 中,单击“确定”按钮保存对当前步骤的配置。

11. 配置“替换 NULL 值”步骤

在转换 load_dim_film 的工作区中,双击“替换 NULL 值”步骤打开“替换 NULL 值”窗口,在该窗口中勾选“选择字段”复选框。然后,在“字段”部分添加 4 行内容,具体如下。

- 第 1 行内容中,“字段”“值替换为”列的值分别为 film_has_trailers 和 No,表示将字段 film_has_trailers 中的 NULL 替换为 No。
- 第 2 行内容中,“字段”“值替换为”列的值分别为 film_has_commentaries 和 No,表示将字段 film_has_commentaries 中的 NULL 替换为 No。
- 第 3 行内容中,“字段”“值替换为”列的值分别为 film_has_deleted_scenes 和 No,表示将字段 film_has_deleted_scenes 中的 NULL 替换为 No。
- 第 4 行内容中,“字段”“值替换为”列的值分别为 film_has_behind_the_Scenes 和 No,表示将字段 film_has_behind_the_Scenes 中的 NULL 替换为 No。

“替换 NULL 值”窗口配置完成的效果如图 8-97 所示。

在图 8-97 中,单击“确定”按钮保存对当前步骤的配置。

12. 配置“数据库连接”步骤

在转换 load_dim_film 的工作区中,双击“数据库连接”步骤打开 Database join 窗口。在该窗口的“数据库连接”下拉框中选择数据库连接 sakila_conn。然后,在 SQL 文本框中输入 SQL 语句,根据输入“数据库连接”步骤中字段 film_id 的值查询表 film_category 中字段 category_id 的值,具体如下。

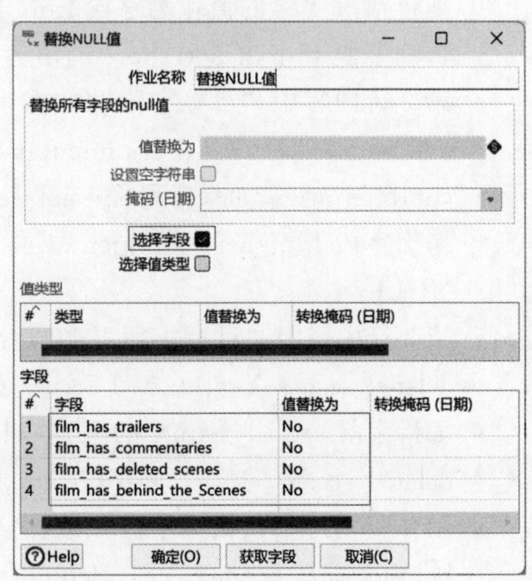

图 8-97 “替换 NULL 值”窗口(1)

```
SELECT category_id FROM film_category WHERE film_id = ?
```

上述 SQL 语句中，? 是一个占位符，用于表示查询参数。

在 Database join 窗口的 The parameters to use 部分添加一行内容，其中 Parameter fieldname 和 Parameter Type 列的内容分别为 film_id 和 Integer，表示将字段 film_id 的值作为查询参数。

Database join 窗口配置完成的效果如图 8-98 所示。

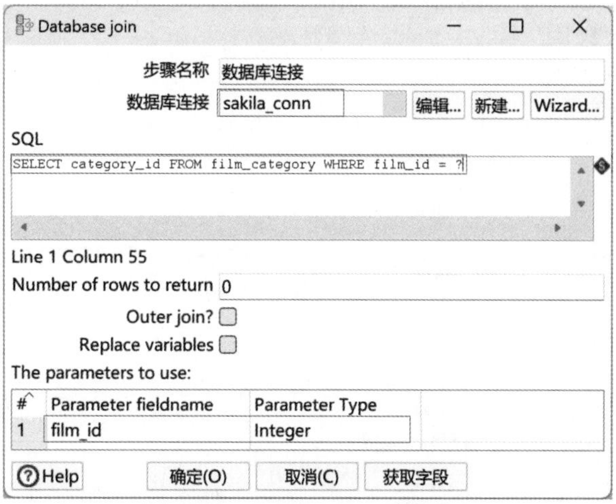

图 8-98　Database join 窗口(1)

在图 8-98 中，单击“确定”按钮保存对当前步骤的配置。

13. 配置“数据库查询 3”步骤

在转换 load_dim_film 的工作区中，双击“数据库查询 3”步骤打开“数据库查询”窗口，在该窗口进行如下配置。

- 在“数据库连接”下拉框中选择数据库连接 sakila_conn。
- 单击“表名”输入框右边的“浏览”按钮打开“数据库浏览器”窗口，在该窗口中选择表 category。
- 勾选“使用缓存”复选框。
- 在“查询所需的关键字”部分添加一行内容，其中“表字段”“比较操作符”“字段 1”列的值分别为 category_id、= 和 category_id。表示比较输入“数据库查询 3”步骤中字段 category_id 的值与表 category 中字段 category_id 的值是否相等。
- 在“查询表返回的值”部分添加一行内容，其中“字段”列的值为 name，“新的名称”列的值为 category，“类型”列的值为 String。表示如果输入“数据库查询 3”步骤中字段 category_id 的值与表 category 中字段 category_id 的值相等，则返回表 category 中字段 name 的值，并将字段 name 的名称替换为 category。

“数据库查询”窗口配置完成的效果如图 8-99 所示。

在图 8-99 中，单击“确定”按钮保存对当前步骤的配置。

14. 配置“增加常量 2”步骤

在转换 load_dim_film 的工作区中，双击“增加常量 2”步骤打开“增加常量”窗口。在该窗口中添加一行内容，其中“名称”列的值为 Yes，“类型”列的值为 String，“值”列的值为

数据库查询

步骤名称 数据库查询 3
数据库连接 sakila_conn 编辑... 新建... Wizard...
模式名称 sakila 浏览(B)...
表名 category 浏览...
使用缓存
缓存大小 0
从表中加载所有数据
查询所需的关键字:

#	表字段	比较操作符	字段1	字段2
1	category_id	=	category_id	

查询表返回的值:

#	字段	新的名称	默认	类型
1	name	category		String

查询失败则忽略
多行结果时失败
排序
Help 确定(O) 取消(C) 获取查询关键字 获取返回字段

图 8-99 “数据库查询”窗口(7)

Yes,如图 8-100 所示。

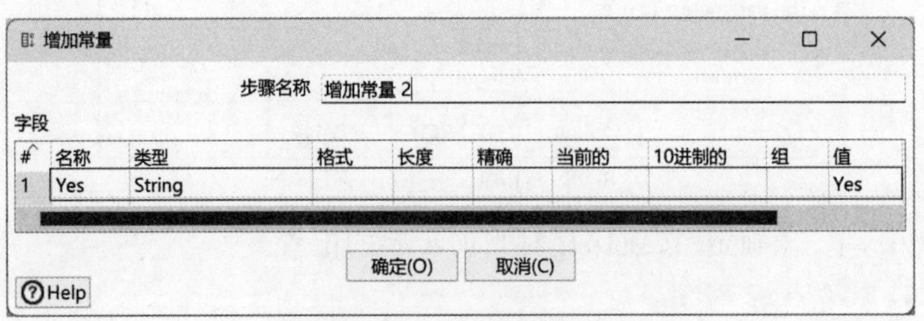

图 8-100 “增加常量”窗口(2)

在图 8-100 中,单击“确定”按钮保存对当前步骤的配置。

15. 配置“列转行 2”步骤

在转换 load_dim_film 的工作区中,双击“列转行 2”步骤打开“列转行”窗口。在该窗口的“分组字段”列填写后续使用的字段,如图 8-101 所示。

在“列转行”窗口的“关键字段”下拉框中选择字段 category,并且在“目标字段”部分添加 16 行内容,如图 8-102 所示。

在图 8-102 中,单击“确定”按钮保存对当前步骤的配置。

16. 配置“替换 NULL 值 2”步骤

在转换 load_dim_film 的工作区中,双击“替换 NULL 值 2”步骤打开“替换 NULL 值”窗口。在该窗口中勾选“选择字段”复选框,并且在“字段”部分添加 16 行内容,如图 8-103 所示。

在图 8-103 中,单击“确定”按钮保存对当前步骤的配置。

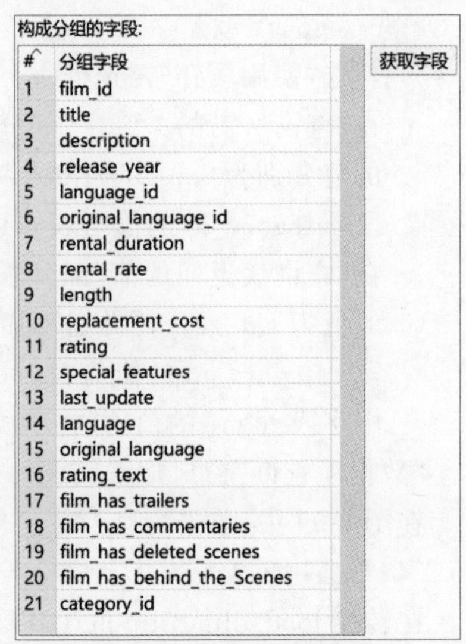

图 8-101 “分组字段”列(2)

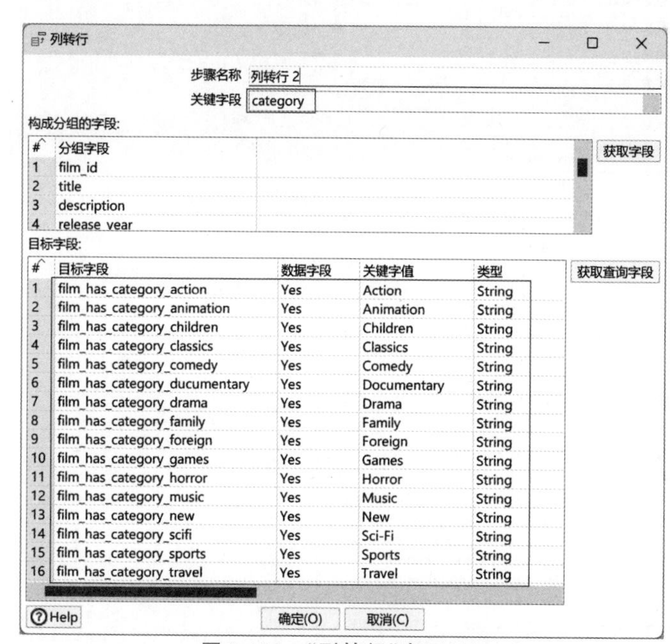

图 8-102　"列转行"窗口(2)

图 8-103　"替换 NULL 值"窗口(2)

17. 配置"联合查询/更新"步骤

在转换 load_dim_film 的工作区中，双击"联合查询/更新"步骤打开"联合查询/更新"窗口，在该窗口中进行如下配置。

- 在"数据库连接"下拉框中选择数据库连接 sakila_dwh_conn。
- 单击"目标表"输入框右边的"浏览"按钮打开"数据库浏览器"窗口，在该窗口中选择维度表 dim_film。
- 在"代理关键字"输入框选择维度表 dim_film 的代理键 film_key。
- 选中"使用自增字段"单选按钮，表示根据数据库的自动增量字段策略为代理键生成值。
- 在"关键字段(在表中查询记录)"部分配置向维度表 dim_film 插入的值。

"联合查询/更新"窗口配置完成的效果如图 8-104 所示。

在图 8-104 中，"维度字段"列用于指定维度表 dim_film 中的字段，"流里的字段"列用于指定"联合查询/更新"步骤中的字段。

在图 8-104 中，单击"确定"按钮保存对当前步骤的配置。

18. 运行转换

保存并运行转换 load_dim_film。该转换运行完成后，单击"执行结果"面板中的"日志"选项卡标签查看日志信息，如图 8-105 所示。

从图 8-105 中可以看出，"联合查询/更新"步骤输出了 1000 行数据，即向维度表 dim_film 加载了 1000 行数据。

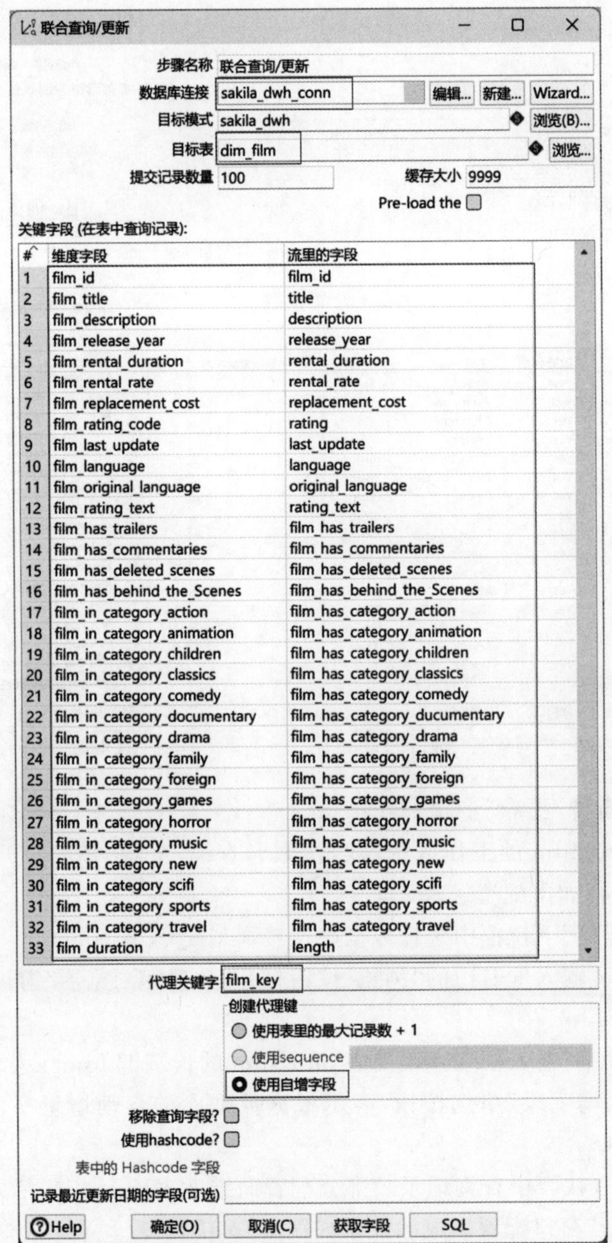

图 8-104 “联合查询/更新”窗口(2)

19. 查看维度表 dim_film 中的数据

通过 HeidiSQL 查看维度表 dim_film 的数据,如图 8-106 所示。

从图 8-106 中可以看出,维度表 dim_film 已经插入了数据,说明成功实现了向维度表 dim_film 加载数据的操作。

8.3.8 向桥接表 dim_film_actor_bridge 加载数据

桥接表 dim_film_actor_bridge 记录电影和演员之间关系的信息来源于数据库 sakila 的表 film_actor。关于向桥接表 dim_film_actor_bridge 加载数据的实现步骤如下。

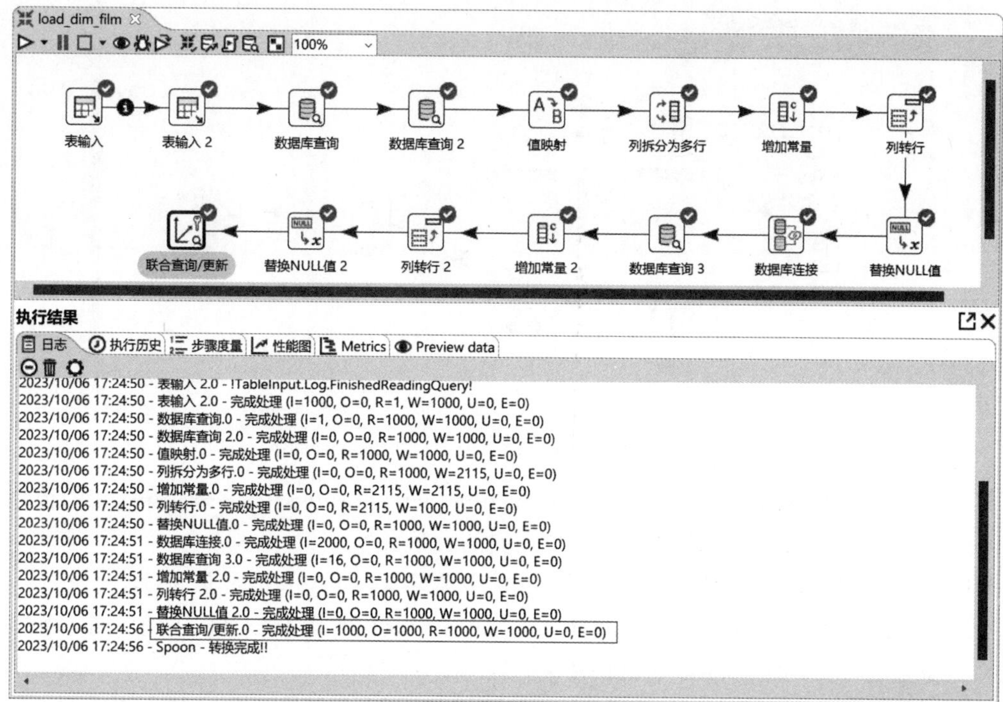

图 8-105　查看日志信息(7)

主机: localhost　数据库: sakila_dwh　表: dim_film　数据　查询*

sakila_dwh.dim_film: 0 总记录数, 限制到 1,000　下一个　显示所有　排序　字段 (34/34)　过滤器

film_key	film_last_update	film_title	film_description	film_release_year	film_language	film
1	2006-02-15 05:03:42	ACADEMY DINOSAUR	A Epic Drama of a Feminist And a Mad S...	2,006	English	
2	2006-02-15 05:03:42	ACE GOLDFINGER	A Astounding Epistle of a Database Admi...	2,006	English	
3	2006-02-15 05:03:42	ADAPTATION HOLES	A Astounding Reflection of a Lumberjack...	2,006	English	
4	2006-02-15 05:03:42	AFFAIR PREJUDICE	A Fanciful Documentary of a Frisbee And...	2,006	English	
5	2006-02-15 05:03:42	AFRICAN EGG	A Fast-Paced Documentary of a Pastry C...	2,006	English	
6	2006-02-15 05:03:42	AGENT TRUMAN	A Intrepid Panorama of a Robot And a B...	2,006	English	
7	2006-02-15 05:03:42	AIRPLANE SIERRA	A Touching Saga of a Hunter And a Butl...	2,006	English	
8	2006-02-15 05:03:42	AIRPORT POLLOCK	A Epic Tale of a Moose And a Girl who m...	2,006	English	
9	2006-02-15 05:03:42	ALABAMA DEVIL	A Thoughtful Panorama of a Database A...	2,006	English	
10	2006-02-15 05:03:42	ALADDIN CALENDAR	A Action-Packed Tale of a Man And a Lu...	2,006	English	
11	2006-02-15 05:03:42	ALAMO VIDEOTAPE	A Boring Epistle of a Butler And a Cat wh...	2,006	English	
12	2006-02-15 05:03:42	ALASKA PHANTOM	A Fanciful Saga of a Hunter And a Pastry...	2,006	English	
13	2006-02-15 05:03:42	ALI FOREVER	A Action-Packed Drama of a Dentist And ...	2,006	English	
14	2006-02-15 05:03:42	ALICE FANTASIA	A Emotional Drama of a A Shark And a D...	2,006	English	
15	2006-02-15 05:03:42	ALIEN CENTER	A Brilliant Drama of a Cat And a Mad Sci...	2,006	English	
16	2006-02-15 05:03:42	ALLEY EVOLUTION	A Fast-Paced Drama of a Robot And a C...	2,006	English	
17	2006-02-15 05:03:42	ALONE TRIP	A Fast-Paced Character Study of a Comp...	2,006	English	
18	2006-02-15 05:03:42	ALTER VICTORY	A Thoughtful Drama of a Composer And ...	2,006	English	

图 8-106　查看维度表 dim_film 的数据

1. 创建转换

在 Kettle 的图形化界面中创建转换,指定转换的名称为 load_dim_film_actor_bridge。

2. 添加步骤

在转换 load_dim_film_actor_bridge 的工作区中添加"表输入""数据库连接""数据库查询""排序记录""分组""计算器""流查询""插入/更新"步骤,并将这 8 个步骤通过跳进行连接,用于实现向桥接表 dim_film_actor_bridge 加载数据的功能。转换 load_dim_film_actor_bridge 的工作区如图 8-107 所示。

针对转换 load_dim_film_actor_bridge 的工作区中添加的步骤进行如下讲解。

- "表输入"步骤用于从维度表 dim_film 获取字段 film_key 和 film_id 的值,其中字段

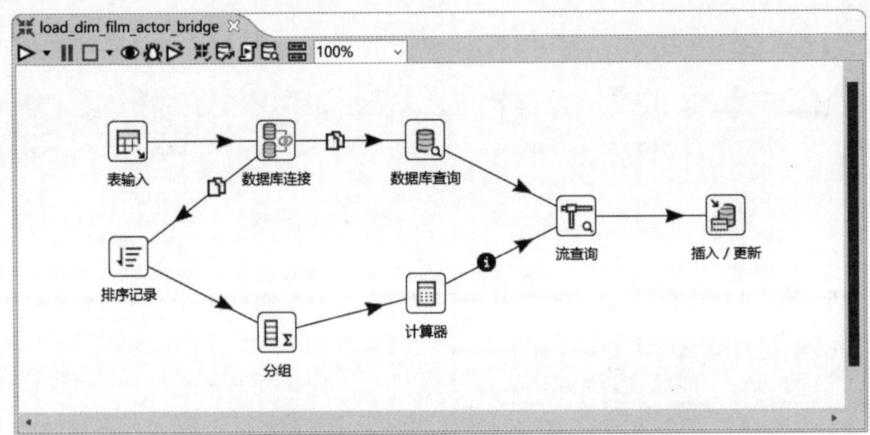

图 8-107 转换 load_dim_film_actor_bridge 的工作区

film_key 的值用于加载到桥接表 dim_film_actor_bridge 中;字段 film_id 的值用于通过表 film_actor 获取电影和演员之间的关系。

- “数据库连接”步骤用于从表 film_actor 中获取字段 actor_id 的值。
- “数据库查询”步骤用于从维度表 dim_actor 中获取字段 film_key 的值,用于加载到桥接表 dim_film_actor_bridge 中。
- “排序”步骤用于根据字段 film_key 的值进行排序,其目的是“分组”步骤能够根据字段 film_key 的值进行分组。
- “分组”步骤用于根据字段 film_key 的值进行分组,并计算电影包含的演员数量。
- “计算器”步骤用于计算演员的权重因子,用来评估一个演员对影片的贡献值。
- “流查询”步骤用于查询演员的权重因子。
- “插入/更新”步骤用于向桥接表 dim_film_actor_bridge 加载数据。

3. 配置“表输入”步骤

在转换 load_dim_film_actor_bridge 的工作区中,双击“表输入”步骤打开“表输入”窗口。在该窗口的“数据库连接”下拉框中选择数据库连接 sakila_dwh_conn。然后,在 SQL 文本框中输入 SQL 语句,查询维度表 dim_film 中字段 film_key 和 film_id 的值,具体如下。

```
SELECT film_id,film_key FROM dim_film
```

“表输入”窗口配置完成的效果如图 8-108 所示。

图 8-108 “表输入”窗口(11)

在图 8-108 中，单击“确定”按钮保存对当前步骤的配置。

4. 配置“数据库连接”步骤

在转换 load_dim_film_actor_bridge 的工作区中，双击“数据库连接”步骤打开 Database join 窗口，在该窗口中进行如下配置。

- 在“数据库连接”下拉框中选择数据库连接 sakila_conn。
- 在 SQL 文本框中输入 SQL 语句，根据输入“数据库连接”步骤中字段 film_id 的值查询表 film_actor 中字段 actor_id 的值，具体如下。

```
SELECT actor_id FROM film_actor WHERE film_id = ?
```

- 在 The parameters to use 部分添加一行内容，其中 Parameter fieldname 和 Parameter Type 列的内容分别为 film_id 和 Integer，表示将字段 film_id 的值作为查询参数。

Database join 窗口配置完成的效果如图 8-109 所示。

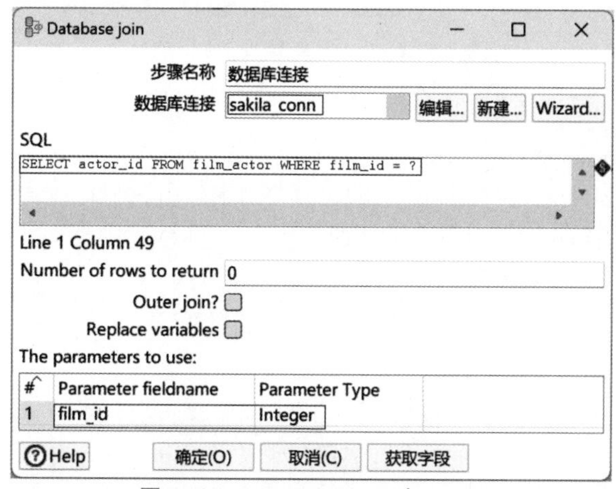

图 8-109　Database join 窗口(2)

在图 8-109 中，单击“确定”按钮保存对当前步骤的配置。

5. 配置“数据库查询”步骤

在转换 load_dim_film_actor_bridge 的工作区中，双击“数据库查询”步骤打开“数据库查询”窗口，在该窗口中进行如下配置。

- 在“数据库连接”下拉框中选择数据库连接 sakila_dwh_conn。
- 单击“表名”输入框右边的“浏览”按钮打开“数据库浏览器”窗口，在该窗口中选择维度表 dim_actor。
- 勾选“使用缓存”复选框使用缓存机制。
- 在“查询所需的关键字”部分添加一行内容，其中“表字段”“比较操作符”“字段 1”列的值分别为 actor_id、= 和 actor_id。表示比较输入到“数据库查询”步骤中字段 actor_id 的值与维度表 dim_actor 中字段 actor_id 的值是否相等。
- 在“查询表返回的值”部分添加一行内容，其中“字段”列的值为 actor_key，“类型”列的值为 Integer。表示如果输入“数据库查询”步骤中字段 actor_id 的值与维度表 dim_actor 中字段 actor_id 的值相等，则返回维度表 dim_actor 中字段 actor_key 的值。

“数据库查询”窗口配置完成的效果如图 8-110 所示。

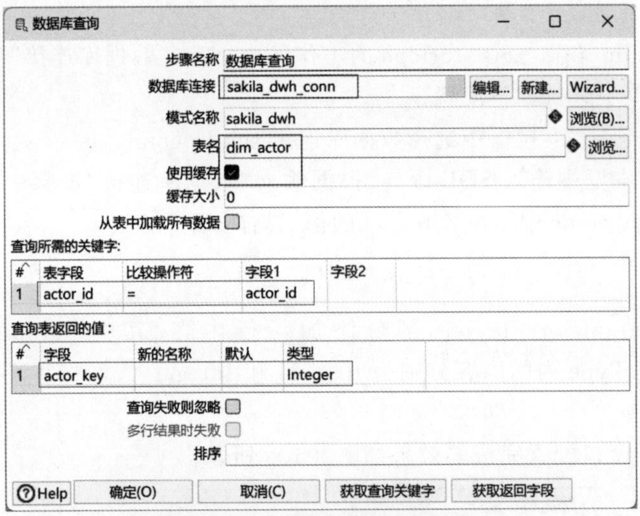

图 8-110 “数据库查询”窗口(8)

在图 8-110 中,单击“确定”按钮保存对当前步骤的配置。

6. 配置“排序记录”步骤

在转换 load_dim_film_actor_bridge 的工作区中,双击“排序记录”步骤打开“排序记录”窗口。在该窗口的“字段名称”“升序”列分别指定 film_key 和“是”,表示根据字段 film_key 的值进行升序排序,如图 8-111 所示。

在图 8-111 中,单击“确定”按钮保存对当前步骤的配置。

7. 配置“分组”步骤

在转换 load_dim_film_actor_bridge 的工作区中,双击“分组”步骤打开“分组”窗口。在该窗口中“构成分组的字段”部分的“分组字段”列填写 film_key,表示根据字段 film_key 的值进行分组。然后,在“聚合”部分添加一行内容,其中“名称”列的值为 count_actors, Subject 列的值为 actor_id,“类型”列的值为“个数”,表示根据每组中字段 actor_id 的值进行求个数的聚合运算,并通过字段 count_actors 记录计算结果,如图 8-112 所示。

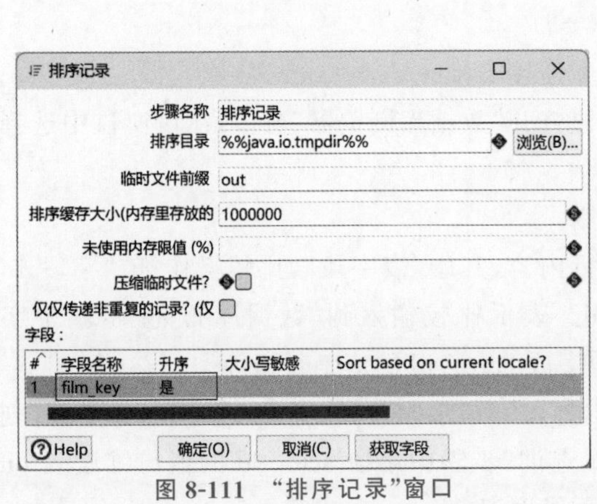

图 8-111 “排序记录”窗口

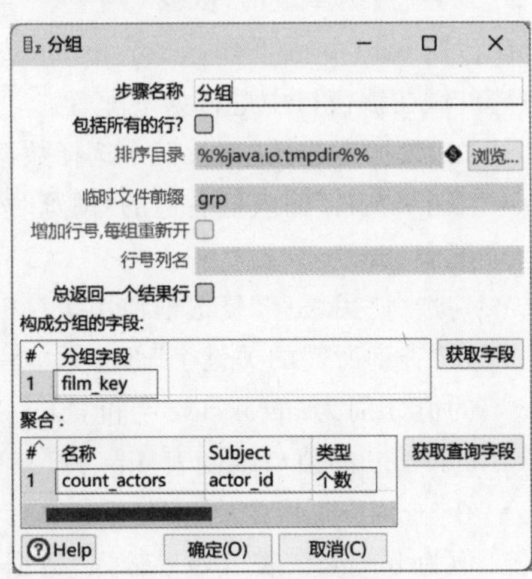

图 8-112 “分组”窗口

在图 8-112 中，单击“确定”按钮保存对当前步骤的配置。

8. 配置“计算器”步骤

在转换 load_dim_film_actor_bridge 的工作区中，双击“计算器”步骤打开“计算器”窗口，在该窗口添加两行内容，如图 8-113 所示。

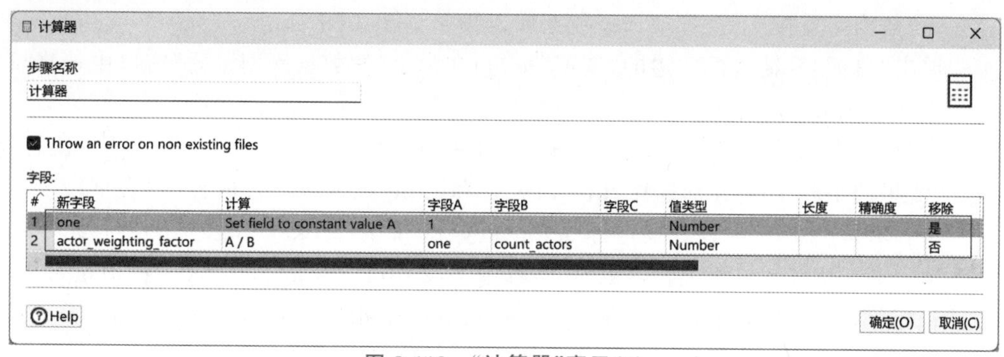

图 8-113　“计算器”窗口(1)

在图 8-113 中，第一行内容表示创建一个具有常量值 1 的字段 one，该字段在“计算器”步骤中被使用后将会移除。第二行内容表示通过字段 one 的值除以字段 count_actors 的值计算演员的权重因子，并通过字段 actor_weighting_factor 记录计算结果。

在图 8-113 中，单击“确定”按钮保存对当前步骤的配置。

9. 配置“流查询”步骤

在转换 load_dim_film_actor_bridge 的工作区中，双击“流查询”步骤打开“流里的值查询”窗口。在该窗口的 Lookup step 下拉框选择使用“计算器”步骤输入的数据进行查询。然后，在“查询值所需的关键字”部分添加一行内容，其中“字段”列的值为 film_key，“查询字段”列的值也为 film_key，表示比较“计算器”“数据库查询”步骤输入的数据中字段 film_key 的值是否相等。最后，在“指定用来接收的字段”部分添加一行内容，其中 Field 列的值为 actor_weighting_factor，“类型”列的值为 Number，表示如果“计算器”“数据库查询”步骤输入的数据中字段 film_key 的值相等，则返回“计算器”步骤中字段 actor_weighting_factor 的值。

“流里的值查询”窗口配置完成的效果如图 8-114 所示。

流里的值查询

步骤名称 流查询

Lookup step 计算器

查询值所需的关键字:

#	字段	查询字段
1	film_key	film_key

指定用来接收的字段:

#	Field	新的名称	默认	类型
1	actor_weighting_factor			Number

保留内存 (消耗CPU)

Key and value are exactly one

Use sorted list (i.s.o. hashtable)

Help　确定(O)　取消(C)　获取字段　获取查找字段

图 8-114　“流里的值查询”窗口

在图 8-114 中,单击"确定"按钮保存对当前步骤的配置。

10. 配置"插入/更新"步骤

在转换 load_dim_film_actor_bridge 的工作区中,双击"插入/更新"步骤打开"插入/更新"窗口,在该窗口中进行如下配置。

- 在"数据库连接"下拉框中选择数据库连接 sakila_dwh_conn。
- 单击"目标表"输入框右边的"浏览"按钮,在弹出的"数据库浏览器"窗口中选择桥接表 dim_film_actor_bridge。
- 在"用来查询的关键字"部分添加两行内容,其中第一行内容的"表字段""比较符""流里的字段 1"列分别选择 film_key、= 和 film_key,第二行内容的"表字段""比较符""流里的字段 1"列分别选择 actor_key、= 和 actor_key。表示比较桥接表 dim_film_actor_bridge 和"插入/更新"步骤中字段 film_key 和 actor_key 的值是否相等。若相等,则更新桥接表 dim_film_actor_bridge 中相应 film_key 和 actor_key 的行,否则向桥接表 dim_film_actor_bridge 插入行数据。
- 在"更新字段"部分手动建立桥接表 dim_film_actor_bridge 和"插入/更新"步骤中每个字段的映射关系。

"插入/更新"窗口配置完成的效果如图 8-115 所示。

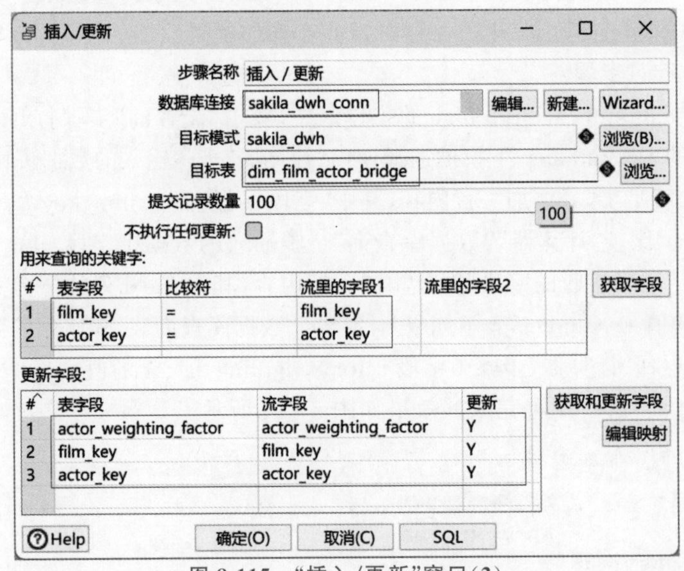

图 8-115 "插入/更新"窗口(2)

在图 8-115 中,单击"确定"按钮保存对当前步骤的配置。

11. 运行转换

保存并运行转换 load_dim_film_actor_bridge,该转换运行完成后,单击"执行结果"面板中的"日志"选项卡标签查看日志信息,如图 8-116 所示。

从图 8-116 中可以看出,"插入/更新"步骤输出了 5462 行数据,即向桥接表 dim_film_actor_bridge 加载了 5462 行数据。

12. 查看桥接表 dim_film_actor_bridge 中的数据

通过 HeidiSQL 查看桥接表 dim_film_actor_bridge 的数据,如图 8-117 所示。

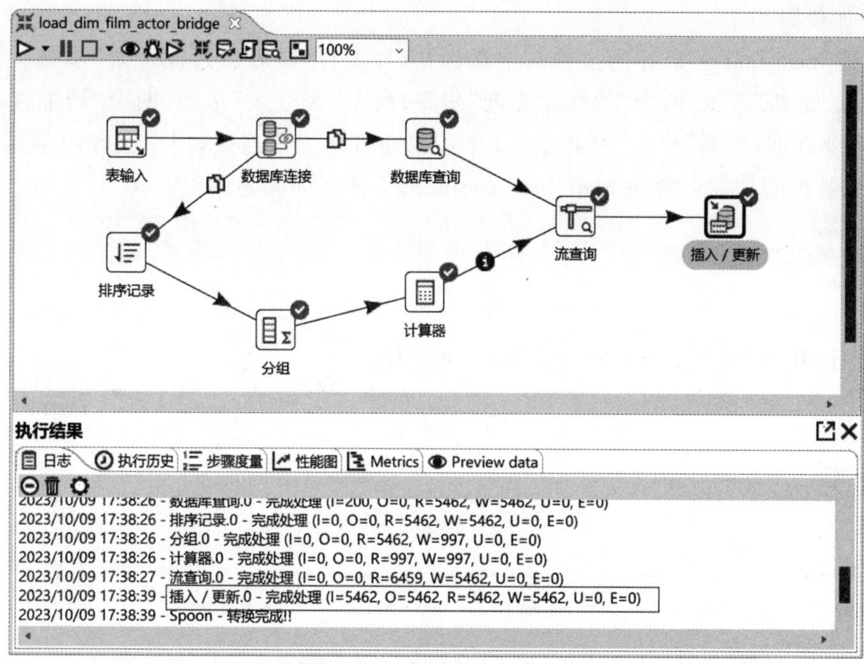

图 8-116　查看日志信息(8)

主机: localhost　数据库: sakila_dwh　表: dim_film_actor_bridge　数据　查询*

sakila_dwh.dim_film_actor_bri　下一个　显示所有　排序　字段 (3/3)　过滤器

film_key	actor_key	actor_weighting_factor
1	201	0.1
1	210	0.1
1	220	0.1
1	230	0.1
1	240	0.1
1	253	0.1
1	308	0.1
1	362	0.1
1	388	0.1
1	398	0.1
2	219	0.25
2	285	0.25
2	290	0.25
2	360	0.25
3	202	0.2

图 8-117　查看桥接表 dim_film_actor_bridge 的数据

从图 8-117 中可以看出，桥接表 dim_film_actor_bridge 已经插入了数据，说明成功实现了向桥接表 dim_film_actor_bridge 加载数据的操作。

8.3.9　向事实表 fact_rental 加载数据

事实表 fact_rental 记录的各维度表相关联的代理键，以及与电影租赁相关的量化数据，来源于数据库 sakila 的表 rental 和 inventory，以及数据仓库 sakila_dwh 的维度表 dim_film、dim_customer、dim_staff 和 dim_store。关于向事实表 fact_rental 加载数据的实现步骤如下。

1. 创建转换

在 Kettle 的图形化界面中创建转换，指定转换的名称为 load_fact_rental。

2. 添加步骤

在转换 load_fact_rental 的工作区中添加"字段选择"步骤、"过滤记录"步骤、"计算器"步骤、"插入/更新"步骤、两个"数据库查询"步骤、两个"表输入"步骤、两个"增加常量"步骤和三个"维度查询/更新"步骤,并将这 13 个步骤通过跳进行连接,用于实现向事实表 fact_rental 加载数据的功能。转换 load_fact_rental 的工作区如图 8-118 所示。

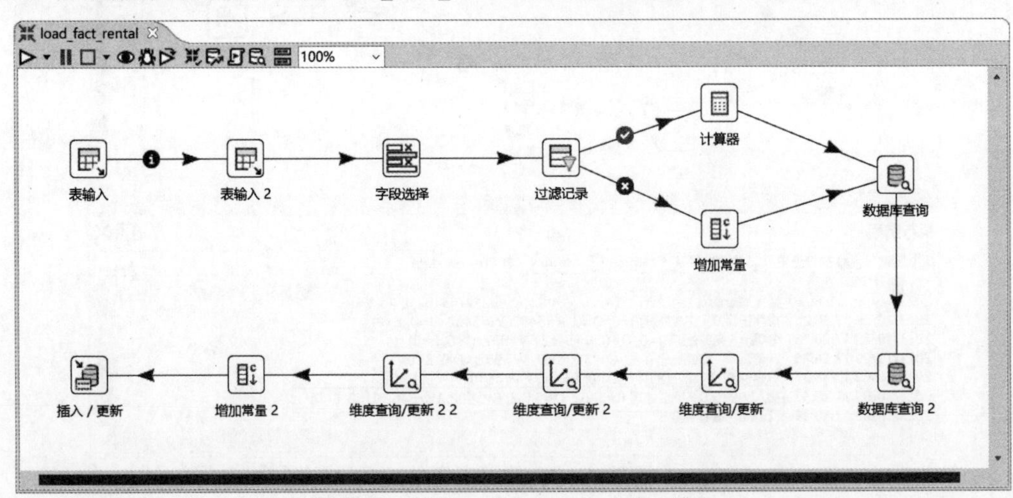

图 8-118　转换 load_fact_rental 的工作区

针对转换 load_fact_rental 的工作区中添加的步骤进行如下讲解。

- "表输入"步骤用于查询事实表 fact_rental 获取上次更新的时间,其目的是后续从表 rental 中获取更新的数据。
- "表输入 2"步骤用于查询表 rental 获取更新的数据。
- "字段选择"步骤用于将表 rental 中记录电影的租赁日期和归还日期转换为事实表 fact_rental 中相关代理键所需的格式。
- "过滤记录"步骤用于过滤归还日期不为 NULL 的行数据。如果归还日期不为 NULL,则将行数据输出到"计算器"步骤计算归还次数和租赁期限;否则将行数据输出到"增加常量"步骤,在该步骤中指定归还次数和租赁期限的值。
- "数据库查询"步骤用于查询表 inventory 获取字段 film_id 和 store_id 的值。
- "数据库查询 2"步骤用于查询维度表 dim_film 获取字段 film_key 的值。
- "维度查询/更新"步骤用于查询维度表 dim_customer 获取字段 customer_key 的值。
- "维度查询/更新 2"步骤用于查询维度表 dim_staff 获取字段 staff_key 的值。
- "维度查询/更新 2 2"步骤用于查询维度表 dim_store 获取字段 store_key 的值。
- "增加常量 2"步骤用于指定租赁次数。
- "插入/更新"步骤用于向事实表 fact_rental 加载数据。

3. 配置"表输入"步骤

在转换 load_fact_rental 的工作区中,双击"表输入"步骤打开"表输入"窗口。在该窗口的"数据库连接"下拉框中选择数据库连接 sakila_dwh_conn。然后,在 SQL 文本框中输入 SQL 语句,查询事实表 fact_rental 中字段 rental_last_update 的最大值,从而获取上次更新的时间，具体如下。

```
SELECT COALESCE(MAX(rental_last_update),'1970-01-01 00:00:00')
AS max_fact_rental_last_update
FROM fact_rental
```

上述 SQL 语句在执行时，会将字段 rental_last_update 的最大值赋值给字段 max_fact_rental_last_update，如果查询的结果为 NULL，那么会将字段 max_fact_rental_last_update 赋值为 1970-01-01 00:00:00。

"表输入"窗口配置完成的效果如图 8-119 所示。

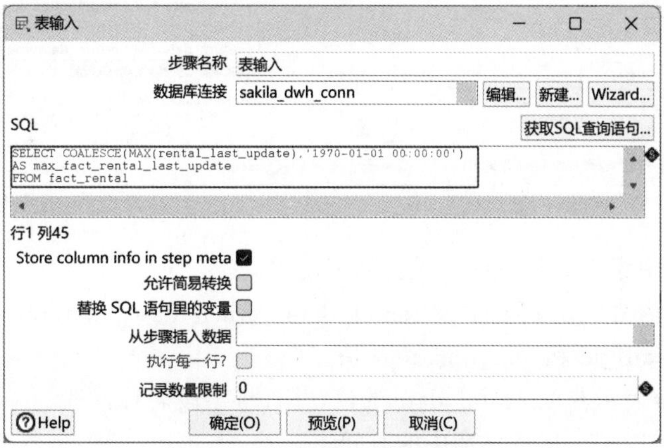

表输入
步骤名称 表输入
数据库连接 sakila_dwh_conn 编辑... 新建... Wizard...
SQL 获取SQL查询语句...

```
SELECT COALESCE(MAX(rental_last_update),'1970-01-01 00:00:00')
AS max_fact_rental_last_update
FROM fact_rental
```

行1 列45
Store column info in step meta
允许简易转换
替换 SQL 语句里的变量
从步骤插入数据
执行每一行?
记录数量限制 0
Help 确定(O) 预览(P) 取消(C)

图 8-119　"表输入"窗口(12)

在图 8-119 中，单击"确定"按钮保存对当前步骤的配置。

4. 配置"表输入 2"步骤

在转换 load_fact_rental 的工作区中，双击"表输入 2"步骤打开"表输入"窗口。在该窗口的"数据库连接"下拉框中选择数据库连接 sakila_conn。然后，在"从步骤插入数据"下拉框中选择使用"表输入"步骤输出的数据作为 SQL 语句中查询参数的值。最后，在 SQL 文本框中输入 SQL 语句，查询表 rental 中字段 last_update 的值大于字段 max_fact_rental_last_update 的值的数据，从而获取更新的数据，具体如下。

```
SELECT
  rental_id
, rental_date
, inventory_id
, customer_id
, return_date
, staff_id
, last_update
FROM rental WHERE last_update > ?
```

"表输入"窗口配置完成的效果如图 8-120 所示。

在图 8-120 中，单击"确定"按钮保存对当前步骤的配置。

5. 配置"字段选择"步骤

在转换 load_fact_rental 的工作区中，双击"字段选择"步骤打开"选择/改名值"窗口，在该窗口中添加 11 行内容，如图 8-121 所示。

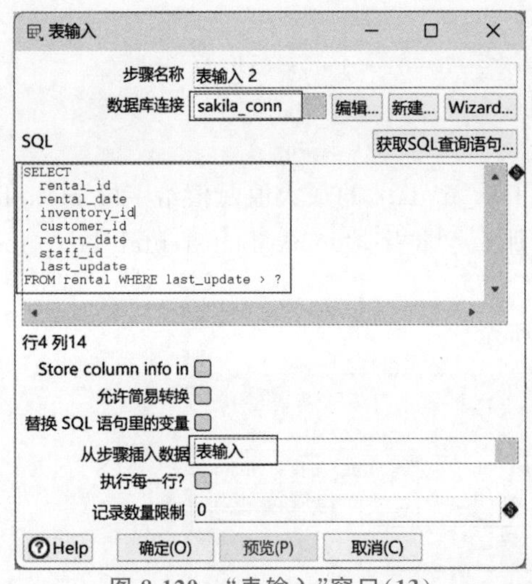

图 8-120　“表输入”窗口(13)

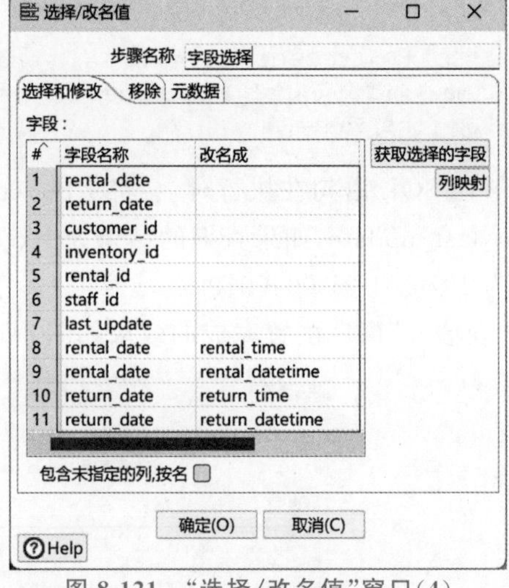

图 8-121　“选择/改名值”窗口(4)

针对图 8-121 中添加的每行内容进行如下说明。

- 第 1～7 行内容表示获取字段 rental_date、return_date、customer_id、inventory_id、rental_id、staff_id 和 last_update 的值。
- 第 8 行内容表示获取 rental_date 的值,并且将字段名称修改为 rental_time,其目的是通过该字段记录租赁日期中的时间。
- 第 9 行内容表示获取 rental_date 的值,并且将字段名称修改为 rental_datetime,其目的是通过该字段记录租赁日期。
- 第 10 行内容表示获取 return_date 的值,并且将字段名称修改为 return_time,其目的是通过该字段记录归还日期中的时间。
- 第 11 行内容表示获取 return_date 的值,并且将字段名称修改为 return_datetime,其目的是通过该字段记录归还日期。

在图 8-121 中,单击“元数据”选项卡标签,在该选项卡中添加 4 行内容,如图 8-122 所示。

图 8-122　“元数据”选项卡

针对图 8-122 中添加的每行内容进行如下说明。

- 第 1 行内容表示将字段 rental_date 重命名为 rental_date_key,并且将该字段的值格式化为 yyyyMMdd 格式的日期。

- 第 2 行内容表示将字段 rental_time 重命名为 rental_time_key，并且将该字段的值格式化为 HHmmss 格式的时间。
- 第 3 行内容表示将字段 return_date 重命名为 return_date_key，并且将该字段的值格式化为 yyyyMMdd 格式的日期。
- 第 4 行内容表示将字段 return_time 重命名为 return_time_key，并且将该字段的值格式化为 HHmmss 格式的时间。

在图 8-122 中，单击“确定”按钮保存对当前步骤的配置。

6. 配置“过滤记录”步骤

在转换 load_fact_rental 的工作区中，双击“过滤记录”步骤打开“过滤记录”窗口，在该窗口指定条件为判断字段 return_datetime 的值是否不为 NULL，如图 8-123 所示。

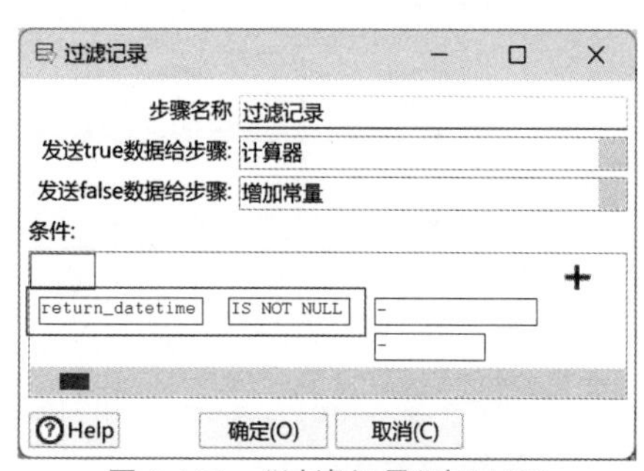

图 8-123　“过滤记录”窗口(2)

在图 8-123 中，单击“确定”按钮保存对当前步骤的配置。

7. 配置“计算器”步骤

在转换 load_fact_rental 的工作区中，双击“计算器”步骤打开“计算器”窗口，在该窗口添加 5 行内容，如图 8-124 所示。

计算器

步骤名称

计算器

Throw an error on non existing files

字段:

#	新字段	计算	字段A	字段B	字段C	值类型	长度	精确度	移除
1	milisecs	Set field to constant value A	1000			Integer			是
2	rental_duration_milisecs	A - B	return_datetime	rental_datetime		Integer			是
3	rental_duration	A / B	rental_duration_milisecs	milisecs		Integer			否
4	count_returns	Set field to constant value A	1			Integer			否
5	return_date_key1	Create a copy of field A	return_date_key			Integer			否

Help　确定(O)　取消(C)

图 8-124　“计算器”窗口(2)

针对图 8-124 中添加的每行内容进行如下说明。

- 第 1 行内容表示创建一个具有常量值 1000 的字段 milisecs，该字段在“计算器”步骤中被使用后将会移除。
- 第 2 行内容表示通过从字段 return_datetime 的值中减去字段 rental_datetime 的值计算租赁期限，并通过字段 rental_duration_milisecs 记录计算结果，该字段在“计算器”步骤中被使用后将会移除。
- 第 3 行内容表示通过字段 rental_duration_milisecs 的值除以字段 milisecs 的值，将字段 rental_duration_milisecs 记录的租赁期限从毫秒转换为秒，并通过字段 rental_duration 记录转换结果。
- 第 4 行内容表示创建一个具有常量值 1 的字段 count_returns。

- 第5行内容表示创建一个与字段 rental_date_key 的值相同的字段 return_date_key1。

在图 8-124 中,单击“确定”按钮保存对当前步骤的配置。

8. 配置“增加常量”步骤

在转换 load_fact_rental 的工作区中,双击“增加常量”步骤打开“增加常量”窗口,在该窗口中添加3行内容,如图 8-125 所示。

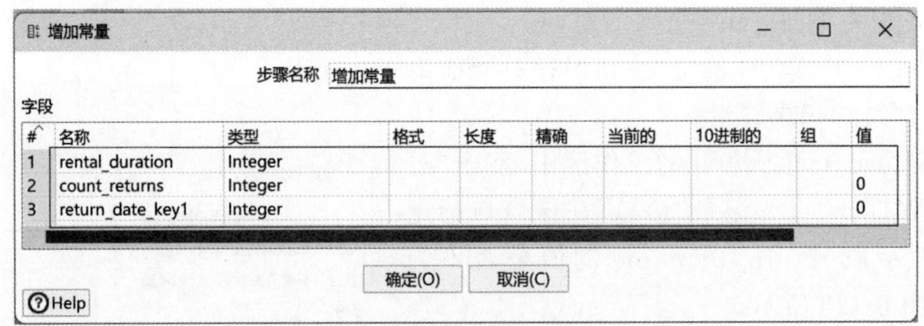

图 8-125 “增加常量”窗口(3)

在图 8-125 中,第1行内容表示添加字段 rental_duration,并且指定值为空。第2行内容表示添加字段 count_returns,并且指定值为0。第3行内容表示添加字段 return_date_key1,并且指定值为0。

在图 8-125 中,单击“确定”按钮保存对当前步骤的配置。

9. 配置“数据库查询”步骤

在转换 load_fact_rental 的工作区中,双击“数据库查询”步骤打开“数据库查询”窗口,在该窗口中进行如下配置。

- 在“数据库连接”下拉框中选择数据库连接 sakila_conn。
- 单击“表名”输入框右边的“浏览”按钮打开“数据库浏览器”窗口,在该窗口中选择维度表 inventory。
- 勾选“使用缓存”复选框使用缓存机制。
- 在“查询所需的关键字”部分添加一行内容,其中“表字段”“比较操作符”“字段1”列的值分别为 inventory_id、=和 inventory_id。表示比较输入“数据库查询”步骤中字段 inventory_id 的值与表 inventory 中字段 inventory_id 的值是否相等。
- 在“查询表返回的值”部分添加两行内容。其中第一行内容中,“字段”列的值为 film_id,“类型”列的值为 Integer;第二行内容中,“字段”列的值为 store_id,“类型”列的值也为 Integer。表示如果输入“数据库查询”步骤中字段 inventory_id 的值与表 inventory 中字段 inventory_id 的值相等,则返回表 inventory 字段 film_id 和 store_id 的值。

“数据库查询”窗口配置完成的效果如图 8-126 所示。

在图 8-126 中,单击“确定”按钮保存对当前步骤的配置。

10. 配置“数据库查询2”步骤

在转换 load_fact_rental 的工作区中,双击“数据库查询2”步骤打开“数据库查询”窗口,在该窗口中进行如下配置。

- 在“数据库连接”下拉框中选择数据库连接 sakila_dwh_conn。

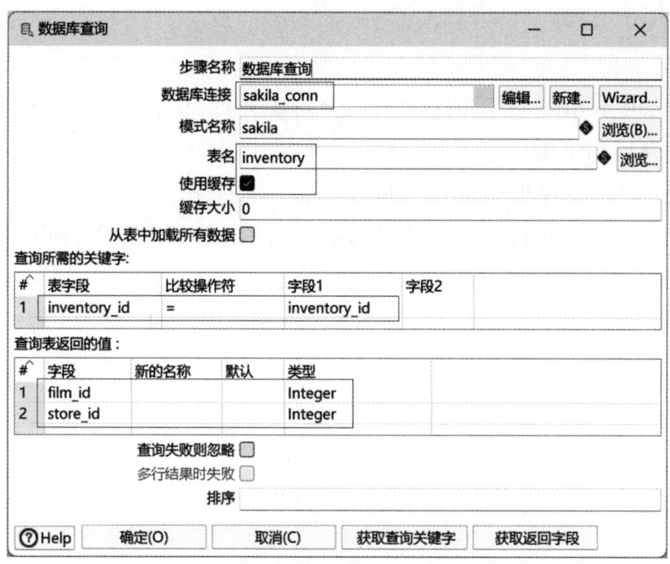

图 8-126　"数据库查询"窗口(9)

- 单击"表名"输入框右边的"浏览"按钮打开"数据库浏览器"窗口，在该窗口中选择维度表 dim_film。
- 勾选"使用缓存"复选框使用缓存机制。
- 在"查询所需的关键字"部分添加一行内容，其中"表字段""比较操作符""字段 1"列的值分别为 film_id、=和 film_id。表示比较输入"数据库查询 2"步骤中字段 film_id 的值与表 dim_film 中字段 film_id 的值是否相等。
- 在"查询表返回的值"部分添加一行内容，其中"字段"列的值为 film_key，"类型"列的值为 Integer。表示如果输入"数据库查询 2"步骤中字段 film_id 的值与表 dim_film 中字段 film_id 的值相等，则返回表 dim_film 中字段 film_key 的值。

"数据库查询"窗口配置完成的效果如图 8-127 所示。

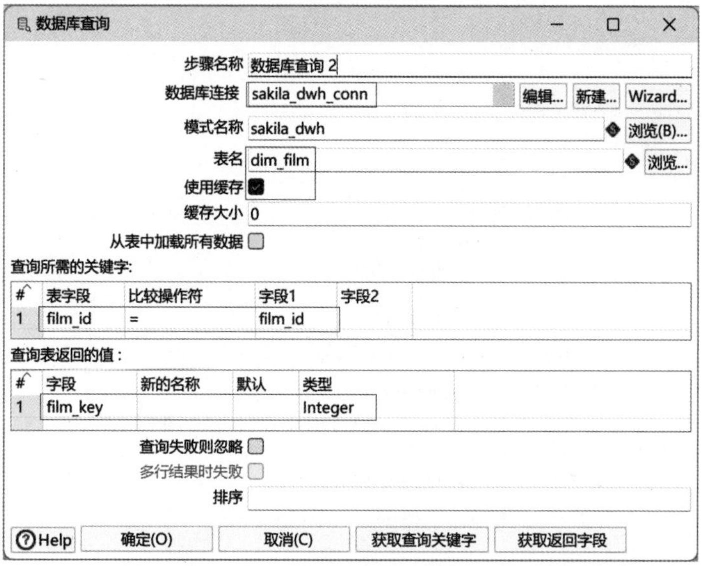

图 8-127　"数据库查询"窗口(10)

在图 8-127 中,单击“确定”按钮保存对当前步骤的配置。

11. 配置“维度查询/更新”步骤

在转换 load_fact_rental 的工作区中,双击“维度查询/更新”步骤打开“维度查询/更新”窗口,在该窗口中进行如下配置。

- 在“数据库连接”下拉框中选择数据库连接 sakila_dwh_conn。
- 单击“目标表”输入框右边的“浏览”按钮打开“数据库浏览器”窗口,在该窗口中选择维度表 dim_customer。
- 在“关键字”选项卡中添加一行内容,其中“维字段”列的值为 customer_id,“流里的字段”列的值为 customer_id。
- 在“代理关键字段”下拉框中选择维度表 dim_customer 的代理键 customer_key。
- 选中“使用自增字段”单选框。
- 在“Version 字段”下拉框中选择维度表 dim_customer 中用于记录顾客信息不同版本的字段 customer_version_number。
- 在“Stream 日期字段”下拉框中选择记录租赁日期的字段 rental_datetime。
- 在“开始日期字段”下拉框中选择维度表 dim_customer 中用于记录顾客不同版本信息有效开始时间的字段 customer_valid_from。
- 在“截止日期字段”下拉框中选择维度表 dim_customer 中用于记录顾客不同版本信息的有效结束时间的字段 customer_valid_through。

“维度查询/更新”窗口配置完成的效果如图 8-128 所示。

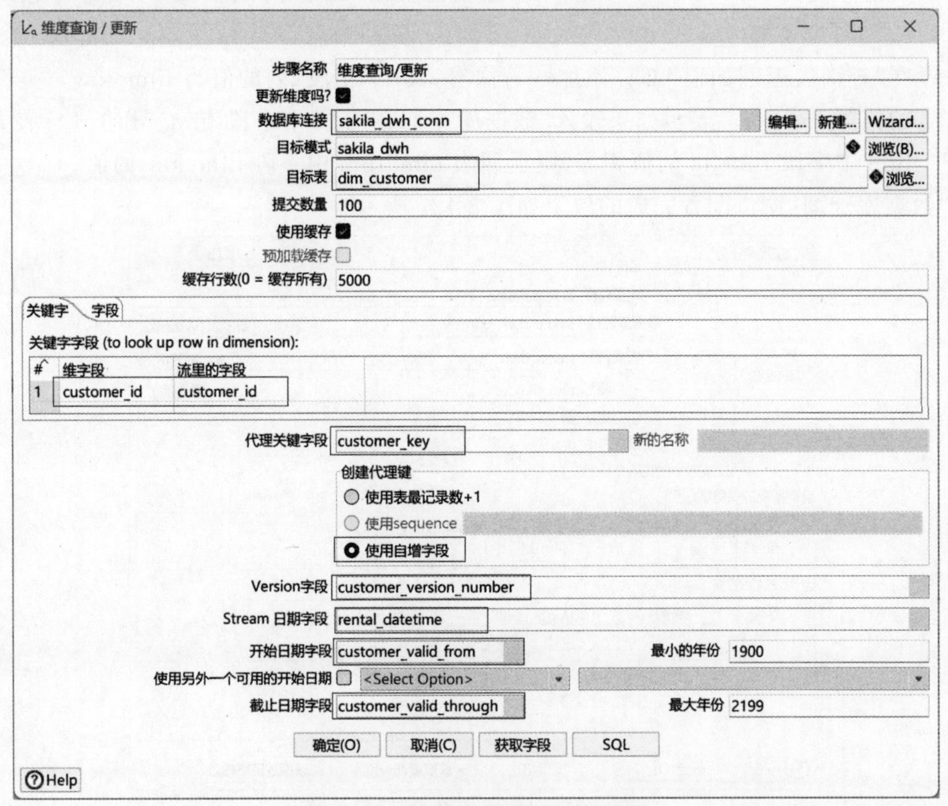

图 8-128 “维度查询/更新”窗口(4)

在图 8-128 中，单击“确定”按钮保存对当前步骤的配置。

12. 配置“维度查询/更新 2”步骤

在转换 load_fact_rental 的工作区中，双击“维度查询/更新 2”步骤打开“维度查询/更新”窗口，在该窗口中进行如下配置。

- 在“数据库连接”下拉框中选择数据库连接 sakila_dwh_conn。
- 单击“目标表”输入框右边的“浏览”按钮打开“数据库浏览器”窗口，在该窗口中选择维度表 dim_staff。
- 在“关键字”选项卡中添加一行内容，其中“维字段”列的值为 staff_id，“流里的字段”列的值为 staff_id。
- 在“代理关键字段”下拉框中选择维度表 dim_staff 的代理键 staff_key。
- 选中“使用自增字段”单选框。
- 在“Version 字段”下拉框中选择维度表 dim_staff 中用于记录员工信息不同版本的字段 staff_version_number。
- 在“Stream 日期字段”下拉框中选择记录租赁日期的字段 rental_datetime。
- 在“开始日期字段”下拉框中选择维度表 dim_staff 中用于记录员工不同版本信息有效开始时间的字段 staff_valid_from。
- 在“截止日期字段”下拉框中选择维度表 dim_staff 中用于记录员工不同版本信息有效结束时间的字段 staff_valid_through。

“维度查询/更新”窗口配置完成的效果如图 8-129 所示。

图 8-129　“维度查询/更新”窗口(5)

在图 8-129 中,单击“确定”按钮保存对当前步骤的配置。

13. 配置“维度查询/更新 2 2”步骤

在转换 load_fact_rental 的工作区中,双击“维度查询/更新 2 2”步骤打开“维度查询/更新”窗口,在该窗口中进行如下配置。

- 在“数据库连接”下拉框中选择数据库连接 sakila_dwh_conn。
- 单击“目标表”输入框右边的“浏览”按钮打开“数据库浏览器”窗口,在该窗口中选择维度表 dim_store。
- 在“关键字”选项卡添加一行内容,其中“维字段”列的值为 store_id,“流里的字段”列的值为 store_id。
- 在“代理关键字段”下拉框中选择维度表 dim_store 的代理键 store_key。
- 选中“使用自增字段”单选框。
- 在“Version 字段”下拉框中选择维度表 dim_store 中用于记录商店信息不同版本的字段 store_version_number。
- 在“Stream 日期字段”下拉框中选择记录租赁日期的字段 rental_datetime。
- 在“开始日期字段”下拉框中选择维度表 dim_store 中用于记录商店不同版本信息的有效开始时间的字段 store_valid_from。
- 在“截止日期字段”下拉框中选择维度表 dim_store 中用于记录商店不同版本信息的有效结束时间的字段 store_valid_through。

“维度查询/更新”窗口配置完成的效果如图 8-130 所示。

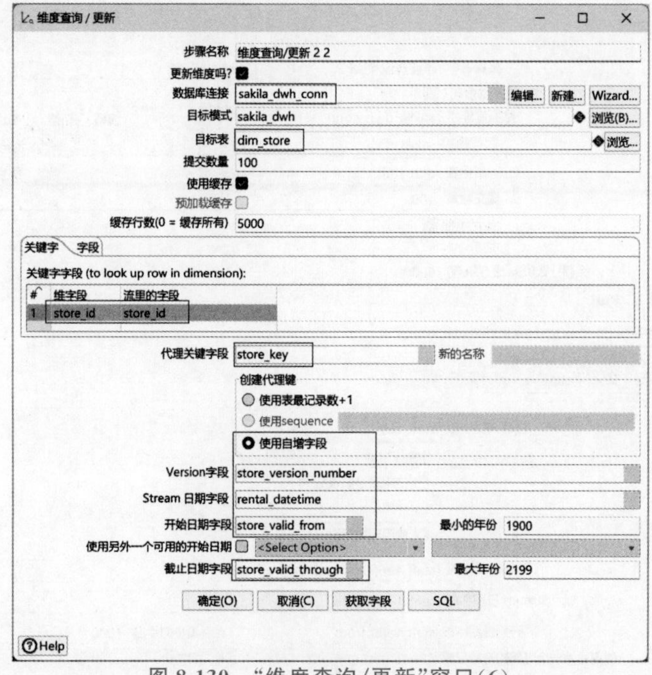

图 8-130 “维度查询/更新”窗口(6)

在图 8-130 中,单击“确定”按钮保存对当前步骤的配置。

14. 配置“增加常量 2”步骤

在转换 load_fact_rental 的工作区中,双击“增加常量 2”步骤打开“增加常量”窗口,在该窗口中添加一行内容，如图 8-131 所示。

增加常量

步骤名称 增加常量 2

字段

#	名称	类型	格式	长度	精确	当前的	10进制的	组	值
1	count_rentals	Integer							1

确定(O)　取消(C)　Help

图 8-131　“增加常量”窗口(4)

在图 8-131 中，添加的内容表示添加字段 count_rentals，并且指定默认值为 1。在图 8-131 中，单击“确定”按钮保存对当前步骤的配置。

15. 配置“插入/更新”步骤

在转换 load_fact_rental 的工作区中，双击“插入/更新”步骤打开“插入/更新”窗口，在该窗口中进行如下配置。

- 在“数据库连接”下拉框中选择已共享的数据库连接 sakila_dwh_conn。
- 单击“目标表”输入框右边的“浏览”按钮，在弹出的“数据库浏览器”窗口中选择事实表 fact_rental。
- 在“用来查询的关键字”部分添加一行内容，其中“表字段”“比较符”“流里的字段 1”列分别选择 rental_id、= 和 rental_id。表示比较事实表 fact_rental 和“插入/更新”步骤中字段 rental_id 的值是否相等。若相等，则更新事实表 fact_rental 中相应 rental_id 的行，否则向事实表 fact_rental 插入行数据。
- 在“更新字段”部分手动建立事实表 fact_rental 和“插入/更新”步骤中每个字段的映射关系。

“插入/更新”窗口配置完成的效果如图 8-132 所示。

图 8-132　“插入/更新”窗口(3)

在图 8-132 中,单击“确定”按钮保存对当前步骤的配置。

16. 运行转换

保存并运行转换 load_fact_rental。该转换运行完成后,单击“执行结果”面板中的“日志”选项卡标签查看日志信息,如图 8-133 所示。

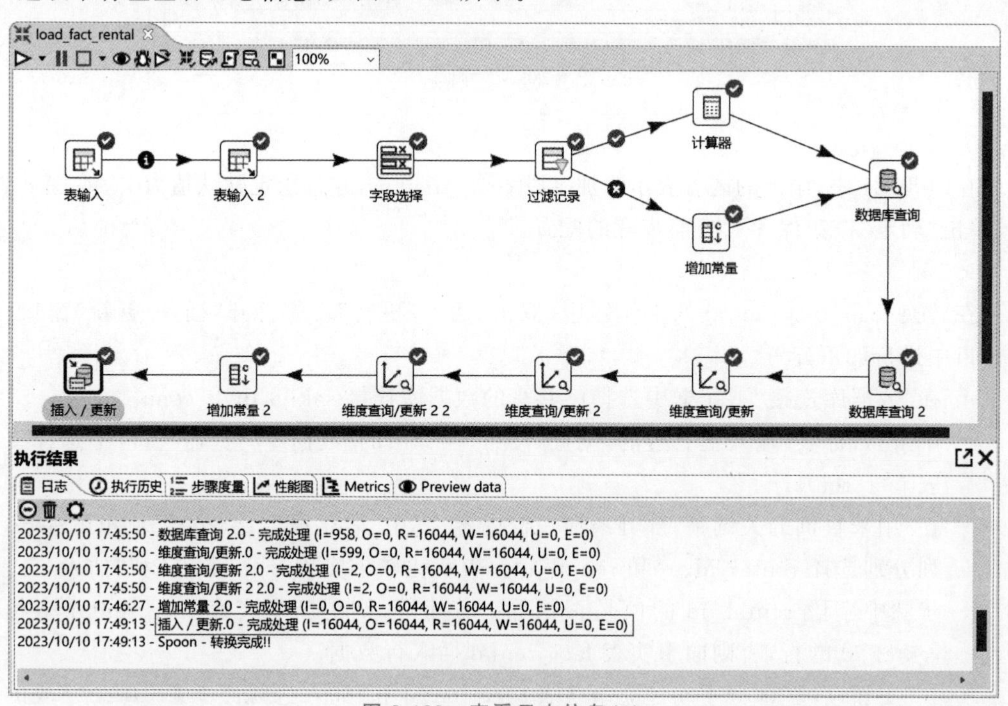

图 8-133 查看日志信息(9)

从图 8-133 中可以看出,“插入/更新”步骤输出了 16044 行数据,即向事实表 fact_rental 加载了 16044 行数据。

17. 查看事实表 fact_rental 中的数据

通过 HeidiSQL 查看事实表 fact_rental 的数据,如图 8-134 所示。

主机: localhost　数据库: sakila_dwh　表: fact_rental　数据　查询*

sakila_dwh.fact_rental: 0 总记录数, 限制到 1,000　下一个　显示所有　排序　字段 (12/12)　过滤器

customer_key	staff_key	film_key	store_key	rental_date_key	return_date_key	rental_time_key	count_returns	count
730	2	80	2	20,050,524	20,050,526	225,330	1	
1,059	2	333	3	20,050,524	20,050,528	225,433	1	
1,008	2	373	3	20,050,524	20,050,601	230,339	1	
933	3	535	2	20,050,524	20,050,603	230,441	1	
822	2	450	3	20,050,524	20,050,602	230,521	1	
1,149	2	613	2	20,050,524	20,050,527	230,807	1	
869	3	870	3	20,050,524	20,050,529	231,153	1	
839	3	510	2	20,050,524	20,050,527	233,146	1	
726	2	565	2	20,050,525	20,050,528	40	1	
999	3	396	3	20,050,525	20,050,531	221	1	
742	3	971	2	20,050,525	20,050,602	902	1	
861	3	347	2	20,050,525	20,050,530	1,927	1	
934	2	499	2	20,050,525	20,050,530	2,255	1	
1,046	2	593	3	20,050,525	20,050,526	3,115	1	

图 8-134 查看事实表 fact_rental 的数据

从图 8-134 中可以看出,事实表 fact_rental 已经插入了数据,说明成功实现了向事实表

fact_rental 加载数据的操作。

8.3.10　定期向数据仓库 sakila_dwh 加载数据

通过前面的操作，已经成功地将数据加载到数据仓库 sakila_dwh 的各个表中。然而，这一过程是通过手动运行不同的转换来完成的。在实际情景中，数据库 sakila 中的数据会不断更新。为了确保数据仓库 sakila_dwh 中的数据与数据库 sakila 中的数据保持同步，需要定期将数据库 sakila 中更新的数据加载到数据仓库 sakila_dwh 的相应表中。如果每次都手动运行相应的转换，将会非常耗时。

为了解决这个问题，可以在 Kettle 中创建一个作业。通过这个作业，可以定期运行指定的转换，以实现每隔一段时间自动将数据加载到数据仓库 sakila_dwh 中。这样，可以更高效地保持数据的同步。在 Kettle 中创建作业实现定期向数据仓库 sakila_dwh 加载数据的操作步骤如下。

1. 创建作业

在 Kettle 的图形化界面中创建作业，指定作业的名称为 load_rentals。

2. 向作业添加作业项

在作业 load_rentals 的工作区中添加 Start 作业项、7 个“转换”作业项、两个“发送邮件”作业项和“中止作业”作业项，并将这 11 个作业项通过作业跳进行连接，用于实现定期向数据仓库 sakila_dwh 加载数据的功能。作业 load_rentals 的工作区如图 8-135 所示。

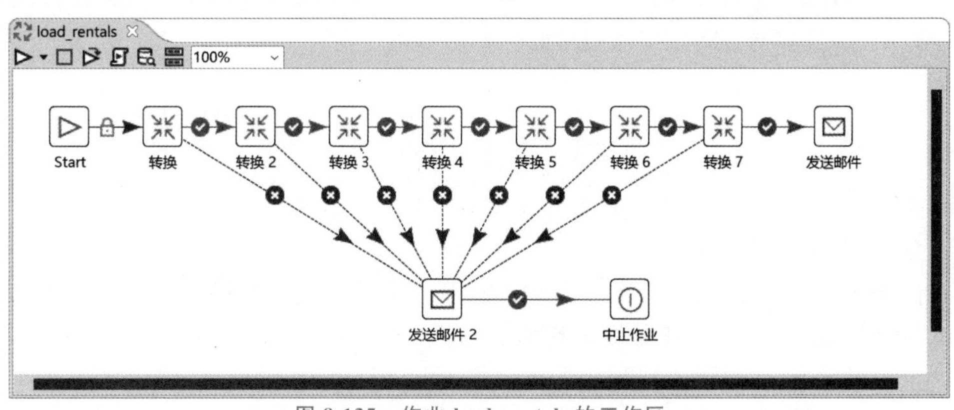

图 8-135　作业 load_rentals 的工作区

针对作业 load_rentals 的工作区中添加的作业项进行如下说明。

- Start 作业项用于指定作业定时调度的规则。
- “转换”作业项用于执行转换 load_dim_staff。
- “转换 2”作业项用于执行转换 load_dim_customer。
- “转换 3”作业项用于执行转换 load_dim_store。
- “转换 4”作业项用于执行转换 load_dim_actor。
- “转换 5”作业项用于执行转换 load_dim_film。
- “转换 6”作业项用于执行转换 load_dim_film_actor_bridge。
- “转换 7”作业项用于执行转换 load_fact_rental。
- “发送邮件”作业项用于将作业执行成功的消息发送给指定邮箱。

- “发送邮件2”作业项用于将作业中转换执行失败的消息发送给指定邮箱。
- “中止作业”作业项用于中止作业的执行,该作业项无须进行配置。

3. 配置 Start 作业项

在作业 load_rentals 的工作区中,双击 Start 作业项打开“作业定时调度”窗口。这里出于测试目的的考虑,指定作业定时调度的规则为每 10 分钟执行一次作业,如图 8-136 所示。

图 8-136　“作业定时调度”窗口

在图 8-136 中,单击“确定”按钮保存对当前作业项的配置。

4. 配置“转换”作业项

在作业 load_rentals 的工作区中,双击“转换”作业项打开“转换”窗口。在该窗口的“作业项名称”输入框中指定作业项的名称为 load_dim_staff,并且添加转换 load_dim_staff 的转换文件,如图 8-137 所示。

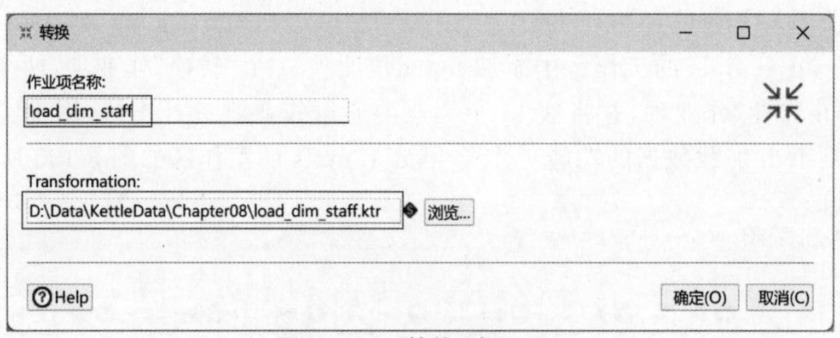

图 8-137　“转换”窗口(1)

在图 8-137 中,单击“确定”按钮保存对当前作业项的配置。

5. 配置“转换 2”作业项

在作业 load_rentals 的工作区中,双击“转换 2”作业项打开“转换”窗口。在该窗口的“作业项名称”输入框中指定作业项的名称为 load_dim_customer,并且添加转换 load_dim_customer 的转换文件,如图 8-138 所示。

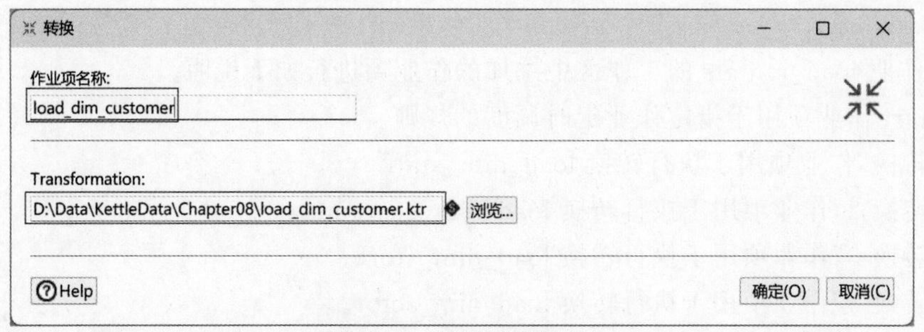

图 8-138　“转换”窗口(2)

在图 8-138 中,单击“确定”按钮保存对当前作业项的配置。

6. 配置“转换 3”作业项

在作业 load_rentals 的工作区中,双击“转换 3”作业项打开“转换”窗口。在该窗口的

“作业项名称”输入框中指定作业项的名称为 load_dim_store，并且添加转换 load_dim_store 的转换文件，如图 8-139 所示。

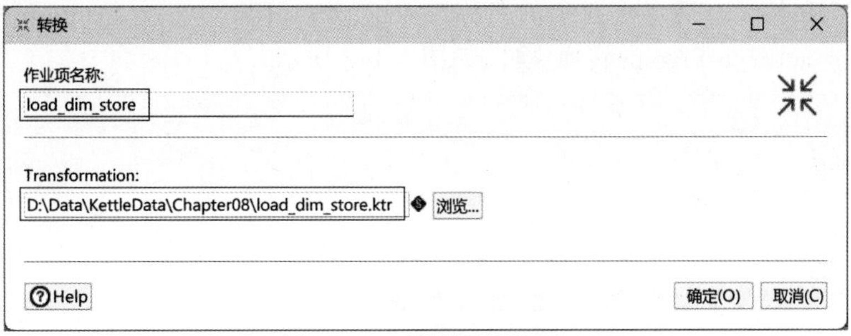

图 8-139　“转换”窗口(3)

在图 8-139 中，单击“确定”按钮保存对当前作业项的配置。

7. 配置“转换 4”作业项

在作业 load_rentals 的工作区中，双击“转换 4”作业项打开“转换”窗口。在该窗口的“作业项名称”输入框中指定作业项的名称为 load_dim_actor，并且添加转换 load_dim_actor 的转换文件，如图 8-140 所示。

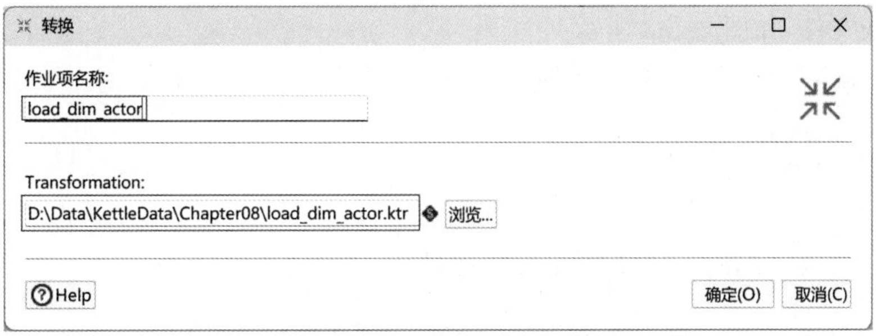

图 8-140　“转换”窗口(4)

在图 8-140 中，单击“确定”按钮保存对当前作业项的配置。

8. 配置“转换 5”作业项

在作业 load_rentals 的工作区中，双击“转换 5”作业项打开“转换”窗口。在该窗口的“作业项名称”输入框中指定作业项的名称为 load_dim_film，并且添加转换 load_dim_film 的转换文件，如图 8-141 所示。

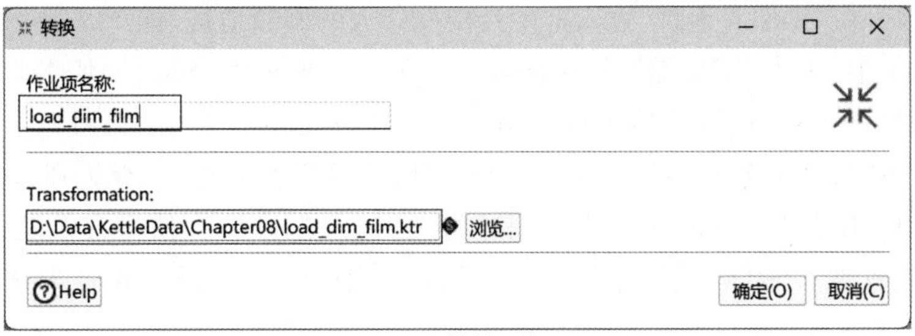

图 8-141　“转换”窗口(5)

在图 8-141 中，单击“确定”按钮保存对当前作业项的配置。

9. 配置"转换 6"作业项

在作业 load_rentals 的工作区中,双击"转换 6"作业项打开"转换"窗口。在该窗口的"作业项名称"输入框中指定作业项的名称为 load_dim_film_actor_bridge,并且添加转换 load_dim_film_actor_bridge 的转换文件,如图 8-142 所示。

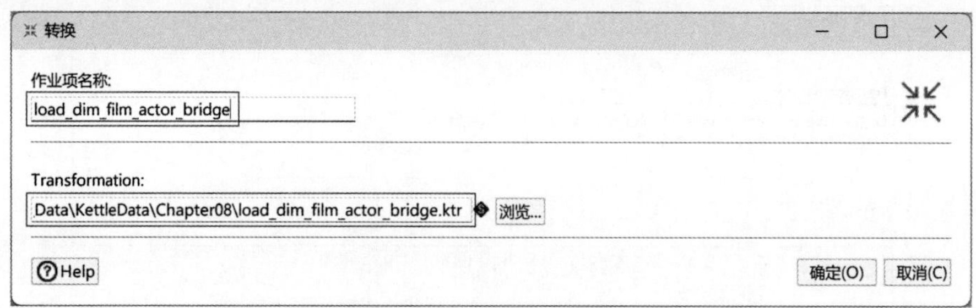

图 8-142 "转换"窗口(6)

在图 8-142 中,单击"确定"按钮保存对当前作业项的配置。

10. 配置"转换 7"作业项

在作业 load_rentals 的工作区中,双击"转换 7"作业项打开"转换"窗口。在该窗口的"作业项名称"输入框中指定作业项的名称为 load_fact_rental,并且添加转换 load_fact_rental 的转换文件,如图 8-143 所示。

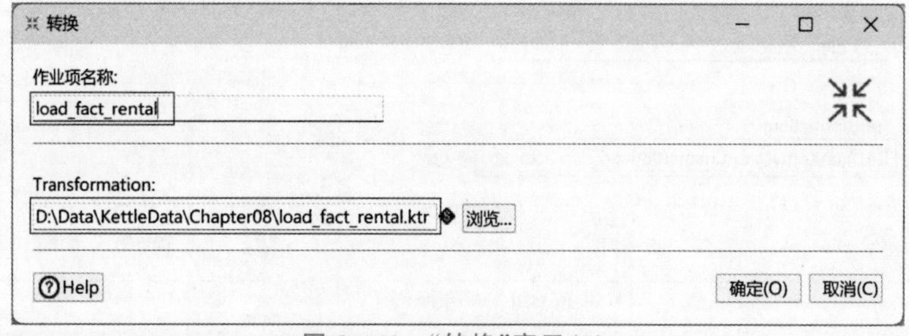

图 8-143 "转换"窗口(7)

在图 8-143 中,单击"确定"按钮保存对当前作业项的配置。

11. 配置"发送邮件"作业项

在作业 load_rentals 的工作区中,双击"发送邮件"作业项打开"发送邮件"窗口。在该窗口的"收件人地址"输入框中指定收件人的邮箱地址,在"回复名称"输入框中指定发件人的昵称为"数据清洗师",在"发件人地址"输入框中指定发件人的邮箱地址,如图 8-144 所示。

在图 8-144 中,单击"服务器"选项卡标签。在该选项卡的"SMTP 服务器"输入框中指定腾讯企业邮箱的 SMTP 服务器地址 smtp.exmail.qq.com。在"端口号"输入框中指定腾讯企业邮箱的 SMTP 服务器端口号 465。勾选"用户验证?"复选框,允许通过用户名和密码验证发件人的邮箱地址。此时,"用户名"和"密码"输入框,以及"使用安全验证?"复选框将被激活,分别在这两个输入框内指定发件人邮箱的用户名和密码,并且勾选"使用安全验证?"复选框允许进行安全认证。

"服务器"选项卡配置完成的效果如图 8-145 所示。

在图 8-145 中,单击"邮件消息"选项卡标签。在该选项卡中勾选"信息里带日期?"复选框,允许在邮件的内容中添加发送邮件的日期。在"主题"输入框中指定邮件的主题为"作业运行成功”。在“注释”文本框中指定邮件的内容为“定期向数据仓库 sakila_dwh 加载数据”。

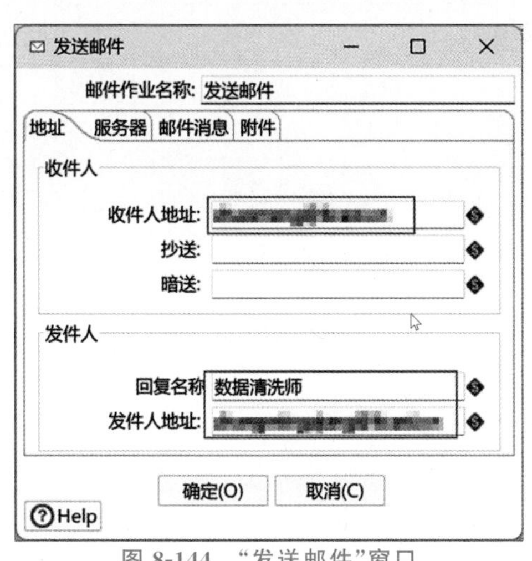

图 8-144　“发送邮件”窗口

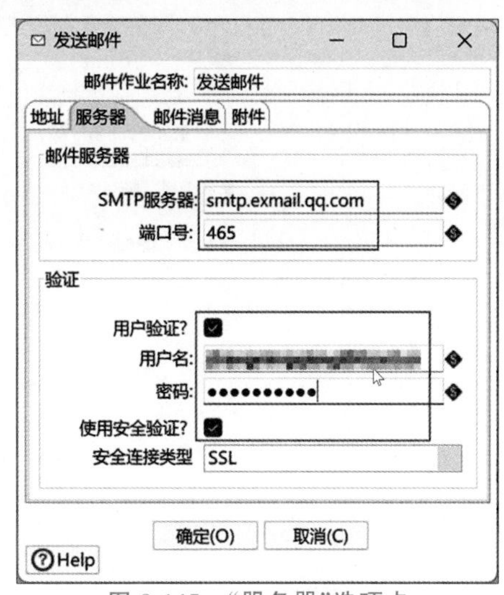

图 8-145　“服务器”选项卡

“邮件消息”选项卡配置完成的效果如图 8-146 所示。

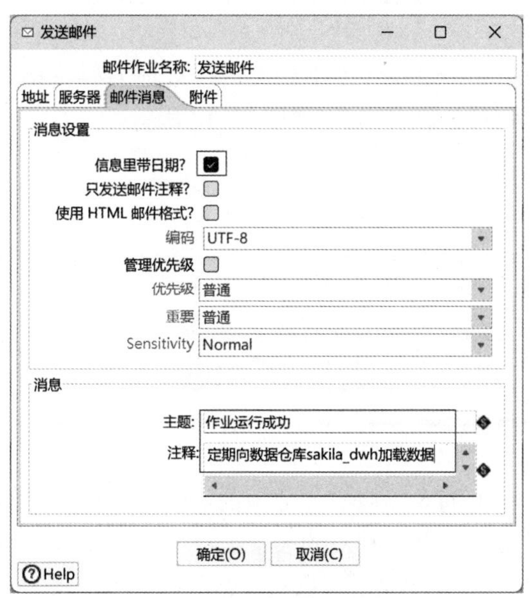

图 8-146　“邮件消息”选项卡(1)

在图 8-146 中,单击“确定”按钮保存对当前作业项的配置。

12. 配置“发送邮件 2”作业项

在作业 load_rentals 的工作区中,双击“发送邮件 2”作业项打开“发送邮件”窗口。在该窗口的“地址”“服务器”选项卡中配置与“发送邮件 1”作业项的“地址”“服务器”选项卡一致的内容。然后,单击“邮件消息”选项卡标签。在该选项卡中勾选“信息里带日期?”复选框,允许在邮件的内容中添加发送邮件的日期。在“主题”输入框中指定邮件的主题为“作业运行失败”。在“注释”文本框中指定邮件的内容为“定期向数据仓库 sakila_dwh 加载数据的作业将中止执行”。

“邮件消息”选项卡配置完成的效果如图 8-147 所示。

图 8-147 “邮件消息”选项卡(2)

在图 8-147 中,单击“确定”按钮保存对当前作业项的配置。

13. 运行作业

保存并运行作业 load_rentals,该作业首次运行之前会等待指定的间隔时间,即 10 分钟。作业 load_rentals 运行完成后的效果如图 8-148 所示。

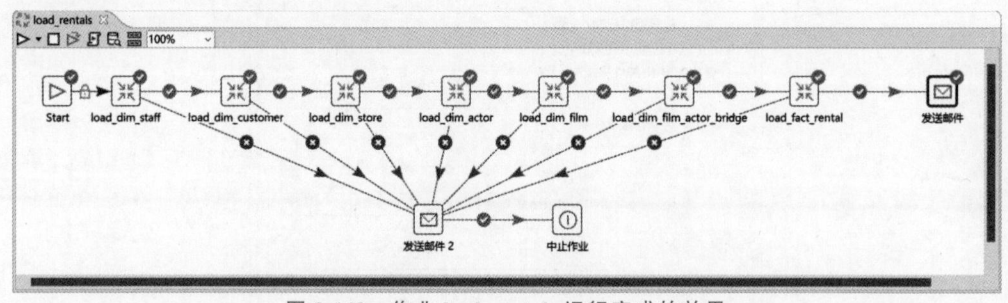

图 8-148 作业 load_rentals 运行完成的效果

从图 8-148 中可以看出,每个“转换”作业项的右上角都新增了✔图标,表示成功通过执行不同转换向数据仓库 sakila_dwh 相应的表中加载了数据,此时会通过“发送邮件”步骤向收件人的邮件地址发送主题为“作业运行成功”的邮件通知,如图 8-149 所示。

从图 8-149 中可以看出,邮件的内容包含作业的名称、执行结果和执行过程,用户可以通过邮件的内容查看作业的执行情况。由于在之前的操作过程中,已经向数据仓库 sakila_dwh 中的表加载了数据,并且在运行作业 load_rentals 期间数据库 sakila 中的数据没有发生改变,所以当作业 load_rentals 运行完成后,数据仓库 sakila_dwh 中每个表的数据并没有发生改变。

如果作业 load_rentals 中,某个“转换”作业项的右上角都新增了✖图标,表示相应的“转换”作业项运行失败,此时会通过“发送邮件 2”步骤向收件人的邮件地址发送主题为“作业运行失败”的邮件通知,并中止作业的执行。

需要说明的是,在作业 load_rentals 中,“发送邮件”和“发送邮件 2”作业项配置的内容需要根据实际情况填写,当然这两个作业项也不是必需的。如果读者无须将作业的执行结

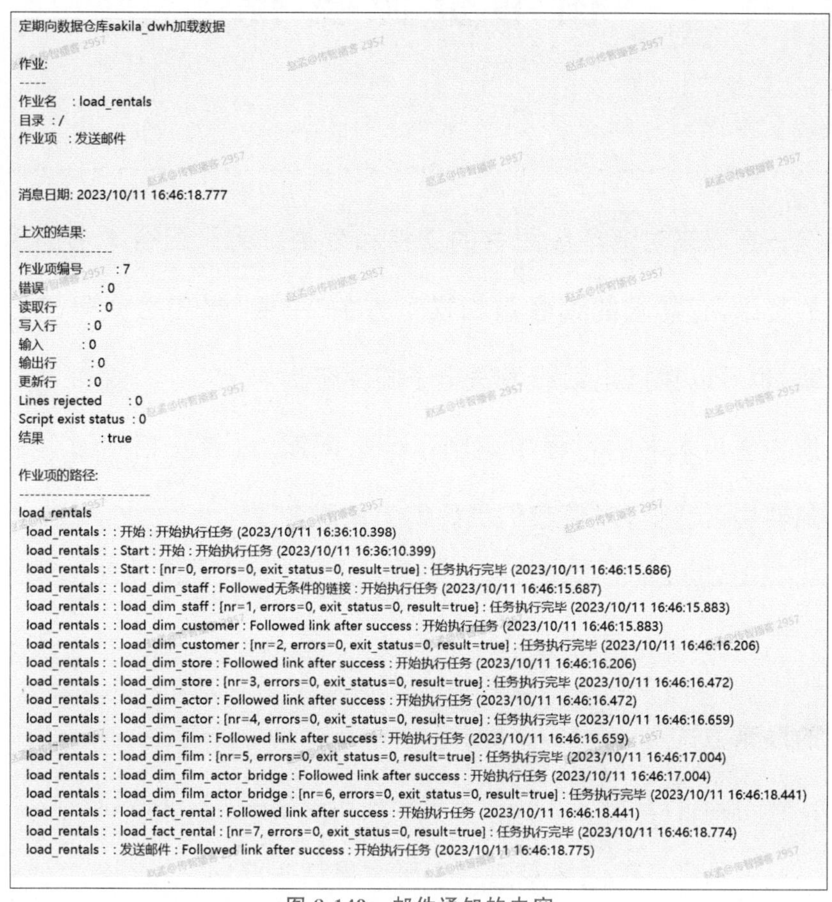

定期向数据仓库sakila_dwh加载数据

作业:

作业名　: load_rentals
目录 : /
作业项　: 发送邮件

消息日期: 2023/10/11 16:46:18.777

上次的结果:

作业项编号　: 7
错误　: 0
读取行　: 0
写入行　: 0
输入　: 0
输出行　: 0
更新行　: 0
Lines rejected　: 0
Script exist status　: 0
结果　: true

作业项的路径:
----
load_rentals
load_rentals : : 开始 : 开始执行任务 (2023/10/11 16:36:10.398)
load_rentals : : Start : 开始 : 开始执行任务 (2023/10/11 16:36:10.399)
load_rentals : : Start : [nr=0, errors=0, exit_status=0, result=true] : 任务执行完毕 (2023/10/11 16:46:15.686)
load_rentals : : load_dim_staff : Followed无条件的链接 : 开始执行任务 (2023/10/11 16:46:15.687)
load_rentals : : load_dim_staff : [nr=1, errors=0, exit_status=0, result=true] : 任务执行完毕 (2023/10/11 16:46:15.883)
load_rentals : : load_dim_customer : Followed link after success : 开始执行任务 (2023/10/11 16:46:15.883)
load_rentals : : load_dim_customer : [nr=2, errors=0, exit_status=0, result=true] : 任务执行完毕 (2023/10/11 16:46:16.206)
load_rentals : : load_dim_store : Followed link after success : 开始执行任务 (2023/10/11 16:46:16.206)
load_rentals : : load_dim_store : [nr=3, errors=0, exit_status=0, result=true] : 任务执行完毕 (2023/10/11 16:46:16.472)
load_rentals : : load_dim_actor : Followed link after success : 开始执行任务 (2023/10/11 16:46:16.472)
load_rentals : : load_dim_actor : [nr=4, errors=0, exit_status=0, result=true] : 任务执行完毕 (2023/10/11 16:46:16.659)
load_rentals : : load_dim_film : Followed link after success : 开始执行任务 (2023/10/11 16:46:16.659)
load_rentals : : load_dim_film : [nr=5, errors=0, exit_status=0, result=true] : 任务执行完毕 (2023/10/11 16:46:17.004)
load_rentals : : load_dim_film_actor_bridge : Followed link after success : 开始执行任务 (2023/10/11 16:46:17.004)
load_rentals : : load_dim_film_actor_bridge : [nr=6, errors=0, exit_status=0, result=true] : 任务执行完毕 (2023/10/11 16:46:18.441)
load_rentals : : load_fact_rental : Followed link after success : 开始执行任务 (2023/10/11 16:46:18.441)
load_rentals : : load_fact_rental : [nr=7, errors=0, exit_status=0, result=true] : 任务执行完毕 (2023/10/11 16:46:18.774)
load_rentals : : 发送邮件 : Followed link after success : 开始执行任务 (2023/10/11 16:46:18.775)

图 8-149　邮件通知的内容

果发送邮件通知，也可以将“发送邮件”和“发送邮件 2”作业项分别替换为“成功”和“中止作业”作业项，如图 8-150 所示。

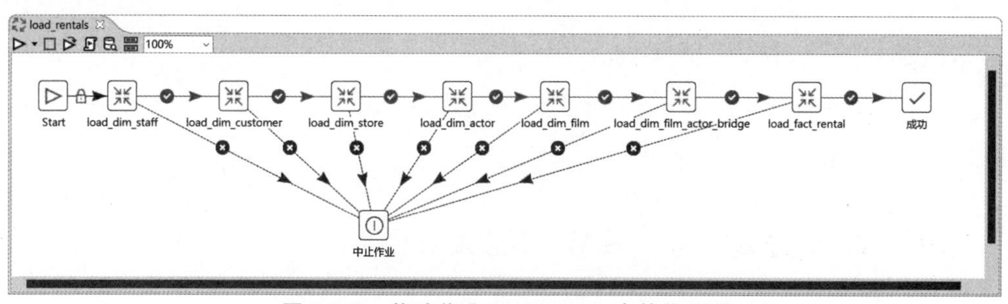

图 8-150　修改作业 load_rentals 中的作业项

8.4　本章小结

本章主要讲解了如何构建电影租赁商店数据仓库。首先，讲解了案例概述，包括案例背景介绍、数据库简介和数据仓库简介。然后，讲解了环境准备。最后，讲解了案例实现，包括向数据仓库中的事实表、桥接表，以及不同维度表加载数据。通过本章的学习，读者可以掌握 Kettle 在实际应用中的技巧，帮助读者应对实际工作中不同的数据清洗场景。

图书资源支持

感谢您一直以来对清华版图书的支持和爱护。为了配合本书的使用，本书提供配套的资源，有需求的读者请扫描下方的"书圈"微信公众号二维码，在图书专区下载，也可以拨打电话或发送电子邮件咨询。

如果您在使用本书的过程中遇到了什么问题，或者有相关图书出版计划，也请您发邮件告诉我们，以便我们更好地为您服务。

我们的联系方式：

清华大学出版社计算机与信息分社网站：https://www.shuimushuhui.com/

地　　址：北京市海淀区双清路学研大厦 A 座 714

邮　　编：100084

电　　话：010-83470236　010-83470237

客服邮箱：2301891038@qq.com

QQ：2301891038（请写明您的单位和姓名）

资源下载：关注公众号"书圈"下载配套资源。

书圈

清华计算机学堂

观看课程直播